高等职业教育电力类新形态一体化教材

电 路 基 础

主 编 吴舒萍 邱燕雷 胡 翼

副主编 周 华

主 审 陈金星

中国水利水电出版社

www.waterpub.com.cn

·北京·

内 容 提 要

　　本教材依据高职高专院校培养应用型技能人才要求组织编写，紧扣现代职业教育的特点，内容符合教学规律，结构符合高等职业教育的要求。本书主要内容包括电路模型和电路定律、电阻电路的等效变换、电路的基本分析方法和基本定理、单相正弦交流电路、三相电路、非正弦周期电流电路、动态电路的过渡过程、磁路和铁芯线圈等内容。

　　本教材可作为高职高专电类相关专业的教材，也可作为自学者考取电工类职业技能证书与专升本的参考书。

　　本教材配套课件、试题、微课数字资源，请登录中国水利水电出版社"行水云课"平台查看。

图书在版编目（CIP）数据

电路基础 / 吴舒萍，邱燕雷，胡翼主编. -- 北京：
中国水利水电出版社，2021.6（2023.8重印）
高等职业教育电力类新形态一体化教材
ISBN 978-7-5170-9677-1

Ⅰ．①电… Ⅱ．①吴… ②邱… ③胡… Ⅲ．①电路理
论－高等职业教育－教材 Ⅳ．①TM13

中国版本图书馆CIP数据核字(2021)第123125号

书　　名	高等职业教育电力类新形态一体化教材 **电路基础** DIANLU JICHU
作　　者	主　编　吴舒萍　邱燕雷　胡　翼 副主编　周　华 主　审　陈金星
出版发行	中国水利水电出版社 （北京市海淀区玉渊潭南路1号D座　100038） 网址：www.waterpub.com.cn E-mail：sales@mwr.gov.cn 电话：(010) 68545888（营销中心）
经　　售	北京科水图书销售有限公司 电话：(010) 68545874、63202643 全国各地新华书店和相关出版物销售网点
排　　版	中国水利水电出版社微机排版中心
印　　刷	清淞永业（天津）印刷有限公司
规　　格	184mm×260mm　16开本　22.5印张　519千字
版　　次	2021年6月第1版　2023年8月第2次印刷
印　　数	3001—6000册
定　　价	**68.00元**

前言

　　《电路基础》课程是高等职业教育动力能源类、自动化类、电子信息类专业的一门重要专业基础课。本教材紧扣现代职业教育的特点，内容符合教学规律，结构符合高等职业教育的要求。本教材对理论知识做"淡化"处理，而对实际技能做"强化"处理。内容包括工程技术应用的基础知识与中高级技能型人才应该具备的专业基础知识，强调基础知识与技术应用之间的关系，力图各部分知识内容比较协调，深浅适宜。选材上融入高等职业教育的理念，体现以就业为导向，适应社会发展和科学进步的需要。因此，本教材的编写注意了以下几个方面：

　　（1）本教材由电路模型和电路定律、电阻电路的等效变换、电路的基本分析方法和基本定理、单相正弦交流电路、三相电路、非正弦周期电流电路、动态电路的过渡过程、磁路和铁芯线圈8章组成。各章节教学目标明确，具有较强的针对性和重构性。

　　（2）本教材强调专业基础知识适应人才培养模式改革和创新、优化课程体系的需要，根据专业核心课程的要求来确定教材内容编写。力求做到基本概念清楚，理论应用于实际。

　　（3）本教材在保证重点突出的前提下，力求同时满足动力能源类、自动化类、电子信息类专业的不同需要，可根据生源情况和专业教学要求进行选择。

　　（4）本教材为读者提供"纸质图书＋在线资源"的模式，将更加优质、高效的数字化教学资源提供给读者，为读者提供更加快捷方便的学习服务。本教材配套的数字资源包括教学课件、微课、动画、电子教案等，并以二维码的方式在书中相应位置标记，读者可以通过手机登录移动终端设备扫码阅读。

　　本教材全部内容84学时，各专业可以根据专业要求和教学具体情况选学不同的内容。参考课时分配建议见下页表：

序号	内容	建议学时数	实验学时数	授课类型
1	电路模型和电路定律	6	2	讲授、实训
2	电阻电路的等效变换	8	2	讲授、实训
3	电路的基本分析方法和基本定理	12	4	讲授、实训
4	单相正弦交流电路	20	4	讲授、实训
5	三相电路	12	4	讲授、实训
6	非正弦周期电流电路	6		讲授、实训
7	动态电路的过渡过程	14		讲授、实训
8	磁路和铁芯线圈	6		讲授、实训
	合计课时	84	16	

　　本书分8个章节，章节1、2由福建水利电力职业技术学院吴舒萍编写，章节3、7由福建水利电力职业技术学院胡翼编写，章节4、5、6由福建水利电力职业技术学院邱燕雷编写，章节8由贵州电子信息职业技术学院周华编写。全书由吴舒萍、邱燕雷、胡翼担任主编，由周华担任副主编，由吴舒萍负责统稿，福建水利电力职业技术学院陈金星副教授主审，并提出了许多宝贵意见，在此表示衷心的感谢。

　　由于本教材编者学识水平和教学经验有限，再加上编写的时间仓促，书中难免有纰漏，敬请广大读者和同仁批评指正。

编者

2021 年 5 月

"行水云课"数字教材使用说明

"行水云课"水利职业教育服务平台是中国水利水电出版社立足水电、整合行业优质资源全力打造的"内容"＋"平台"的一体化数字教学产品。平台包含高等教育、职业教育、职工教育、专题培训、行水讲堂五大版块，旨在提供一套与传统教学紧密衔接、可扩展、智能化的学习教育解决方案。

本套教材是整合传统纸质教材内容和富媒体数字资源的新型教材，将大量图片、音频、视频、3D动画等教学素材与纸质教材内容相结合，用以辅助教学。读者可通过扫描纸质教材二维码查看与纸质内容相对应的知识点多媒体资源，完整数字教材及其配套数字资源可通过移动终端APP"行水云课"微信公众号或中国水利水电出版社"行水云课"平台查看。

线上教学与配套数字资源获取途径如下：

· 手机端。关注"行水云课"公众号→搜索"图书名"→封底激活码激活→学习或下载。

· PC端。登录"xingshuiyun.com"→搜索"图书名"→封底激活码激活→学习或下载。

内页二维码具体标识如下：

· ① 为试题。

· ⑩ 为答案。

· ▶ 为微课。

数 字 资 源 索 引

序　号	数 字 资 源 索 引	资 源 类 型	页　码
29	3.3 节点电位法	微课	83
30	3.3 测试题	试题	89
31	3.3 练习题答案	答案	89
32	3.4 测试题	试题	96
33	3.4 练习题答案	答案	96
34	3.5 测试题	试题	101
35	3.5 练习题答案	答案	101
36	3.6 戴维南定理	微课	102
37	3.6 测试题	试题	112
38	3.6 练习题答案	答案	112
39	3.7 测试题	试题	117
40	3.7 练习题答案	答案	117
41	3.8 测试题	试题	123
42	3.8 练习题答案	答案	123
43	3.9 习题答案	答案	125
44	4.1 正弦量的三要素及相量表示法	微课	128
45	4.1 测试题	试题	132
46	4.1 练习题答案	答案	132
47	4.2 测试题	试题	139
48	4.2 练习题答案	答案	139
49	4.3 正弦交流电路中的电阻元件	微课	140
50	4.3 测试题	试题	142
51	4.3 练习题答案	答案	142
52	4.4 正弦交流电路中的电感元件	微课	143
53	4.4 测试题	试题	146
54	4.4 练习题答案	答案	146
55	4.5 正弦交流电路中的电容元件	微课	147
56	4.5 测试题	试题	151
57	4.5 练习题答案	答案	151
58	4.6 RLC 串联电路	微课	151
59	4.6 测试题	试题	155
60	4.6 练习题答案	答案	155
61	4.7 测试题	试题	160

序　号	数 字 资 源 索 引	资 源 类 型	页　码
94	6.1 练习题答案	答案	238
95	6.2 测试题	试题	244
96	6.2 练习题答案	答案	244
97	6.3 测试题	试题	248
98	6.3 练习题答案	答案	248
99	6.4 测试题	试题	251
100	6.4 练习题答案	答案	251
101	6.5 习题答案	答案	254
102	7.1 测试题	试题	262
103	7.1 练习题答案	答案	262
104	7.2 测试题	试题	272
105	7.2 练习题答案	答案	272
106	7.3 测试题	试题	282
107	7.3 练习题答案	答案	282
108	7.4 测试题	试题	292
109	7.4 练习题答案	答案	292
110	7.5 测试题	试题	306
111	7.5 练习题答案	答案	306
112	7.6 习题答案	答案	308
113	8.1 测试题	试题	317
114	8.1 练习题答案	答案	317
115	8.2 测试题	试题	321
116	8.2 练习题答案	答案	321
117	8.3 测试题	试题	327
118	8.3 练习题答案	答案	327
119	8.4 测试题	试题	332
120	8.4 练习题答案	答案	332
121	8.5 测试题	试题	336
122	8.5 练习题答案	答案	336
123	8.6 测试题	试题	338
124	8.6 练习题答案	答案	338
125	8.7 习题答案	答案	341

目录

第1章　电路模型和电路定律

学习目标

（1）了解和熟悉电路模型和理想电路元件的概念。

（2）深刻理解电流、电压、功率和电能的物理意义，牢固掌握各量之间的关系，深刻理解参考方向的概念和应用方法。

（3）牢固掌握电路元件（电阻元件、电感元件、电容元件、电压源、电流源）的电压、电流关系（VCR），了解受控源的类型。

（4）熟悉欧姆定律及其扩展应用。

（5）充分理解和掌握基尔霍夫定律的内容，并能熟练应用。

1.1　电路和电路模型

人们在工作和生活中会遇到很多实际电路。实际电路就是为完成某种预期目的而设计、安装、运行（也可以是在非预期情况例如短路、漏电等）的电流通路装置。

1.1.1　电路的作用与组成

一些电气器件按照一定的方式组合起来所构成电流的通路，称为电路，较复杂的电路又称为网络。

实际电路是由电气器件相互连接而成的。所谓电气器件泛指实际的电路实体部件，如电阻器、电容器、电感线圈、变压器、晶体管和电源等。图1.1.1（a）是一个简单的手电筒电路，它是由干电池、小灯泡、开关和连接导线组成的照明电路。电气器件可以用图形符号表示，表1.1.1列举了一些我国国家标准中电气器件的图形符号。采用这些符号可绘出表明各电气器件相互连接关系的电气图。图1.1.1（b）即为上述简单实际电路的电气图。

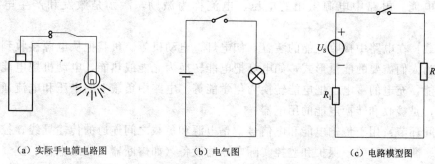

(a) 实际手电筒电路图　　　　(b) 电气图　　　　(c) 电路模型图

图1.1.1　手电筒电路图、电气图及电路模型图

表 1.1.1   部分电气器件的图形符号

名称	符号	名称	符号	名称	符号
导线	———	传声器	◯	可调电阻器	
连接的导线		扬声器		电容器	
接地		二极管		电感器绕组	
接机壳		稳压二极管		变压器	
开关		隧道二极管		铁芯变压器	
熔断器		晶体管		直流发电机	Ⓖ
灯	⊗	电池		直流电动机	Ⓜ
伏特表	Ⓥ	电阻器			

　　电路的组成形式很多，就其主要功能而言，可以分为两类：一类电路的功能是传输、分配和使用电能（常见的电力系统中的电路），特点是大功率、大电流，图1.1.1（a）是一个简单的手电筒电路，当开关闭合后，在这个闭合的电路中便有电流通过，于是小灯泡发光。干电池是一种电源，向电路提供电能；小灯泡是一种用电设备，在电路中称为负载，开关及连接导线可使电流构成通路，为传输环节。另一类电路的功能是传递、变换、存储和处理电信号（常见的电子技术中的电路），特点是小功率、小电流，常见的例子如扩音机传声器（话筒）将声音变成电信号，经过放大器送到扬声器再变成声音输出。扬声器施加的信号称为激励，它相当于电源；扬声器得到的放大信号称为响应，扬声器相当于负载。由于传声器施加的信号比较微弱，不足以推动扬声器发音，需要采用传输环节对信号起传递和放大作用。

　　因此，无论何种电路，其主要由电源、负载和中间环节（包括连接导线和控制设备）三部分组成。

　　电源：向电路提供电能和电信号的设备，如电池、发电机等。电源可以将其他形式的能量转换成电能，如电池把化学能转换为电能，发电机把热能、机械能或原子能转化为电能。电路中电源供出的电压、电流称为激励，激励是激发和产生电能的因素。

　　负载：在电路中接收电能的装置，如电灯、电动机等。负载把从电源接收到的电能转换为人们需要的能量形式，如电灯把电能转换为光能或热能，电动机把电能转换为机械能，充电的蓄电池把电能转换为化学能等。电路中负载上的电压和电流通常称为响应，是接收和转换电能的用电器。

　　中间环节：用于传输电能和电信号，是电源和负载之间连通的传输导线。控制电路的通、断控制开关，保护和监控实际电路的设备（如熔断器、热继电器、空气开关等）等成为电路的中间环节。中间环节在电路中起着传输和分配能量、控制和保护电气设备的作用。

1.1.2 理想电路元件与电路模型

构成电路的电气器件往往比较复杂，其电磁性能的表现可能是多方面交织在一起的。电路理论研究电路中发生的电磁现象，并用电流、电压、电荷、磁通等物理量来描述其中的过程。电路理论主要是计算电路中各部件、器件的端子电流和端子间的电压，当实际电路中的电流或电压的最高工作频率所对应的波长 λ 远大于电路的最大几何尺寸 d（即 $\lambda \gg d$）时，器件的端电压、端电流具有确定的单值，称这种电路为集总参数电路，简称集总电路。比如我国电力用的频率为 50Hz，对应的波长为 6000km，在这一频率下的电路，在相当大范围内都可以当成集总电路。本书中如不做特殊说明，电路中的元器件均按符合集总参数处理。当条件 $\lambda \gg d$ 不能满足时当成分布参数电路处理，这不属于本书讨论的范畴。

实践表明，在一定条件下把实际器件理想化，忽略其次要性质，用一个足以表征其主要电磁性能的抽象元件或元件的组合来表示，这个元件或元件组合称为器件的模型。器件的模型能够精确地反映实际电路的性质。例如，用电阻元件来表征具有消耗电能特性的各种实际电气器件；用电感元件表征具有存储磁场能量特性的各种实际电器件；用电容元件来表征具有存储电场能量特性的各种实际的电器件；用电源元件来表征具有提供电能特性的各种实际电器件，电源元件可分为电压源和电流源两种。上述理想电路元件的图形符号如图 1.1.2 所示。这些元件都具有两个端钮，称为二端元件。具有三个及三个以上端钮的元件统称为多端元件，如运算放大器和变压器，分别称为三端和四端元件。

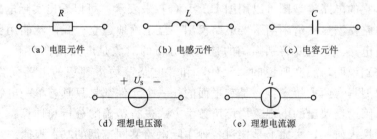

图 1.1.2 几种常见的理想电路元件的图形符号

工程上各种实际器件根据其电磁特性可以用一种或几种理想的电路元件来表示，这个过程称为建模。不同的实际器件只要具有相同的电磁特性，在一定条件下可以用同一个模型表示。例如电炉、白炽灯的主要电磁特性是消耗电能，可以用电阻元件表示；干电池、发电机的主要电磁特性是提供电能，可以用电源元件表示。

需要注意的是，建模时需要考虑工作条件，同一个实际器件在不同应用条件下所呈现的电磁特性是不同的，因此要抽象成不同的模型。例如一个电感线圈，在低频条件下工作时，主要有存储磁场能量和消耗电能的作用，所以把电感线圈抽象成电阻元件和电感元件的串联，如图 1.1.3（a）所示；随着工作频率的升高，线圈还具有存储电场能量的作用，因此必须考虑其电容效应，其等效电路模型如图 1.1.3（b）所示。

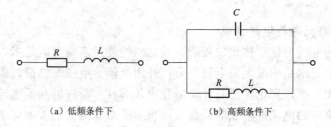

（a）低频条件下　　　　　　（b）高频条件下

图 1.1.3　电感线圈的电路模型

再比如一个实际电容器，当它的发热损耗很低时，可以等效成一个理想电容元件，如图 1.1.4（a）所示；而要考虑其发热损耗时，则将电容器抽象成电阻和电容并联（或串联），如图 1.1.4（b）所示。

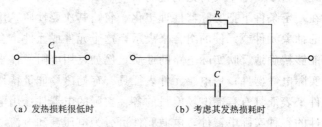

（a）发热损耗很低时　　　　　　（b）考虑其发热损耗时

图 1.1.4　电容器的电路模型

把组成实际电路的各种电器件用理想的电路元件及其组合来表示，并用理想导线将这些电路元件连接起来，就可得到实际电路的电路模型。图 1.1.1（a）所示的手电筒电路，它的电路模型图可以用图 1.1.1（c）来表示。可以看出实际电路画法较为复杂，而电路模型显然清晰明了。电路模型一旦正确地建立，我们就能用数学的方法深入地分析电路。这里要特别强调的是电路分析的对象是电路模型而不是实际电路。如果不是特别说明，后文所说的"元件"和"电路"均指理想的电路元件和电路模型。电路模型具有两大特点：一是它里面的任一个元件都是只具有单一电特性的理想电路元件，因此反映出的电现象均可用数学方式进行精确的分析和计算；二是对各种电路模型的深入研究，实质上是探讨各种实际电路共同遵循的基本规律。

练　习　题

一、填空题

1.1.1　电路是 _____ 流通的路径，电路一般由 _____、_____ 和 _____ 三部分组成。

1.1.2　所谓理想电路元件，就是忽略实际电器元件的次要性质，只表征它的"理想"化的元件。常用、基本的理想电路元件有 _____ _____。

1.1.3　在电路模型中，每一个电路元件反映 _____ 种物理性能。一个实际电路元件可以用 _____ 个或者 _____ 个理想元件的组合来表示其物理性能。

1.1　测试题

1.1　练习题答案

二、选择题

1.1.4 一个干电池可以用（　　）组合来表示。

A. 一个电阻元件和一个电压源的串联。

B. 一个电感和一个电源的串联

C. 一个电源和一个电容的串联

D. 一个电阻和一个电容的串联

1.1.5 下面哪个选项的电路都为分布参数电路（　　）。

A. 微波电路，远距离输电电路

B. 低频放大电路，日光灯电路

C. 远距离输电电路，低频放大电路

D. 日光灯电路，微波电路

三、是非题

1.1.6 一个实际电器件只能用一种理想电路元件来表示。　　　　　（　　）

1.1.7 每一个理想电路元件只表示一种电磁性能。　　　　　　　（　　）

1.1.8 电路中最基本的无源元件主要有电阻元件和电容元件。　　（　　）

1.2 电路的基本物理量

1.2 基本物理量

电路的特性是由电路的物理量来描述的，电路的物理量主要有电流、电压、电荷、磁链、功率和能量。其中电流、电压和功率是电路的基本物理量，电路分析的主要任务就是计算电路中的电流、电压和功率，下面分别加以介绍。

1.2.1 电流及其参考方向

1.2.1.1 电流

在电路中一种十分重要的物理现象是电荷的运动。带电粒子的定向运动形成电流。衡量电流大小的物理量是电流强度，简称电流。所以电流既是一种物理现象，又是一个物理量。某处的电流大小等于单位时间内通过该处的电荷量。用符号 i 表示，如果在极短的时间 $\mathrm{d}t$ 内通过某处的电荷量为 $\mathrm{d}q$，则此时该处的电流：

$$i = \frac{\mathrm{d}q}{\mathrm{d}t} \tag{1.2.1}$$

规定正电荷定向运动的方向（即负电荷的反方向）为电流的实际方向。

大小和方向不随时间变化的电流称为恒定电流或者直流电流，简称直流，用 I 表示，并有

$$I = \frac{Q}{t} \tag{1.2.2}$$

式中：Q 为在时间 t 内通过的电荷量。

周期性变动且平均值为零的电流称为交变电流，简称交流。

注意：电路理论中，一般用小写的英文字母表示随时间变化的量，如 u、i；而不随时间变化的量则用大写的英文字母表示，如 U、I。式（1.2.2）中的电流用大写

5

字母表示，指的是大小和方向均不随时间变化的直流电。这一规定在电路分析中十分重要，切不可随意。

本书物理量采用国际制单位制（SI）。电流的单位是安培，简称安，用符号 A 表示；电荷的单位是库仑，简称库，用符号 C 表示；若 1s 时间通过某处的电荷量为 1C，则电流为 1A，即 $1\,A = \dfrac{1C}{1s}$。将电流的单位冠以词头（表 1.2.1），即可得到电流的十进制倍数单位和分数单位，常用单位有千安（kA）、毫安（mA）、微安（μA）等。

表 1.2.1　　　　　　　　　　　　　常用 SI 词头

因数	10^9	10^6	10^3	10^2	10^1	10^{-1}	10^{-2}	10^{-3}	10^{-6}	10^{-9}	10^{-12}
名称	吉	兆	千	百	十	分	厘	毫	微	纳	皮
符号	G	M	k	h	da	d	c	m	μ	n	p

1.2.1.2　电流的参考方向

电路中一条支路的电流只可能有两个方向，图 1.2.1（a）支路的两个端钮分别为 a、b，其电流的方向不是从 a 到 b，就是从 b 到 a。电流的实际方向是客观存在的，为了分析计算的方便，人们应用正负数的概念，用一个代数量同时表达电流的大小和方向。则在其可能的两个方向中任意选择一个方向，作为电流分析计算时采用的方向，这个方向称为电流的参考方向，电流的参考方向是决定电流数值为正的标准，用带箭头的实线表示在电路图上，并标以电流的符号，如图 1.2.1（a）所示，电流的实际方向则用带箭头的虚线表示。规定了参考方向以后，电流就是一个代数量，若电流为正值，则电流的实际方向与参考方向相同，如图 1.2.1（b）所示；电流为负值，则电流的实际方向和参考方向相反，如图 1.2.1（c）所示。或者说，电流的实际方向和参考方向相同时，电流为正［图 1.2.1（b）］；电流的实际方向和参考方向相反时，电流为负［图 1.2.1（c）］。这样就可以利用电流的参考方向和电流的正负值来判断电流的实际方向。应当注意在未选择参考方向的情况下，电流的正负号是没有意义的。

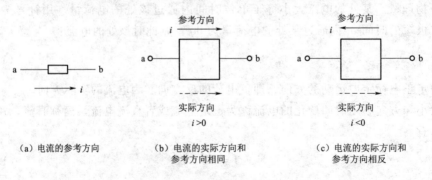

（a）电流的参考方向　　　　（b）电流的实际方向和　　　　（c）电流的实际方向和
　　　　　　　　　　　　　　　参考方向相同　　　　　　　　参考方向相反

图 1.2.1　电流的参考方向

电流的参考方向除用带箭头的实线在电路图上表示外，还可以用双下标表示，如图 1.2.1（b）所示，可用 i_{ab} 表示其参考方向由 a 指向 b；如图 1.2.1（c）所示，可用 i_{ba} 表示其参考方向由 b 指向 a。显然两者相差一个负号，即

$$i_{ab} = -i_{ba}$$

1.2.2 电压、电位、电动势及其参考方向

电路中电流的存在伴随着能量的转换，电压或电位差就是用来描述电路这一特性的物理量。

1.2.2.1 电压

根据物理学知识可知，电场力将单位正电荷从一点移动到另一点所做的功，称为电压。用符号 u_{ab} 表示，即

$$u_{ab} = \frac{dW}{dq} \tag{1.2.3}$$

式中：u_{ab} 为衡量电场力做功本领大小的物理量，即电压；dq 为由 a 点移到 b 点的电荷量；dW 为转移过程中电荷减少的能量。

从理论分析和实验都可以知道，电荷在电场（库仑电场）中从一点移动到另一点时，所具有的能量的改变量只和这两点的位置有关，而与移动路径无关。

电压表明单位正电荷在电场力作用下转移时减少的电能，减少电能体现为电位的降低（从高电位点到低电位点），所以电压的方向是电位降低的方向。电压的单位是伏特，简称伏，用符号 V 表示，它等于 1C 的正电荷沿电场力方向能量减少了 1J，即 $1V = \frac{1J}{1C}$，常用单位有 kV、mV。

1.2.2.2 电压的参考方向

与电流类似，在分析计算电路的电压时，也引进参考方向，即假定的电压方向。同样，电压的参考方向是决定电压数值为正的标准，当电压的实际方向与参考方向相同时（带箭头的实线表示参考方向，带箭头的虚线表示实际方向），数值为正，反之为负，如图 1.2.2 所示。电压的参考方向一般有三种表示形式，如图 1.2.3 所示：

（1）采用参考极性表示。在电路图上标出正（＋）负（－）极性，如图 1.2.3（a）所示，当表示电压的参考方向时，标以电压符号 u，这时正极指向负极的方向就是参考方向。

（2）采用带箭头的实线表示。用带箭头的实线表示在电路图上，并标以电压符号 u，如图 1.2.3（a）所示。

（3）采用双下标表示。如 u_{ab} 表示电压的参考方向是由 a 指向 b，如图 1.2.3（b）所示。

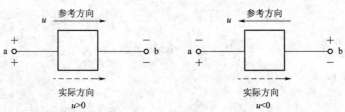

（a）电流的实际方向和参考方向相同　　（b）电流的实际方向和参考方向相反

图 1.2.2　电压的参考方向

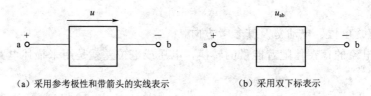

（a）采用参考极性和带箭头的实线表示　　　（b）采用双下标表示

图 1.2.3　电压参考方向的表示

1.2.2.3　电位

分析电子电路时常用电位这一物理量。在电路中任选一点 o 作为参考点，则某点 a 的电位就是由 a 点到参考点 o 的电压，用 φ_a 表示。即

$$\varphi_a = u_{ao}$$

至于参考点本身的电位，乃是参考点对参考点的电压，显然为 0，所以参考点又叫零电位点。高于参考点的电位是正电位，低于参考点的电位是负电位。

电压和电位的关系为

$$u_{ab} = u_{ao} + u_{ob} = u_{ao} - u_{bo} = \varphi_a - \varphi_b \tag{1.2.4}$$

所以两点间的电压等于这两点间的电位差，即电压又叫电位差。电位的单位也为伏特，符号为 V。

电位的参考点可以任意选取，参考点选择不同，各点的电位相应不同，但两点间的电压与参考点的选择是无关的。在任意一个系统中只能选择一个参考点，至于如何选择参考点，则需要看分析计算问题的方便而定。常常选择大地、设备外壳或接地点作为参考点，电子电路中常选各有关部分的公共线上的一点作为参考点，参考电位点常用接地符号"⊥"表示。例如图 1.2.4 中，已知 $u_{ab} = 6V, u_{bc} = 3V$，如图 1.2.4（a）所示，选 c 点为参考点，则 $\varphi_c = 0$，$\varphi_a = u_{ac} = u_{ab} + u_{bc} = 9V$，$\varphi_b = 3V$，$U_{ac} = \varphi_a - \varphi_c = 9V$；如图 1.2.4（b）所示，选 b 点为参考点，则 $\varphi_b = 0$，$\varphi_a = u_{ab} = 6V$，$\varphi_c = u_{cb} = -3V$，$U_{ac} = \varphi_a - \varphi_c = 9V$。

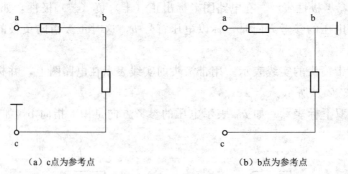

（a）c 点为参考点　　　　　　　（b）b 点为参考点

图 1.2.4　电位的计算

1.2.2.4　电动势

1. 定义

如图 1.2.5 所示，在电场力 F 的作用下，正电荷是从高电位点向低电位点移动。为了形成连续的电流，在电源中正电荷必须从低电位点移到高电位点。这就要求

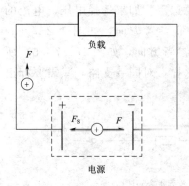

图 1.2.5 正电荷受力示意图

在电源中有一种电源力 F_s。正电荷在电源力的作用下将从低电位处移向高电位处。例如在发电机中,当导体在磁场中运动时,导体内便出现这种电源力,这种电源力是由电磁作用产生的,电池中的电源力是由电解液和极板间的化学作用产生的。由于电源力而使电源两端具有的电位差称为电动势。电动势表明了单位正电荷在电源力的作用下转移时增加的电能,用 e 表示,即

$$e = \frac{\mathrm{d}W_s}{\mathrm{d}q} \tag{1.2.5}$$

式中:$\mathrm{d}q$ 为转移的电荷量;$\mathrm{d}W_s$ 为电荷转移过程中增加的电能。

2. 电动势方向

实际方向:因为电源力使正电荷由低电位移到高电位,所以电动势的实际方向是电位升高的方向。即电动势的实际方向与电压的实际方向相反。对于一个电源,若用正(+)极性表示其高电位端,用负(一)极性表示其低电位端,则电动势 e 的实际方向是从负极指向正极。

参考方向:在分析与计算电路时,也必须事先规定电动势的参考方向,其表示方式与电压相同。

若不考虑电源内部还有其他形式的能量转换,在这种理想情况下,则电源的电动势 e 在量值上与电源两端的电压 u 相等。另外,当电源处于开路状态时,电源两端电压 u 在量值上也等于电动势 e。当选择两者的参考方向相反时,可得 $u = e$;当选择两者的参考方向一致时,可得 $u = -e$,如图 1.2.6 所示。

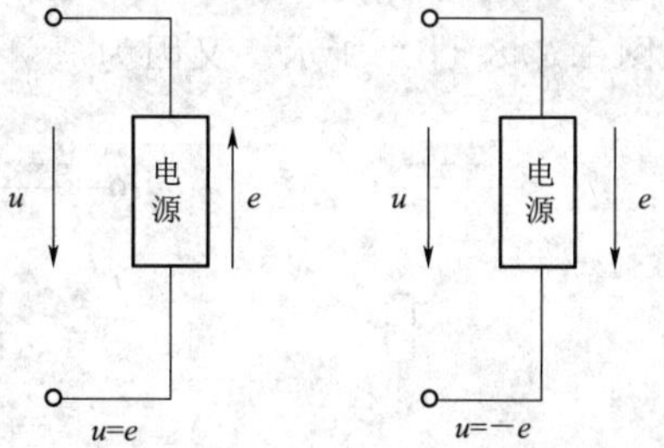

本书所涉及的电源在计算中并不使用电动势这个名称以及符号,而用"电源电压"及其相对应的符号来替代。

图 1.2.6 电压和电动势的参考方向

参考方向是电路理论的一个重要的基本概念,使用参考方向需要注意的几个基本问题如下:

(1)电流、电压的实际方向是客观存在的,但往往难于事先判定。参考方向是人为选择的决定电流、电压数值为正的标准。参考方向一经选定,在整个分析计算过程中就必须以此为标准,不能变动。

(2)分析每一个电流、电压,都需要先选定它的参考方向。电流、电压的正、负值是对应于所选参考方向而言的,不说明参考方向,而说某电流值为正或负,是没有意义的。

(3)参考方向可以任意选定而不影响计算结果,对同一电流(或电压),如果参考方向选择不同,结果是大小相等而异号,即 $i_{ab} = -i_{ba}$。

一个元件的电流或电压的参考方向可以独立地任意选定。如果选择电压、电流的参考方向一致，则把这种电流、电压参考方向称为关联参考方向，如图 1.2.7（a）所示；当电压、电流的参考方向不同时，称为非关联参考方向，如图 1.2.7（b）所示。本书中如果不加以说明，都选择关联参考方向，这样，对同一支路，只需要标出电流或电压的参考方向中的一个就可以了。

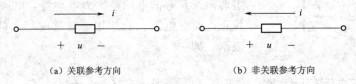

（a）关联参考方向　　　　　　　　　　（b）非关联参考方向

图 1.2.7　关联参考方向和非关联参考方向

1.2.3　电功率和电能

1.2.3.1　电功率

在电路的分析和计算过程中，能量和功率的计算是十分重要的，这是因为电路在工作状态下总伴随电能和其他形式能量的相互交换。

传送和转换电能的速率叫电功率，简称功率。用 p 或 P 表示，有

$$p = \frac{\mathrm{d}W}{\mathrm{d}t} \tag{1.2.6}$$

分析任一支路的功率，当支路电流、电压实际方向相同时，如图 1.2.8（a）所示，因为电流的方向是正电荷运动的方向，而正电荷沿电压方向移动时能量减少，所以这时该支路吸收功率。而当支路电流、电压实际方向相反时，则该支路发出功率，如图 1.2.8（b）所示。又因为

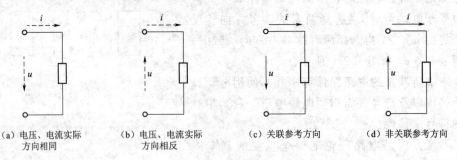

（a）电压、电流实际　　（b）电压、电流实际　　（c）关联参考方向　　（d）非关联参考方向
　　方向相同　　　　　　　　方向相反

图 1.2.8　功率的性质

$$i = \frac{\mathrm{d}q}{\mathrm{d}t} , u = \frac{\mathrm{d}W}{\mathrm{d}q}$$

则

$$p = \frac{\mathrm{d}W}{\mathrm{d}t} = \frac{\mathrm{d}W}{\mathrm{d}q} \times \frac{\mathrm{d}q}{\mathrm{d}t} = ui \tag{1.2.7}$$

即任一支路的功率等于其电压与电流的乘积。

直流时

$$P = UI \tag{1.2.8}$$

在进行功率计算时，如果所选电压、电流参考方向关联如图1.2.8（c）所示，则所得的功率 p 表示支路吸收功率。即算得功率为正时说明吸收正功率，支路实际吸收功率；算得功率为负时说明吸收负功率，实际发出功率。

同样，如果选择非关联参考方向，如图1.2.8（d）所示，则所得的功率 p 表示支路发出功率，即算得的功率为正时说明发出正功率，支路实际发出功率；算得功率为负时，说明发出负功率，支路实际吸收功率。

功率的单位为瓦特，简称瓦，符号为 W，$1W = 1VA$。常用单位有千瓦（kW）、毫瓦（mW）。

1.2.3.2 电能

由 $p = ui$，可以求得支路在 $t_0 \sim t$ 时间内吸收或发出的能量。

$$W = \int_{t_0}^{t} p(t)\,\mathrm{d}t \tag{1.2.9}$$

直流时

$$W = UIt \tag{1.2.10}$$

电能的单位是焦耳，简称焦，用符号 J 表示，它等于功率为 1W 的用电设备在 1s 内消耗的电能。在实际应用上还采用 kW·h（千瓦时）作为电能的单位，它等于功率为 1kW 的用电设备在 1h（3600s）内消耗的电能，简称度。即

$$1\,度 = 1kW \cdot h = 10^3\,W \times 3600s = 3.6 \times 10^6 J$$

1 度电的概念：1000W 的电炉加热 1h 耗 1 度电；100W 的灯泡使用 10h 耗 1 度电；40W 的灯泡使用 25h 耗 1 度电。

能量转换与守恒定律是自然界的基本定律之一，电路当然也遵守这一定律。一个电路中，每一瞬间所有元件吸收功率的代数和为零。这个结论也叫"电路的功率平衡"。

【例1.2.1】 （1）在图1.2.9（a）中，如 $i_{ab} = 2A$，试求该元件的功率。

（2）在图1.2.9（b）中，如 $i_{ab} = 2A$，试求该元件的功率。

（3）在图1.2.10（c）中，如元件发出功率 6W，试求电流。

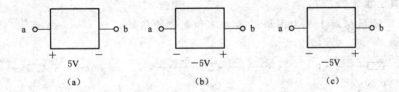

图 1.2.9 ［例 1.2.1］

解法 1： 由参考方向关联、非关联判断功率的性质。

（1）因为电压、电流参考方向关联，所以表示元件吸收功率

$$P = 5 \times 2 = 10\,(\mathrm{W})$$

因为 $P > 0$，说明元件实际吸收 5W 功率。

（2）因为电压、电流参考方向非关联，所以表示元件发出功率

$$P = (-5) \times 2 = -10\,(\mathrm{W})$$

因为 $P < 0$，元件发出负功率，说明元件实际吸收 5W 的功率。

（3）选择非关联参考方向，即电流的参考方向由 a 到 b，$P = 6$W，则有

$$i_{ab} \times (-5) = 6$$

$$i_{ab} = \frac{6}{-5} = -1.2\,(A)$$

解法 2：由电压、电流的实际方向，判断功率的性质。

（1）

$$P = 5 \times 2 = 10\,(W)$$

在所选的参考方向下，电压、电流均大于 0，电压、电流的实际方向都与参考方向一致，即电压、电流的实际方向相同，故元件吸收功率。

（2）

$$P = 5 \times 2 = 10\,(W)$$

在所选的参考方向下，因为 $u < 0$，电压的实际方向与参考方向相反，即电压的实际方向由 a 到 b，与电流的实际方向相同，故元件吸收功率。

（3）

$$i = \frac{6}{5} = 1.2\,(A)$$

已知元件发出功率，则电压、电流实际方向相反。因为 $u < 0$，电压的实际方向与参考方向相反，即电压的实际方向由 a 到 b，则电流的实际方向为 b 到 a，$i_{ba} = \dfrac{6}{5} = 1.2\,(A)$。

各种电气器件（电灯、电烙铁、电阻器）都有一定的量值限额，称为额定值，包括额定电压、额定电流和额定功率。许多器件在额定电压下才能正常、合理、可靠地工作，电压过高时器件容易损坏，过低时则器件不能正常工作。使用电气器件时不应超过其额定电压、额定电流或额定功率，否则时间稍长就可能因过热而烧坏。由于功率、电压和电流之间有一定的关系，所以在给出额定值时，没有必要全部给出。例如对灯泡、电烙铁等通常只给出额定电压和额定功率，而对于电阻器除给出电阻外，还给出额定功率。

练 习 题

一、填空题

1.2.1　请根据题 1.2.1 图填写各电压和电流的值。

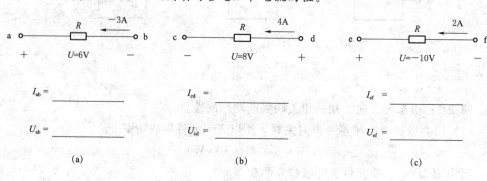

$I_{ab} = $ ＿＿＿＿＿＿＿＿＿＿

$U_{ab} = $ ＿＿＿＿＿＿＿＿＿＿

$I_{cd} = $ ＿＿＿＿＿＿＿＿＿＿

$U_{cd} = $ ＿＿＿＿＿＿＿＿＿＿

$I_{ef} = $ ＿＿＿＿＿＿＿＿＿＿

$U_{ef} = $ ＿＿＿＿＿＿＿＿＿＿

（a）　　　　　　　　　（b）　　　　　　　　　（c）

题 1.2.1 图

1.2.2　电路中 a 点的电位就是 a 点与 ＿＿＿＿＿ 之间的电压，两点之间的电压等

于这两点的_____。在题 1.2.2 图中，若 $U_1 = 9V$，$U_2 = 6V$，选择 c 点为参考点，则 $\varphi_a =$ _____ V，$\varphi_b =$ _____ V，$U =$ _____ V。

1.2.3 如题 1.2.3 图所示，电压 $u = 100V$，元件吸收的功率为 500W，则 $i =$ _____ A，并在图上标出电压、电流的实际方向。

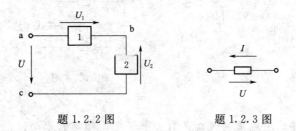

题 1.2.2 图   题 1.2.3 图

1.2.4 如题 1.2.4 图所示，填写待求量 P，并说明是发出或吸收功率。

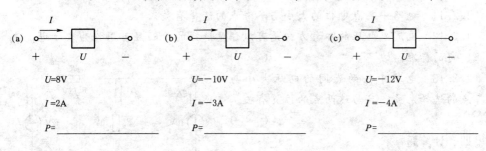

(a)   (b)   (c)

$U = 8V$ $U = -10V$ $U = -12V$

$I = 2A$ $I = -3A$ $I = -4A$

$P =$ $P =$ $P =$

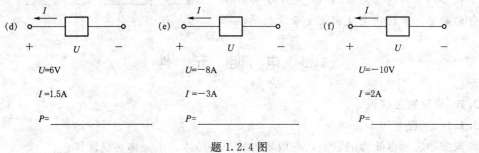

(d)   (e)   (f)

$U = 6V$ $U = -8A$ $U = -10V$

$I = 1.5A$ $I = -3A$ $I = 2A$

$P =$ $P =$ $P =$

题 1.2.4 图

二、选择题

1.2.5 关于电流、电压参考方向的下列说法中，正确的是（   ）。

A. 电流的参考方向是正电荷定向移动的方向

B. 电压的参考方向是高电位指向低电位的方向

C. 电流、电压的参考方向是可以任意选择的方向

1.2.6 已知某电路中 a、b 两点间的电压 $U_{ab} = -10V$，则（   ）。

A. $\phi_a > \phi_b$ B. $\phi_a < \phi_b$ C. $\phi_a = \phi_b$

1.2.7 如题 1.2.7 图所示，是一个二端元件，下列各种说法中正确的是（   ）。

A. 该元件发出的功率为 20W

B. 该元件吸收的功率为 20W

C. 该元件是电源

1.2.8　如题1.2.8图所示电路中，a点的电位是（　　　）。

A. 10V　　　　B. 18V　　　　　　C. 22V　　　　　　　D. 2V

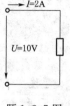

题1.2.7图

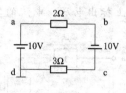

题1.2.8图

三、是非题

1.2.9　金属导体中电流的方向是自由电子定向移动的方向。　　　　　（　　　）

1.2.10　电路图上标出的电压、电流方向是实际方向。　　　　　　　（　　　）

1.2.11　电路中某点电位的大小与参考点的选择有关。　　　　　　　（　　　）

1.2.12　电流或电压的参考方向是可以任意选择的，而且可用作为表示电流或电压正、负的标准。　　　　　（　　　）

1.2.13　电路中任两点间的电压大小与参考点的选择无关，只与这两点的位置有关。

　　　　　　　　　　（　　　）

四、计算题

1.2.14　计算如题1.2.14图所示电路各元件的功率，并说明是发出还是吸收功率。

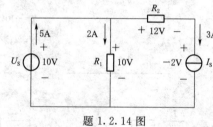

题1.2.14图

1.3　电　阻　元　件

1.3.1　电阻相关知识

1.3.1.1　电阻

根据物质导电能力的强弱，一般将物质分为导体、半导体和绝缘体。

当电流通过导体时，由于做定向移动的电荷会和导体内的带电粒子发生碰撞，所以导体在通过电流的同时也对电流起着阻碍作用，这种导体对电流的阻碍作用称为电阻，用字母 R 表示。电阻的单位是欧姆，简称欧，用符号 Ω 表示。常用单位有千欧（$k\Omega$）、兆欧（$M\Omega$），它们间的关系是

$$1M\Omega = 10^{3}k\Omega = 10^{6}\Omega$$

实验证明，电阻的大小取决于导体的材料、长度和横截面积，可按式（1.3.1）计算：

$$R = \rho \frac{l}{S} \tag{1.3.1}$$

式（1.3.1）反映的规律称为电阻定律。式中 ρ 称为材料的电阻率，单位是欧姆·米，用符号 $\Omega \cdot m$ 表示；l 是导体的长度，单位是 m；S 是导体的面积，单位是 m^2。图1.3.1是一些常用材料的电阻率。

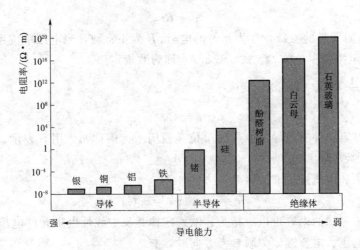

图 1.3.1 常用材料的电阻率（20℃）

电阻率的大小反映了物体的导电能力。从图 1.3.1 中可以看出，金属的电阻率小，导电性能好，所以连接电路的导线一般用铝或铜来制作，必要时还在导线上镀银。合金的电阻率较大，常作为制作电阻器、电炉丝的材料。而为了保证安全，电线的外皮、一些电工用具的手把外壳等都要用橡胶、塑料等绝缘材料制成。

1.3.1.2 电阻元件

电阻元件是反映电路中把电能转化为热能这一物理现象的理想二端元件，如电炉、电灯、电阻器等都可以当作电阻元件。电阻元件简称为电阻，图形符号如图1.3.2 所示，用符号 R 表示，R 又可表示元件参数。

电阻是一种最常见的电路元件，其特性用元件两端的电压、电流关系表示，又称伏安特性。在 $u-i$ 坐标平面上表示元件伏安特性的曲线称为伏安特性曲线。

若电阻元件的电压电流关系是线性函数关系（正比关系），其伏安特性曲线是通过坐标原点的直线，则称为线性电阻，如图 1.3.3 曲线①所示。如果不是直线则称为非线性电阻，如图 1.3.3 曲线②所示。

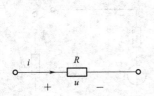

图 1.3.2 电阻的电路符号

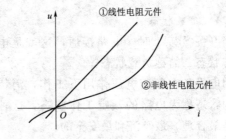

图 1.3.3 电阻的伏安特性曲线

本书讨论的电阻元件没有特别说明都是线性电阻元件。

1.3.1.3 电压、电流关系

实验证明，电阻元件的电压、电流的实际方向总是一致的，且电压、电流大小成正比关系。在电压和电流选取关联参考方向时（图 1.3.2），有

$$u = Ri \tag{1.3.2}$$

式中：R 为电阻元件的参数，称为元件的电阻。R 为正常数，当电压单位用 V，电流单位用 A 时，电阻的单位为 Ω。式（1.3.2）称为欧姆定律。

令 $G = \dfrac{1}{R}$，式（1.3.2）变成

$$i = Gu \tag{1.3.3}$$

式中：G 为电阻元件的电导。电导的单位是西门子，简称西，用 S 表示。R 和 G 都是电阻元件的参数。

如果电压和电流选取非关联参考方向，则

$$u = -Ri \text{ 或 } i = -Gu$$

因此欧姆定律的内容可以概括为：欧姆定律是反映线性电阻元件电压、电流关系的定律，在电压、电流选取关联参考方向时，有

$$u = Ri$$

1.3.1.4　功率

因为电阻元件的电压、电流的实际方向总是一致的，因此电阻元件总是消耗能量，是一种耗能元件。线性电阻元件的功率为

$$p = ui = i^2 R = \frac{u^2}{R} \tag{1.3.4}$$

【例 1.3.1】　一个白炽电灯泡额定电压为 220V，额定功率为 100W，则灯丝的热态电阻是多少？

解：由题意可知 $U = 220\text{V}$，$P = 100\text{W}$。

根据式（1.3.4）可以求出

$$R = \frac{U^2}{P} = \frac{220^2}{100} = 484 \,(\Omega)$$

1.3.2　电路的工作状态

如图 1.3.4 所示电路，根据负载电阻 R 接入情况的不同，电路有三种不同的工作状态。

1.3.2.1　负载状态

当开关 S 接 1 时，电路接通，这就是电源有载工作状态，简称负载状态。

用电设备在额定电压作用下工作，消耗额定功率的状态称为电路的额定工作状态，这种负载状态是最合理、最经济和最安全的。

1.3.2.2　空载状态（开路、断路）

当开关 S 接 2 时，相当于 $R_L \to \infty$ 或电路中某处连接线断开，这种工作状态称为空载或开路状态。

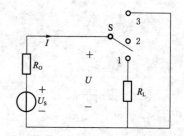

图 1.3.4　电路的三种工作状态

此时 $I = 0$，电源端电压 $U = U_s$，电源不输出电能，即 $P_L = 0$。根据这个特点，利用直流电压表可以查找电路中的开路故障点。

1.3.2.3 短路状态

当开关 S 接 3 时，电源两端被导线直接接通，电路处于短路状态，此时

$$I = \frac{U_s}{R_o}$$

由于电源内阻一般都很小，所以短路电流极大，电源很快会发热烧毁。电源短路是严重的故障状态，必须避免发生。通常在电路中接入熔断器或自动断路器，以便发生短路时，迅速将故障电路自动切断。

练 习 题

一、填空题

1.3.1 "220V，40W"白炽灯的额定电流是_____A，内阻是_____Ω。

1.3.2 铭牌上注明"25W、16Ω"的高音喇叭，正常工作时的电流为_____A，电压为_____V。

1.3.3 一条输电线的电阻为 2Ω，通过电流 10A，在 100h 内损耗电能_____度。

1.3 ①
测试题

二、选择题

1.3.4 有关金属导体的电阻的下列说法，正确的是（   ）。

A. 电阻的大小与导体横截面积成正比，与材料的电阻率及长度成反比

B. 电阻的大小与导体的长度成正比，与材料电阻率和截面积成反比

C. 电阻的大小与导体材料电阻率、长度成正比，与截面积成反比

1.3.5 有关电阻元件伏安特性的下列说法中，正确的是（   ）。

A. 电阻元件的伏安特性是一条直线

B. 电阻元件的伏安特性是一条经过坐标原点的直线

C. 电阻元件的伏安特性是一条曲线

1.3 ①
练习题答案

三、是非题

1.3.6 通常说负载增加，是指负载的电阻增加。（   ）

1.3.7 在灯泡额定电压相同的条件下，功率小的灯泡电阻大，功率大的灯泡电阻小。（   ）

1.3.8 电阻上的电压与电流大小成正比，且实际方向总是一致的。（   ）

1.3.9 通常说负载增加，是指负载的功率增加。（   ）

1.3.10 欧姆定律不仅适用于线性电阻元件，也适用于非线性电阻元件。（   ）

四、计算题

1.3.11 如题 1.3.11 图所示电路中，求电位 φ_a、φ_b 和电压 U_{ab}。

1.3.12 一只"220V、100W"的白炽灯。求它的电阻值 R，额定电流 I。若将该灯泡接到 110V 电路中，它的实际功率是多少？

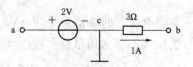

题 1.3.11 图

1.3.13　一只"110V、100W"的白炽灯，若将该灯泡接到220V电路中，它的实际功率是多少？

1.4　储　能　元　件

电器设备中除了电阻元件外，还常有电容元件和电感元件，它们也是一种无源二端元件，并具有储存、释放能量的功能。

1.4.1　电容元件

1.4.1.1　电容元件的定义

在工程技术中，电容器的应用极为广泛。两片靠得很近，相互平行且大小相同的金属板 A、B，中间隔以绝缘介质就构成了一个平行板电容器。电容器虽然品种、规格各异，但就其构成原理来说，电容器都是由间隔以不同介质（如云母、绝缘纸、空气等）的两块金属板组成，如图1.4.1（a）所示。

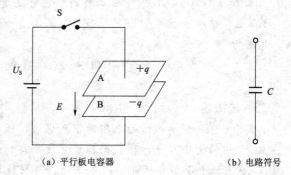

当电容器两端加上电压时，在电场力的作用下，正电荷就会聚集在和电源正极相连的 A 极板上，使 A 极板带上正电荷；又由于静电感应的作用，与 A 极板靠得很近的 B

图1.4.1　电容器及电路符号

极板就会带上等量的负电荷，两极板间就会形成电场。这时如果把开关断开，由于两极板间有绝缘介质隔开，因而两极板上的正、负电荷无法中和，这样电荷就保留在了两极板上，电场也就保留在两极板之间。这种能够储存电荷、储存电场能量的元件称为电容元件。图1.4.1（b）是它的电路符号。

实验证明，不同的电容器，加上相同的电压，储存电荷的多少不同；而同一个电容器，加的电压越高，储存的电荷就越多。电容量是用来表示电容器储存电荷能力的物理量，它是电容器的一个重要参数。当极板相对面积、绝缘介质材料、两极板间距离确定后，平行板电容器的电容量也就确定了。若加在两个极板上的电压升高意味着每个极板上聚集的正、负电荷增加，即

电容器一个极板上储存的电量 q 与电容器两端电压 u 的比值称为电容器的电容量，用符号 C 表示。因此

$$C = \frac{q}{u} \tag{1.4.1}$$

当电压 u 的单位为伏特（V），电量 q 的单位为库仑（C）时，则电容量 C 的单位为法拉（F）。常用单位有微法（μF）、皮法（pF），它们间的关系是：

$$1F = 10^6 \mu F = 10^{12} pF$$

电容元件的特性可以用 q-u 平面上的一条曲线来表示，该曲线称为伏库特性曲

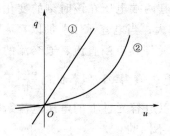

图 1.4.2　电容元件的 q-u 曲线

线。若该曲线为平面上过原点的一条直线，且不随时间变化，如图 1.4.2 中①所示，则称为线性电容元件，图 1.4.2 中②表示非线性电容元件特性曲线。本书只讨论线性电容元件，因此电容量 C 是一个常数。

一个实际的电容器，介质不是理想的，如外加电压过大，介质处在强电场作用下，介质将被击穿而变为导体，在介质开始导电时常伴有声、光、热或材料被破坏等现象。为使电容器能长期安全地正常工作，规定它允许承受的最大电压值，称为电容器的耐压。正确使用电容器，除了电容量要合适外，还要使电容器在电路中实际分到的电压小于电容器的耐压。

1.4.1.2　电容元件的充放电

电容元件的充放电就是指电容元件储存电荷和释放电荷的过程。电容元件充电和放电实验电路如图 1.4.3 所示。

当电容元件与直流电源接通时，电容元件极板上的电荷逐渐增多，这个过程叫作电容元件的充电。在图 1.4.3 的电路中，当开关 S 由端钮 2 合到端钮 1 时，可以发现检流计 G 一开始偏转较大，但随即返回并逐渐至 0。这表明开始时电流较大，但很快减小直至为 0。在电流由大变小的过程中，接在电容元件两端的电压表（可用数字式万用表）指示值很快上升，

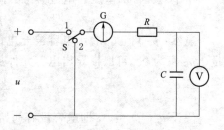

图 1.4.3　电容元件充电和放电电路图

当检流计回零时，电压表指示值等于电源电压 u，说明极板上的电荷量增加至最大值 $q = Cu$，充电过程结束。

电容元件充好电后，把开关 S 由 1 合至 2，电容元件通过导线与电阻 R 连接，正负电荷中和，极板上的电荷消失，这个过程称为电容元件的放电。通过观察，可以发现放电时检流计 G 的指针朝反向偏转，开始时偏转较大，而后很快减小并逐渐回 0。在这同时，电压表的指示值也很快下降并逐渐至 0。电压减小表明极板上的电荷在减少，电压为 0 表明极板上的电荷全部被中和。

注意：长距离输电线或电缆，在终端开路条件下，相当于一个电容器，在与电源接通瞬间，可能有很大的充电电流。

将充好电的电容元件从电路上断开后，电压 u 和电荷 q 保持不变，如电压很高时（例如电视机内的高压电容），仍不能直接接触，必须进行彻底放电。

1.4.1.3　电容元件的伏安关系及储能

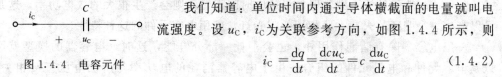

图 1.4.4　电容元件

我们知道：单位时间内通过导体横截面的电量就叫电流强度。设 u_C，i_C 为关联参考方向，如图 1.4.4 所示，则

$$i_C = \frac{\mathrm{d}q}{\mathrm{d}t} = \frac{\mathrm{d}cu_C}{\mathrm{d}t} = c\,\frac{\mathrm{d}u_C}{\mathrm{d}t} \qquad (1.4.2)$$

式（1.4.2）表明，某一时刻电容元件上的电流与其两端电压在该时刻的变化率成正比，即电容元件上的电压变化得越快，电流也就越大；当电容元件上加以直流电压时，由于其变化率为 0，电容电流则为 0。因此电容元件具有断直流、通交流的作用。特别地，u_C 在变化过程中，若某瞬间电容两端的电压值为 0，但若此时 $\dfrac{du_C}{dt}$ 不为 0，即电压在变化，则电容元件上的电流也不为 0。所以电容元件上的电压电流瞬时值没有类似欧姆定律的关系，这与线性电阻元件是完全不同的。

式（1.4.2）还可写成：

$$u_C = \frac{1}{c}\int_{-\infty}^{t} i dt = \frac{1}{c}\int_{-\infty}^{0} i dt + \frac{1}{c}\int_{0}^{t} i dt = u_C(0) + \frac{1}{c}\int_{0}^{t} i dt \qquad (1.4.3)$$

式中：$u_C(0)$ 为电容元件在 $t=0$ 时的电压值，称为电容电压的初始值。

式（1.4.3）说明，电容元件在某时刻 t 的电压 u_C，不仅与该时刻的电流 i 有关，而且与该时刻以前的所有电流有关。因此，电容元件是一种记忆元件，电容元件上的电压记忆了该时刻之前所有电流作用的效果。

当电容元件的电压、电流参考方向关联时，它吸收的功率 p_C 应为

$$p_C = u_C i_C \qquad (1.4.4)$$

显然：p_C 可正，表示电容被充电而储存能量；p_C 可负，表示电容放电而释放能量；p_C 可为 0。可以推导出电容元件从 t_0 到 t 这段时间内吸收的能量为

$$w_C(t) = \frac{1}{2}Cu_C^2(t) - \frac{1}{2}Cu_C^2(t_0) \qquad (1.4.5)$$

假设 $u_C(t_0) = 0$，即电容没有初始储能，则

$$w_C(t) = \frac{1}{2}Cu_C^2(t) \qquad (1.4.6)$$

式（1.4.6）说明，某一瞬时电容元件的储能仅与电容大小及该时刻的电压值有关，而与通过电容的电流大小无关。

【例 1.4.1】　一个电容器两端加电压 100V，极板上的电荷量为 2×10^{-3} C，求此电容器的电容。

解：根据式（1.4.1）可得

$$C = \frac{q}{u} = \frac{2 \times 10^{-3}}{100} = 20 \times 10^{-6}(\text{F}) = 20\ \mu\text{F}$$

【例 1.4.2】　有一个 200μF 的电容，当两端的电压为 5V 时，电容储存的电能是多少？如果所储存的电能在瞬间（如 1μs）释放完，则放电时的功率是多少？

解：
$$w_C(t) = \frac{1}{2}Cu_C^2(t) = \frac{1}{2} \times 200 \times 10^{-6} \times 5^2 = 2.5(\text{mJ})$$

$$P = \frac{w_C}{t} = \frac{2.5 \times 10^{-3}}{10^{-6}} = 2.5 \times 10^3(\text{W}) = 2.5\text{kW}$$

2.5mJ 的能量虽然不大，但如果放电时间很短，则会产生很大的放电功率，这足可以产生一个明亮的火花，照相用的闪光灯常应用电容元件的这种特性。

一般电容器除有储能作用外，也会消耗一部分电能，这时，电容器的模型就可以是电容元件和电阻元件的组合。由于电容器消耗的电功率与所加电压直接相关，

因此它的模型宜为两者的并联组合。电容器是为了获得一定大小的电容特意制成的。但是，电容的效应在许多别的场合也存在，这就是分布电容和杂散电容，从理论上说，电位不相等的导体之间就会有电场，因此就有电荷聚集并有电场能量，即有电容效应存在。例如，在两根架空输电线之间，每一根输电线与地之间都有分布电容。

为了叙述方便把线性电容元件简称为电容，所以本书中电容这个术语以及与它相应的符号 C 一方面表示一个"电容"元件，另一方面也表示这个元件的参数。

1.4.1.4 电容元件的串并联

实际的电容器均标出电容量和额定工作电压两个参数。电容量表明了电容器储存电荷的能力；额定工作电压则表明电容器工作时允许的最大电压，使用时应注意电容器的电压不应超过其额定值，否则电容器的介质就有可能损坏或击穿，失去电容器的功能。如果电容器的容量和额定工作电压不能满足电路要求时，可以将电容器适当连接，以满足电路工作要求。

1. 电容元件的并联

图 1.4.5 为电容元件的并联。由于加在各电容元件上的电压都为 u，它们所充的电荷量分别为

$$q_1 = C_1 u \quad q_2 = C_2 u \quad q_3 = C_3 u$$

所以
$$q_1 : q_2 : q_3 = C_1 : C_2 : C_3 \tag{1.4.7}$$

即并联各电容元件所带的电荷量与各电容量成正比。

电容元件并联后所带的总电量：

$$q = q_1 + q_2 + q_3 = C_1 u + C_2 u + C_3 u = (C_1 + C_2 + C_3)u$$

因此，等效电容：

$$C = C_1 + C_2 + C_3 \tag{1.4.8}$$

即电容元件并联的等效电容（总电容），等于各并联电容元件电容量之和。

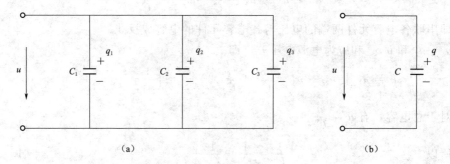

图 1.4.5　电容元件的并联

并联的电容元件越多，总电容就越大。电容元件并联，相当于极板面积加大，从而加大了电容。因此，当单个电容元件的电容不够大时，可以采用并联的方法得到大的电容，但要注意，每个电容元件的额定工作电压必须大于外施电压。

【例 1.4.3】　$C_1 = 1\mu F$ 和 $C_2 = 2\mu F$ 两个电容元件并联，求等效电容。

解： 根据式（1.4.8）

$$C = C_1 + C_2 = 1 + 2 = 3\,(\mu F)$$

如果有 n 个电容为 C 的电容元件并联，则等效电容为 nC。

2. 电容元件的串联

图 1.4.6 为电容元件的串联。当串联电容的两端加上电压 u 时，在与电源直接相连的两块极板上，分别充有电荷 $+q$ 和 $-q$。由于静电感应的结果，中间的其他极板上会出现等量而异号的感应电荷 q。虽然每个电容元件上的电荷都等于 q，但此串联电容从电源充得的总电荷仍然是 q。因而其总电容：

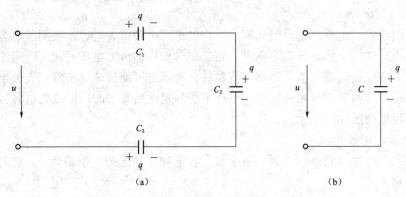

图 1.4.6　电容元件的串联

$$C = \frac{q}{u}$$

各个电容元件上的电压分别为

$$u_1 = \frac{q}{C_1}\,,\ u_2 = \frac{q}{C_2}\,,\ u_3 = \frac{q}{C_3}$$

所以

$$u_1 : u_2 : u_3 = \frac{1}{C_1} : \frac{1}{C_2} : \frac{1}{C_3} \qquad (1.4.9)$$

即串联各电容元件两端的电压与各电容元件的电容成反比。

u_1、u_2 和 u_3 之和应为电源电压 u，即

$$u = u_1 + u_2 + u_3 = \frac{q}{C_1} + \frac{q}{C_2} + \frac{q}{C_3} = \left(\frac{1}{C_1} + \frac{1}{C_2} + \frac{1}{C_3}\right)q$$

对于总电容，有 $u = \dfrac{q}{C}$

所以

$$\frac{1}{C} = \frac{1}{C_1} + \frac{1}{C_2} + \frac{1}{C_3} \qquad (1.4.10)$$

即电容元件串联的等效电容（总电容）的倒数，等于各串联支路电容元件电容倒数之和。

【例 1.4.4】　$C_1 = 20\,\mu F$、$C_2 = 30\,\mu F$、$C_3 = 60\,\mu F$ 三只电容元件串联，求等效电容。

解： 根据式（1.4.10）可得

$$\frac{1}{C} = \frac{1}{C_1} + \frac{1}{C_2} + \frac{1}{C_3} = \frac{1}{20} + \frac{1}{30} + \frac{1}{60} = \frac{1}{10}\left(\frac{1}{\mu F}\right)$$

故　$C = 10\,\mu\text{F}$

如果是两只电容器串联，则等效电容：

$$C = \frac{C_1 C_2}{C_1 + C_2} \tag{1.4.11}$$

由［例 1.4.4］可知，串联电容元件的等效电容（总电容）小于串联的任一只电容，且串联的电容元件越多，等效电容越小。n 只相同的电容器串联，等效电容为单个电容的 $\dfrac{1}{n}$。电容串联，相当于加大了极板间的距离，从而减小了电容量。

【例 1.4.5】　有两个电容器串联后两端接到电压为 360V 的电源上，其中 $C_1 = 100\text{pF}$，耐压 100V，$C_2 = 400\text{pF}$，耐压 350V，问电路能否正常工作？

解：根据式（1.4.11）可得总电容

$$C = \frac{C_1 C_2}{C_1 + C_2} = \frac{100 \times 400}{100 + 400} = 80\,(\text{pF})$$

各电容所带电荷的电荷量 $Q = Q_1 = Q_2 = CQ = 80 \times 10^{-12} \times 360 = 2.88 \times 10^{-8}\,(\text{C})$

电容器 C_1 承受的电压 $U_1 = \dfrac{Q}{C_1} = \dfrac{2.88 \times 10^{-8}}{100 \times 10^{-12}} = 288\,(\text{V}) > 100\text{V}$

电容器 C_2 承受的电压 $U_2 = \dfrac{Q}{C_2} = \dfrac{2.88 \times 10^{-8}}{400 \times 10^{-12}} = 72\,(\text{V})$

由于电容器 C_1 所承受的电压是 288V，超过了它的耐压，C_1 会被击穿，导致 360V 电压全部加到 C_2 上，C_2 也会被击穿，因此，电路不能正常工作。

1.4.2　电感元件

1.4.2.1　电感元件的定义

用导线绕成一个螺旋状就构成了一个电感线圈，如图 1.4.7（a）所示。

当有电流 i 通过线圈时，线圈周围就会产生磁通 ϕ（ϕ 与 i 的方向符合右手螺旋定则），这种由线圈自身电流在自身线圈周围产生的磁通，称为自感磁通。当电流通过匝数为 N 的线圈时，则 N 与 ϕ 的乘积称为磁链，用符号 ψ 表示，即

$$\psi = N\phi \tag{1.4.12}$$

式中：ψ、ϕ 的单位都是韦伯（Wb）。

当通过线圈的电流 i 是交变电流时，在线圈周围产生的自感磁通就是交变的磁通，根据电磁感应定律，交变的磁通又会在线圈两端产生感应电压，如果线圈形成回路又会产生感应电流。这种利用电磁感应定律制作出来的能产生感应电压和感应电流的元件，称为电感元件，图形符号如图 1.4.7（b）所示。

实验证明：不同的电感线圈，通过相同的电流，产生的自感磁链的多少不同；而同一个电感线圈，通过的电流越大，产生的自感磁链也越多。

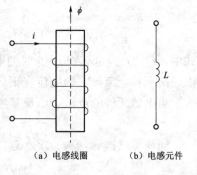

（a）电感线圈　　　（b）电感元件

图 1.4.7　电感线圈及电路符号

电感量是用来表示线圈产生自感磁链能力大小的物理量，它是电感元件的一个重要参数。当线圈横截面积、长度、匝数、线圈材料确定后，线圈的电感量也就确定了。

线圈的自感磁链与产生该磁链电流的比值称为线圈的电感量（又称自感量），简称电感，用符号 L 表示。因此

$$L = \frac{\psi}{i} \tag{1.4.13}$$

式中当磁链 ψ 的单位为韦伯，电流 i 的单位为安培时，则电感 L 的单位为亨利，用符号 H 表示。常用单位有毫亨（mH）、微亨（μH），它们之间的关系是：

$$1H = 10^3 mH = 10^6 \mu H$$

电感元件的特性可以用 $\psi - i$ 平面上的一条曲线来确定，该曲线称为韦安特性曲线。若该曲线为平面上过原点的一条直线，且不随时间变化，如图 1.4.8 中①所示，则称为线性电感元件，图 1.4.8 中②表示非线性电感元件特性曲线。本书只讨论线性电感元件，因此电感量 L 就是一个常数。

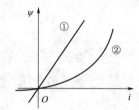

图 1.4.8 电感元件的 $\psi - i$ 曲线

1.4.2.2 电感元件的伏安关系及储能

根据电磁感应定律：当感应电压 u_L 的参考方向规定为与穿过线圈的磁通方向符合右手螺旋定则关系时（即右手握线圈，大拇指指向管内磁通方向，则弯曲的四指所指的方向就是感应电压的参考方向即电流流入线圈端为感应电压的参考正极性，流出线圈端为负极性），感应电压与线圈磁链的变化率成正比，如图 1.4.9 所示。这时

$$u_L = \frac{d\psi}{dt} = \frac{dLi_L}{dt} = L\frac{di_L}{dt} \tag{1.4.14}$$

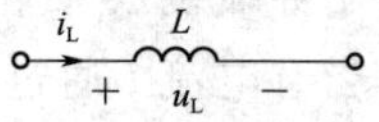

图 1.4.9 电感元件

式（1.4.14）表示，在关联参考方向下，电感元件上某时刻的电压与通过它的电流的变化率成正比，因此当电流恒定不变时，电压为 0。即电感有通直流，阻交流的作用。

和电容元件类似，由式（1.4.14）可得到用电感电压表示电感电流的函数关系式：

$$i_L(t) = i_L(0) + \frac{1}{L}\int_0^t u(t')dt' \tag{1.4.15}$$

式中：$i_L(0)$ 为电感在 $t=0$ 时的电流，称为电感电流的初始值。因此电感元件也是一个记忆元件，流经它的电流有记忆电压的作用。

当电感元件的电压、电流参考方向关联时，它吸收的瞬时功率的表达式为

$$p_L = u_L i_L \tag{1.4.16}$$

同样可以推导，从 t_0 到 t 这段时间内，电感元件吸收的能量为

$$w_L(t) = \frac{1}{2}Li_L^2(t) - \frac{1}{2}Li_L^2(t_0) \tag{1.4.17}$$

式（1.4.17）说明电感元件在这段时间内吸收的能量为两时刻电感储能之差。

当 $w_L(t) > 0$ 时，表示电感吸收能量，反之则表示释放能量。

如设 $i_L(t_0) = 0$，即电感原来没有储能，则

$$w_L(t) = \frac{1}{2} L i_L^2(t) \tag{1.4.18}$$

式（1.4.18）表明，某一瞬间电感元件的储能仅与电感量大小及该时刻的电流有关，而与电感两端电压的大小无关。

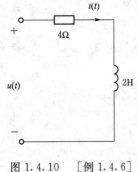

图 1.4.10　［例 1.4.6］

【例 1.4.6】　图 1.4.10 所示电路中，已知 $i(t) = 5t A$（$t \geqslant 0$），求 $t \geqslant 0$ 时的电压 $u(t)$。

解：假设各元件参考方向压流关联，则

$$u_{4\Omega}(t) = 4i(t) = 4 \times 5t = 20t (V)$$

$$u_{2H}(t) = L \frac{di(t)}{dt} = 2 \times 5 = 10 (V)$$

$$\therefore u(t) = u_{4\Omega}(t) + u_{2H}(t) = 20t + 10 (V) \qquad (t \geqslant 0)$$

1.4.2.3　电感元件的连接

图 1.4.11 是多个电感的串联和并联。经理论推导，其端口的等效电感量如下：

$$L_{串联} = L_1 + L_2 + \cdots + L_n \tag{1.4.19}$$

$$\frac{1}{L_{并联}} = \frac{1}{L_1} + \frac{1}{L_2} + \cdots + \frac{1}{L_n} \tag{1.4.20}$$

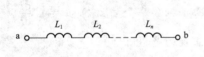

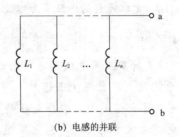

(a) 电感的串联　　　　　　　　(b) 电感的并联

图 1.4.11　电感元件的连接

电感线圈串联后的额定电流是其中最小的额定电流值。电感量相同的电感线圈并联后的额定电流是各线圈额定电流值之和。因此，串联使用电感线圈可以提高电感量，并联使用电感线圈可以增大额定电流。实际使用各种线圈时，除了考虑电感量的大小外，还要注意使正常工作时通过线圈的电流小于线圈的额定电流值，否则会烧坏线圈绕组。

电容器和电感线圈还可混联使用，以获得合适的电容量及耐压、电感量及额定电流。

1.4 Ｔ
测试题

练　习　题

一、填空题

1.4.1　电容电压随时间变化得越快，电容电流越_____；电容电压不变化，则电容电流为_____。在直流电路中，电容相当于_____。

1.4 Ｄ
练习题答案

25

1.4.2　有三个电容器 $1\mu F$、$2\mu F$、$3\mu F$，将它们串联时等效电容 $C=$＿＿＿＿＿；将它们并联时等效电容 $C=$＿＿＿＿＿。

1.4.3　$2\mu F$ 和 $3\mu F$ 两个电容器串联，外施电压 3V 直流电压，则 $2\mu F$ 电容器的电压为＿＿＿＿，$3\mu F$ 电容器的电压为＿＿＿＿。

1.4.4　电容器的储能与＿＿＿＿和＿＿＿＿有关。一只电容器充电到 100V，需要 5J 的电能，则此电容器的电容为＿＿＿＿。

1.4.5　由于通过线圈本身的电流变化引起的电磁感应现象叫＿＿＿＿，由此产生的电动势叫＿＿＿＿。

1.4.6　衡量线圈产生自感磁通（磁链）本领大小的物理量叫做＿＿＿＿，它的表示符号是＿＿＿＿，其单位是＿＿＿＿，表示符号是＿＿＿＿。

1.4.7　自感电动势的大小与线圈的＿＿＿＿和线圈中＿＿＿＿成正比。

二、选择题

1.4.8　对某一电容器，下面结论中正确的是（　　）。

A. 某一时刻电流越大，电压越大

B. 某一时刻电压变化率越大，电流越大

C. 某一时刻电压越大，电流越大

1.4.9　对于某一电容器，其电容量与其（　　）有关。

A. 工作电压　　　　B. 工作电流　　　　C. 工作频率　　　　D. 电极板尺寸

1.4.10　电容元件的电压 u 和电流 i 关联参考方向时，它们的基本关系式是（　　）。

A. $i = Cu$　　　　B. $i = C\dfrac{\mathrm{d}u}{\mathrm{d}t}$　　　　C. $i = C\dfrac{u}{t}$　　　　D. $u = C\dfrac{\mathrm{d}i}{\mathrm{d}t}$

1.4.11　对某一固定线圈，下面结论中正确的是（　　）。

A. 电流越大，自感电压越大

B. 电流变化量越大，自感电压越大

C. 电流变化率越大，自感电压越大

1.4.12　电感元件的电压 u 和电流 i 关联参考方向时，它们的基本关系式是（　　）。

A. $u = Li$　　　　B. $i = L\dfrac{\mathrm{d}u}{\mathrm{d}t}$　　　　C. $i = L\dfrac{u}{t}$　　　　D. $u = L\dfrac{\mathrm{d}i}{\mathrm{d}t}$

1.4.13　当电流 $i=2A$ 的电流通过电感线圈时，产生的磁链是 10mWb，则此电感元件的电感量 $L =$（　　）。

A. 5mH　　　　B. 10mH　　　　C. 20mH　　　　D. 5H

1.4.14　如题 1.4.14 图所示，两电路的端口等效电容量 C_{ab} 分别为（　　）。

A. 18F，11F　　B. 4F，1F　　C. 18F，1F　　D. 4F，11F

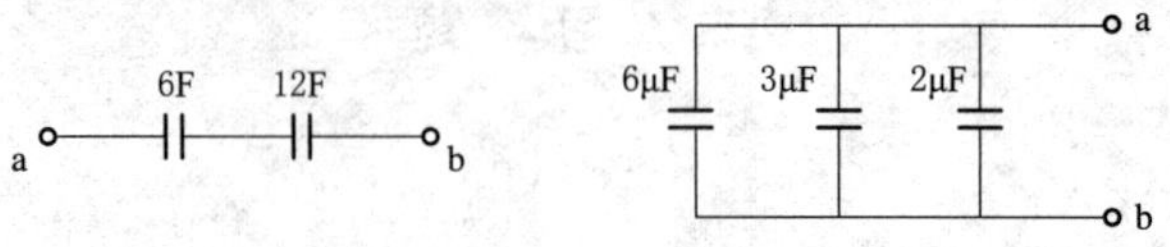

题 1.4.14 图

1.4.15 如题 1.4.15 图所示，两电路的端口等效电感量 L_{ab} 分别为（ ）。
A. 27H，20mH B. 27H，5mH C. 3H，5mH D. 3H，20mH

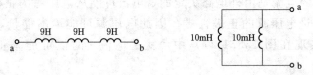

题 1.4.15 图

三、是非题

1.4.16 线圈中有电流就有感应电动势，电流越大，感应电动势就越大。（ ）

1.4.17 空心电感线圈通过的电流越大，自感系数 L 越大。 （ ）

1.4.18 电感元件通过直流时可视作短路，此时的电感 L 为零。 （ ）

1.4.19 电感元件两端电压为零，其储能一定为零。 （ ）

1.4.20 10A 的直流电流通过电感为 10mH 的线圈时，线圈存储的能量为 5J。（ ）

1.5 有 源 元 件

1.5.1 电压源

1.5.1.1 理想电压源

实际电源有电池、发电机、信号源等。理想电源是从实际电源抽象出来的一种电路模型，它们是二端有源元件。理想电压源是一种能产生并维持一定输出电压的理想电源元件，简称为电压源。图形符号如图 1.5.1（a）所示，u_S 为电压源的电压，即为电压源的参数。电压源的电压若为恒定值 U_S，则称为直流电压源，或恒压源，其图形符号如图 1.5.1（b）的虚框所示。

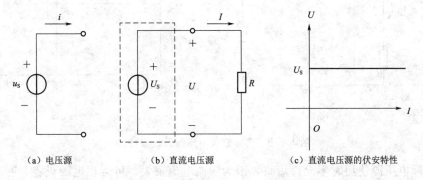

（a）电压源　　　　（b）直流电压源　　　　（c）直流电压源的伏安特性

图 1.5.1 电压源的图形符号及伏安特性

电压源是一个理想电路元件，它的端电压是一个定值或是一定的时间函数，与通过它的电流无关，它的电流及功率由与之相连的外部电路决定。

电压源的特性主要有两个：

（1）电压源的电压为定值 U_S 或某给定的时间函数 $u_S(t)$，与流过元件的电流无关。

（2）流过电压源的电流可以是任意的，是由与该电压源连接的外电路决定。

直流电压源的伏安特性曲线如图 1.5.1（c）所示。

流经电压源的电流是由外电路决定的，电流可能从电压源的正极性端流出，也可能从外电路流进电压源的正极性端，因此电压源可能输出能量，也可能吸收能量。上述特性表现在图 1.5.1（c）中，就是电流 i 的值可能是正的，也可能是负的。

电压源不接外电路时，电流 i 总为 0，这种情况称"电压源处于开路"。如果令一个电压源的电压 $u_S = 0$，则此电压源伏安特性为 i-u 平面的电流轴，它相当于短路。把电压源短路是没有意义的，因为短路时端电压 $u = 0$，这与电压源的特性不相容。

1.5.1.2　实际电压源

实际上，电压源内部总有损耗，总是存在一定的电阻，当电源有电流流过时，内阻就有分压，且电流越大，分压也越大，输出端电压就越低，电源不再具有恒压输出的特性。这种电压源称为实际电压源。实际电压源可以用一个电压源 U_S 与内阻 R_0 串联的电路模型表示，图 1.5.2（a）的虚线框内为实际直流电压源。实际直流电压源的伏安特性为

$$U = U_S - IR_0 \tag{1.5.1}$$

实际电压源的伏安特性曲线如图 1.5.2（b）所示。从式（1.5.1）和伏安特性曲线可以看出，电压源的端电压 U 随着电流 I 的增加而下降，内阻 R_0 越小，分压越小，曲线越平直，越接近恒压源的情况。工程中常见的稳压电源及大型电网的输出电压基本不随外电路变化，在一定范围内可近似当作恒压源。

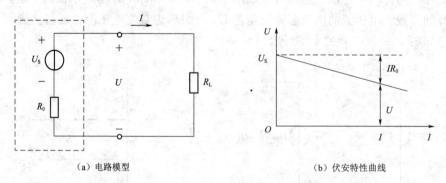

（a）电路模型　　　　　　　　　　　　　（b）伏安特性曲线

图 1.5.2　实际直流电压源及伏安特性

实际电压源使用时不允许短路，因为短路电流很大，可烧损电源设备，甚至引发火灾。不使用时应开路放置，因为开路电流为 0，不消耗电压源的电能。

1.5.2　电流源

1.5.2.1　理想电流源

理想电流源是一种能产生并维持一定输出电流的理想电源元件，也简称为电流源，其图形符号如图 1.5.3（a）所示，i_S 为电流源的电流，即为电流源的参数。若电流源的电流为恒定值 I_S 时称为直流电流源，或恒流源，其图形符号如图 1.5.3（b）

的虚框所示。

电流源是一个理想电路元件，它的电流是一个定值或是一定的时间函数，与它两端的电压无关，它的电压及功率由与之相连的外部电路决定。

电流源的特性主要有两个：

（1）电流源的电流为定值 I_S 或某给定的时间函数 $i_S(t)$，与元件两端的电压无关。

（2）电流源两端的电压可以是任意的，是由与该电流源连接的外电路决定。

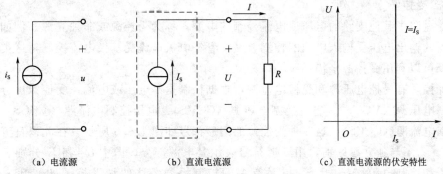

（a）电流源　　　　　　（b）直流电流源　　　　（c）直流电流源的伏安特性

图 1.5.3　电流源的图形符号及伏安特性

直流电流源的伏安特性曲线如图 1.5.3（c）所示。

电流源两端的电压是由外电路决定的，因此电流源可能对外电路提供能量，也可能消耗能量。

电流源两端短路时，其端电压 $u = 0$，而 $i = i_S$，电流源的电流即为短路电流。如果令一个电流源的 $i_S = 0$，则此电流源的伏安特性为 $i-u$ 平面上的电压轴，它相当于开路。电流源的"开路"是没有意义的，因为开路时发出的电流必须为 0，这与电流源的特性不相容。

1.5.2.2　实际电流源

实际上，由于内阻的存在，电流源的电流不可能全部输出，有一部分将在内部分流。实际电流源可以用一个电流源 i_S 与内阻 R_0 并联的电路模型来表示，图 1.5.4（a）虚线框内为实际直流电流源的电路模型。

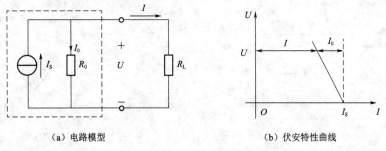

（a）电路模型　　　　　　　　　　（b）伏安特性曲线

图 1.5.4　实际直流电流源及伏安特性曲线

实际直流电流源的伏安特性为

$$I = I_S - \frac{U}{R_0}$$

（1.5.2）

其伏安特性曲线如图 1.5.4（b）所示。从式（1.5.2）和实际电流源的伏安特性曲线可以看出，电流源的端电压 U 随着电流 I 的增加而下降；内阻 R_0 越大，分流越小，曲线越陡峭，越接近恒流源的情况。晶体管稳流电源及光电池等器件在一定范围内可近似视为恒流源。

实际电流源的内阻都很大，如发生开路，其开路电压很大，会损坏电源，在应用时电流源不允许处于开路状态。

1.5.3　受控源

受电路中其他支路的电压或电流控制的电源，称为受控源或非独立源。例如运算放大器的输出电压受输入电压的控制，晶体管集电极电流受基极电流控制，这类电路器件都可以利用受控源来描述。

受控源有受控电压源和受控电流源，根据控制量是电压或电流，受控源可分为电压控制电压源（VCVS）、电流控制电压源（CCVS）、电压控制电流源（VCCS）和电流控制电流源（CCCS），这四种受控源的图形符号如图 1.5.5 所示（在此以直流电路为例）。为了与独立源区别，用菱形符号表示其电源部分。图中 U_1 和 I_1 分别表示控制电压和控制电流，μ、r、g、β 是有关的控制系数。这四种受控源的特性方程分别为：

电压控制电压源 VCVS：$U_2 = \mu U_1$，μ 称为电压传输比，无量纲。

电流控制电压源 CCVS：$U_2 = r I_1$，r 称为转移电阻，具有电阻的量纲。

电压控制电流源 VCCS：$I_2 = g U_1$，g 称为转移电导，具有电导的量纲。

电流控制电流源 CCCS：$I_2 = \beta I_1$，β 称为电流传输比，无量纲。

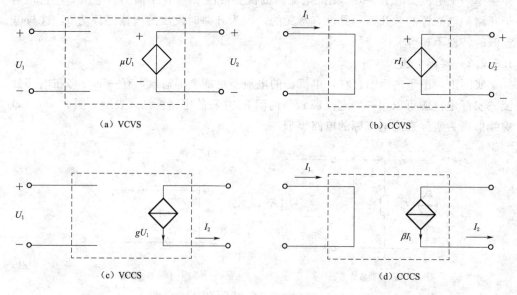

（a）VCVS　　　　　　　　　　　　（b）CCVS

（c）VCCS　　　　　　　　　　　　（d）CCCS

图 1.5.5　受控源

当系数 μ、r、g、β 为常数时，被控制量和控制量之间成正比，这种受控源称为线性受控源。

图 1.5.5 中的受控源表示为具有四个端钮，即两个端口，分别为施加控制量的输入端口和对外提供电压或电流的输出端口。在绘制电路图时，一般不画输入端口，只画出输出端口，这样，受控源就简化为二端元件，同时要明确地标出控制量和受控量。

受控源与独立源的性质不同，独立源不受电路中其他部分的电压或电流控制，能独立向电路提供电能和信号并产生相应的响应。受控源主要用来反映电路中某处电压或电流能控制另一处的电压或电流的现象，或表示一处的电路变量与另一处电路变量之间的一种耦合关系。当电路中不存在独立源时，受控源不能独立地产生响应。受控源反映了很多电子器件在工作过程中所发生的这种控制关系，故电子器件可以用包含受控源的电路元件来建立电路模型。

【例 1.5.1】 图 1.5.6 所示电路中的受控源为电压控制电流源（VCCS），已知 $I_2 = 2U_1$，$I_S = 1\text{A}$，求电压 U_2。

解： 先求控制电压 U_1，从左边电路可知

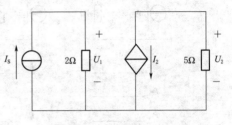

图 1.5.6　[例 1.5.1]

$$U_1 = I_S \times 2 = 1 \times 2 = 2 \,(\text{V})$$
$$\text{故有 } I_2 = 2U_1 = 2 \times 2 = 4 \,(\text{A})$$
$$\text{得 } U_2 = -5I_2 = -5 \times 4 = -20 \,(\text{V})$$

练 习 题

一、填空题

1.5.1　电路如题 1.5.1 图所示，填写各电路的输出特性方程。

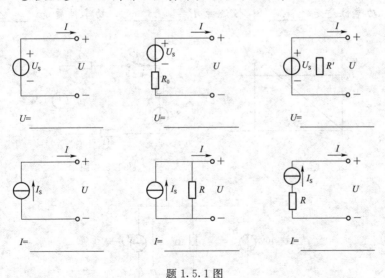

题 1.5.1 图

1.5.2　电路如题 1.5.2 图所示，填写各待求量。

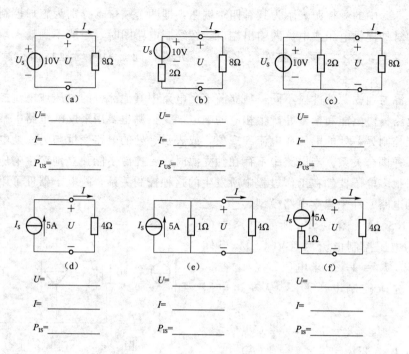

题 1.5.2 图

1.5.3 元件的_____的关系曲线叫作元件的伏安特性曲线。题 1.5.3 图中的 (1)、(2)、(3) 分别表示的是_____、_____、_____的伏安特性曲线。

1.5.4 题 1.5.4 图所示电路中，当开关 K 打开时，$U_{ab}=$_____，$I_{ab}=$_____。当开关 K 闭合时 $U_{ab}=$_____，$I_{ab}=$_____。

1.5.5 如题 1.5.5 图所示电路中，$U_1=$_____，$I=$_____，恒压源 $P=$_____，功率性质是_____；恒流源 $P=$_____，功率性质是_____。

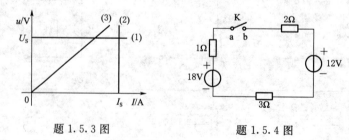

题 1.5.3 图   题 1.5.4 图

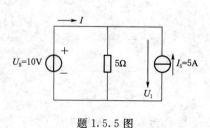

题 1.5.5 图

二、选择题

1.5.6 有关实际电压源的下列说法中，正确的是（ ）。

A. 实际电压源的输出电压是一个恒定值，与输出电流无关

B. 实际电压源的输出电压随输出电流的增大而增大

C. 实际电压源的输出电压随输出电流的增大而减小

1.5.7 有关恒压源伏安特性的下列说法中，正确的是（ ）。

A. 电压源的伏安特性是一条直线

B. 电压源的伏安特性是一条经过坐标原点的直线

C. 电压源的伏安特性是一条曲线

1.5.8 有关恒流源的下列说法中，错误的是（ ）。

A. 恒流源的输出是一个恒定值，与外接负载无关

B. 恒流源的输出电流大小与外接负载的大小有关

C. 恒流源两端的端电压大小与外接电路有关

三、是非题

1.5.9 恒压源的输出电压是恒定不变的，但通过它的电流却可以是任意的。

（ ）

1.5.10 恒流源的输出电流是恒定不变的，但它两端的电压却是可变的，其电压的大小由所接负载确定。 （ ）

1.5.11 电源两端用导线短接时，短路电流无穷大。 （ ）

四、计算题

1.5.12 如题 1.5.12 图所示电路，求各电源的功率，并说明是吸收还是发出。

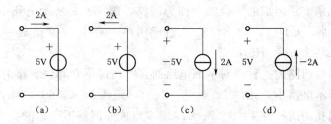

题 1.5.12 图

1.5.13 如题 1.5.13 图所示电路，分别计算（a）、（b）电路中的 U 和 I ，问当电阻 R 的值变化时，电压 U 和电流 I 是否变化？为什么？

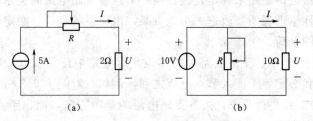

题 1.5.13 图

1.6　基尔霍夫定律

1.6.1　电路结构的有关术语

集总电路由集总元件相互连接而成。以图 1.6.1 所示电路为例，介绍一些有关电路名词。图 1.6.1 所示电路中，方框符号表示没有具体说明性质的二端元件。

串联和并联：成串相连，中间没有分支的一些二端元件称为串联；而一些二端元件的两个端钮分别连接在一起时称为并联。

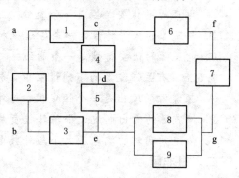

图 1.6.1　电路示例

支路：电路中的一个分支称为支路。支路数常用 b 表示。一条支路可以只有一个二端元件，也可以由几个二端元件串联而成。显然同一条支路上的电流处处相等。图 1.6.1 所示电路中，元件 1、2、3 串联，元件 4、5 串联，元件 6、7 串联，元件 8、9 并联。图 1.6.1 所示电路共有 5 条支路，即元件 1、2、3 组成一条支路，元件 4、5 组成一条支路，元件 6、7 组成一条支路，元件 8 和 9 各为一条支路。

节点：三条或三条以上支路的连接点称为节点。节点数常用 n 表示。图 1.6.1 所示电路共有 3 个节点，即 c、e、g 3 个节点。特别要注意：电路中如果有若干个点之间是用一根理想导线直接连接的，则这些点应该看作是同一个节点。

回路：由几条支路组成的闭合路径称为回路，图 1.6.1 所示电路中，元件 1、4、5、3、2 组成回路，元件 6、7、8、5、4 组成回路，元件 8、9 组成一个回路，元件 1、6、7、9、3、2 组成一个回路等。

网孔：网孔是回路的一种，对平面电路而言，内部不含其他支路的回路就称为网孔。图 1.6.1 所示电路中，元件 1、4、5、3、2，元件 5、4、6、7、8，元件 8、9 组成的回路称为网孔。而元件 1、6、7、8、3、2 组成的回路不称为网孔。

1.6.2　基尔霍夫电流定律

1.6 ▶

基尔霍夫定律

基尔霍夫定律是集总电路的基本定律，它包括基尔霍夫电流定律（KCL）和基尔霍夫电压定律（KVL）。

基尔霍夫电流定律是用来确定连接在同一节点各支路电流间关系的。

电流的连续性原理说明：流进一个地方某一电荷量的电荷，必定同时从这个地方流出同一电荷量的电荷。

KCL 是电流连续性原理在电路中的体现，对电路中任一节点，在任一瞬间，流出节点的电流之和必定等于流入节点电流之和。例如，对图 1.6.2 所示电路中的节点 a，连接在 a 点的支路共有 5 条，按各支路电流的参考方向，流出节点的电流为 i_2 和 i_5，流入节点的电流为 i_1、i_3 和 i_4，则

$$i_2 + i_5 = i_1 + i_3 + i_4$$

可以写成

$$-i_1 + i_2 - i_3 - i_4 + i_5 = 0$$

即

$$\sum i = 0 \qquad (1.6.1)$$

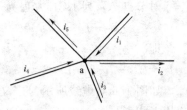

图 1.6.2 说明 KCL 的电路

式（1.6.1）就是 KCL 的表达式，基尔霍夫电流定律的内容是：在集总电路中，任何时刻，连接在任一节点的各支路电流的代数和为 0。其数学表达式为

$$\sum i(t) = 0$$

在直流情况下，则有

$$\sum I = 0$$

由 KCL 决定的各支路电流的关系式有节点电流方程式之称，所以 KCL 也称为节点电流定律。列节点电流方程时，一般对参考方向流出节点的电流取"＋"号，同时对流入节点的电流取"－"号。当然，也可以做相反规定，其结果是等效的。

KCL 决定了串联的各个支路电流相等。

KCL 适用于电路的节点，但对包围几个节点的闭合面也是适用的。通过电路中任一封闭面的电流的代数和为 0。如图 1.6.3 所示虚线封闭面包围的电路 N_1 中有 3 条支路与电路的其余部分连接，其流出的电流为 i_1、i_2 和 i_3（电流的方向都是参考方向），则

$$i_1 + i_2 + i_3 = 0$$

如图 1.6.4 所示电路，两部分电路之间只有一条导线相连，根据 KCL，流过该导线的电流 i 必为 0，即 $i = 0$。

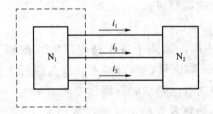

图 1.6.3 KCL 应用于一个封闭面   图 1.6.4 两部分电路只有一条导线相连

列 KCL 方程的步骤如下：

（1）选定节点。

（2）设定并标示节点所连各支路电流的参考方向。

（3）列 KCL 方程。根据各支路电流的参考方向与该节点的关系（流入还是流出）确定各电流前的符号（正号还是负号）。

【例 1.6.1】 如图 1.6.5 所示是电路的一部分，已知：$I_1 = 2A$，$I_2 = -1A$，$I_5 = 3A$，计算 AB 支路和 BC 支路的电流。

解：设 AB 支路电流 I_3、BC 支路电流 I_6 的参考方向如图 1.6.5 所示。

对节点 A，列 KCL 方程为

$$-I_1 + I_2 - I_3 = 0$$

即

$$I_3 = I_2 - I_1 = -1 - 2 = -3 \text{（A）}$$

如图 1.6.5 虚线所示为广义节点，
应用 KCL 得

$$-I_1 - I_5 + I_6 = 0$$

即

$$I_6 = I_1 + I_5 = 2 + 3 = 5 \text{（A）}$$

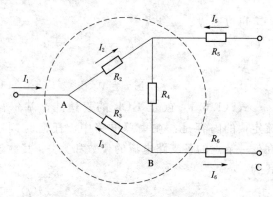

图 1.6.5   [例 1.6.1]

1.6.3 基尔霍夫电压定律

基尔霍夫定律的另一内容是基尔霍夫电压定律，缩写为 KVL。

电荷在电场中从一点移动到另一点时，它所具有的能量的改变量只与这两点的位置有关，与移动路径无关。KVL 是电压与路径无关这一性质在电路中的体现。

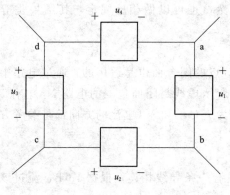

图 1.6.6 说明 KVL 的电路

例如，如图 1.6.6 所示电路中的一个回路 abcda，各支路的电压参考方向如图所示，各电压分别为 u_1、u_2、u_3、u_4，从节点 a 出发经过路径 ab 到达另外一个节点 b，电压为

$$u_{ab} = u_1$$

从节点 a 出发经过路径 adcb 到达节点 b，电压为各支路电压的代数和：

$$u_{ab} = -u_4 + u_3 + u_2$$

则

$$u_1 = -u_4 + u_3 + u_2$$

上式可写成：

$$u_1 - u_2 - u_3 + u_4 = 0$$

这个关系式表明：沿电路的任一回路绕行一周，回路中各支路电压的代数和为 0，如对所选参考方向与"绕行方向"一致的电压取正号，则对参考方向与绕行方向相反的电压取负号。绕行方向是任选的，本例中选取的是顺时针绕行方向。

推广到一般情况，电路中的任一瞬间，任一回路各支路电压的代数和为 0，这就是 KVL，其数学表达式为

$$\sum u = 0 \tag{1.6.2}$$

式（1.6.2）就是 KVL 的表达式，基尔霍夫电压定律的内容是：在集总电路中，任何时刻，任一回路，各支路电压的代数和恒为零。其数学表达式为 $\sum u = 0$。

在直流情况下，则有

$$\sum U = 0$$

KVL 决定了各回路电压的关系，有回路电压方程之称，所以 KVL 也称为回路电压定律。列回路电压方程时，需要任意指定一个回路的绕行方向，凡支路电压的参考方向与回路绕行方向相同时，该电压前面取"＋"号，支路电压参考方向与回路绕行

方向相反时，电压前面取"-"号。

KVL 决定了并联的各个支路的电压相等。

KVL 也可以推广应用于假想回路，如图 1.6.7 所示电路中，可以假想有回路 ab-ca，其中 ab 段未画出支路。对于这个假想回路，如从 a 出发，顺时针方向绕行一周，按图中规定的参考方向，有

$$u + u_2 - u_1 = 0$$

【例 1.6.2】 如图 1.6.8 所示的电路，已知 $U_S = 11V$，$I_S = 1A$，$R_1 = 1\Omega$，$R_2 = 4\Omega$，计算电流源的端电压 U 和电压 U_{AB}。

解： 设各电压、电流的参考方向如图 1.6.8 所示。根据电流源的性质得

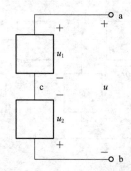

图 1.6.7 KVL 应用于假想回路

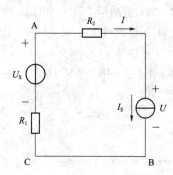

图 1.6.8 [例 1.6.2]

$$I = I_S = 1A$$

应用 KVL 列方程，得

$$IR_1 - U_S + IR_2 + U = 0$$

代入数据，得

$$U = U_S - IR_1 - IR_2 = 11 - 1 \times 1 - 1 \times 4 = 6 \, (V)$$

A、B 之间用电压 U_{AB} 替代，形成广义的闭合回路 ABCA，列 KVL 方程，有

$$U_{AB} + IR_1 - U_S = 0$$

代入数据，得 $U_{AB} = U_S - IR_1 = 11 - 1 \times 1 = 10 \, (V)$

这道题提醒我们，在包含电流源的电路中，列 KVL 方程时，不要遗漏了电流源的端电压。

【例 1.6.3】 图 1.6.9 为某电路中的一个回路，通过 a、b、c、d 四个节点与电路的其他部分相连接，图中已标注出部分已知的元件参数及支路电流，求未知参数 R 及电压 U_{ac}、U_{bd}。

解： 设未知电流 I_1、I_2、I_3 如图所示。

对节点 a 应用 KCL 得

   $-1 + 2 - I_1 = 0$，解得 $I_1 = 1A$

对节点 b 应用 KCL 得

$-2 + (-2) - I_2 = 0$，解得 $I_2 = -4A$

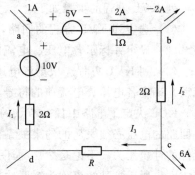

图 1.6.9 [例 1.6.3]

对节点 c 应用 KCL 得

$$I_2 + 6 + I_3 = 0 \text{，解得 } I_3 = -I_2 - 6 = -2 \text{（A）}$$

选择顺时针绕行方向，列 KVL 方程：

$$5 + 1 \times 2 - 2I_2 + I_3 R + 2I_1 - 10 = 0$$

代入 I_1、I_2、I_3 的值，解得 $R = 3.5\Omega$

根据 KVL，可得

$$U_{ac} = U_{ab} + U_{bc} = 5 + 1 \times 2 - 2I_2 = 5 + 2 - 2 \times (-4) = 15 \text{（V）}$$

$$U_{bd} = U_{bc} + U_{cd} = -2I_2 + RI_3 = -2 \times (-4) + 3.5 \times (-2) = 1 \text{（V）}$$

【例 1.6.4】 试计算图 1.6.10 所示电路中各元件的功率，已知数据标在图中。

解： 为计算功率，先计算电流、电压。

元件 1 与元件 2 串联，$i_{db} = 10\text{A}$，
元件 3 与元件 4 串联，$i_{dc} = -5\text{A}$，对
于回路 cabdc、adba 由 KVL，有

$$u_{ca} - 2 + 10 - 5 = 0$$

$$u_{ad} - 10 + 2 = 0$$

得

$$u_{ca} = -3\text{V} \qquad u_{ad} = 8\text{V}$$

用 KCL 对于节点 a，有

$$i_{ad} - 10 + 5 = 0$$

得

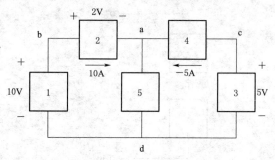

图 1.6.10　［例 1.6.4］

$$i_{ad} = 5\text{A}$$

元件 1 的电压、电流的实际方向相反，则元件 1 发出 $10 \times 10 = 100$（W）的功率。

元件 2 的电压、电流的实际方向相同，则元件 2 吸收 $10 \times 2 = 20$（W）的功率。

同理，元件 3 吸收 25W 的功率，元件 4 吸收 15W 的功率，元件 5 吸收 40W 的功率。

用功率平衡进行验证，实际发出功率为 100 W。

实际吸收功率为：$20 + 25 + 15 + 40 = 100$（W）。

即电路的功率平衡。

列 KVL 方程的步骤如下：

（1）选定列 KVL 方程的回路，选择绕行方向。

（2）设定并标示各电压、电流的参考方向。

（3）列 KVL 方程。根据各电压、电流的参考方向与绕行方向的关系（相同还是相反）确定各电压、电流前的符号（正号还是负号）。

KCL 决定了电路中任一节点的电流必须服从的约束关系，KVL 决定了电路中任一回路的电压必须服从的约束关系。这两个定律仅与元件的相互连接方式有关，而与元件的性质无关。不论是线性的还是非线性的，时变的还是定常的，KCL 和 KVL 总是成立。所以这种约束称为互联约束或拓扑约束。互联约束关系是线性关系。后面要介绍到的线性电阻元件的电压与电流必须满足 $u = Ri$ 的关系，这种关系称为元件的

组成关系或电压电流关系（VCR），即 VCR 构成了变量的元件约束。

练 习 题

一、填空题

1.6.1 求如题 1.6.1 图所示各电路中的电流 I 。

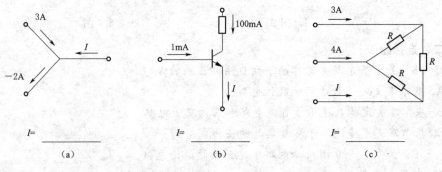

$I=$ _____ $I=$ _____ $I=$ _____

（a）   （b）   （c）

题 1.6.1 图

1.6.2 求如题 1.6.2 图所示电路的电流 I 、电压 U_{ab} 。

1.6.3 求如题 1.6.3 图所示电路的电压 U 、电流 I 。

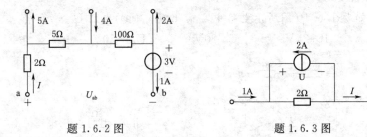

题 1.6.2 图   题 1.6.3 图

    1.6.4 如题 1.6.4 图所示电路的节点数 $n=$ _____，支路数 $b=$ _____，网孔数 $l=$ _____。

    1.6.5 如题 1.6.5 图所示电路的节点数 $n=$ _____，支路数 $b=$ _____，网孔数 $l=$ _____。

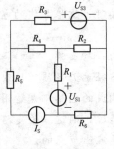 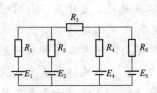

题 1.6.4 图   题 1.6.5 图

1.6.6　求题 1.6.6 图电路的电压。(1) $U=$ _____ ，(2) $U=$ _____。

1.6.7　求题 1.6.7 图电路的电压 $U=$ _____。

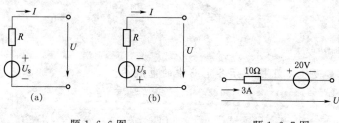

题 1.6.6 图　　　　　　　题 1.6.7 图

二、选择题

1.6.8　关于基尔霍夫定律的下列说法，正确的是（　　）。

A. 基尔霍夫定律只适用于线性电路

B. 基尔霍夫定律只适用于直流电路和正弦交流电路

C. 基尔霍夫定律适用于参数集总的任何电路

1.6.9　如题 1.6.9 图所示电路中，正确的结论是（　　）。

A. 有 5 个节点

B. 有 5 条支路

C. 是无分支电路

D. 只有一条支路

1.6.10　如题 1.6.10 图所示电路中，a、b 两点间的电压 U_{ab} 等于（　　）。

A. 16V　　　　B. 24V　　　　C. 20V　　　　D. -20V

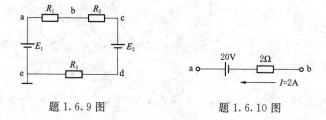

题 1.6.9 图　　　　　　　题 1.6.10 图

三、是非题

1.6.11　一个电路如果只有一处用导线和地相连接，这根与地相连接的导线中没有电流。　　　　　　　　　　　　　　　　　　　　　　　　　　（　　）

1.6.12　当两部分直流电路只用一根导线连接时，这根导线的电流必定为 0。
　　　　　　　　　　　　　　　　　　　　　　　　　　　　　　　（　　）

1.6.13　基尔霍夫电流定律是"电荷守恒"的一种反映。　　　　　（　　）

1.6.14　基尔霍夫电压定律实质上是电压与路径无关性质的反映。（　　）

1.6.15　基尔霍夫定律对各种不同元件所构成的电路都是适用的。（　　）

1.6.16　若由三条支路连接成的节点有电流通过，则这三条支路中最多只有两条支路电流是流入节点的，最少有一条支路的电流是流出节点的。　　　　（　　）

1.6.17　一个单刀开关串联电阻后接在直流电源上，如果将开关打开，则开关两端的电压等于 0。

四、计算题

1.6.18　如题 1.6.18 图所示电路，已知 $I_a = -1A$，$I_b = 0.5A$，试求：U_{ab}、U_{bc}、U_{ca}。

1.6.19　如题 1.6.19 图电路，已知 $U_{S1} = 6V$，$U_{S2} = 10V$，$R_1 = 4\Omega$，$R_2 = 2\Omega$，$R_3 = 10\Omega$，$R_4 = 9\Omega$，$R_5 = 1\Omega$，求：

（1）电流 I_1、I_4、I_3。

（2）以 o 点为参考点，Φ_a、Φ_b、Φ_c 各为多少？

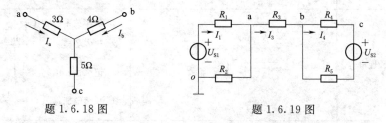

题 1.6.18 图　　　　　　　　　　题 1.6.19 图

1.7　本 章 小 结

本章介绍了电路与电路模型的概念、电路的基本物理量、电路的基本定律和电路元件。

1.7.1　电路与电路模型

电路的组成：电源、负载和中间环节三部分。

电路的作用：

（1）实现电能的传输、分配和转换。

（2）实现电信号的传递、变换和处理。

（3）电路理论分析的是电路模型而不是实际电路。电路模型是从实际电路抽象出来的理想化的数学模型。

1.7.2　电路的基本物理量

电路的基本物理量有电流、电压和功率，见表 1.7.1。

表 1.7.1　　　　　　　　　　电 路 的 基 本 物 理 量

物理量	电　流	电　压	功　率
定义	$i(t) = \dfrac{\mathrm{d}q}{\mathrm{d}t}$	$u_{ab} = \dfrac{\mathrm{d}W}{\mathrm{d}q}$	$p = \dfrac{\mathrm{d}W}{\mathrm{d}t}$
基本单位	A	V	W
参考方向表示	（1）箭头 （2）双下标 i_{ab}	（1）箭头 （2）"+""−"极性 （3）双下标 u_{ab}	u、i 关联：$p_{吸收} = ui$ u、i 非关联：$p_{吸收} = -ui$ 若计算得 $p_{吸收} > 0$，实际吸收功率； 反之，实际发出功率

1.7.3　电路元件

电路元件分为无源元件和有源元件两大类，见表 1.7.2。

表 1.7.2　电　路　元　件

电路元件	元件名称	电　路　符　号	主　要　特　征
无源元件	线性电阻		1. 伏安关系：$u = R \cdot i$ 2. 无记忆性 3. 耗能：$p = i^2 R = \dfrac{u^2}{R} = u \cdot i \geqslant 0$
	线性电容		1. 伏库关系：$q = Cu$ 2. 伏安关系：$i = C \cdot \dfrac{du_C}{dx}$ 3. 记忆性：$u(t) = \dfrac{1}{c} \displaystyle\int_{-\infty}^{t} i(\xi) \cdot d\xi$ 4. 存储电能：$w_C(t) = \dfrac{1}{2} C u_C^2(t) \geqslant 0$
	线性电感		1. 韦安关系：$\psi = Li$ 2. 伏安关系：$u = L \dfrac{di_L}{dt}$ 3. 记忆性：$i(t) = \dfrac{1}{L} \displaystyle\int_{-\infty}^{t} u(\xi) d\xi$ 4. 存储磁能：$w_L(t) = \dfrac{1}{2} L i_L^2(t) \geqslant 0$
有源元件	理想电压源		1. $u = U_S$ 2. i 为不定值（由外电路确定）
	理想电流源		1. $i = I_S$ 2. u 为不定值（由外电路确定）
	受控源		1. 可以对外提供电压或电流，具有电源性 2. 不能独立存在，不是真正的激励，具有电阻性

1.7.4　电路的基本定律

电路的基本定律见表 1.7.3。

表 1.7.3   **电 路 的 基 本 定 律**

定律名称	基尔霍夫电流定律（KCL）	基尔霍夫电压定律（KVL）
定律内容	任一节点：$\sum i = 0$	任一回路：$\sum u = 0$
物理意义	电荷守恒	能量守恒
约束关系	节点处各支路电流的相互约束	回路中各支路电压的相互约束

1.7 ⓓ

习题答案

本 章 习 题

1.1 电路如题 1.1 图所示，已知：元件 A 吸收功率 60 W；元件 B 吸收功率 30 W；元件 C 产生功率 60 W，求各电流 I。

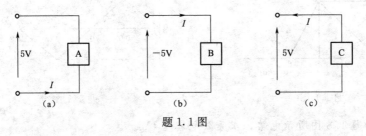

题 1.1 图

1.2 电路如题 1.2 图所示，求开关 S 闭合与断开两种情形下的 U_{ab} 和 U_{cd}。

1.3 电路如题 1.3 图所示，求：

(1) 开关 S 断开时，电压 U_{ab} 值。

(2) 开关 S 闭合时，ab 中的电流 I_{ab}。

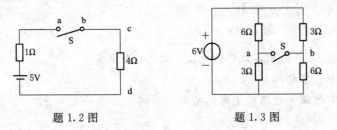

题 1.2 图   题 1.3 图

1.4 电路如题 1.4 图所示，求 A 点和 B 点的电位。如果将 A、B 两点直接连接或接一电阻，对电路工作有无影响？

1.5 如题 1.5 图所示电路，已知图 (b) 中的电阻两端电压波形如图 (a) 所示，求电阻 R 中的电流波形。

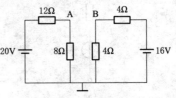

题 1.4 图

1.6 有一电感元件，$L = 1\,\text{H}$，其电流 i 的波形如题 1.6 图所示，试作出电感电压 u 的波形，设电感元件的电流、电压取关联参考方向。

1.7 有一容量 $C = 0.01\,\mu\text{F}$ 的电容，其两端电压的波形如题 1.7 图所示，试作出电容电流的波形，设电容元件的电压、电流参考选取关联参考方向。

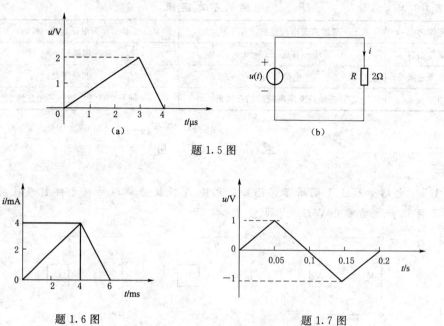

题 1.5 图

题 1.6 图　　　　　　题 1.7 图

1.8　如题 1.8 图所示电路，求等效电容量 C_{ab}。

1.9　如题 1.9 图所示电路，求等效电感量 L_{ab}。

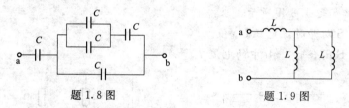

题 1.8 图　　　　题 1.9 图

1.10　如题 1.10 图中各元件的电流 I 均为 2A。求：

(1) 各图中支路电压 U。

(2) 各图中电源、电阻及支路的功率，并讨论功率平衡关系。

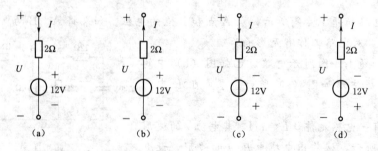

题 1.10 图

1.11　试求题 1.11 图中各电路的电压 U，并分别讨论其功率平衡。

1.12　电路如题图 1.12 图所示，求电流 I。

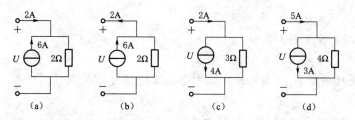

题 1.11 图

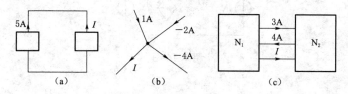

题 1.12 图

1.13 分别求题 1.13 图 (a) 的 U 和图 (b) 中的 U_1、U_2 和 U_3。

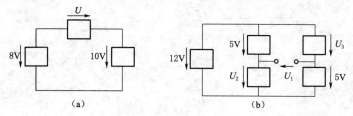

题 1.13 图

1.14 电路如题 1.14 图所示，求：

(1) 负载电阻 R_L 中的电流 I 及其两端电压各为多少？

(2) 试分析功率平衡关系。

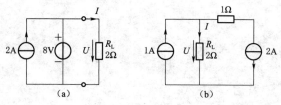

题 1.14 图

1.15 电路如题 1.15 图所示，求：

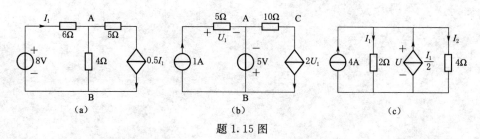

题 1.15 图

（1）图（a）中电流 I_1 和电压 U_{AB}。

（2）图（b）中电压 U_{AB} 和 U_{CB}。

（3）图（c）中电压 U 和电流 I_1、I_2。

1.16　电路如题 1.16 图所示，试求受控源提供的功率。

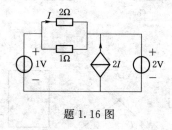

题 1.16 图

第2章 电阻电路的等效变换

学习目标

(1) 深刻理解电路"等效"的概念。

(2) 熟练掌握电阻不同连接方式之间的等效变换方法（电阻的串并联等效及电阻的星形连接和三角形连接的等效变换）。

(3) 熟练掌握两种电源模型的等效变换。

电路由电路元件相互连接所组成，因元件性质不同而多种多样。其中，由线性无源元件、线性受控源和独立电源组成的电路称为线性电路，这是本书讨论的主要对象。若线性电路的无源元件均为线性电阻元件的，则称为线性电阻电路，简称电阻电路。

2.1 电阻的串联和并联

2.1.1 等效网络

"等效"的概念是电路分析中一个重要的基本概念。一个电路只有两个端钮与外部相连时，就叫二端网络或一端口网络。每一个二端元件便是二端网络最简单的形式。图 2.1.1 是二端网络的一般符号。二端网络的端钮电流、端钮间电压分别称为端口电流 I、端口电压 U，图中 U、I 的参考方向对二端网络为关联参考方向。

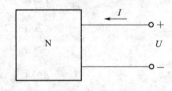

图 2.1.1 二端网络

一个二端网络的端口电压、电流关系与另一个二端网络的端口电压、电流关系相同时，这两个网络称为等效网络。两个等效网络的内部结构虽然不同，但对外部而言，它们的影响完全相同，所以说等效网络互换后，它们的外部情况不变，故"等效"是指"对外部等效"。等效的概念同样也适用于多端网络。

2.1.2 电阻的串联及其应用

2.1.2.1 电阻的串联

把多个电阻首尾顺序连在一起，这种连接方式称为电阻的串联。串联电阻电路的特点是所有电阻流过同一个电流。下面以两个电阻串联为例进行说明，电路如图 2.1.2（a）所示。

串联电阻的等效电阻可以用一个等效电阻 R_{eq} 表示，如图 2.1.2（b）所示。等效的条件是两个二端网络的端口电压、电流关系相同，

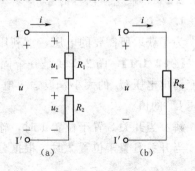

图 2.1.2 两个电阻的串联及等效

根据 KVL，有
$$U = U_1 + U_2 = R_1 I + R_2 I = (R_1 + R_2)I = R_{eq}I$$
其中
$$R_{eq} = R_1 + R_2 \qquad\qquad (2.1.1)$$

当满足式（2.1.1）时，图 2.1.2 中两组电路对外电路等效。

图 2.1.2（a）所示电路中，总电压 U 与分电压 U_1、U_2 之间的关系如下：

$$U_1 = R_1 I = R_1 \frac{U}{R_1 + R_2} = \frac{R_1}{R_1 + R_2}U = \frac{R_1}{R_{eq}}U$$

$$U_2 = R_2 I = R_2 \frac{U}{R_1 + R_2} = \frac{R_2}{R_1 + R_2}U = \frac{R_2}{R_{eq}}U \qquad (2.1.2)$$

式（2.1.2）称为串联电阻的分压公式。将等效电阻和分压公式推广到 n 个电阻串联的情形，如图 2.1.3 所示，有

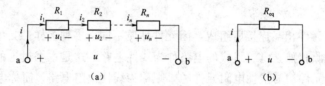

图 2.1.3　电阻的串联及等效

$$U = U_1 + U_2 + \cdots + U_n = R_1 I + R_2 I + \cdots + R_n I$$
$$= (R_1 + R_2 + \cdots + R_n)I = R_{eq}I \qquad (2.1.3)$$

则

$$R_{eq} = R_1 + R_2 + \cdots + R_n = \sum R_n \qquad (2.1.4)$$

$$U_k = \frac{R_k}{R_{eq}}U \qquad (2.1.5)$$

若将式（2.1.3）两边同乘以电流 I，则

$$P = UI = I^2 R_1 + I^2 R_2 + \cdots + I^2 R_n \qquad (2.1.6)$$

式（2.1.6）说明，n 个电阻串联吸收的总功率等于各个电阻吸收的功率之和，且每个电阻的功率与电阻的关系为

$$P_1 : P_2 : \cdots : P_n = R_1 : R_2 : \cdots : R_n$$

即串联电阻的功率和它的电阻值成正比。

2.1.2.2　串联电阻电路的应用

1. 分压

为了获取所需要的电压，常利用电阻串联电路的分压原理制成分压器。

【例 2.1.1】图 2.1.4 是一个固定的三挡分压器。当改变开关 S 的位置时，就可改变输出电压 U_o 的大小。设输入电压 $U_i = 60\text{V}$，试求 S 分别置于 1、2、3 时的输出电压 U_o 的值。

解：当开关 S 置于位置 1 时，输入电压直接送到输出端，故 $U_{o1} = U_i = 60\text{V}$。

当开关 S 置于位置 2 时，根据分压原理，得

$$U_{o2} = \frac{200 + 300}{100 + 200 + 300} \times 60 = 50 \ (\text{V})$$

当开关 S 置于位置 3 时，可计算出

$$U_{o3} = \frac{300}{100 + 200 + 300} \times 60 = 30 \,(V)$$

如果把电阻换成可变电阻，并从该电阻抽头处引出电压，还可实现输出电压连续可调的分压器。

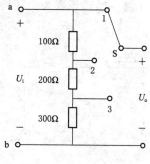

图 2.1.4　[例 2.1.1]

2. 限流

当电源电压较高，而用电负载电阻较小，负载允许通过的电流也较小时，可在电路中串联一电阻，限制流过负载的电流，此作用叫作限流，串联的电阻叫作限流电阻。如对手机电池的充电，充电器中常串联有起限流作用的电阻。

3. 扩大电压表量程

电压表表头只能通过微小的电流（多为微安级或毫安级），因此只能测量很低的电压。为了能测量实际电路电压，必须扩大其电压测量范围——量程。其方法是根据串联电阻的分压原理，在表头线圈上串联阻值适当的电阻，如图 2.1.5（a）所示，此时若将该仪表并联在电压为 U 的电路两端测量时，其电压分配为

$$U = R_g I_g + R I_g$$

式中：$R_g I_g$ 为扩大量程前该表头测得的电压；$R I_g$ 为串联的分压电阻 R 上所承受的电压。实际上 $U \gg R_g I_g$，由此扩大了电压表的量程。

假设将电压表量程扩大到 n 倍，即

$$n = \frac{U}{U_g}$$

则

$$U = n U_g = n R_g I_g = R_g I_g + R I_g$$

所以，将电压表量程扩大到 n 倍，需要串联的分压电阻为

$$R = (n-1)R_g \tag{2.1.7}$$

万用表的电压测量就是利用这一原理，将多个不同阻值的电阻串联分压，从而获得多个不同电压测量量程，如图 2.1.5（b）所示。

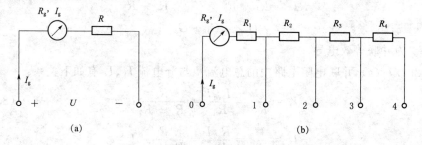

图 2.1.5　扩大电压表量程原理图

【例 2.1.2】　如图 2.1.6 所示，要将一个满刻度偏转电流 I_g 为 $50\mu A$、内阻 R_g 为 $2k\Omega$ 的电流表，制成量程为 1V/10V 的直流电压表，应串联多大的附加电阻 R_1、R_2？

解：已知该表头指针指示满刻度时，其两端电压为

$$U_g = R_g I_g = 2000 \times 50 \times 10^{-6} = 0.1(V)$$

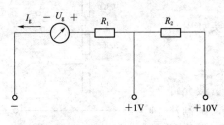

图 2.1.6　[例 2.1.2]

即它能测量的最大电压只有 0.1V。为了能测量较高电压，可给表头串联一个电阻 R，由式 (2.1.7) 得

$$R = (n-1)R_g$$

当量程为 1V 时，由上式可得量程扩大倍数 $n = \dfrac{U}{U_g} = \dfrac{1}{0.1} = 10$（倍），所以得串联电阻 R_1：

$$R_1 = (n-1)R_g = (10-1) \times 2000 = 18000(\Omega) = 18(k\Omega)$$

当量程为 10V 时，得 $n = 100$ 倍，得串联电阻 $R_1 + R_2$：

$$R_1 + R_2 = (n-1)R_g = (100-1) \times 2000 = 198000(\Omega) = 198(k\Omega)$$

得

$$R_2 = 198 - 18 = 180(k\Omega)$$

2.1.3　电阻的并联

把多个电阻首尾两端分别连接于两个公共点之间，这种连接方式称为电阻的并联，并联电阻电路的特点是所有电阻的电压相等。下面以两个电阻并联为例进行说明，如图 2.1.7（a）所示，并联电阻的等效电阻可以用一个等效电阻 R_{eq} 表示，如图 2.1.7（b）所示。两个二端网络的端口电压、电流关系相同，根据 KCL，有

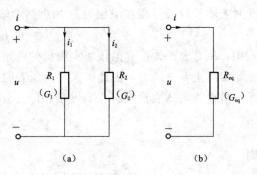

图 2.1.7　两个电阻的并联及等效

$$I = I_1 + I_2 = \frac{U}{R_1} + \frac{U}{R_2} = \left(\frac{1}{R_1} + \frac{1}{R_2}\right)U = \frac{U}{R_{eq}} \tag{2.1.8}$$

其中

$$\frac{1}{R_{eq}} = \frac{1}{R_1} + \frac{1}{R_2}, \quad R_{eq} = \frac{R_1 R_2}{R_1 + R_2} \tag{2.1.9}$$

$$G_{eq} = G_1 + G_2$$

式中：G_{eq} 为并联等效电导。

图 2.1.7（a）并联电阻电路中的总电流 I 与分电流 I_1、I_2 有如下关系：

$$I_1 = \frac{U}{R_1} = \frac{R_{eq}I}{R_1} = \frac{R_2}{R_1 + R_2}I \tag{2.1.10}$$

$$I_2 = \frac{U}{R_2} = \frac{R_{eq}I}{R_2} = \frac{R_1}{R_1 + R_2}I$$

或

$$I_1 = \frac{U}{R_1} = G_1 U = \frac{G_1}{G_{eq}}I \tag{2.1.11}$$

$$I_2 = \frac{U}{R_2} = G_2 U = \frac{G_2}{G_{eq}} I$$

式 (2.1.11) 称为串联电阻的分流公式。将等效电导和分流公式推广到 n 个电阻并联的情形，如图 2.1.8 所示，有

$$I = I_1 + I_2 + \cdots + I_n = \frac{U}{R_1} + \frac{U}{R_2} + \cdots + \frac{U}{R_n} = \frac{U}{R_{eq}}$$

其中，$\dfrac{1}{R_{eq}} = \dfrac{1}{R_1} + \dfrac{1}{R_2} + \cdots + \dfrac{1}{R_n}$，即

$$G_{eq} = \sum_{k=1}^{n} G_k \qquad (2.1.12)$$

$$I_k = \frac{G_k}{G_{eq}} I \qquad (k = 1, 2, 3, \cdots, n) \qquad (2.1.13)$$

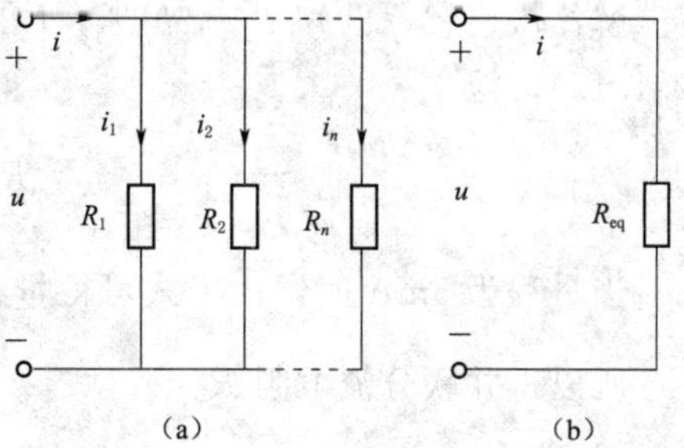

可见在电路中并联电阻起分流作用，所分电流大小与元件的电导值成正比。式中 $\dfrac{G_k}{G_{eq}}$ 称为分流比。

图 2.1.8　电阻并联电路及等效

电阻并联电路消耗的总功率等于各并联电阻消耗的功率之和。

$$P = \frac{U^2}{R_{eq}} = \left(\frac{1}{R_1} + \frac{1}{R_2} + \cdots + \frac{1}{R_n} \right) U^2 = \frac{U^2}{R_1} + \frac{U^2}{R_2} + \cdots + \frac{U^2}{R_n} \qquad (2.1.14)$$

电阻并联时，各电阻上的功率与它的电阻成反比（或与它的电导成正比），即

$$P_1 : P_1 : \cdots : P_n = \frac{1}{R_1} : \frac{1}{R_2} : \cdots : \frac{1}{R_n} = G_1 : G_2 : \cdots : G_n$$

并联电阻电路的应用：

(1) 组成等电压多支路供电网络。并联电路在实际生活中的应用极其广泛。照明电路中的用电器通常都是并联的，用电器的额定电压是 220V，只将用电器并联到供电线路上，才能保证用电器在额定电压下正常工作。再则，只有将用电器并联使用，才能在断开或闭合某个用电器时，不会影响其他用电器的正常工作。

(2) 分流与扩大电流表量程。与电压表表头一样，电流表表头的满刻度电流也很小，无法测量实际电路中的较大电流。若应用并联电阻的分流原理，给表头并联一只阻值适当的分流电阻 R（图 2.1.9），当电流表串入电路测量时，线路中大部分电流将流过分流电阻，而表头线圈所承受的电流只有被测电流的若干分之一。但表盘读数又是根据它们的比值按实测电流强度标示，从而实现了扩大电流表的量程。

对于内阻为 r_g、满偏电流为 I_g 的电流表，将其表量程扩大到 n 倍，需并联一个分流电阻 R，则

$$I = n I_g = I_g + I_R$$

所以

$$I_R = (n-1) I_g$$

即

$$\frac{U}{R} = (n-1) \frac{U}{r_g}$$

则

$$R = \frac{r_g}{n-1} \qquad (2.1.15)$$

所以，将电流表量程扩大到 n 倍，需要并联的分流电阻是 $R = \dfrac{r_g}{n-1}$。

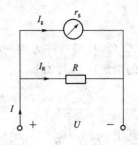

【例 2.1.3】 如图 2.1.9 所示，要将一个满刻度偏转电流 $I_g = 50\mu A$、内阻 R_g 为 $2k\Omega$ 的表头制成量程为 5mA 的直流电流表，并联分流电阻 R_S 应多大？

解：依题意，已知 $I_g = 50\mu A$，$R_g = 2k\Omega$，由式 (2.1.15)，得

图 2.1.9 电流表的扩程

$$R = \frac{r_g}{n-1}$$

当量程为 5mA 时，由上式可得量程扩大倍数 $n = \dfrac{I}{I_g} = \dfrac{5}{0.05} = 100$

所以得并联分流电阻 R_S：

$$R_S = \frac{1}{n-1}R_g = \frac{1}{100-1} \times 2 \times 10^3 = 20.2(\Omega)$$

2.1.4 电阻的混联

电阻的连接中既有串联又有并联时，称为电阻的串、并联，简称混联。图 2.1.10 所示电路为混联电路。图中 R_3 与 R_4 串联后与 R_2 并联，再与 R_1 串联，故有

$$R_{eq} = R_1 + \frac{R_2(R_3 + R_4)}{R_2 + (R_3 + R_4)}$$

【例 2.1.4】 求图 2.1.11 所示电路在开关 S 接通与断开时的等效电阻 R_{ab}。

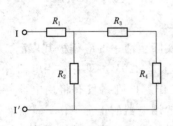

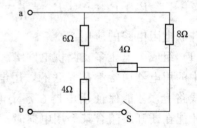

图 2.1.10 混联电路　　　　　图 2.1.11 ［例 2.1.4］

解：当开关 S 断开时，4Ω 与 8Ω 串联后与 6Ω 并联，再与 4Ω 串联，所以

$$R_{ab} = (8+4)//6 + 4 = \frac{(4+8) \times 6}{(4+8)+6} + 4 = 8(\Omega)$$

当开关 S 闭合时，4Ω 与 4Ω 并联后与 6Ω 串联，再与 8Ω 并联，所以

$$R_{ab} = (4//4 + 6)//8 = \left(\frac{4 \times 4}{4+4} + 6\right)//8 = \frac{(2+6) \times 8}{(2+6)+8} = 4(\Omega)$$

式中符号 "//" 表示并联的意思。

【例 2.1.5】 在图 2.1.12（a）中，$R_1 = R_2 = R_3 = R_4 = R_5 = R$，试求 A，D 间的等效电阻 R_{AD}。

分析：B、C 间为一导线，故 R_4 与 B 相连的一端可移至 C 点，同理 R_5 与 C 相连的一端可移至 B 点，这样 R_1 与 R_5、R_3 与 R_4 就是并联的关系了，从而为求解本题找到

了突破口。

解：根据分析画出其等效电路如图 2.1.12（b）所示。

$$R_{AD} = (R_1//R_5 + R_3//R_4)//R_2 = \left(\frac{1}{2}R + \frac{1}{2}R\right)//R = \frac{1}{2}R$$

有些混联电阻电路无法直接看出各电阻之间的串联、并联关系。这可以在不改变电阻之间原有连接关系的前提下，对其进行改画，从而使电阻的串联、并联关系直观。

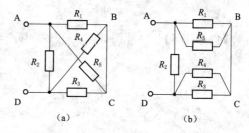

图 2.1.12　［例 2.1.5］

混联电阻电路改画步骤：

（1）给电路中各节点标代号，如 a、b、…

（2）任选电路一端设为最高电位，并用"＋"极性表示，另一端为最低电位，用"－"极性表示。根据电流总是从高电位流向低电位原则，将电路从最高电位端逐步改画到最低电位端。

（3）改画时无电阻的导线及其连接的两端节点可以缩短合并为一个节点，并注意判断与该合并节点连接的支路有几条，就要从这个合并节点引出几条支路。

（4）改画时两端被导线短接的等电位间的电阻支路，既可将它看作开路，也可以看作短路。

【例 2.1.6】　计算图 2.1.13（a）、（b）、（c）中，ab 两端等效电阻 R_{ab}。

解：据改画步骤，将图 2.1.13（a）、（b）、（c）三个混联电阻电路分别变形为如图 2.1.13（d）、（e）、（f）所示电路，因此，各电路 ab 两端的等效电阻分别是：

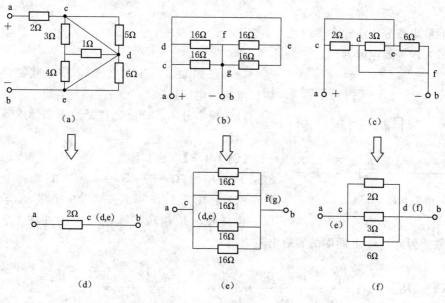

图 2.1.13　［例 2.1.6］

（a）电路：$R_{ab}=2\Omega$

（b）电路：$R_{ab}=\dfrac{16}{4}=4(\Omega)$

（c）电路：$R_{ab}=\dfrac{1}{\dfrac{1}{2}+\dfrac{1}{3}+\dfrac{1}{6}}=1(\Omega)$

【例 2.1.7】 计算图 2.1.14 中，ab 两端等效电阻 R_{ab}。

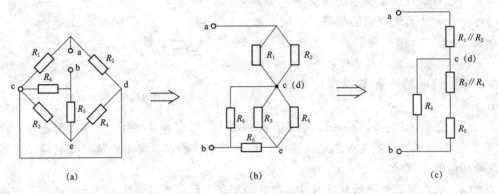

图 2.1.14 　 ［例 2.1.7］

解： 先将图（a）改画成图（b），则各电阻的串并联关系就非常明显了，再改画成图（c）。改画原则为：①a、b 两点是引入端钮，应先画出；②在适当位置画出另外几个节点。

由图 2.1.14（b）（c）可得

$$R_{ab}=\frac{R_1 R_2}{R_1+R_2}+\frac{R_6\times\left(\dfrac{R_3 R_4}{R_3+R_4}+R_5\right)}{R_6+\dfrac{R_3 R_4}{R_3+R_4}+R_5}$$

混联电路分析步骤：

（1）求等效电阻 R。

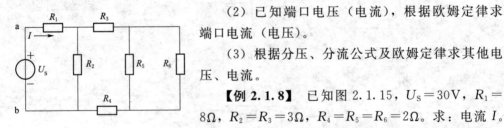

图 2.1.15 　 ［例 2.1.8］

（2）已知端口电压（电流），根据欧姆定律求端口电流（电压）。

（3）根据分压、分流公式及欧姆定律求其他电压、电流。

【例 2.1.8】 已知图 2.1.15，$U_S=30\text{V}$，$R_1=8\Omega$，$R_2=R_3=3\Omega$，$R_4=R_5=R_6=2\Omega$。求：电流 I。

解： 由图 2.1.15 可以直观看出电阻 R_5 与 R_6 并联，再与 R_3、R_4 串联，然后再与 R_2 并联，最后与 R_1 串联。因此，a、b 两端的等效电阻 R_{ab}：

$$R_{ab}=R_1+\frac{R_2\times\left(R_3+\dfrac{R_5 R_6}{R_5+R_6}+R_4\right)}{R_2+R_3+\dfrac{R_5 R_6}{R_5+R_6}+R_4}=8+\frac{3\times\left(3+\dfrac{2\times2}{2+2}+2\right)}{3+3+\dfrac{2\times2}{2+2}+2}=10(\Omega)$$

电流 $I=U_S/R_{ab}=30/10=3(A)$。

若要求其他各元件的电压、电流就可根据分压、分流公式及欧姆定律求。

除了串联、并联以外，另一种特殊的连接形式是桥式连接。图 2.1.16（a）所示，桥形结构电路中的电阻既不是串联也不是并联，因此无法根据电阻的串联、并联变换规律将电路结构加以变动。如果在该电路的一支路中加一个电压源，如图 2.1.16（b）所示，该电路又称为惠斯通电桥。其中 R_1、R_2、R_3、R_4 所在支路称为桥臂，对角线支路 R_5 称为桥。不难证明，当满足条件 $\dfrac{R_1}{R_2}=\dfrac{R_3}{R_4}$ 时，对角线支路电流为

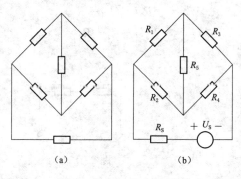

图 2.1.16　桥式电路

0，此时电桥平衡，这一条件也称为电桥的平衡条件。电桥平衡时 R_5 可看作开路或短路，电路就可按串、并联规律计算。但当电桥不平衡时，就无法应用串联、并联变换。而要应用下一节中电阻的 Y-△等效变换进行计算了。

练　习　题

一、填空题

2.1.1　在串联电路中，等效电阻等于各电阻_____。串联的电阻越多，等效电阻值越_____。

2.1.2　在串联电路中，流过各电阻的电流_____，总电压等于各电阻电压_____，各电阻上电压与其阻值成_____。

2.1.3　利用串联电阻的_____原理可以扩大电压表的量程。

2.1.4　在并联电路中，等效电阻的倒数等于各电阻倒数_____。并联的电阻越多，等效电阻值越_____。

2.1.5　利用并联电阻的_____原理可以扩大电流表的量程。

2.1.6　在 220V 电源上串联额定值为 220V、60W 和 220V、40W 的两个灯泡，灯泡更亮的是_____；若将它们并联，灯泡更亮的是_____。

二、选择题

2.1.7　串联的每个电阻与总电阻的比叫作（　　）。

A. 分流比　　　　　B. 分压比　　　　　C. 变比

2.1.8　并联的各个电阻的电导与总电导的比叫作（　　）。

A. 分流比　　　　　B. 分压比　　　　　C. 变比

2.1.9　串联的每个电阻的功率与它们的电阻成（　　）。

A. 正比　　　　　　B. 反比　　　　　　C. 不成比例

2.1.10　并联的每个电阻的功率与它们的电阻成（　　）。

2.1 ⑦
测试题

2.1 ⑩
练习题答案

A. 正比　　　　　　　　B. 反比　　　　　　　　C. 不成比例

2.1.11　题 2.1.11 图所示电路，下面的表达式中正确的是（　　　）。

A. $U_1 = -R_1 U/(R_1 + R_2)$　　　　　　　　B. $U_2 = R_2 U/(R_1 + R_2)$

C. $U_2 = -R_2 U/(R_1 + R_2)$

 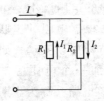

题 2.1.11 图　　　　　　　　　　题 2.1.12 图

2.1.12　如题 2.1.12 图所示电路，下面的表达式中正确的是（　　　）。

A. $I_1 = R_2 I/(R_1 + R_2)$　　　　　　　　B. $I_2 = -R_2 I/(R_1 + R_2)$

C. $I_1 = -R_2 I/(R_1 + R_2)$

三、是非题

2.1.13　在同一电路中，若流过两个电阻的电流相等，这两个电阻一定是串联。

（　　　）

2.1.14　在同一电路中，若两个电阻的端电压相等，这两个电阻一定是并联。（　　　）

2.1.15　题 2.1.15 图所示电路，R_{ab} 为 4Ω。（　　　）

2.1.16　题 2.1.16 图所示电路，R_{ab} 为 3Ω。（　　　）

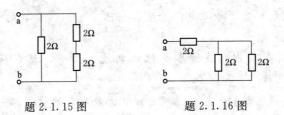

题 2.1.15 图　　　　　　　　　　题 2.1.16 图

四、计算题

2.1.17　有三只电阻值均为 3Ω 的电阻，经串并联组合可获得几种电阻值？并进行计算。

2.1.18　今有一万用表，表头额定电流 $I_g = 50\mu A$，内电阻 $R_g = 1k\Omega$，要用它测量 $U = 10V$ 的电压，需在表头电路中串联多大的电阻？若要用它测量 $I = 100\mu A$ 的电流，需在表头中并联多大的电阻？

2.1.19　如题 2.1.19 图所示电路，求 R_{ab}。

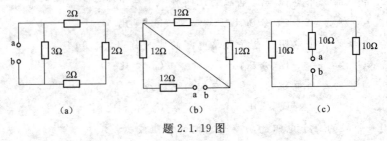

(a)　　　　　　　　　　(b)　　　　　　　　　　(c)

题 2.1.19 图

2.2 电阻星形连接和三角形连接的等效变换

电阻的连接方式除了串联和并联以外，还有更复杂的连接，如星形连接和三角形连接。本节介绍的方法是解决这一问题的有效途径。

2.2.1 电阻的星形连接和三角形连接

如图 2.2.1（a）所示，3 个电阻元件 R_a、R_b、R_c 的一端 O 连在一起，从另一端引出 3 根线，这种连接方式称为电阻的星形连接，也称为 Y 连接。如图 2.2.1（b）所示，3 个电阻元件 R_{ab}、R_{bc}、R_{ca} 首尾相连，接成一个三角形，由 3 个连接点引出 3 条线。这种连接方式称为电阻的三角形连接，也称为△连接，它们都有 3 个端钮与外部电路相连。

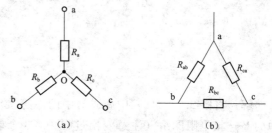

图 2.2.1 电阻的星形连接与三角形连接

2.2.2 电阻的星形连接和三角形连接的等效变换

电阻的 Y 连接和△连接都是无源三端网络。根据多端网络等效变换的条件，要求其对应端口的电压、电流关系均相同。应用 KCL、KVL 和欧姆定律可以推出这两个网络之间的等效变换的参数条件，具体如下：

（1）当△连接变换成 Y 连接时，电阻之间的变换关系为

$$R_a = \frac{R_{ab}R_{ca}}{R_{ab}+R_{bc}+R_{ca}}; R_b = \frac{R_{bc}R_{ab}}{R_{ab}+R_{bc}+R_{ca}}; R_c = \frac{R_{bc}R_{ca}}{R_{ab}+R_{bc}+R_{ca}} \quad (2.2.1)$$

可概括为

$$Y\text{ 电阻} = \frac{\triangle\text{ 相邻电阻的乘积}}{\triangle\text{ 三电阻之和}}$$

（2）当 Y 连接变换成△连接时，电阻之间的变换关系为

$$R_{ab} = \frac{R_aR_b+R_bR_c+R_cR_a}{R_c}; R_{bc} = \frac{R_aR_b+R_bR_c+R_cR_a}{R_a}; R_{ca} = \frac{R_aR_b+R_bR_c+R_cR_a}{R_b}$$

$$(2.2.2)$$

可概括为

$$\triangle\text{ 电阻} = \frac{Y\text{ 电阻两两乘积之和}}{Y\text{ 不相邻电阻}}$$

若 Y 连接 $R_a = R_b = R_c = R_Y$ 则称为对称 Y 连接，若△连接电阻 $R_{ab} = R_{bc} = R_{ca} = R_\triangle$ 则称为对称△连接，可以证明对称 Y 连接与对称△连接可以等效变换，且等效变换条件是

$$R_\triangle = 3R_Y \quad (2.2.3)$$

【例 2.2.1】 求图 2.2.2 所示电路的等效电阻 R_{AB}。

分析：图 2.2.2（a）所示电路由 5 个元件构成，其中任何 2 个元件之间都不具备串、并联关系。

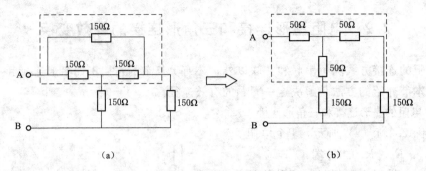

图 2.2.2　〔例 2.2.1〕

解：将图 2.2.2（a）中虚线框中的△连接电阻网络变换为图 2.2.2（b）虚线框中的 Y 连接电阻网络（注意变换过程中，3 个端点的位置应保持不变）。对图 2.2.2（b）利用电阻的串、并联公式，可方便求出 R_{AB}。

$$R_{AB} = 50 + [(50+150)//(50+150)] = 50 + 100 = 150(\Omega)$$

【例 2.2.2】　在图 2.2.3（a）中，求各电阻的电流。

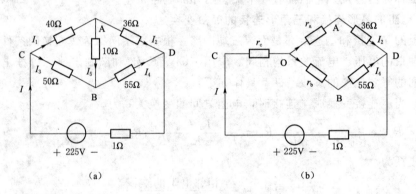

图 2.2.3　〔例 2.2.2〕

解：将端钮 A、B、C 的三个电阻 10Ω、40Ω、50Ω 组成的△连接电阻等效变换为 Y 连接，如图 2.2.3（b）所示，利用式（2.2.1）得

$$r_a = \frac{40 \times 10}{40+50+10} = 4 \, (\Omega)$$

$$r_b = \frac{10 \times 50}{40+50+10} = 5 \, (\Omega)$$

$$r_c = \frac{40 \times 50}{40+50+10} = 20 \, (\Omega)$$

$$R_{CD} = R_{CO} + R_{OD} = 20 + \frac{(36+4)(5+55)}{(36+4)+(5+55)} = 44 \, (\Omega)$$

根据欧姆定律，得

$$I = \frac{225}{44+1} = 5 \, (A)$$

根据分流公式，得

$$I_2 = \frac{60}{40+60} \times 5 = 3 \text{（A）}, \quad I_4 = \frac{40}{40+60} \times 5 = 2 \text{（A）}$$

根据 KVL，得

$$U_{CA} = r_c I + r_a I_2 = 20 \times 5 + 4 \times 3 = 112 \text{（V）}$$

根据欧姆定律，得

$$I_1 = \frac{112}{40} = 2.8 \text{（A）}$$

根据 KCL，得

$$I_3 = I - I_1 = 5 - 2.8 = 2.2\text{A}, \quad I_5 = I_4 - I_3 = 2 - 2.2 = -0.2\text{A}$$

【例 2.2.3】 计算如图 2.2.4（a）所示电路中的电流 I。

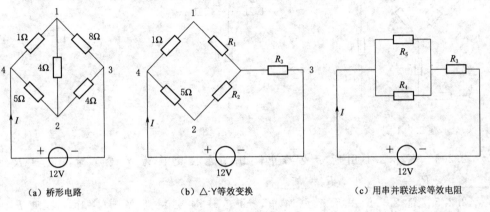

（a）桥形电路   （b）△-Y等效变换   （c）用串并联法求等效电阻

图 2.2.4 [例 2.2.3]

解： 将端钮 1、2、3 作△连接的三个电阻 4Ω、8Ω、4Ω 等效变换为 Y 连接，如图 2.2.4（b）中的 R_1、R_2 和 R_3 所示，就可用串并联方法求端钮 4、3 间的等效电阻。应用式（2.2.2），得

$$R_1 = \frac{4 \times 8}{4+4+8} = 2 \text{（Ω）}$$

$$R_2 = \frac{4 \times 4}{4+4+8} = 1 \text{（Ω）}$$

$$R_3 = \frac{8 \times 4}{4+4+8} = 2 \text{（Ω）}$$

将图 2.2.4（b）化简为如图 2.2.4（c）所示的电路，其中

$$R_5 = 1\text{Ω} + R_1 = 1 + 2 = 3 \text{（Ω）}$$

$$R_4 = 5\text{Ω} + R_2 = 5 + 1 = 6 \text{（Ω）}$$

于是

$$I = \frac{12}{\dfrac{R_5 \times R_4}{R_5 + R_4} + R_3} = \frac{12}{\dfrac{3 \times 6}{3+6} + 2} = 3 \text{（A）}$$

<h1 style="text-align:center">练　习　题</h1>

一、填空题

2.2.1　题 2.2.1 图所示电路中，有_____个△连接，有_____个 Y 连接。

2.2.2　题 2.2.2 图所示电路中，由 Y 连接变换为△连接时，电阻 $R_{12} =$ _____、$R_{23} =$ _____、$R_{31} =$ _____。

2.2.3　题 2.2.3 图所示电路中，由 Y 连接变换为△连接时，电阻 $R_{12} =$ _____、$R_{23} =$ _____、$R_{31} =$ _____。

2.2 ⊤
测试题

2.2 ⫪
练习题答案

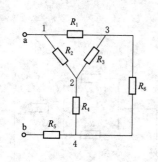

题 2.2.1 图

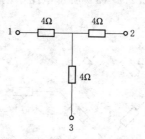

题 2.2.2 图

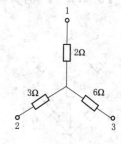

题 2.2.3 图

2.2.4　题 2.2.4 图所示电路中，由△连接变换为 Y 连接时，电阻 $R_1 =$ _____、$R_2 =$ _____、$R_3 =$ _____。

2.2.5　题 2.2.5 图所示电路中，由△连接变换为 Y 连接时，电阻 $R_1 =$ _____、$R_2 =$ _____、$R_3 =$ _____。

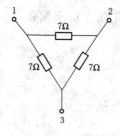

题 2.2.4 图

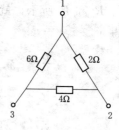

题 2.2.5 图

二、选择题

2.2.6　已知：三个电阻 $R_1 = 1\Omega$，$R_2 = 2\Omega$，$R_3 = 4\Omega$ 接成 Y，则它们的等效△连接中最小的一个电阻值是（　　）。

A. 3Ω　　　　　B. 3.5Ω　　　　　C. 7Ω　　　　　D. 14Ω

2.2.7　已知：三个电阻 $R_{12} = 1\Omega$，$R_{23} = 6\Omega$，$R_{31} = 3\Omega$，接成△，则它们的等效 Y 连接中最小的一个电阻值是（　　）。

A. 2Ω　　　　　B. 0.3Ω　　　　　C. 1.8Ω　　　　　D. 9Ω

三、计算题

2.2.8 如题 2.2.8 图所示电路，求 R_{ab}。

（1）将 R_1、R_2、R_3 组成的三角形连接变换为等效星形连接。

（2）将 R_2、R_3、R_4 组成的星形连接变换为等效三角形连接。

（3）用电桥平衡知识求解。

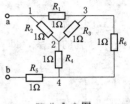

题 2.2.8 图

2.3 两种电源模型的等效变换

2.3.1 理想电压源的串联和并联

2.3.1.1 电压源的串联

三个电压源串联电路如图 2.3.1（a）所示，根据 KVL 可得到其总输出电压与各电压源电压的关系，即

$$U_S = U_{S1} + U_{S2} + U_{S3} \quad (2.3.1)$$

因输出电压 U_S 为恒定值，输出电流仍需由外电路确定，故对外电路而言，可等效为一个电压源，如图 2.3.1（b）所示。此结论可推广到多个电压源串联的情况，即多个电压源串联时，其等效电压源的电压等于各个电压源电压的代数和。串联使用电压源可提高输出电压。

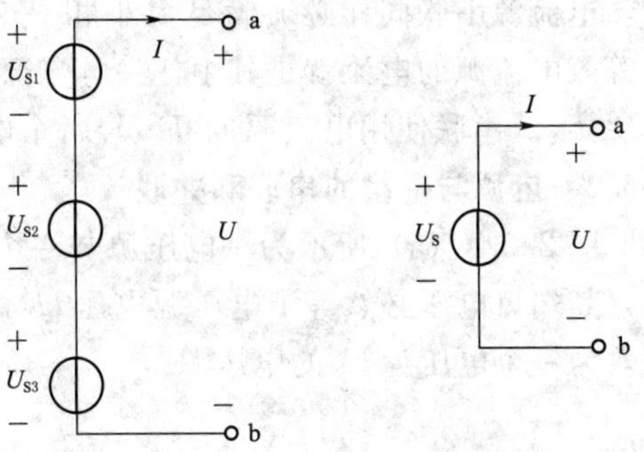

2.3.1.2 电压源的并联

电压源并联必须满足大小相等、极性相同这一条件，否则将会违背 KVL。其等效电压源的电压就是其中任一电压源的电压。如图 2.3.2（a）所示电路有：$U_S = U_{S1} = U_{S2}$。并联使用电压源可减轻每个电源的输出功率负担。

（a）三个电压源串联　　　　（b）电压源等效电路

图 2.3.1　电压源串联电路

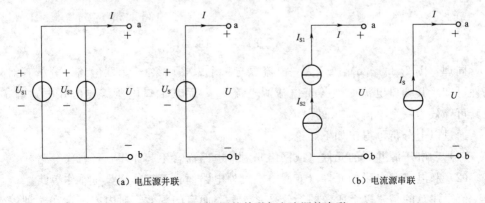

（a）电压源并联　　　　　　　（b）电流源串联

图 2.3.2　电压源的并联与电流源的串联

61

2.3.2　理想电流源的并联和串联

2.3.2.1　电流源的并联

三个电流源并联电路如图 2.3.3（a）所示，根据 KCL 可得到其总输出电流与各电流源电流的关系，即

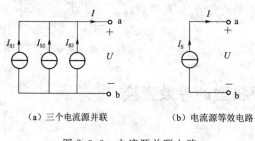

（a）三个电流源并联　　（b）电流源等效电路

图 2.3.3　电流源并联电路

$$I_S = I_{S1} + I_{S2} + I_{S3} \quad (2.3.2)$$

因输出电流 I_S 为恒定值，输出电压仍需由外电路确定，故对外电路而言，可等效为一个电流源，如图 2.3.3（b）所示。此结论可推广到多个电流源并联的情况，即多个电流源并联时，其等效电流源的电流等于各个电流源电流的代数和。并联使用电流源可提高输出电流。

2.3.2.2　电流源的串联

电流源串联同样必须满足大小相等、方向相同这一条件，否则将会违背 KCL。其等效电流源的电流就是其中任一电流源的电流。如图 2.3.2（b）所示电路有：$I_S = I_{S1} = I_{S2}$。串联使用电流源也可减轻每个电源的输出功率负担。

2.3.3　电源与网络的串联和并联

图 2.3.4（a）所示为一电压源与一个未知网络 N 并联电路，分析其对外特性可知，其端口电压必然等于电压源电压 U_S，而其端口电流需要由外电路确定，故其可等效为一个电压为 U_S 的电压源。

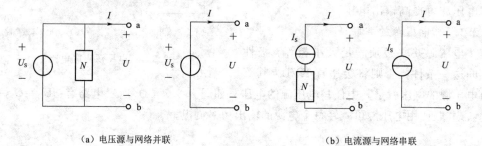

（a）电压源与网络并联　　　　　　　　（b）电流源与网络串联

图 2.3.4　电源与网络的连接

同理，图 2.3.4（b）所示为一电流源与一个未知网络 N 串联电路，分析其对外特性可知，其端口电流必然等于电流源电流 I_S，而其端口电压需要由外电路确定，故其可等效为一个电流为 I_S 的电流源。

通过以上分析可得出如下结论：

（1）和电压源并联的元件（或网络）对外电路而言不起作用，可看作开路。

（2）和电流源串联的元件（或网络）对外电路而言不起作用，可看作短路。

值得注意的是，以上所说的等效是对外电路而言的等效，对内就不存在这种等效关系。

【例 2.3.1】 电路如图 2.3.5（a）所示。求电阻上的电压 U_1 和电流源上的电压 U_2。

解： 求电阻上的电压 U_1 时，由于电流源与电压源串联，故对电阻而言，只有电流源起作用，电压源可看成短路，如图 2.3.5（b）所示。因此：

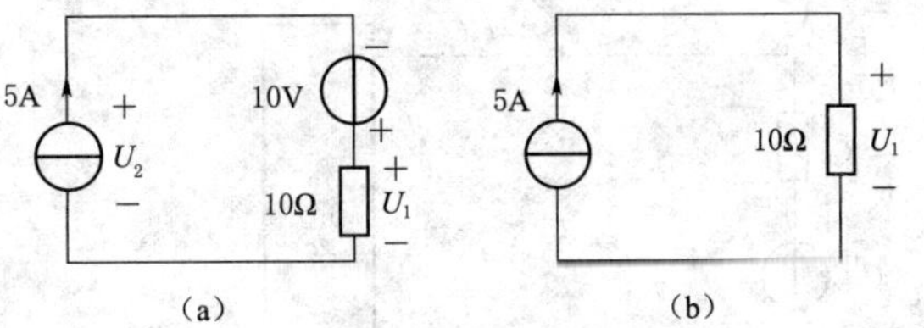

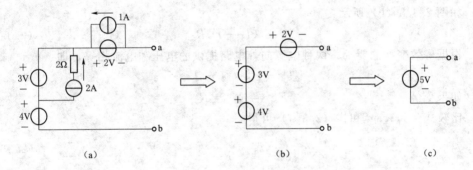

图 2.3.5　[例 2.3.1]

$$U_1 = 5 \times 10 = 50(\text{V})$$

求电流源上的电压 U_2 时，则不能将电压源去掉，应回到原电路去求解。根据 KVL 知：

$$U_2 = -10 + 50 = 40(\text{V})$$

【例 2.3.2】 求图 2.3.6（a）中二端网络的最简等效电路。

解： 根据电压源串、并联等效概念，按图 2.3.6 中箭头所示顺序逐步化简，便可得到最简等效电路，如图 2.3.6（c）所示。

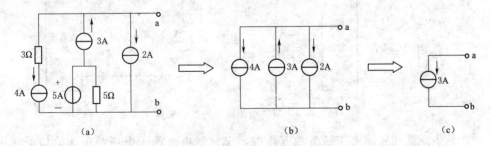

图 2.3.6　[例 2.3.2]

【例 2.3.3】 求图 2.3.7（a）所示二端网络的最简等效电路。

解： 根据理想电流源串、并联等效概念，按图 2.3.7 中箭头所示顺序逐步化简，便可得到最简等效电路，如图 2.3.7（c）所示。

图 2.3.7　[例 2.3.3]

2.3.4　两种电源模型的等效互换

同一个实际电源，既可以用实际电压源模型（电压源电阻串联模型）表示，也可以用实际电流源模型（电流源电阻并联模型）表示，它们对外电路而言是可以等效的。

根据等效概念，如果两种实际电源模型的端口电压、电流关系相同，则这两种电源对外电路等效，它们对外电路产生的作用就完全相同。

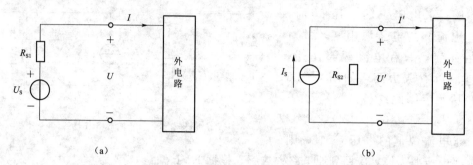

图 2.3.8　两种实际电源的等效变换

如图 2.3.8（a）所示，根据 KVL 和欧姆定律，可得实际电压源端口电压、电流关系为

$$U = U_S - IR_{S1} \tag{2.3.3}$$

如图 2.3.8（b）所示：

$$U' = (I_S - I')R_{S2} \tag{2.3.4}$$

根据等效变换的要求，两种电源向外电路提供的电压和电流相等，即

$$U = U' \quad I = I'$$

如果令

$$R_{S1} = R_{S2} = R_S$$

比较式（2.3.3）式（2.3.4）可得

$$I_S = \frac{U_S}{R_S} \tag{2.3.5}$$

或

$$U_S = R_S I_S \tag{2.3.6}$$

式（2.3.5）、式（2.3.6）就是两种实际电源等效变换的关系式。于是，可以得出如下结论：

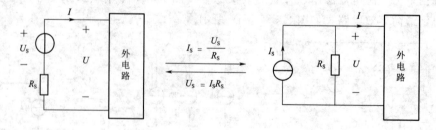

图 2.3.9　两种电源模型的等效变换

实际电压源和实际电流源等效互换时，电流源电流等于电压源电压除以电源内阻，而电压源电压等于电流源电流乘以电源内阻，两模型中的内阻相同。如图 2.3.9 所示。另外，电流源方向与电压源极性间的对应关系为：电流源电流 I_S 的箭头方向指向电压源电压 U_S 的参考正极性端。

例如求图 2.3.10 中电阻 R 的电流 I，可以通过图示电源模型的等效变换求解。

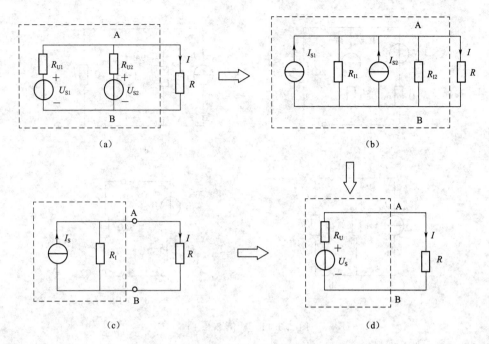

图 2.3.10 两种电源模型等效变换的解题过程

从图 2.3.10 可以看出，电源互换法是在电路图上逐步对电路进行等效变换，比较直观，清晰，但需要画不少等效电路图，步骤比较烦琐，它一般用于结构简单的电路或者电路某一局部的等效化简。

下面举例说明用两种电源模型等效变换的方法分析电路。

【例 2.3.4】 电路如图 2.3.11（a）所示，求通过负载电阻 R_L 上的电流 I。

解：将电路从 ab 端口划分为两部分，ab 端口右边是待求支路，左边是一个有源二端网络，如将 ab 端口左边的有源二端网络化简，问题就得以简化。

观察电路结构，ab 端口以左的电路由两条支路并联组成，一条是实际电压源支路，一条是电流源与电阻串联，而串联电阻对外电路（R_L 支路）不起作用，可看成短路，左边的实际电压源支路与电流源并联，因而将其转化成实际电流源模型，如图 2.3.11（b）所示，其中：$I_{S1} = \dfrac{U_S}{R_1} = \dfrac{12}{6} = 2$（A），电阻不变。

再将图 2.3.11（b）中的两个电流源合并，如图 2.3.11（c）所示，其中：$I_{S2} = I_{S1} + I_S = 10 + 2 = 12$（A）。

最后根据分流公式可得

$$I = \frac{R_1}{R_1 + R_L} I_{S2} = \frac{6}{6 + 12} \times 12 = 4 \text{（A）}$$

或者将图 2.3.11（c）所示电流源电路转换为电压源电路，如图 2.3.11（d）所示。

其中 $\qquad U_S = I_{S2} R_1 = 12 \times 6 = 72 \text{（V）}, \quad R_S = R_1 = 6\,\Omega$

根据全电路欧姆定律可得

$$I = \frac{U_S}{R_S + R_L} = \frac{72}{6 + 12} = 4 \text{（A）}$$

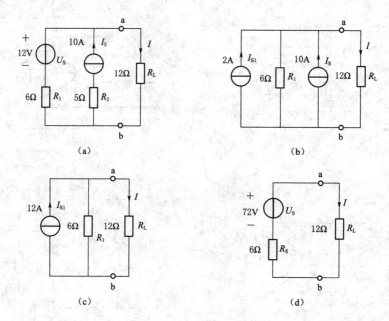

图 2.3.11　［例 2.3.4］

应用两种电源模型互换法分析电路应注意以下几点：

（1）电源模型的等效变换只是对外电路等效，对电源模型内部是不等效的。

（2）理想电压源与理想电流源之间不能等效互换。

（3）电源互换等效的方法可以推广运用，如果理想电压源与外接电阻串联，可把外接电阻看作内阻，即可转换为电流源形式。如果理想电流源与外接电阻并联，可把外接电阻看作内阻，转换为电压源形式。

（4）不能将待求支路参与到电源互换中，否则待求量会在等效电路中消失。

【例 2.3.5】　如图 2.3.12（a）电路，求流过 15Ω 电阻的电流 I。

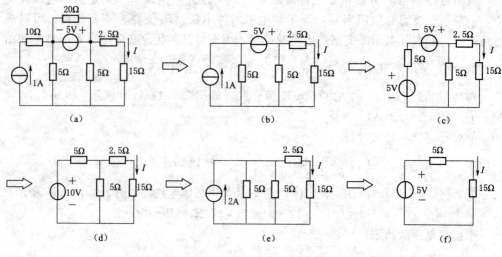

图 2.3.12　［例 2.3.5］

解：待求的 15Ω 电阻的支路为外电路，其余部分的电路根据电源等效变换概念逐步简化至图 2.3.12（f），简化过程如图 2.3.12（b）～（f）所示，由图 2.3.12（f）得

$$I = \frac{5}{5+15} = 0.25 \,（\text{A}）$$

练 习 题

一、填空题

2.3.1 电压 $U = U_S$ 的理想电压源与电阻元件或理想电流源并联的二端电路对外部电路而言可用一个_____等效。

2.3.2 电流 $I = I_S$ 的理想电流源与电阻元件或理想电压源串联的二端电路对外部电路而言可用一个_____等效。

2.3 ①
测试题

二、选择题

2.3.3 下面叙述正确的是（　　）。

A. 理想电压源与理想电流源不能等效变换

B. 电压源与电流源变换前后对内电路等效

C. 电压源与电流源变换前后对外电路不等效

D. 以上三种说法都不正确

2.3 ①
练习题答案

2.3.4 两个电压源串联等效变换为一个电压源，等效电压源的电压（　　）。

A. 等于两电压源中电压高的电压

B. 等于两电压源中电压低的电压

C. 等于两电压源电压代数和

2.3.5 两个电流源并联网络等效为一个电流源，等效电流源的电流为（　　）。

A. 两个电流源中电流值大的电流

B. 两个电流源中电流值小的电流

C. 两个电流源电流的代数和

2.3.6 电压源与电流源串联可用一个电流源等效代替，其电流值为（　　）。

A. 电流源电流

B. 电流源电流与电压源电流和

C. 电压源电压

2.3.7 电压源与电流源并联可用一个电压源等效代替，其电压值为（　　）。

A. 电流源电流

B. 电压源电压

C. 电压源电压与电流源电流和

2.3.8 如题 2.3.8 图所示电路中的电流 I 等于（　　）。

A. 10A　　　　　　　B. 8A　　　　　　　C. 4A　　　　　　　D. −4A

2.3.9 题 2.3.9 图所示电路中的电压 U 等于（　　）。

A. 20V　　　　　　　B. 10V　　　　　　　C. 5V　　　　　　　D. −5V

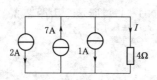

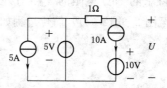

题2.3.8图   题2.3.9图

三、是非题

2.3.10 对外电路而言，实际电源的两种电路模型可以等效互换。   （   ）

2.3.11 理想电压源与理想电流源可以等效互换。   （   ）

四、计算题

2.3.12 化简图2.3.12所示各有源二端网络。

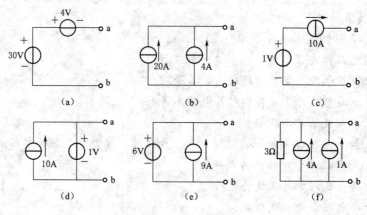

题2.3.12图

2.3.13 如题2.3.13图所示电路，求R分别为5Ω、20Ω时，电压源电流与输出功率各为多少？

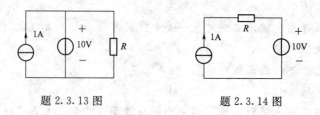

题2.3.13图   题2.3.14图

2.3.14 如题2.3.14图所示电路，求R分别为1Ω、100Ω时，电压源电压与输出功率各为多少？

2.4 本 章 小 结

本章介绍了电路等效的概念及几种常见的电路等效规律。

（1）等效的目的：简化电路，方便计算。

（2）等效的概念：两部分电路 B 和 C，若对任意外电路 A，两者相互替换能使外电路 A 中有相同的电压、电流和功率，则称电路 B 和 C 相互等效。

（3）等效的条件：电路 B 和 C 有相同的 VCR。

（4）等效的对象：任意外电路 A 中的电压、电流和功率。

（5）各种等效变换总结见表 2.4.1。

表 2.4.1　　　　　　　各 种 等 效 变 换 总 结

类别		等 效 形 式	重要公式
电阻的等效	串联		$R_{eq} = R_1 + R_2$ $u_1 = \dfrac{R_1}{R_1 + R_2} u$ $u_2 = \dfrac{R_2}{R_1 + R_2} u$
	并联		$G_{eq} = G_1 + G_2$ $R_{eq} = \dfrac{R_1 R_2}{R_1 + R_2}$ $i_1 = \dfrac{R_2}{R_1 + R_2} i$ $i_2 = \dfrac{R_1}{R_1 + R_2} i$
	Y-△		$\triangle \to Y$ $R_1 = \dfrac{R_{12} R_{31}}{R_{12} + R_{23} + R_{31}}$ $R_2 = \dfrac{R_{23} R_{12}}{R_{12} + R_{23} + R_{31}}$ $R_3 = \dfrac{R_{31} R_{23}}{R_{12} + R_{23} + R_{31}}$
			$Y \to \triangle$ $R_{12} = \dfrac{R_1 R_2 + R_2 R_3 + R_3 R_1}{R_3}$ $R_{23} = \dfrac{R_1 R_2 + R_2 R_3 + R_3 R_1}{R_1}$ $R_{31} = \dfrac{R_1 R_2 + R_2 R_3 + R_3 R_1}{R_2}$

续表

类别		等 效 形 式		重要公式
理想电源的串并联	理想电压源的串联			$U_S = U_{S1} - U_{S2} + \cdots + U_{Sk} + \cdots = \sum U_{Si}$
	理想电流源的并联			$I_S = I_{S1} - I_{S2} + \cdots + I_{Sk} + \cdots = \sum I_{Si}$
	理想电压源与其他电路并联			$u = U_S$ $i \neq i'$
	理想电流源与其他电路串联			$I = I_S$ $U \neq U'$
电源两种模型的等效				$U_S = R_i I_S$ $R_i = 1/G_i$

本 章 习 题

2.1　题 2.1 图所示电路，试求等效电阻 R_{ab}。

2.2　有一个直流电流表，其量程 $I_g = 50\mu A$，表头内阻 $R_g = 2k\Omega$。现要改装成直流电压表，要求直流电压挡分别为 10V、100V、500V，如题 2.2 图所示。试求所需串联的电阻 R_1、R 和 R_3 值。

2.3　如题 2.3 图所示电路中，已知表头满刻度电流为 $100\mu A$，内阻 $1k\Omega$，现改装成量程为 10mA，100mA 的毫安表，试求所需并联的电阻 R_1、R_2 值。

2.4　如题 2.4 图所示电路，试求等效电阻 R_{ab}。

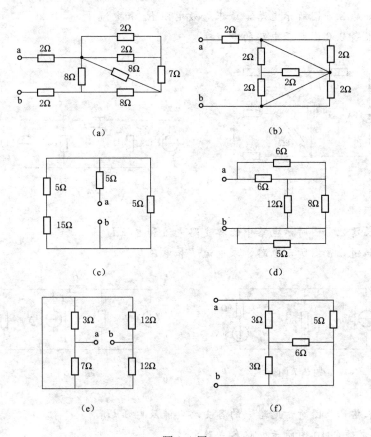

题 2.1 图

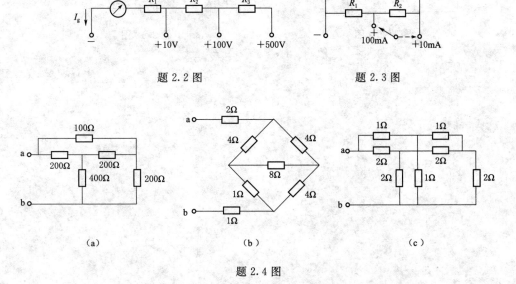

题 2.2 图   题 2.3 图

题 2.4 图

2.5　如题 2.5 图所示电路，试求等效电阻 R_{ab} 和电流 I。

2.6　求题 2.6 图所示电路的电流 I。

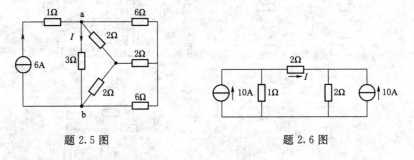

題 2.5 图　　　　　　　　　題 2.6 图

2.7　求题 2.7 图所示电路中的各支路电流和电压 U。

2.8　如题 2.8 图所示电路，求电流 I 和电压 U。

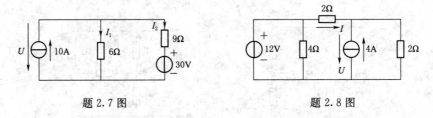

題 2.7 图　　　　　　　　　題 2.8 图

2.9　求题 2.9 图所示电路中的各支路电流及电压 U_{ab}。

2.10　求题 2.10 图所示电路各支路电流。

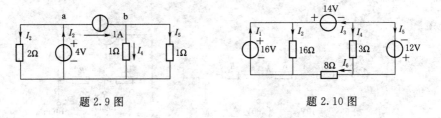

題 2.9 图　　　　　　　　　題 2.10 图

第 3 章　电路的基本分析方法和基本定理

学习目标

（1）熟悉网络方程法的解题思路。

（2）能熟练运用支路电流法、网孔电流法、节点电位法、叠加定理及戴维南定理分析电路。

（3）能理解并运用最大功率传输定理。

（4）了解替代定理和诺顿定理。

（5）理解受控源的概念，了解含受控源电路的分析方法。

根据生产生活的实际需要，电路的结构形式有很多。有些电路可利用电阻的串联、并联以及各种等效变换，化简成结构简单的电路后进行分析，这种电路称为简单电路。而有些电路不能用这些方法化简，这种电路称为复杂电路。本章重点介绍分析计算复杂电路普遍适用的方法及定理。

3.1　支　路　电　流　法

在分析电路时选择合适的电路变量，根据欧姆定律（VCR）、基尔霍夫电流定律（KCL）和基尔霍夫电压定律（KVL）建立电路变量的独立方程，从这些独立方程中解出电路变量的方法称为网络方程法。与利用电阻串联、并联以及各种等效变换来化简电路的方法相比，网络方程法不局限于电路的结构形式，是复杂电路的普遍分析方法。根据选择的电路变量不同，网络方程法可分为：支路电流法、网孔电流法和节点电位法等。本节介绍网络方程法中的一种：支路电流法。

3.1 ▶
支路电流法

3.1.1　支路电流法

在计算复杂电路的各种方法中，支路电流法是最基本的方法。支路电流法是以支路电流作为求解对象，应用 KCL、KVL 列方程联立求解的方法。

若电路有 b 条支路，那么将有 b 个未知电流可选为变量。因而必须列出 b 个独立方程，然后解出未知的支路电流。下面以图 3.1.1 所示电路为例来阐述支路电流法。

图 3.1.1 所示电路中，支路数 $b=3$，节点数 $n=2$，以支路电流 I_1、I_2、I_3 为电路变量，则需列出 3 个独立方程。需要说

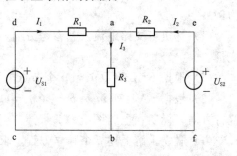

图 3.1.1　支路电流法

明的是，所谓独立方程是指该方程不能通过已列出的方程线性变换而来。

列方程时必须先选定各支路电流的参考方向，并标明在电路图上，如图 3.1.1 所示。根据 KCL 可列出两节点 a、b 的节点电流方程：

$$节点 a：\qquad -I_1 - I_2 + I_3 = 0 \qquad (3.1.1)$$
$$节点 b：\qquad I_1 + I_2 - I_3 = 0 \qquad (3.1.2)$$

观察以上 2 个方程，可以看出两方程实际上相同，所以只有一个独立方程。可见，2 个节点只能列 1 个独立的节点电流方程。可以证明：对于有 n 个节点，b 条支路的电路，应用 KCL 可列出独立节点方程数为（$n-1$）个。

图 3.1.1 有 3 个回路，可以列 3 个回路电压方程，但是这 3 个回路相互之间不是独立的。什么是独立回路？在选取的回路中，可以找到至少一条支路没有被其他回路穿过的回路是独立回路，可以证明：对于 m 个网孔的平面电路，必含有 m 个独立的回路，且 $m = b - （n-1）$。

图 3.1.1 所示电路有两个网孔，对左侧的网孔，按顺时针方向绕行，列写 KVL 方程：

$$-U_{s1} + I_1 R_1 + I_3 R_3 = 0 \qquad (3.1.3)$$

同理，对右侧的网孔，按顺时针方向绕行，列写 KVL 方程：

$$-I_3 R_3 - I_2 R_2 + U_{s2} = 0 \qquad (3.1.4)$$

总之，对于具有 b 条支路，n 个节点的电路，应用 KCL 可以列出（$n-1$）个独立的节点电流方程，应用 KVL 可以列出 $m = b-（n-1）$ 个独立回路电压方程，而独立方程总数为（$n-1$）$+ m$，恰好等于支路数 b，所以方程组有唯一解。

如图 3.1.1 所示的电路，可联立式（3.1.1）、式（3.1.3）及式（3.1.4），有

$$\begin{cases} -I_1 - I_2 + I_3 = 0 \\ -U_{s1} + I_1 R_1 + I_3 R_3 = 0 \\ -I_3 R_3 + U_{s2} - I_2 R_2 = 0 \end{cases}$$

可求出支路电流 I_1、I_2、I_3。

通过前面分析发现：支路电流法是以各支路电流为电路变量，根据基尔霍夫定律（KCL、KVL）和欧姆定律（VCR）列出独立方程后，联立方程组求解出各支路电流，进而求出电路中其他物理量的电路分析方法。

3.1.2　支路电流法的应用

在应用支路电流法时，通常按照如下步骤分析（以 b 条支路，n 个节点电路为例）：

（1）选定各支路电流及其参考方向，并标明在电路图上，b 条支路共有 b 个未知变量。

（2）根据 KCL 列（$n-1$）个节点电流方程。

（3）根据 KVL 列 $m = b - （n-1）$ 个网孔电压方程。（对于初学者可选定回路绕行方向，标明在电路图上。）

（4）联立求解上述 b 个独立方程，求得各支路电流，然后根据欧姆定律求解其他的待求量。

【例 3.1.1】 如图 3.1.2 所示电路，求各支路电流。

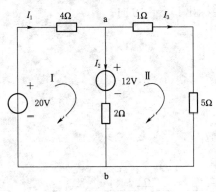

图 3.1.2 ［例 3.1.1］

分析：图 3.1.2 所示电路为 3 条支路、2 个节点、2 个网孔的电路。

解：（1）设各支路电流分别为 I_1、I_2、I_3，并在图中标出其参考方向。

（2）列方程：

根据 KCL，列节点 a 的节点电流方程得

$$I_1 = I_2 + I_3$$

根据 KVL，列回路电压方程得

网孔 I $4I_1 + 12 + 2I_2 - 20 = 0$

网孔 II $I_3 + 5I_3 - 2I_2 - 12 = 0$

（3）联立方程组，解方程，得到各支路电流：

$$I_1 = 2\text{A} , I_2 = 0\text{A} , I_3 = 2\text{A}$$

【例 3.1.2】 如图 3.1.3 所示电路，求各支路电流。

分析：图 3.1.3 所示电路为 3 条支路、2 个节点、2 个网孔的电路。与 ［例 3.1.1］中的电路图不同的是其中一条支路是理想电流源与电阻串联构成的，由理想电流源的特点可以知道，该支路电流为该电流源电流。选取独立回路时，若回路中含有恒流源，电路需要新增一个恒流源两端电压 U 这个电路变量，相应要增加一个辅助方程（详见解法 1）。所以在选取回路时，应尽量避免选择含有恒流源的支路（详见解法 2）。

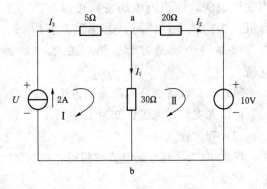

图 3.1.3 ［例 3.1.2］

解法 1：

（1）设各支路电流分别为 I_1、I_2，恒流源两端的电压为 U，并在图中标出其参考方向；

恒流源支路的电流已知为 $I_3 = 2\text{A}$

（2）列方程：

根据 KCL，列节点 a 的节点电流方程得

$$I_1 + I_2 = I_3$$

根据 KVL，列回路电压方程得

网孔 I $-U + 5I_3 + 30I_1 = 0$

网孔 II $-30I_1 + 20I_1 + 10 = 0$

（3）联立方程组，解方程，得到各支路电流：

$$I_1 = 1\text{A} , I_2 = 1\text{A} , U_3 = 40\text{V}$$

解法 2：

（1）设各支路电流分别为 I_1、I_2，并在图中标出其参考方向；

恒流源支路的电流已知为 $I_3 = 2A$

（2）列方程：

根据 KCL，列节点 a 的节点电流方程得

$$I_1 + I_2 = I_3$$

根据 KVL，列网孔Ⅱ电压方程得

$$20I_2 + 10 = 30I_1$$

（3）联立方程组，解方程，得到各支路电流：

$$I_1 = 1A，I_2 = 1A$$

【例 3.1.3】　如图 3.1.4 所示电路，求各支路电流。

分析： 图 3.1.4 所示电路为 5 条支路、3 个节点、3 个网孔的电路。其中一条支路是恒流源与电阻

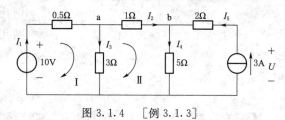

图 3.1.4　［例 3.1.3］

串联构成的，由恒流源的特点可以知道，该支路电流为该恒流源的电流。选取含有恒流源的独立回路时，电路需要新增一个恒流源两端电压 U 这个电路变量，相应要增加一个辅助方程。所以在选取回路时，应尽量避免选择含有恒流源的支路。

解：（1）设各支路电流分别为 I_1、I_2、I_3、I_4，并在图中标出其参考方向。

恒流源支路的电流已知为 $I_5 = 3A$

（2）列方程：

根据 KCL，列节点电流方程得

节点 a　　　　　　　　　　　$I_1 = I_2 + I_3$

节点 b　　　　　　　　　　　$I_5 + I_2 = I_4$

根据 KVL，列回路电压方程得

网孔Ⅰ　　　　　　　　$0.5I_1 + 3I_3 - 10 = 0$

网孔Ⅱ　　　　　　　　$I_2 + 5I_4 - 3I_3 = 0$

（3）联立方程组，解方程，得到各支路电流：

$$I_1 = 2A，I_2 = -1A，I_3 = 3A，I_4 = 2A$$

支路电流法是分析复杂电路各种方法中最基本、最直接、最直观的方法。但是如果待分析的电路结构复杂，支路数多，应用支路电流法分析时，设置的电路变量和列写的方程式也相应变多，会给分析及求解过程增加难度。

3.1　Ⓣ

测试题

3.1　Ⓓ

练习题答案

练　习　题

一、填空题

3.1.1　用支路电流法解复杂电阻电路时，应先列出 ＿＿＿＿ 个独立节点电流方

程，然后再列出_____个回路电压方程（假设电路有 b 条支路，n 个节点）。

3.1.2 某支路用支路电流法求解的数值方程组如下：

$$I_1 + I_2 + I_3 = 0$$

$$5I_1 - 20I_2 - 20 = 0$$

$$10 + 20I_3 - 10I_2 = 0$$

则该电路的节点数为_____，网孔数为_____。

3.1.3 所谓支路电流法就是以_____为未知量，依据_____列出方程式，然后解联立方程得到_____的数值。

3.1.4 在电路中，结构约束来自元件的连接方式，电路中与一个节点相连接的各支路电流必须满足_____约束，与一个回路相联系的各支路电压必须满足____的约束。

3.1.5 元件约束是每种元件的_____特性。

3.1.6 对于具有 n 个节点、b 条支路的平面电路，可列出____个独立的 KCL 方程，可列出____个独立的 KVL 方程，该电路有____个网孔。

3.1.7 对于具有 n 个节点、b 条支路的平面电路，独立节点数为____个，独立回路数为____个。

二、选择题

3.1.8 对于一个具有 n 个节点，b 条支路的电路，其独立回路个数为（　　）。

A. $b-(n-1)$　　　　　　　　　　B. $n-1$

C. $b-n-1$　　　　　　　　　　D. $n+1$

3.1.9 对于一个具有 n 个节点，b 条支路的电路，它的 KVL 独立方程个数为（　　）。

A. $b-(n-1)$　　　　　　　　　　B. $n-1$

C. $b-n-1$　　　　　　　　　　D. $n+1$

3.1.10 电路中与一个节点相连接的各支路电流必须满足（　　）约束。

A. KVL　　　　　　　　　　　　B. KCL

C. 伏安　　　　　　　　　　　　D. 无

3.1.11 支路电流法是以（　　）为未知量，直接应用 KCL 和 KVL 分别对节点和回路列出所需要的节点电流方程及回路电压方程，然后再联立求解，得出各支路的电流值。

A. 电压　　　　　　　　　　　　B. 电流

C. 电能　　　　　　　　　　　　D. 功率

3.1.12 使用支路电流法时，在确定未知变量个数由（　　）决定。

A. 支路　　　　　　　　　　　　B. 网孔

C. 节点　　　　　　　　　　　　D. 认为随意规定

三、是非题

3.1.13 运用支路电流法解复杂直流电路时，不一定以支路电流为未知量。

（　　）

3.1.14　用支路电流法解出的电流为正数,则解题正确,否则就是解题错误。

（　　）

3.1.15　用支路电流法解题时各支路电流参考方向可以任意假定。　　（　　）

四、计算题

3.1.16　如题 3.1.16 图所示电路,用支路电流法求各支路电流。

3.1.17　如题 3.1.17 图所示电路,用支路电流法求各支路电流。

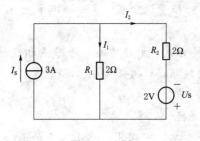

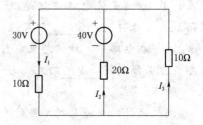

题 3.1.16 图　　　　　　　　　　　　　题 3.1.17 图

3.2　网 孔 电 流 法

支路电流法虽然能用来求解支路电流,但对支路数较多的复杂电路,解方程的工作量较大。如果能够找到一组既可以表示出各支路电流的关系,又少于待求支路电流数的替代变量,则通过求出替代变量,再求出各支路电流,就可以降低数学运算的难度。

3.2.1　网孔电流法

网孔电流法是以假想的网孔电流为未知量,用网孔电流表示支路电流,进而表示支路电压,根据 KVL 列网孔电压方程,联立求解的方法。网孔电流法又称网孔法。下面以图 3.2.1 所示电路为例来说明网孔法。

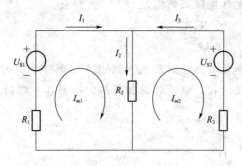

图 3.2.1　网孔电流法

为了求得各支路电流,先选择一组独立回路,这里选择的是 2 个网孔。假想每个网孔中,都有一个网孔电流沿着网孔的边界流动,如 I_{m1}、I_{m2},需要指出的是 I_{m1}、I_{m2} 是假想的电流,电路中实际存在的电流还是支路电流 I_1、I_2、I_3。从图 3.2.1 可以看出,网孔电流与支路电流关系满足 KCL,即网孔外沿支路电流就是网孔电流,两个网孔公共支路电流满足 KCL,则

$$\begin{cases} I_1 = I_{m1} \\ I_2 = I_{m1} - I_{m2} \\ I_3 = -I_{m2} \end{cases} \tag{3.2.1}$$

在图 3.2.1 所示电路中,选取网孔绕行方向与网孔电流参考方向一致,根据

KVL 可列网孔方程：

$$\begin{cases} I_1 R_1 - U_{S1} + I_2 R_2 = 0 \\ - I_2 R_2 + U_{S3} - I_3 R_3 = 0 \end{cases} \tag{3.2.2}$$

将式（3.2.1）代入式（3.2.2），整理得

$$\begin{cases} (R_1 + R_2) I_{m1} - R_2 I_{m2} = U_{S1} \\ - R_2 I_{m1} + (R_2 + R_3) I_{m2} = -U_{S3} \end{cases} \tag{3.2.3}$$

式（3.2.3）可以概括为如下形式：

$$\begin{cases} R_{11} I_{m1} + R_{12} I_{m2} = U_{S11} \\ R_{21} I_{m1} + R_{22} I_{m2} = U_{S22} \end{cases} \tag{3.2.4}$$

式（3.2.4）是具有 2 个网孔电路的网孔电流方程的一般形式，其有如下规律：

（1）R_{11}、R_{22} 分别称为网孔 1、网孔 2 的自电阻，其值等于各网孔中所有支路的电阻之和，它们值总为正，即 $R_{11} = R_1 + R_2$，$R_{22} = R_2 + R_3$。

（2）R_{12}、R_{21} 称为网孔 1、网孔 2 之间的互电阻，它等于两个网孔公共电阻的负值，即 $R_{12} = -R_2$，$R_{21} = -R_2$，可以看出 $R_{12} = R_{21}$。

（3）U_{S11}、U_{S22} 分别称为网孔 1、网孔 2 中所有电压源电压升的代数和，即 $U_{S11} = U_{S1}$、$U_{S22} = -U_{S3}$。

式（3.2.4）可推广到具有 m 个网孔电路的网孔电流方程的一般形式：

$$\begin{cases} R_{11} I_{m1} + R_{12} I_{m2} + \cdots + R_{1m} I_{mm} = U_{S11} \\ R_{21} I_{m1} + R_{22} I_{m2} + \cdots + R_{23} I_{mm} = U_{S22} \\ \vdots \\ R_{m1} I_{m1} + R_{m2} I_{m2} + \cdots + R_{mm} I_{mm} = U_{Smm} \end{cases} \tag{3.2.5}$$

根据以上分析，网孔电流法的一般步骤可归纳为：

（1）设各网孔的网孔电流为电路变量，用 I_{m1}，I_{m2}，$\cdots$，I_{mm} 表示，并在电路中标出其参考方向（均取顺时针方向或逆时针方向）。

（2）求出各自电阻、互电阻及各电压源电压升的代数和，按式（3.2.5）列出网孔电流方程。

（3）联立求解可得各网孔电流。

（4）根据网孔电流与支路电流的关系式，求得各支路电流，再根据 KVL 及欧姆定律求其他需求的电量。

需要注意的是，再用式（3.2.5）列网孔电流方程时，所选择的网孔电流的绕行方向必须相同，即都是顺时针或都是逆时针。

3.2.2　网孔电流法的应用

【例 3.2.1】　用网孔电流法求图 3.2.2 所示电路中的各支路电流。

分析：图 3.2.2 所示电路为 3 条支

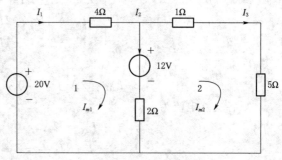

图 3.2.2　［例 3.2.1］

路、2 个节点、2 个网孔的电路。采用支路电流法进行分析时，有 3 个待求的支路电流，利用网孔电流法，则只有 2 个待求的网孔电流，所以本题采用网孔电流法比支路电流法，列写方程的个数少。

解：设各网孔电流 I_{m1}、I_{m2}、各支路电流及其参考方向如图所示，则各网孔电压方程为

$$\begin{cases} (4+2)I_{m1} - 2I_{m2} = 20 - 12 \\ -2I_{m1} + (1+5+2)I_{m2} = 12 \end{cases}$$

联立求解，得各网孔电流：

$$I_{m1} = 2\text{A}, \ I_{m2} = 2\text{A}$$

根据网孔电流和支路电流的关系，可得各支路电流：

$$I_1 = I_{m1} = 2\text{A}, \ I_2 = I_{m1} - I_{m2} = 0\text{A}, \ I_3 = I_{m2} = 2\text{A}$$

【例 3.2.2】 用网孔电流法求解图 3.2.3 所示电路中的各支路电流。已知 $R_1 = 1\Omega$，$R_2 = 1\Omega$，$R_3 = 2\Omega$，$U_{S3} = 6\text{V}$，$R_4 = 1\Omega$，$R_5 = 1\Omega$，$R_6 = 2\Omega$，$U_{S6} = 6\text{V}$。

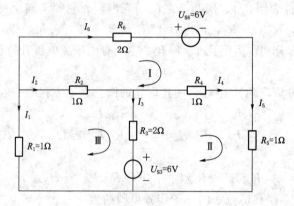

图 3.2.3 ［例 3.2.2］

解：设各网孔电流、支路电流及其参考方向如图，则各网孔电压方程为

$$\begin{cases} (R_2 + R_4 + R_6)I_{m1} - R_4 I_{m2} - R_2 I_{m3} = -U_{S6} \\ -R_4 I_{m1} + (R_3 + R_4 + R_5)I_{m2} - R_3 I_{m3} = U_{S3} \\ -R_2 I_{m1} - R_3 I_{m2} + (R_1 + R_2 + R_3)I_{m3} = -U_{S3} \end{cases}$$

整理得

$$\begin{cases} 4I_{m1} - I_{m2} - I_{m3} = -6 \\ -I_{m1} + 4I_{m2} - 2I_{m3} = 6 \\ -I_{m1} - 2I_{m2} + 4I_{m3} = -6 \end{cases}$$

联立求解，得

$$I_{m1} = 2\text{A}, I_{m2} = 0\text{A}, I_{m3} = -2\text{A}$$

则各支路电流为

$$I_1 = -I_{m3} = 2\text{A}$$

$$I_2 = -I_1 - I_6 = -2 - (-2) = 0(\text{A})$$

$$I_3 = I_2 - I_4 = 0 - 2 = -2(\text{A})$$

$$I_4 = I_5 - I_6 = 0 - (-2) = 2(A)$$
$$I_5 = I_{m2} = 0A$$
$$I_6 = I_{m1} = -2A$$

【例 3.2.3】 用网孔电流法求解图 3.2.4 所示电路中的各支路电流。

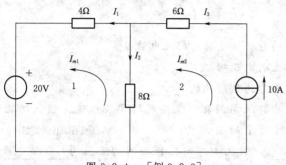

图 3.2.4　　[例 3.2.3]

分析：电路中有含理想电流源的支路。

解：设各网孔电流、支路电流及其参考方向如图，其中网孔 2 的网孔电流即为电流源电流，则 $I_{m2} = 10A$。

列网孔 1 的网孔电压方程：
$$(4+8)I_{m1} - 8I_{m2} = -20$$

解方程，得到各网孔电流：

$$I_{m1} = 5A ， I_{m2} = 10A$$

各支路电流为

$$I_1 = I_{m1} = 5A$$
$$I_2 = I_{m2} - I_{m1} = 10 - 5 = 5(A)$$
$$I_3 = I_{m2} = 10A$$

【例 3.2.4】 用网孔电流法求解图 3.2.5 所示电路中的各支路电流。

分析：该电路中含理想电流源支路为两个网孔共有。

解：设各网孔电流、支路电流及其参考方向如图所示，并假设 6A 恒流源两端的电压为 U，在图中标出其参考方向。

列网孔电流方程：

$$\begin{cases} (2+1)I_{m1} - I_{m2} = -U + 12 \\ -I_{m1} + (1+3+1)I_{m2} = U \end{cases}$$

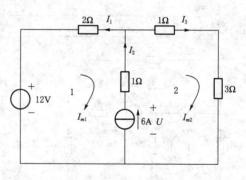

图 3.2.5　　[例 3.2.4]

增列一个网孔电流的约束方程：
$$I_{m2} - I_{m1} = 6A$$

联立求解，得

$$I_{m1} = -2A ， I_{m2} = 4A ， U_3 = 22V$$

各支路电流为

$$I_1 = -I_{m1} = 2A$$
$$I_2 = 6A$$
$$I_3 = I_{m2} = 4A$$

注意：若将网孔 1 和网孔 2 去掉公共支路，组成一个广义网孔。注意这个广义的网孔电流左右不同（网孔左边的网孔电流为 I_{m1}，网孔右边的网孔电流为 I_{m2}），对广义网孔列写网孔电流方程为 $2I_{m1} + (1+3)I_{m2} = 12$。

<h2 align="center">练 习 题</h2>

3.2 ①
测试题

3.2 ①
练习题答案

一、填空题

3.2.1 以 _____ 为待求变量的分析方法称为网孔电流法。

3.2.2 两个网孔之间公共支路上的电阻叫 _____。

3.2.3 网孔自身所有电阻的总和称为该网孔的 _____。

3.2.4 如题 3.2.4 图所示电路中，采用网孔电流法列写网孔电流方程（网孔电流的参考方向已标注于图中），则网孔 Ⅰ 的自阻为 _____，网孔 Ⅱ 的自阻为 _____，网孔 Ⅲ 的自阻为 _____，网孔 Ⅰ、网孔 Ⅱ 之间的互阻为 _____，网孔 Ⅱ、网孔 Ⅲ 之间的互阻为 _____。

3.2.5 在列写网孔电流方程时，当所有网孔电流均取顺时针方向时，自阻 _____，互阻 _____。

3.2.6 如题 3.2.6 图所示电路中，网孔电流 I_{m1}、I_{m2}、I_{m3}，则支路电流可以用网孔电流来表示：

$I_1 =$ _____ , $I_2 =$ _____ ,
$I_3 =$ _____ , $I_4 =$ _____ ,
$I_5 =$ _____ , $I_6 =$ _____ 。

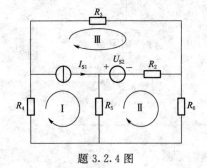

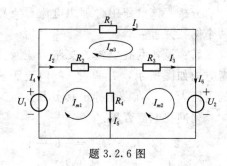

题 3.2.4 图　　　　　　　　　　题 3.2.6 图

二、选择题

3.2.7 关于网孔电流法，下列说法错误的是（　　）。

A. 自电阻是网孔本身的电阻之和，恒为正

B. 互电阻是网孔之间的电阻之和，根据网孔电流的方向有正、负之分

C. 网孔电流法只适用于平面电路

D. 网孔电流自动满足 KVL

3.2.8 对于一个具有 n 个节点，b 条支路的电路，列写网孔电流方程，需要列写
（　　）。

A. $n-1$ 个 KCL 方程　　　　B. $b-n-1$ 个 KVL 方程

C. $n-1$ 个 KVL 方程　　　　D. $b-n+1$ 个 KVL 方程

3.2.9 在列写网孔电流方程时，当所有网孔电流均取顺时针时，自阻（　　），互阻（　　）。

A. 恒为正，恒为负 　　　　B. 恒为正，有正有负

C. 有正有负，恒为负 　　　D. 恒为正，恒为正

3.2.10 如题3.2.10图所示，采用网孔电流法，下列说法错误的是（　　）。

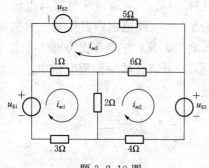

题 3.2.10 图

A. 网孔电流 i_{m1} 的自电阻为 6Ω

B. 网孔电流 i_{m2} 的自电阻为 12Ω

C. 网孔电流 i_{m3} 的自电阻为 5Ω

D. 网孔电流 i_{m1}、i_{m2}、i_{m3} 自动满足 KCL

3.2.11 设想的在电路的每个网孔中环行的电流叫作（　　）。

A. 支路电流 　　　B. 回路电流

C. 网孔电流 　　　D. 节点电流

3.2.12 网孔法就是以电路的 m 个网孔电流为未知数，按（KVL）列（　　）联立求解。

A. m 个支路电流方程 　　　B. m 个网孔电压方程

C. m 个支路电压 　　　　　D. $m-1$ 个网孔电压方程

三、是非题

3.2.13 互电阻恒为负值。 （　　）

3.2.14 网孔电流是一种沿着网孔边界流动的假想电流。 （　　）

3.2.15 自电阻恒为负值。 （　　）

3.2.16 网孔电流方程实质上是 KVL 方程，在列方程时应把电流源电压考虑在内。 （　　）

3.2.17 网孔电流就是支路电流，支路电流就是网孔电流。 （　　）

四、计算题

3.2.18 如题3.2.18图所示电路，用网孔电流法求各支路电流。

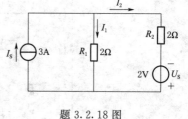

题 3.2.18 图

3.3 节点电位法

利用网络方程法对结构和元件参数已知的电路进行分析时，尽量选择数量少的独立电路变量，这样可以降低分析和计算的难度。

故利用网络方程法对节点少（$m>n$）的电路进行分析时，从方程数目来看：支路电流法支路数为 b，网孔电流法网孔数为 $m(m=b-n+1)$。而节点电位法列写方程数量最少。本节介绍节点电位法。

3.3.1 节点电位法

对于 n 个节点的电路，任选电路中一个节点作为参考节点，电路中其余 $(n-1)$ 个

3.3 节点电位法

非参考节点称为独立节点。参考节点电位为 0，通常称为地，用符号"⊥"表示。参考节点一旦选定，就可以确定电路中其余 $(n-1)$ 个独立节点的电位，即：这些独立节点分别与参考节点之间的电压，称为节点电位。其参考方向为各独立节点指向参考节点。分别用 V_1、V_2、…、V_{n-1} 表示 $(n-1)$ 个独立节点的电位。

节点电位法就是任意选择电路中的一个节点为参考节点，以电路其余 $(n-1)$ 个节点电位为电路的独立变量，利用基尔霍夫电压定律（KVL）和元件电压与电流的伏安特性（VCR），用节点电位表示支路电压，进而表示支路电流，根据基尔霍夫电流定律（KCL）列方程，联立这些方程求出各节点电位，最后根据各支路电流与节点电位的关系，求出各支路的电流。这种方法广泛应用于计算机辅助分析电路中，成为分析电路最重要的方法之一。

图 3.3.1 所示电路有 3 个节点，选择 o 点为参考节点，用接地符号"⊥"表示，则余下的两个节点 a、b 的节点电位分别为 V_a、V_b。各支路电流及其参考方向如图 3.3.1 所示。

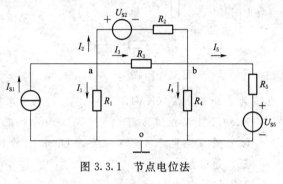

图 3.3.1　节点电位法

根据 KVL 各支路电压：

$$\begin{cases} U_{ao} = V_a \\ U_{ab} = V_a - V_b \quad (3.3.1) \\ U_{bo} = V_b \end{cases}$$

根据 KVL 及欧姆定律支路电流与节点电位存在以下关系：

$$\begin{cases} I_1 = \dfrac{V_a}{R_1} = G_1 V_a \\[2mm] I_2 = \dfrac{V_a - V_b - U_{S2}}{R_2} = G_2(V_a - V_b - U_{S2}) \\[2mm] I_3 = \dfrac{V_a - V_b}{R_3} = G_3(V_a - V_b) \\[2mm] I_4 = \dfrac{V_b}{R_4} = G_4 V_b \\[2mm] I_5 = \dfrac{V_b - U_{S5}}{R_5} = G_5(V_b - U_{S5}) \end{cases} \qquad (3.3.2)$$

对节点 a、b 分别列 KCL 方程：

$$\begin{aligned} -I_{S1} + I_1 + I_2 + I_3 &= 0 \\ -I_2 - I_3 + I_4 + I_5 &= 0 \end{aligned} \qquad (3.3.3)$$

将式（3.3.2）代入式（3.3.3），可得

$$-I_{S1} + G_1 V_a + G_2(V_a - V_b - U_{S2}) + G_3(V_a - V_b) = 0$$
$$-G_2(V_a - V_b - U_{S2}) - G_3(V_a - V_b) + G_4 V_b + G_5(V_b - U_{S5}) = 0$$

整理得

$$\left. \begin{aligned} (G_1 + G_2 + G_3)V_a - (G_2 + G_3)V_b &= I_{S1} + G_2 U_{S2} \\ -(G_2 + G_3)V_a + (G_2 + G_3 + G_4 + G_5)V_b &= -G_2 U_{S2} + G_5 U_{S5} \end{aligned} \right\} \qquad (3.3.4)$$

式（3.3.4）可以概括为如下形式：

$$\left.\begin{array}{l} G_{aa}V_a + G_{ab}V_b = I_{Saa} \\ G_{ba}V_a + G_{bb}V_b = I_{Sbb} \end{array}\right\} \tag{3.3.5}$$

式（3.3.5）是具有两个独立节点的节点电位方程的一般形式，有如下规律：

（1）G_{aa}、G_{bb} 分别称为节点 a、b 的自电导，其数值等于各独立节点所连接的各支路的电导之和，它们总取正值，$G_{aa}=G_1+G_2+G_3$，$G_{bb}=G_2+G_3+G_4+G_5$。

（2）G_{ab}、G_{ba} 称为节点 a、b 的互电导，其数值等于两节点间电导和的负值，它们总取负值，既 $G_{ab}=G_{ba}=-(G_2+G_3)$。

（3）I_{Saa}、I_{Sbb} 分别称为流入节点 a、b 的等效电流源电流的代数和，若是电压源与电阻串联的支路，则看成是已变换了的电流源与电导相并联的支路。当电流源的电流方向流入节点时取正号，反之，则取负号。

式（3.3.3）的推广，具有 n 个节点的电路，有（$n-1$）个独立节点，可写出节点电位方程的一般形式为

$$\begin{cases} G_{11}V_1 + G_{12}V_2 + \cdots + G_{1(n-1)}V_{n-1} = I_{S11} \\ G_{21}V_1 + G_{22}V_2 + \cdots + G_{2(n-1)}V_{n-1} = I_{S22} \\ \vdots \\ G_{(n-1)1}V_1 + G_{(n-1)2}V_2 + \cdots + G_{(n-1)(n-1)}V_{n-1} = I_{S(n-1)(n-1)} \end{cases} \tag{3.3.6}$$

根据以上分析，可归纳节点电位法的一般步骤如下：

（1）选定参考节点，用符号"⊥"表示，并以独立节点的节点电位作为电路变量。

（2）求出各自电导、互电导及电流源电流的代数和，按式（3.3.6）列方程。

（3）联立求解得各节点电位。

（4）根据 KVL 及 VCR 求出各支路电压及支路电流。

3.3.2 节点电位法的应用

【例 3.3.1】 用节点电位法求解图 3.3.2 所示电路中的各支路电流。已知 $R_1=1\Omega$，$R_2=1\Omega$，$R_3=2\Omega$，$R_4=1\Omega$，$R_5=1\Omega$，$R_6=2\Omega$，$U_{S3}=6V$，$U_{S6}=6V$。

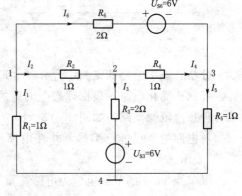

图 3.3.2 ［例 3.3.1］

解：对电路的节点进行编号，并在电路中标出，选取节点 4 作为参考节点，用符号"⊥"表示。以节点 1、2、3 的节点电位为电路变量，用 V_1、V_2、V_3 表示。

设各支路电流及其参考方向如图所示，根据式（3.3.6）列节点电位方程：

节点 1：$\quad\left(\dfrac{1}{1}+\dfrac{1}{1}+\dfrac{1}{2}\right)V_1 - \dfrac{1}{1}V_2 - \dfrac{1}{2}V_3 = \dfrac{6}{2}$

节点 2：$\quad\left(-\dfrac{1}{1}\right)V_1 + \left(\dfrac{1}{1}+\dfrac{1}{2}+\dfrac{1}{1}\right)V_2 - \dfrac{1}{1}V_3 = \dfrac{6}{2}$

节点 3：

$$\left(-\frac{1}{2}\right)V_1 - \frac{1}{1}V_2 + \left(\frac{1}{1}+\frac{1}{2}+\frac{1}{1}\right)V_3 = -\frac{6}{2}$$

联立求解得

$$V_1 = 2\text{V} ,\ V_2 = 2\text{V} ,\ V_3 = 0\text{V}$$

各支路电流：

$$I_1 = \frac{V_1}{R_1} = 2\text{A}$$

$$I_2 = \frac{V_1 - V_2}{R_2} = 0\text{A}$$

$$I_3 = \frac{V_2 - U_{S3}}{R_3} = -2\text{A}$$

$$I_4 = \frac{V_2 - V_3}{R_4} = 2\text{A}$$

$$I_5 = \frac{V_3}{R_5} = 0\text{A}$$

$$I_6 = \frac{V_1 - V_3 - U_{S6}}{R_6} = -2\text{A}$$

【例 3.3.2】 用节点电位法求解图 3.3.3（a）所示电路中的各支路电流。

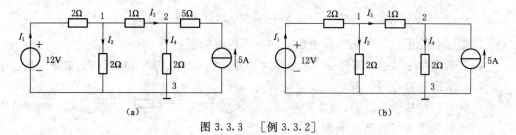

图 3.3.3　[例 3.3.2]

分析：图中电路的支路中含有独立理想电流源。

解：先简化电路：根据理想电流源的性质，理想电流源与电阻串联的支路可以等效为理想电流源支路。如图 3.3.3（b）所示。

对电路的节点进行编号，并在电路中标出，选取节点 3 作为参考节点，用符号"⊥"表示。

以节点 1、2 的节点电位为电路变量，用 V_1、V_2 表示。各支路电流及其参考方向如图 3.3.3 所示。

根据式（3.3.6）列节点电位方程：

节点 1：

$$\left(\frac{1}{2}+\frac{1}{2}+\frac{1}{1}\right)V_1 - \frac{1}{1}V_2 = \frac{12}{2}$$

节点 2：

$$\left(-\frac{1}{1}\right)V_1 + \left(\frac{1}{2}+\frac{1}{1}\right)V_2 = 5$$

整理得

$$2V_1 - V_2 = 6$$
$$-V_1 + 1.5V_2 = 5$$

联立求解，得

$$V_1 = 7\text{V} , V_2 = 8\text{V}$$

各支路电流：

$$I_1 = \frac{12 - V_1}{2} = \frac{12 - 7}{2} = 2.5(\text{A})$$

$$I_2 = \frac{V_1}{2} = \frac{7}{2} = 3.5(\text{A})$$

$$I_3 = \frac{V_1 - V_2}{1} = \frac{7 - 8}{1} = -1(\text{A})$$

$$I_4 = \frac{V_2}{2} = \frac{8}{2} = 4(\text{A})$$

【例 3.3.3】 用节点电位法求解图 3.3.4 所示电路中的电流 I_6。

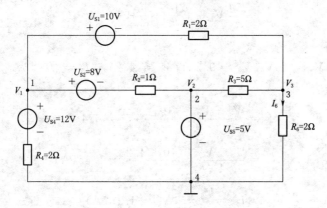

图 3.3.4   ［例 3.3.3］

分析：图中电路一支路含有理想电压源。

解：对电路的节点进行编号，并在电路中标出，选取节点 4 作为参考节点，用符号"⊥"表示。以节点 1、2、3 的节点电位为电路变量，用 V_1、V_2、V_3 表示。从电路图中，可得：$V_2 = 5\text{V}$。

根据式（3.3.6）列节点电位方程：

节点 1： $\left(\dfrac{1}{2} + \dfrac{1}{1} + \dfrac{1}{2}\right)V_1 - \dfrac{1}{1} \times V_2 - \dfrac{1}{2}V_3 = \dfrac{10}{2} + \dfrac{8}{1} + \dfrac{12}{2}$

节点 3： $\left(-\dfrac{1}{2}\right)V_1 - \dfrac{1}{5} \times V_2 + \left(\dfrac{1}{2} + \dfrac{1}{2} + \dfrac{1}{5}\right)V_3 = -\dfrac{10}{2}$

联立求解得

$$V_1 = 12.47\text{V} , V_2 = 5\text{V} , V_3 = 1.86\text{V}$$

则支路电流：

$$I_6 = \frac{V_3}{R_6} = 0.93\text{A}$$

【例 3.3.4】 用节点电位法求解图 3.3.5 所示电路中的各支路电流。

分析：图中电路含有两条理想电压源支路，但这两条支路不汇集于同一节点。

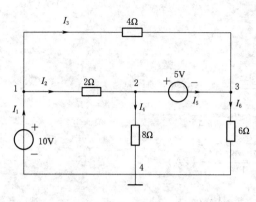

图 3.3.5　[例 3.3.4]

解：对电路的节点进行编号，并在电路中标出，选取节点 4 作为参考节点，用符号"⊥"表示。以节点 1、2、3 的节点电位为电路变量，用 V_1、V_2、V_3 表示。设各支路电流及其参考方向如图 3.3.5 所示。则

$$V_1 = 10\text{V}$$
$$V_2 - V_3 = 5\text{V}$$

对节点 2、3 列方程

节点 2：$-\dfrac{1}{2}V_1 + \left(\dfrac{1}{2} + \dfrac{1}{8}\right)V_2 = -I_5$

节点 3：$\qquad -\dfrac{1}{4}V_1 + \left(\dfrac{1}{4} + \dfrac{1}{6}\right)V_3 = I_5$

联立求解得

$$V_1 = 10\text{V} , V_2 = 9.2\text{V} , V_3 = 4.2\text{V} , I_5 = -0.75\text{A}$$

各支路电流：

$$I_2 = \frac{V_1 - V_2}{2} = \frac{10 - 9.2}{2} = 0.4(\text{A})$$

$$I_3 = \frac{V_1 - V_3}{4} = \frac{10 - 4.2}{4} = 1.45(\text{A})$$

$$I_4 = \frac{V_2}{8} = \frac{9.2}{8} = 1.15(\text{A})$$

$$I_5 = I_2 - I_4 = 0.4 - 1.15 = -0.75(\text{A})$$

$$I_6 = \frac{V_3}{6} = \frac{4.2}{6} = 0.7(\text{A})$$

$$I_1 = I_2 + I_3 = 0.4 + 1.45 = 1.85(\text{A})$$

注意：

(1) 参考点的选择是任意的，但合理的选择参考节点，可以简化分析。一般选择连接支路数较多的节点作为参考节点。当电路中预先给定接地点时，则必须以该点作为此电路的参考节点。

(2) 分析含有理想电压源的电路，首先观察该理想电压源是否处在参考节点与非参考节点之间。如果是，则该非参考节点的电位被理想电压源限定（详细分析见 [例 3.3.3]）。如果不是，需要增设理想电压源的电流作为附加的电路变量，引入相应的节点电位方程中，同时增加节点电位与理想电压源电压之间的约束方程，保证所列出的方程总数与电路变量数相等（详细分析见 [例 3.3.4]）。

3.3.3　弥尔曼定理

对于图 3.3.6 所示两个节点的电路，选择其中的一个节点为参考节点，就只有一个节点电位未知，只需要列一个方程，即

$$V_a = \frac{\sum\limits_{i=1}^{n}(G_i U_{Si})}{\sum\limits_{i=1}^{n} G_i} \qquad (3.3.7)$$

式中：$\sum\limits_{i=1}^{n} G_i U_{Si}$ 为与节点 a 相连的各支路电流源电流的代数和，电流源电流的参考方

向流入节点时为正，反之取负号；$\sum\limits_{i=1}^{n} G_i$ 为节点 a 所连接各支路的电导之和。式 (3.3.7) 称为弥尔曼定理。

【**例 3.3.5**】 用节点法求图 3.3.6 所示电路中各支路电流。

解：以 o 点为参考点，选择各支路电流及其参考方向如图所示。根据弥尔曼定理可得

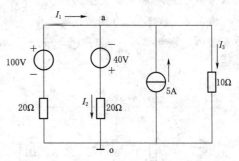

图 3.3.6 ［例 3.3.5］

$$V_a = \frac{\sum\limits_{i=1}^{n}(G_i U_{Si})}{\sum\limits_{i=1}^{n} G_i} = \frac{\dfrac{100}{20} - \dfrac{40}{20} + 5}{\dfrac{1}{20} + \dfrac{1}{20} + \dfrac{1}{10}} = 40(\text{V})$$

根据 KVL 及 VCR 可得

$$I_1 = \frac{100 - V_a}{20} = \frac{100 - 40}{20} = 3(\text{A})$$

$$I_2 = \frac{V_a + 40}{20} = \frac{40 + 40}{20} = 4(\text{A})$$

$$I_3 = \frac{V_a}{10} = \frac{40}{10} = 4(\text{A})$$

对节点 a 进行电流验证：

$$\sum I = -I_1 + I_2 - 5 + I_3 = -3 + 4 - 5 + 4 = 0(\text{A})$$

符合 KCL，结果正确。

练 习 题

一、填空题

3.3.1 以_____为待求变量的分析方法称为节点电位法。

3.3.2 与某个节点相连接的各支路电导之和，称为该节点的_____。

3.3.3 两个节点间各支路电导之和，称为这两个节点间的_____。

3.3.4 若理想电流源支路中有串联电阻，则在列写节点电位法方程时，该串联电阻应作_____处理。

3.3.5 节点电位法的实质就是以_____为变量，直接列写_____方程。

3.3 ①
测试题

3.3 ②
练习题答案

3.3.6　一般来说，如果电路中选择不同的参考点，各点的电位_____，两点间的电压_____。

3.3.7　在利用节点电位法列写方程时，自导_____，互导_____。

3.3.8　如题 3.3.8 图所示电路中，节点①的自导为_____，节点①与节点②之间的互导为_____，节点②的自导为_____，流入节点①的电源电流大小为_____，流入节点②的电源电流大小为_____。

3.3.9　如题 3.3.9 图所示电路中，节点①的自导为_____，节点②的自导为_____，节点③的自导为_____，节点①与节点②之间的互导为_____，节点①与节点③之间的互导为_____。

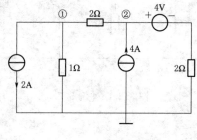

题 3.3.8 图

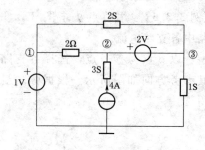

题 3.3.9 图

3.3.10　如题 3.3.10 图所示电路中，设其中一个节点为参考节点，且其余独立节点的电压分别为 U_{n1}、U_{n2}、U_{n3}，则支路电压可以用节点电位来表示：

$U_1 = $ _____，$U_2 = $ _____，

$U_3 = $ _____，$U_4 = $ _____，

$U_5 = $ _____，$U_6 = $ _____。

3.3.11　题 3.3.11 图所示电路中，$G_{11} = $ _____、$G_{22} = $ _____、$G_{12} = $ _____。

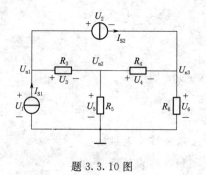

题 3.3.10 图　　　　　　　　题 3.3.11 图

二、选择题

3.3.12　在节点法中，G_{aa}、G_{bb}、G_{cc} 叫做各节点的自电导，它们等于连在每个节点的各个支路的（　　　）。

A. 电阻的和　　　　　　　　　B. 电导的和

C. 电压代数和　　　　　　　　D. 电流代数和

3.3.13　在节点法中，G_{ab}、G_{bc}等叫做各节点间的互电导，等于两个节点公有的（　　）。

A. 电阻值　　　　　　　　　　B. 电导值

C. 电导负值　　　　　　　　　D. 电流值

3.3.14　关于弥尔曼定理的下列说法，正确的是（　　）。

A. 支路电流法的特例　　　　　B. 网孔电流法的特例

C. 节点电位法的特例　　　　　D. 叠加定理的特例

三、是非题

3.3.15　节点电位法是以节点电位为未知量，将各支路电流用节点电位来表示。

（　　）

3.3.16　节点电位法对平面电路、非平面电路都适用。　　　　　　　（　　）

3.3.17　与理想电流源串联的电阻也要计入自导和互导中。　　　　　（　　）

四、计算题

3.3.18　题 3.3.18 图所示，用结点电位法求各支路电流。

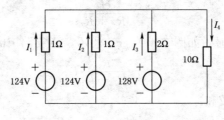

题 3.3.18 图

3.4　叠　加　定　理

前几节介绍通过建立网络方程的方法来分析电路。运用网络方程法可直接对电路进行分析，不需要对电路进行改造，但分析复杂电路解方程过程烦琐。

从本节开始介绍线性电路的电路定理，如叠加定理、戴维南定理、诺顿定理等。本节首先讨论线性电路的叠加定理。

3.4.1　线性电路

叠加定理是反映线性电路基本性质的一个重要定理。其基本内容是：在线性电路中，如果有两个或两个以上的独立电源（电压源或电流源）共同作用，则任意支路的电压或电流响应等于电路中各个独立电源分别单独作用产生响应的代数和。所谓各独立电源分别单独作用是指电路中仅一个独立电源作用而其他电源不作用，不作用的电压源相当于短路，不作用的电流源相当于开路。下面通过图 3.4.1（a）中求 R_2 支路上的电流 I 为例对叠加定理加以说明。

图 3.4.1（a）是含有两个独立电源的线性电路，根据弥尔曼定理，这个电路两

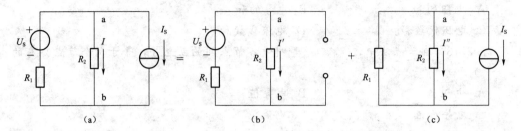

图 3.4.1　叠加定理图例

个节点间的电压为

$$U_{ab} = \frac{\dfrac{U_S}{R_1} - I_S}{\dfrac{1}{R_1} + \dfrac{1}{R_2}} = \frac{R_2 U_S - R_1 R_2 I_S}{R_1 + R_2}$$

R_2 支路上的电流为

$$I = \frac{U_{ab}}{R_2} = \frac{U_S - R_1 I_S}{R_1 + R_2} = \frac{U_S}{R_1 + R_2} - \frac{R_1}{R_1 + R_2} I_S$$

电压源 U_S 单独作用时，如图 3.4.1（b）所示，R_2 支路上的电流为

$$I' = \frac{U_S}{R_1 + R_2}$$

电流源 I_S 单独作用时，如图 3.4.1（c）所示，R_2 支路上的电流为

$$I'' = -\frac{R_1}{R_1 + R_2} I_S$$

R_2 支路上电流的代数和：

$$I' + I'' = \frac{U_S}{R_1 + R_2} - \frac{R_1}{R_1 + R_2} I_S$$

很显然
$$I = I' + I'' \tag{3.4.1}$$

这就是叠加定理，式（3.4.1）中，当 I'、I'' 的参考方向与 I 的参考方向一致时取正号，相反时取负号。

3.4.2　叠加定理的应用

【例 3.4.1】　用叠加定理求解图 3.4.2（a）所示电路中的电流 I。

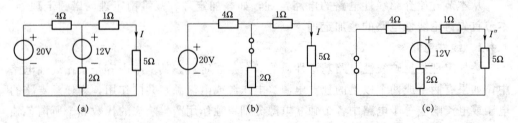

图 3.4.2　［例 3.4.1］

分析：图 3.4.2（a）所示电路为 3 条支路、2 个节点、2 个网孔、2 个独立电压源的电路。

解：（1）20V 电压源单独作用时：

20V 电压源单独作用，12V 电压源不作用（置零），作短路处理，如图 3.4.2
（b）所示。

电路的总电阻 $\qquad R' = 4 + \dfrac{(1+5)\times 2}{(1+5)+2} = 5.5(\Omega)$

电路的总电流 $\qquad I'_z = \dfrac{U'}{R'} = \dfrac{20}{5.5} = \dfrac{40}{11}(A)$

由分流公式可得：$I' = \dfrac{2}{2+(1+5)}I'_z = \dfrac{2}{8}\times\dfrac{40}{11} = \dfrac{10}{11}(A)$

（2）12V 电压源单独作用时：

12V 电压源单独作用，20V 电压源不作用（置零），作短路处理，如图 3.4.2（c）
所示。

电路的总电阻 $\qquad R' = 2 + \dfrac{(1+5)\times 4}{(1+5)+4} = 4.4(\Omega)$

电路的总电流 $\qquad I''_z = \dfrac{U'}{R'} = \dfrac{12}{4.4} = \dfrac{30}{11}(A)$

由分流公式可得 $\qquad I'' = \dfrac{4}{4+(1+5)}I''_z = \dfrac{4}{10}\times\dfrac{30}{11} = \dfrac{12}{11}(A)$

（3）20V 电压源和 12V 电压源共同作用时：

$$I = I' + I'' = \dfrac{10}{11} + \dfrac{12}{11} = 2(A)$$

【**例 3.4.2**】 用叠加定理求解图 3.4.3（a）所示电路中的电压 U。

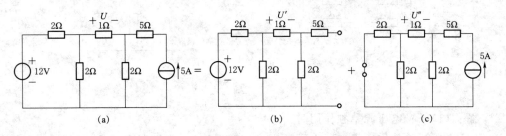

图 3.4.3 ［例 3.4.2］

解：（1）12V 电压源单独作用时：

12V 电压源单独作用，5A 电流源不作用（置零），作开路处理，如图 3.4.3（b）
所示。

电路的总电阻 $\qquad R' = 2 + \dfrac{(1+2)\times 2}{(1+2)+2} = 3.2(\Omega)$

电路的总电流 $\qquad I'_z = \dfrac{12}{R'} = \dfrac{12}{3.2} = 3.75(A)$

由分流公式可得 $\qquad I' = \dfrac{2}{2+(1+2)}I'_z = \dfrac{2}{5}\times 3.75 = 1.5(A)$

可得 $\qquad U' = I'R = 1.5\times 1 = 1.5(V)$

（2）5A 电流源单独作用时：

5A 电流源单独作用，12V 电压源不作用（置零），作短路处理，如图 3.4.3（c）所示。

由分流公式可得

$$I'' = -\frac{2}{2 + \left(1 + \frac{2 \times 2}{2 + 2}\right)} \times 5 = -2.5(\text{A})$$

可得

$$U'' = I''R = -2.5 \times 1 = -2.5(\text{V})$$

（3）12V 电压源和 5A 电流源共同作用时：

$$U = U' + U'' = 1.5 - 2.5 = -1(\text{V})$$

【例 3.4.3】 用叠加定理求解图 3.4.4（a）所示电路中的电流 I。

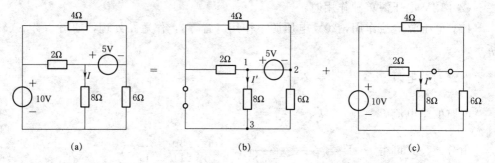

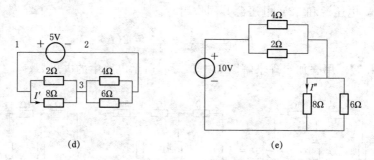

图 3.4.4 ［例 3.4.3］

解：（1）5V 电压源单独作用时：

5V 电压源单独作用，10V 电压源不作用（置零），作短路处理，如图 3.4.4（b）所示。将分电路进行简化得到电路图如图 3.4.4（d）所示。

电路的总电阻

$$R' = \frac{8 \times 2}{8 + 2} + \frac{4 \times 6}{4 + 6} = 4(\Omega)$$

电路的总电流

$$I'_z = \frac{5}{R'} = \frac{5}{4} = 1.25(\text{A})$$

由分流公式可得

$$I' = \frac{2}{2 + 8} I'_z = \frac{2}{10} \times 1.25 = 0.25(\text{A})$$

（2）10V 电压源单独作用时：

10V 电压源单独作用，5V 电压源不作用（置零），作短路处理，如图 3.4.4（c）所示，将分电路进行简化得到电路图如图 3.4.4（e）所示。

电路的总电阻

$$R'' = \frac{4 \times 2}{4 + 2} + \frac{8 \times 6}{8 + 6} = \frac{100}{21}(\Omega)$$

由分压公式可得
$$U'' = \frac{\frac{8 \times 6}{8+6}}{\frac{100}{21}} \times 10 = 7.2(\text{V})$$

可得
$$I'' = \frac{U''}{R} = \frac{7.2}{8} = 0.9(\text{A})$$

(3) 10V 电压源和 5V 电压源共同作用时：
$$I = I' + I'' = 0.25 + 0.9 = 1.15(\text{A})$$

【例 3.4.4】 用叠加定理分析图 3.4.5（a）所示电路，并求出图中的电压 U 及 1Ω 电阻的功率。

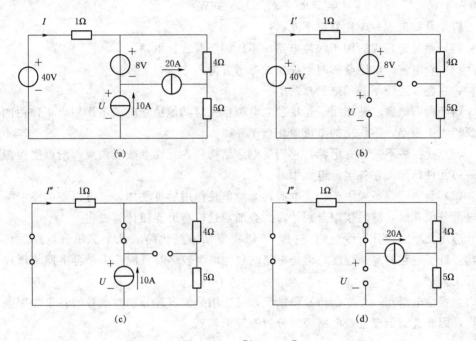

图 3.4.5 ［例 3.4.4］

分析：应用叠加定理的前提是线性关系，而电阻元件功率随电压或电流平方关系变化，所以不可直接运用叠加定理。

解：（1）40V 电压源和 8V 电压源共同作用，其他电源不作用时：

画出电路图如图 3.4.5（b）所示。
$$I' = \frac{40}{1+4+5} = 4(\text{A})$$
$$U' = (4+5) \times 4 - 8 = 28(\text{V})$$

（2）10A 电流源单独作用，其他电源不作用时：

画出电路图如图 3.4.5（c）所示。
$$I'' = -\frac{4+5}{(4+5)+1} \times 10 = -9(\text{A})$$
$$U'' = 1 \times (-I'') = 1 \times 9 = 9(\text{V})$$

（3）20A 电流源单独作用，其他电源不作用时：

画出电路图如图 3.4.5（d）所示。

$$I''' = \frac{4}{(1+5)+4} \times 20 = 8(\text{A})$$

$$U''' = -I''' \times 1 = -8 \times 1 = -8(\text{V})$$

（4）4 个电源（10A 电流源、20A 电流源、40V 电压源、8V 电压源）共同作用时：

$$I = I' + I'' + I''' = 4 + (-9) + 8 = 3(\text{A})$$

$$U = U' + U'' + U''' = 28 + 9 - 8 = 29(\text{V})$$

$$P = I^2 R = 3^2 \times 1 = 9(\text{W})$$

应用叠加定理时应注意以下几点：

（1）叠加定理仅适用于线性电路，不能用于非线性电路。

（2）对电流、电压叠加时要注意其参考方向。

（3）叠加定理不能用来计算功率。

（4）所谓电源单独作用，是指独立电源作用时其他独立电源不作用，不作用的电压源相当于短路，不作用的电流源相当于开路。

（5）受控源不是独立电源，它们受电路结构和各元件参数所约束，所以受控源作为一般元件仍保留在各组分电路中。

（6）叠加定理不局限于独立电源逐个地单独作用后再叠加，也可以将电路中的独立电源分成几组，然后按组分别计算、叠加，这样有可能使计算简化。

应用叠加定理分析线性电路时，可以将复杂电路化简成几个简单分电路进行分析，降低了电路的复杂程度。但是电路的独立电源较多时分成若干个分电路将增加了计算量。

当线性电路在一个复杂信号激励下，可应用叠加定理分别对信号的各个频率进行分析，因此叠加定理也是电路频率分析的理论基础。

练 习 题

一、填空题

3.4.1 叠加原理只适用于 _____ 电路，只能用于计算电路中的 _____ 、_____ ，不能用于计算 _____ 。

3.4.2 在具有 _____ 电路中，各支路电流（电压）等于各电源单独作用时所产生的电流（电压）_____ ，这一定理称为叠加定理。

3.4.3 所谓 U_{S1} 单独作用 U_{S2} 不起作用，含义是使 U_{S2} 等于 _____ ，但仍接在电路中。

3.4.4 某一线性电路包含两个独立电源，利用叠加定理分别求出这两个独立电源单独作用下的响应为：$U^{(1)} = 8\text{V}$，$U^{(2)} = -3\text{V}$，则原电路的响应为 $U =$ ____ V。

3.4.5 某个线性电路包含有 3 个独立电源、1 个受控电流源和若干个电阻，当

3.4 ⊤
测试题

3.4 Ⓓ
练习题答案

利用叠加定理求此电路中某一元件上的电压时,可将此电路最多分解为____个分电路。

3.4.6 利用叠加定理分别求出某 2 欧电阻中的电流 $I^{(1)}=1A$, $I^{(2)}=3A$,那么该电阻所消耗的功率为____W。

3.4.7 在利用叠加定理计算电路时,不作用的电压源,将该电压源处用____替代。

3.4.8 在利用叠加定理计算电路时,不作用的电流源,将该电流源处用____替代。

二、选择题

3.4.9 叠加定理只适用于(   )。

A. 线性网络　　　　　　　B. 非线性网络

C. 线性和非线性网络　　　D. 只适用于线性网络中功率的计算

3.4.10 用叠加定理求每个独立源单独作用下的响应时将其余电压源(   ),其余电流源(   )。

A. 代之以开路　代之以短路　B. 都代之以短路

C. 都代之以开路　　　　　　D. 随机

3.4.11 单独作用下的响应叠加时,分量的(   )选择的与原量一致时取正号,反之取负号。

A. 电压　　　　　　　　　B. 电流

C. 实际方向　　　　　　　D. 参考方向

3.4.12 叠加定理只适用于电流电压,对(   )不适用。

A. 电阻　　　　　　　　　B. 电路

C. 功率　　　　　　　　　D. 均适用

3.4.13 在线性电路中,有几个独立电源共同作用时,每一个支路中所产生的响应电流或电压,等于各个独立电源单独作用时在该支路中所产生的响应电流或电压的代数和,这一定理被称为(   )。

A. 诺顿定理　　　　　　　B. 弥尔曼定理

C. 叠加定理　　　　　　　D. 戴维南定理

3.4.14 关于叠加定理的应用,下列说法正确的是(   )。

A. 不仅适用于线性电路,而且适用于非线性电路

B. 仅适用于非线性电路的电压、电流计算

C. 仅适用于线性电路,并能利用其计算各分电路的功率进行叠加得到原电路的功率

D. 仅适用于线性电路的电压、电流计算

3.4.15 关于叠加定理的应用,各独立源处理方法为(   )。

A. 不作用的电压源用开路替代,不作用的电流源用开路替代

B. 不作用的电压源用短路替代,不作用的电流源用开路替代

C. 不作用的电压源用短路替代,不作用的电流源用短路替代

D. 不作用的电压源用开路替代,不作用的电流源用短路替代

3.4.16　关于叠加定理的应用，下列说法错误的是（　　）。

A. 后将它们叠加起来

B. 应用叠加定理时，可以分别计算各个独立电源和受控源单独作用下的电流和电压，然后将它们叠加起来

C. 应用叠加定理时，任一支路的电流（或电压）可按照各个独立电源单独作用时所产生的电流（或电压）的叠加进行计算

D. 叠加定理只适用于计算线性电路的电压和电流

3.4.17　关于叠加定理的应用，下列说法错误的是（　　）。

A. 叠加定理适用于不同频率激励下的线性电路

B. 叠加定理适用于含有受控源的线性电路

C. 叠加定理适用于线性稳态正弦电流电路的计算

D. 叠加定理只适用于计算线性电路的电压、电流及功率

3.4.18　关于叠加定理的应用，下列说法错误的是（　　）。

A. 当电源不作用时，电源处于开路状态

B. 当电路中含有受控源时，叠加定理仍然适用

C. 在进行叠加时必须注意各个响应分量是代数的叠加

D. 叠加定理不适用于计算电路的功率

三、是非题

3.4.19　叠加原理只适用于线性电路，只能用于计算电路中的电流、电压和功率。　　　　　　　　　　　　　　　　　　　　　　　　　　　　（　　）

3.4.20　求电路中某元件上功率时，可直接使用叠加定理。　　　　　　（　　）

3.4.21　对电路含有电流源 I_s 的情况，当电流源不起作用，意思是它不产生电流，$I_s = 0$ 在电路模型上就是电流源开路。　　　　　　　　　　　　（　　）

3.4.22　用叠加定理将每个独立源单独作用下的响应叠加时，分量的参考方向选择的与原量一致时取正号，反之取负号。　　　　　　　　　　　　　　（　　）

3.4.23　用叠加定理求每个独立源单独作用下的响应时，将其余电源都短路。
　　　　　　　　　　　　　　　　　　　　　　　　　　　　　　　　　（　　）

3.4.24　叠加定理不但适用于线性网络，也适用于非线性网络。　　　　（　　）

四、计算题

3.4.25　用叠加原理求题 3.4.25 图电路中的 I 和 U。

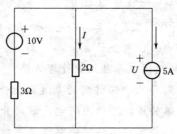

题 3.4.25 图

3.5 替 代 定 理

在分析复杂电路时，常常希望在不改变电路性质的前提下，运用已学的知识，将复杂电路等效替换成结构较为简单的电路或者将元件较多的支路用简单的电路模型代替后，进行分析以降低分析难度。

本节介绍一个广泛应用简化电路的定理——替代定理。

3.5.1 替代定理

替代定理，又称为置换定理，它的主要内容是：如果网络 N 由一个二端网络 N_R 和一个任意二端网络 N_L 连接而成，如图 3.5.1（a）所示，则：

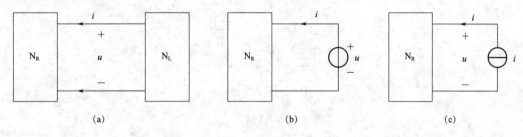

图 3.5.1 替代定理

（1）如果端口电压 u 有唯一解，则可用电压为 u 的电压源来替代网络 N_L，只要替代后的网络仍有唯一解，则不会影响网络 N_R 内的电压和电流，如图 3.5.1（b）所示。

（2）如果端口电流 i 有唯一解，则可用电流为 i 的电流源来替代网络 N_L，只要替代后的网络仍有唯一解，则不会影响网络 N_R 内的电压和电流，如图 3.5.1（c）所示。

替代定理的价值在于：若网络中某支路电压或电流为已知量，则可用一个独立源来替代该支路或二端网络 N_L，从而简化电路的分析和计算。替代定理对二端网络 N_L 并无特殊要求，它可以是线性的，也可以是非线性的。

3.5.2 替代定理的应用

【例 3.5.1】 用替代定理求解图 3.5.2（a）所示电路中 2Ω 电阻两端的电压。

分析：对电路进行简化后分析，可降低电路分析难度。

解：（1）令 2Ω 电阻两端钮分别为 a、b，对其电路的连接方式进行梳理，如图 3.5.2（b），我们发现其端口电流为 4A。应用替代定理，将其二端网络等效替换为电流为 4A 的电流源，如图 3.5.2（c）所示。

（2）利用弥尔曼定理，求出 2Ω 电阻两端的电压：

$$U = \frac{4 - \dfrac{10}{4}}{\dfrac{1}{2} + \dfrac{1}{4}} = 2(\text{V})$$

注意：当电路中某二端网络的端口电压（或电流）是恒定的，可将该二端网络用一个恒压源（或恒流源）来替代。替代后可将复杂电路化简成较为简单的电路，从而简化电路的分析与计算。

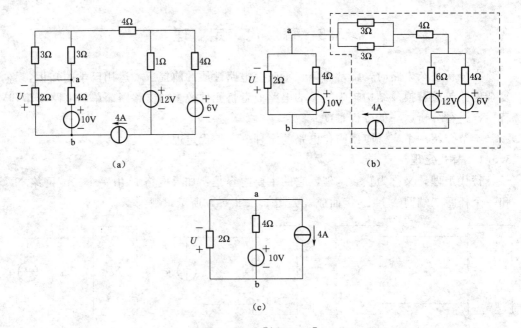

图 3.5.2　[例 3.5.1]

【**例 3.5.2**】　图 3.5.3（a）电路中，已知电容电流 $i_c = 2.5e^{-t}A$，用替代定理求 i_1 和 i_2。

解：图 3.5.3（a）电路中包含一个电容，它不是一个电阻电路。用电流为 $2.5e^{-t}A$ 的电流源替代电容，得到图 3.5.3（b）所示线性电阻电路，可用叠加定理求得：

$$i_1 = \frac{10}{2+2} + \frac{2}{2 \times 2} \times 2.5e^{-t} = 2.5 + 1.25e^{-t}(A)$$

$$i_2 = \frac{10}{2+2} - \frac{2}{2 \times 2} \times 2.5e^{-t} = 2.5 - 1.25e^{-t}(A)$$

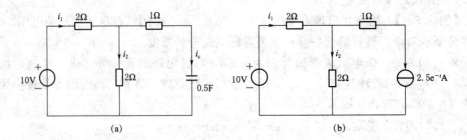

图 3.5.3　[例 3.5.2]

使用替代定理时，应注意：

（1）替代定理要求替换前后电路的解是唯一的。

（2）替代定理不仅仅适用于线性，也适用于非线性、时变、非时变的电路。但在时变电路和非线性电路中，应用替代定理有局限性，只适用某些特殊情况。

(3) 替代定理被替代的部分可以是某一支路，也可以是某二端网络。

(4) 使用替代定理后，被替代的电路部分发生变化，但不改变被替代部分端口的工作条件，因此电路的其他部分在替代前后保持完全一致，不会影响其工作状态。

(5) 使用替代定理时，被替代部分必须是独立的，即被替代的电路部分应与电路剩余部分不存在耦合关系。

<h2 style="text-align:center">练 习 题</h2>

一、填空题

3.5.1 ＿＿＿＿＿＿＿＿＿＿＿＿＿＿＿＿＿＿＿＿ 就是替代定理。

3.5.2 用电流源替代一条已知电流的支路时，KCL 固然得到满足，KVL ＿＿＿＿（能/不能）得到满足。

3.5.3 用电压源替代一条已知电压的支路时，KVL 固然得到满足，KCL ＿＿＿＿（能/不能）得到满足。

3.5 ①
测试题

3.5.4 已知某支路中的电流为 4A，那么可以用方向不变、大小为 ＿＿ 的 ＿＿ 来替代该支路。

3.5.5 已知某支路的两端电压为 5V，那么可以用极性不变、大小为 ＿＿ 的 ＿＿ 来替代该支路。

3.5 ⑩
练习题答案

二、选择题

3.5.6 关于替代定理的应用，下列说法错误的是（ ）。

A. 替代定理不仅可以应用在线性电路，而且还可以应用在非线性电路

B. 用替代定理替代某支路，该支路可以是有源的，也可以是无源的

C. 如果已知某支路两端的电压大小和极性，可以用电流源进行替代

D. 如果已知某支路两端的电压大小和极性，可以用与该支路电压大小和方向相同的电压源进行替代

3.5.7 关于替代定理的应用，下列说法错误的是（ ）。

A. 已知某无源支路中的电流大小和方向，可以用与该支路电流大小和方向相同的电流源进行替代

B. 已知某有源支路中的电压大小和方向，可以用与该支路电压大小和方向相同的电压源进行替代

C. 已知某支路两端的电压为零，则该支路可以用电阻为 0 的导线进行替代

D. "替代定理"与"等效变换"具有相同的物理概念

3.5.8 关于替代定理的应用，下列说法错误的是（ ）。

A. 已知某支路电流为零，则该支路可以用电阻→∞的开路进行替代

B. 已知某支路电流为零，则该支路可以用电阻为 0 的短路进行替代

C. "替代定理"与"等效变换"是两个不同的物理概念

D. 替代定理对线性电路、非线性电路、时变电路、非时变电路均适用

3.5.9　关于替代定理的应用，下列说法错误的是（　　　）。

A. 替代定理只适用于电压源或电流源替代已知支路的电压或电流，而不能替代已知端钮处的电压或电流

B. 已知某支路的电压 $U_k = 5V$ 和极性，则该支路可以用与该支路极性相同的电压源 $U_S = 5V$ 进行替代

C. 已知某支路的电压 $i_k = 5A$ 和方向，则该支路可以用与该支路方向相同的电流源 $i_S = 5A$ 进行替代

D. 已知某支路电流为零，则该支路可以用开路进行替代

三、是非题

3.5.10　替代定理只适用于线性电路，不适用于非线性电路。（　　　）

3.5.11　替代定理只适用于时变电路，不适用于非时变电路。（　　　）

3.5.12　使用替代定理时，被替代部分必须是独立的。（　　　）

3.5.13　使用替代定理后，电路的其他部分在替代前后保持完全一致，不会影响其工作状态。（　　　）

3.5.14　替代定理要求替换前后电路的解是唯一的。（　　　）

3.5.15　替代定理只适用于电路中某一支路，其他二端网络则不适用。（　　　）

3.6　等 效 电 源 定 理

3.6 ▶
戴维南定理

前面几节介绍了分析复杂电路的一些方法，这些分析方法各有优势，选择合适的分析方法，能使复杂电路的分析过程大大简化，起到事半功倍的作用。

在实际的生产生活中，经常需要研究复杂电路中某一条支路的情况，针对这样的问题，常常应用等效电源的方法。将一个有源二端网络用电压源模型（戴维南定理）或电流源模型（诺顿定理）来等效替换，将戴维南定理和诺顿定理总称为等效电源定理或等效发电机定理。

3.6.1　戴维南定理

1. 戴维南定理的介绍

戴维南定理论述了线性有源二端网络与其等效电源的关系。它特别适合于分析计算线性网络某一部分或某条支路的电压或电流。

戴维南定理的内容是：任何一个线性有源二端网络，对外电路而言，可用一个理想电压源与电阻串联组合等效替代，该理想电压源的电压等于原线性有源二端网络的开路电压，串联的电阻等于原线性有源二端网络内部除源后的等效电阻。

下面，对戴维南定理予以证明。

在图 3.6.1（a）所示电路中，线性有源二端网络 A 通过端子 a、b 与负载相连，设端口处的电压、电流分别为 U、I。将负载用一个电流为 I 的电流源代替，如图 3.6.1（b）所示，网络端口的电压、电流仍分别为 U、I。

图 3.6.1（c）是有源二端网络 A 内部的独立电源单独作用，而外部电流源不作用的情况，这时有源二端网络处于开路状态。令有源二端网络开路电压为 U_{oc}，

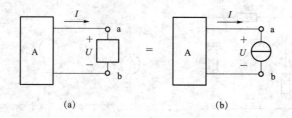

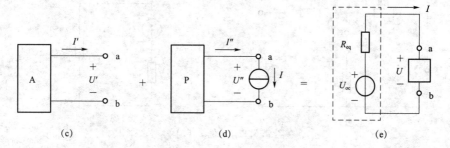

图 3.6.1 戴维南定理的证明

于是有

$$I' = 0, U' = U_{oc}$$

图 3.6.1（d）是外部电流源单独作用，有源二端网络 A 内部的独立电源不作用的情况。即有源二端网络变成了一个无源二端网络 P，对外部来说，它可以用一个等效电阻 R_{eq} 来代替，这时有

$$I'' = I, U'' = -R_{eq}I'' = -RI$$

将图 3.6.1（c）和图 3.6.1（d）叠加得

$$\begin{cases} I = I' + I'' = I'' \\ U = U' + U'' = U_{oc} - R_{eq}I \end{cases} \tag{3.6.1}$$

由式（3.6.1）得出的等效电路正好是一个实际电压源的模型，如图 3.6.1（e）所示。

从以上的分析可知，图 3.6.1（e）和图 3.6.1（a）对外部电路来说是等效的。

2. 戴维南定理的应用

戴维南定理说明了一个线性有源二端网络可以用一个等效电压源来替代，即将一个复杂电路中不需要研究的含有独立电源的二端网络用戴维南等效电路来替代，有利于分析计算电路的其余部分。

下面通过几个例子来说明如何运用戴维南定理分析复杂电路。

【例 3.6.1】 电路如图 3.6.2（a）所示，求通过 5Ω 电阻的电流。

解：（1）将待求支路从原电路中移开，形成线性有源二端网络如图 3.6.2（b）所示。根据戴维南定理，该线性有源二端网络可以用一个理想电压源与电阻串联组合替代。

（2）求等效电路中理想电压源的电压，即原线性有源二端网络的开路电压 U_{oc}

从含源二端网络的电路图 3.6.2（b），可得

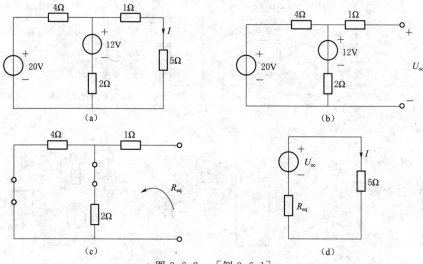

图 3.6.2　［例 3.6.1］

$$U_{oc} = 12 + 2 \times \frac{20-12}{4+2} = 12 + \frac{8}{3} = \frac{44}{3}(\text{V})$$

（3）将该有源二端网络变为无源二端网络（即将理想电源置零处理：理想电压源短路，理想电流源开路），如图 3.6.2（c）所示，求出处理后无源二端网络的等效电阻 R_{eq}：

$$R_{eq} = 1 + (4//2) = 1 + \frac{4 \times 2}{4+2} = \frac{7}{3}(\Omega)$$

（4）将待求支路放回到戴维南等效电路中，如图 3.6.2（d）所示，根据欧姆定律可以求出通过 5Ω 电阻的电流：

$$I = \frac{U_{oc}}{R_{eq}+5} = \frac{\frac{44}{3}}{\frac{7}{3}+5} = 2(\text{A})$$

【例 3.6.2】　应用戴维南定理求解图 3.6.3（a）所示电路中电流 I。

解：（1）将待求支路从原电路中移开，形成线性有源二端网络如图 3.6.3（b）所示。根据戴维南定理，该线性有源二端网络可以用一个理想电压源与电阻串联组合替代。

（2）求等效电路中理想电压源的电压，即原线性有源二端网络的开路电压 U_{oc}。

利用叠加定理，将该二端网络分解成两个电路如图 3.6.3（c）和（d）所示，可得：

1）2A 电流源单独作用时，4V 电压源不作用（置零），作短路处理，如图 3.6.3（c）所示。

可得：
$$U'_{oc} = \frac{2}{2+2} \times 2 \times 2 = 2(\text{V})$$

2）4V 电压源单独作用时，2A 电流源不作用（置零），作开路处理，如图 3.6.3（d）所示。

可得：
$$U''_{oc} = \frac{2}{2+2} \times 4 = 2(\text{V})$$

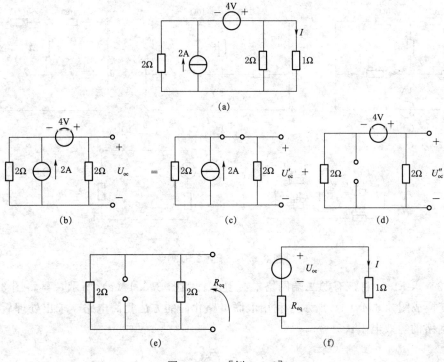

图 3.6.3　[例 3.6.2]

3）4V 电压源和 2A 电流源共同作用时

$$U_{oc} = U'_{oc} + U''_{oc} = 2 + 2 = 4(V)$$

（3）求 R_{eq} 。将内部独立源置零，如图 3.6.3（e）所示，则

$$R_{eq} = 2//2 = \frac{2 \times 2}{2 + 2} = 1(\Omega)$$

（4）将待求支路放回到戴维南等效电路中，如图 3.6.3（f）所示。根据欧姆定律求出通过 1Ω 电阻的电流

$$I = \frac{U_{oc}}{R_{eq} + 1} = \frac{4}{1 + 1} = 2(A)$$

【例 3.6.3】　应用戴维南定理求解图 3.6.4（a）所示电路中电流 I。

解：（1）将待求支路从原电路中移开，形成线性有源二端网络如图 3.6.4（b）所示。根据戴维南定理，该线性有源二端网络可以用一个理想电压源与电阻串联组合替代。

（2）求等效电路中理想电压源的电压 U_{oc} ，如图 3.6.4（b）所示：

$$U_{cb} = \frac{10}{[(5+5)//10] + 10} \times 30 = 20(V)$$

$$U_{dc} = U_{db} - U_{cb} = 30 - 20 = 10(V)$$

$$U_{ac} = \frac{5}{5 + 5}U_{dc} = 5(V)$$

$$U_{ab} = U_{ac} + U_{cb} = 5 + 20 = 25(V)$$

$$U_{oc} = U_{ab} = 25(V)$$

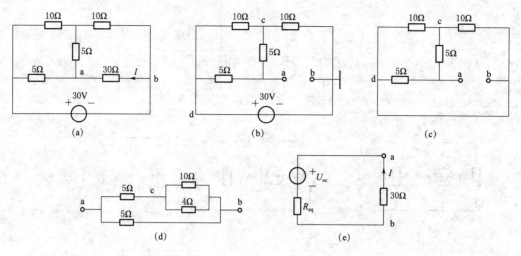

图 3.6.4　［例 3.6.3］

（3）求 R_{eq} 。将该有源二端网络电源置零，如图 3.6.4（c）所示，再将图 3.6.4（c）变换成图 3.6.4（d）所示，利用混联电路化简的方法化简电路，求出处理后无源二端网络的等效电阻：

$$R_{eq} = [(10//10) + 5]//5 = \frac{\left(\dfrac{10 \times 10}{10 + 10} + 5\right) \times 5}{\left(\dfrac{10 \times 10}{10 + 10} + 5\right) + 5} = \frac{10}{3}(\Omega)$$

（4）将待求支路放回到戴维南等效电路中，如图 3.6.4（d）所示，根据欧姆定律求出通过 30Ω 电阻的电流：

$$I = -\frac{U_{oc}}{R_{eq} + 30} = -\frac{25}{\dfrac{10}{3} + 30} = -0.75(A)$$

【例 3.6.4】　应用戴维南定理求解图 3.6.5（a）所示电路中电流 I。

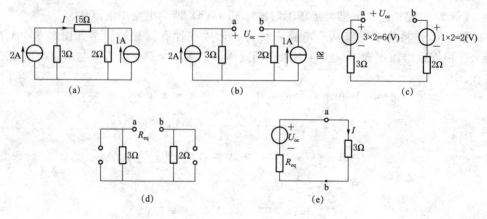

图 3.6.5　［例 3.6.4］

解：（1）将待求支路从原电路中移开，得到一个线性有源二端网络如图 3.6.5（b）所示。根据戴维南定理，该线性有源二端网络可以用一个理想电压源与电阻串联组合替代。

（2）求等效电路中理想电压源的电压 U_{oc}。

利用电源等效变换，将两个电流源模型等效替换成两个电压源模型如图 3.6.5（c）所示：

$$U_{oc} = U_{ab} = 2 \times 3 - 1 \times 2 = 4(\text{V})$$

（3）求 R_{eq}。将该线性有源二端网络电源置零，如图 3.6.5（d）所示，求出处理后无源二端网络的等效电阻：

$$R_{eq} = 2 + 3 = 5(\Omega)$$

（4）将待求支路放回到戴维南等效电路中，如图 3.6.5（e）所示，则通过 15Ω 电阻的电流：

$$I = \frac{U_{oc}}{R_{eq} + 15} = \frac{4}{5 + 15} = 0.2(\text{A})$$

从以上例题分析，总结出应用戴维南定理分析电路的一般步骤是：

（1）断开待求支路，将电路中不需要分析的部分看成一个线性有源二端网络，其两端口分别用 a 与 b 表示，应用戴维南定理，将其等效为戴维南等效电路。

（2）求等效电路中理想电压源的电压，即原线性有源二端网络的开路电压 U_{oc}。画出原线性有源二端网络的电路图，可根据电路的各种分析方法进行分析，求出开路电压 U_{oc}。

注意：开路电压的参考方向由 a 指向 b。戴维南等效电路中电压源电压 U_{oc} 的参考正极应接于端口 a 处。

（3）求等效电阻 R_{eq}。

画出该有源二端网络除源后的电路图，从其端钮处求出处理后无源二端网络的等效电阻 R_{eq}。

求等效电阻 R_{eq} 需要考虑以下两种情况：

1）当网络中不含有受控源时，关闭二端网络中所有的独立电源，利用电阻的串、并联的特点或 Y 形与 △ 形的等效变换将其进行化简，求出等效电阻 R_{eq}。

2）当网络中含有受控源时，关闭二端网络中所有的独立电源，受控源受电路电量控制，不能关闭。可用以下两种方法求等效电阻 R_{eq}。

（a）外加电源法。将关闭二端网络中所有的独立电源，得到无源的二端网络，在其外部端钮处施加一个恒压源（或恒流源），计算或测量出相应的端口电流（或电压）。根据 $R_{eq} = \dfrac{U}{I}$（式中 U 为外加恒压源的电压时，I 为恒压源产生的电流；式中 I 为外加恒流源的电流时，U 为恒流源的端电压），可得等效电阻 R_{eq}。

（b）开路—短路法。根据戴维南定理，可计算或测量出含源二端网络的开路电压 U_{oc} 和短路电流 I_{sc}，由 $R_{eq} = \dfrac{U_{oc}}{I_{sc}}$ 可得等效电阻 R_{eq}。

注意：外加电源法与开路—短路法也适用于不含有受控源的情况，特别是在实际生产生活中，有些二端网络的内部具体情况不明，但是只要能接触到它的两个端钮，就可利用外加电源法与开路—短路法来求出等效电阻R_{eq}。

（4）将待求支路放回到戴维南等效电路中，根据欧姆定律及 KVL 求出待求支路的电压或电流。

拓展：前面介绍戴维南等效电路的方法都是采用两步完成的，即：第一步求线性有源二端网络的开路电压U_{oc}；第二步求戴维南等效电阻R_{eq}。现在介绍一种方法只需要一步即可求出开路电压U_{oc}和等效电阻R_{eq}。将其称为一步法。

在含独立电源的线性二端网络端钮上外加一个恒流源，其电流I_s等于端口电流I，可得其端口伏安关系的表达式为：$U = AI + B$。这时将该二端网络用戴维南等效电路等效替换后，可得到其端口的伏安关系为：$U = IR_{eq} + U_{oc}$。对比两个式子，可得：$A = R_{eq}$、$B = U_{oc}$。

可见，通过外加电流源，利用端口伏安关系可一步求出开路电压U_{oc}和等效电阻R_{eq}。

应用戴维南定理时，应注意：

（1）应用戴维南定理的条件是：等效替换的有源二端网络为线性的。而待求支路不做限制，可以是线性的，也可以是非线性的。

（2）戴维南定理对交流电路、直流电路均适应。

（3）应用戴维南定理分析电路时，如果待求支路仍为复杂电路时，仍可再次应用戴维南定理进行化简。

（4）应用戴维南定理时，所谓的等效是对外部电路而言的，对内部网络不等效。需要求解内部网络的物理量时，仍需要回到原电路中进行分析。

（5）线性有源二端网络中不能含有控制量在外部电路的受控源，但是控制量可以是该线性二端网络端钮上的电压或电流。

（6）外部网络不能含有控制量在线性有源二端网络中的受控源，但是控制量可以是该线性二端网络端钮上的电压或电流。

3.6.2　诺顿定理

诺顿定理指出，对于任一含独立源、线性电阻及受控源的二端线性网络，对其外部而言，总可以用电流源和电阻的并联组合等效替换，这个电流源的电流等于该网络的短路电流，而电阻等于该网络内所有独立源不作用时网络的等效电阻，这个电流源与电阻的并联组合称为诺顿等效电路，如图 3.6.6 所示。

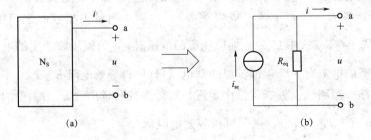

图 3.6.6　诺顿定理

等效电阻 R_{eq} 可用开路、短路法求出，如图 3.6.7 所示。图中 U_{oc} 为端口开路时的电压，I_{sc} 为端口短路时的端口电流（U_{oc}、I_{sc} 可用实验方法求出）。

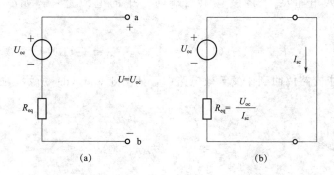

图 3.6.7　求 R_{eq}

根据两种实际电源模型的等效变换，可以方便地证明诺顿定理。

【例 3.6.5】　电路如图 3.6.8 所示，应用诺顿定理求通过 5Ω 电阻的电流。

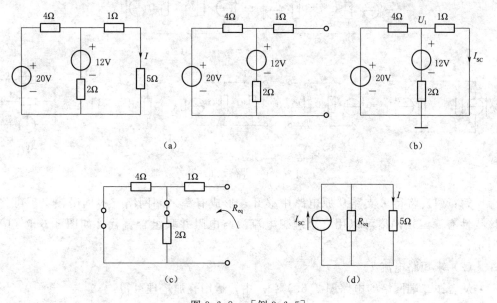

图 3.6.8　［例 3.6.5］

解：（1）将待求支路从原电路中移开，形成有源二端网络如图 3.6.8（a）所示。根据诺顿定理该线性有源二端网络可以用一个理想电流源与电阻并联组合替代。

（2）求等效电路中理想电流源的电流，即原线性有源二端网络的短路电流 I_{sc}。

从含源二端网络的电路图 3.6.8（b）中，运用弥尔曼定理可得

$$U_1 = \frac{\dfrac{20}{4} + \dfrac{12}{2}}{\dfrac{1}{4} + \dfrac{1}{2} + \dfrac{1}{1}} = \frac{44}{7}(\text{V})$$

$$I_{sc} = \frac{U_1}{1} = \frac{44}{7}(A)$$

（3）求等效电阻 R_{eq}。将该有源二端网络中的电源置零，如图 3.6.8（c）所示，则

$$R_{eq} = 1 + (4//2) = 1 + \frac{4 \times 2}{4 + 2} = \frac{7}{3}(\Omega)$$

（4）将待求支路放回到诺顿等效电路中，如图 3.6.8（d）所示。则通过 5Ω 电阻的电流：

$$I = \frac{\frac{7}{3}}{\frac{7}{3} + 5} \times \frac{44}{7} = 2(A)$$

【例 3.6.6】 应用诺顿定理求解图 3.6.9（a）所示电路中电压 U_{ab}。

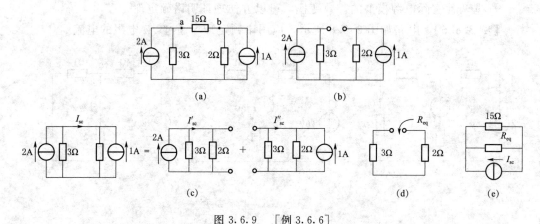

图 3.6.9 ［例 3.6.6］

解：（1）将待求支路从原电路中移开，形成有源二端网络，根据诺顿定理可将该线性有源二端网络可以用一个理想电流源与电阻并联组合替代，如图 3.6.9（b）所示。

（2）求短路电流 I_{sc}。

从含源二端网络的电路图 3.6.9（c）中，运用叠加定理可得：

$$I_{sc} = I'_{sc} + I''_{sc} = \frac{3}{2+3} \times 2 + \frac{2}{2+3} \times (-1) = 0.8(A)$$

（3）求等效电阻 R_{eq}。将该有源二端网络中的电源置零，如图 3.6.9（d）所示，则

$$R_{eq} = 2 + 3 = 5(\Omega)$$

（4）根据诺顿定理，将该有源二端网络用理想电流源与电阻并联的诺顿等效电路来等效替代，如图 3.6.9（e）所示。则 15Ω 电阻的电压：

$$U_{ab} = \frac{5}{5+15} \times 0.8 \times 15 = 3(V)$$

【例 3.6.7】 应用诺顿定理求解图 3.6.10（a）所示电路的电流 I。

110

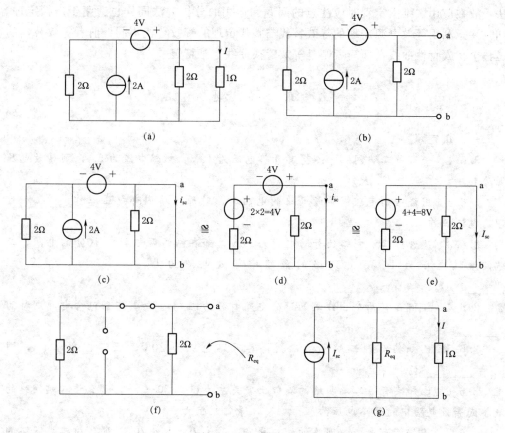

图 3.6.10　［例 3.6.7］

解：（1）将待求支路从原电路中移开，形成有源二端网络。根据诺顿定理，该线性有源二端网络可以用一个理想电流源与电阻并联组合替代，如图 3.6.10（b）所示。

（2）求短路电流 I_{sc}。

利用电源等效变换，将其电路进行简化，如图 3.6.10（c）、（d）、（e）所示，可得短路电流 I_{sc} 为

$$I_{sc} = \frac{2 \times 2 + 4}{2} = 4(A)$$

（3）求等效电阻 R_{eq}。将该有源二端网络中的电源置零，如图 3.6.10（f）所示，则

$$R_{eq} = 2 // 2 = \frac{2 \times 2}{2 + 2} = 1(\Omega)$$

（4）将待求支路放回到诺顿等效电路中，如图 3.6.10（g）所示。则通过 1Ω 电阻的电流

$$I = \frac{R_{eq}}{R_{eq} + 1} I_{sc} = \frac{1}{1 + 1} \times 4 = 2(A)$$

诺顿定理与戴维南定理的本质是相同的，都是简化线性有源二端网络的等效方

法，故在应用戴维南定理时应注意的问题和运用的分析方法同样也适用于诺顿定理。同时注意利用等效电源定理的等效替代与替代定理的等效替代不同，前者等效替换的是整个伏安特性曲线，而后者则是等效置换曲线上某特定一点。

<h2 style="text-align:center">练 习 题</h2>

一、填空题

3.6.1　一有源二端网络，测得其开路电压为 10V，短路电流为 5A，则等效电压源为 $U_S =$ ＿＿＿＿＿ V，$R_{eq} =$ ＿＿＿＿＿ Ω。

3.6.2　用戴维南定理求等效电路的电阻时，对原电路内部电压源作＿＿＿＿＿处理，电流源作＿＿＿＿＿处理。

3.6.3　某含源二端网络的开路电压为 20V，如在网络两端接以 10Ω 的电阻，二端网络端电压为 10V，此网络的戴维宁等效电路为 $U_S =$ ＿＿＿＿＿ V，$R_{eq} =$ ＿＿＿＿＿ Ω。

3.6.4　任何具有两个出线端的部分电路都称为＿＿＿＿＿，其中若包含电源则称为＿＿＿＿＿。

3.6.5　已知某有源二端网络，测得其开路电压为 20V，短路电流为 4A，则 $R_{eq} =$ ＿＿＿＿＿ Ω。

3.6.6　已知某有源二端网络的端口伏安关系为 $U = 20 - 4I$，那么该二端网络的戴维南等效电路中的开路电压为＿＿＿＿＿，等效电阻为＿＿＿＿＿。

3.6.7　已知某有源二端网络的端口伏安关系为 $I = 5 - 2U$，那么该二端网络的诺顿等效电路中的短路电流为＿＿＿＿＿，等效电导为＿＿＿＿＿。

3.6.8　已知某有源二端网络的戴维南等效电路中的开路电压为 10V，等效电阻为 2Ω，那么该二端网络的诺顿等效电路中的短路电流为＿＿＿＿＿，等效电导为＿＿＿＿＿。

二、选择题

3.6.9　戴维南定理可用于（　　）。

A. 线性有源二端电阻网络　B. 非线性有源二端电阻网络

C. 任意有源二端网络　　　D. 任意无源二端网络

3.6.10　有源线性二端电阻网络的等效电压源的电压等于（　　）。

A. 网络两端的电压　　　　B. 两端的开路电压

C. 网络电压　　　　　　　D. 无法确定

3.6.11　有源线性二端电阻网络的等效电压源的串联电阻 R_i 等于（　　）。

A. 网络电阻　　　　　　　B. 无法确定

C. 网络两端所接的外电阻　D. 网络除源后的等效电阻

3.6.12　用戴维南定理计算开路电压 U_{oc} 的参考方向由网络 a 端到 b 端，则等效电压源电压的（　　）应接于 a 端。

A. 参考方向　　　　　　　B. 参考负极性

C. 参考正极性　　　　　　D. 人为随意规定

3.6.13 戴维南定理和诺顿定理总称为（   ）。

A. KCL   B. 等效电源定理

C. KVL   D. 欧姆定律

3.6.14 关于戴维南定理的应用，下列说法错误的是（   ）。

A. 戴维南定理可以将复杂的有源线性二端电路等效为一个电压源与电阻串联的电路模型

B. 戴维南等效电路中的电压源电压是有源线性二端网络的开路电压

C. 用戴维南等效电路替代有源二端网络，对外电路（端口以外的电路）求解没有任何影响

D. 当有源二端网络内含有受控源时，求戴维南等效电阻，可将受控源置为零

3.6.15 关于戴维南定理的应用，下列说法错误的是（   ）。

A. 戴维南定理可以将复杂的有源线性二端电路等效为一个电压源与电阻并联的电路模型

B. 求戴维南等效电阻是将有源线性二端网络内部所有的独立源置零后，从端口看进去的输入电阻

C. 为得到无源线性二端网络，可将有源线性二端网络内部的独立电压源短路，独立电流源开路

D. 在化简有源线性二端网络为无源线性二端网络时，受控源应保持原样，不能置于零

3.6.16 关于诺顿定理的应用，下列说法错误的是（   ）。

A. 在诺顿等效电路中电流源的电流是有源线性二端网络端口的短路电流

B. 诺顿定理可以将复杂的有源线性二端电路等效为一个电流源与电阻串联的电路模型

C. 求诺顿等效电阻是将有源线性二端网络内部所有的独立源置零后，从端口看进去的输入电阻

D. 用诺顿等效电路替代有源二端网络，对外电路（端口以外的电路）求解没有任何影响

3.6.17 关于诺顿定理的应用，下列说法错误的是（   ）。

A. 诺顿定理可以将复杂的有源线性二端电路等效为一个电流源与电阻并联的电路模型

B. 在化简有源线性二端网络为无源线性二端网络时，受控源应保持原样，不能置于零

C. 在诺顿等效电路中电流源的电流是有源线性二端网络端口的开路电流

D. 求诺顿等效电阻是将有源线性二端网络内部所有的独立源置零后，从端口看进去的输入电阻

3.6.18 关于诺顿定理的应用，下列说法错误的是（   ）。

A. 求诺顿等效电阻时，需要将有源线性二端网络内部所有的独立源置零，即独立电压源开路，独立电流源短路

B. 当有源线性二端网络内部含有受控源时，在一般情况下，计算诺顿定理等效电阻不可以采用电阻串并联等效的方法

C. 诺顿等效电路与戴维宁等效电路之间能等效互换

D. 当无源线性二端网络内部含有受控源时，可以利用加压求流法计算诺顿等效电阻

三、是非题

3.6.19　戴维南定理只对线性有源二端网络适用，而对非线性有源二端网络不适用。　　　　　　　　　　　　　　　　　　　　　　　　　　　　　　　　　（　　）

3.6.20　戴维南定理和诺顿定理总称等效电源定理。　　　　　　　　　（　　）

3.6.21　用戴维南定理时，如计算开路电压 U_{oc} 的参考方向由网络 a 端到 b 端，则等效电压源电压的参考正极性应接于 b 端。　　　　　　　　　　　　　（　　）

3.6.22　有源线性二端电阻网络的等效电压源的电压等于网络的开路电压。

（　　）

3.6.23　含独立源的非线性二端网络，对其外部而言，都可用电压源电阻串联组合等效代替。　　　　　　　　　　　　　　　　　　　　　　　　　　　　（　　）

3.6.24　题图 3.6.24 所示电路为有源二端网络，用戴维南定理求等效电压源时，其等效参数 $U_S = 2V$，$R_{eq} = 3\Omega$。　　　　　　　　　　　　　　　（　　）

四、计算题

3.6.25　题图 3.6.25 所示电路，试求戴维南等效电路。

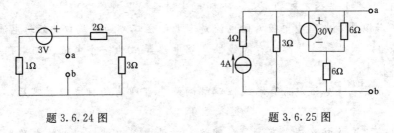

题 3.6.24 图　　　　　　　　　　　题 3.6.25 图

3.6.26　题图 3.6.26 所示电路，试求戴维南等效电路。

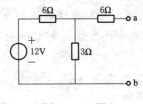

题 3.6.26 图

3.7　最大功率传输定理

在实际生产、生活中，有些电路的作用是向负载提供功率的。在讨论传输功率时，有的电路模型侧重在效率上，即希望在传输过程中降低损耗，如在电力系统中将

电能从发电厂传输到用户的过程中，要求传输效率越高越好；有的电路模型侧重在功率大小上，即希望获得最大功率，如在通信工程中，信号较弱，要求从信号源获得最大功率。

3.7.1 最大功率传输定理

本节以图 3.7.1 所示的线性电路为例来讨论最大功率传输的问题。

电路负载 R_L 可调，除负载 R_L 以外的整个电路用一个线性有源二端网络 N_S 表示。用等效电源定理分析电路传输给负载 R_L 最大功率的问题，会降低分析难度。

将线性有源二端网络 N_S 用戴维南等效电路来等效替换，如图 3.7.2 所示。

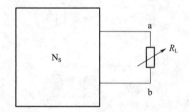

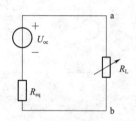

图 3.7.1　最大功率传输定理（一）　　　　图 3.7.2　最大功率传输定理（二）

负载 R_L 获得的功率 P_L 为

$$P_L = I_L^2 R_L = \frac{U_{oc}^2}{(R_L + R_{eq})^2} R_L \tag{3.7.1}$$

对于给定的电路，U_{oc} 和 R_{eq} 固定的，改变负载电阻 R_L 的阻值，负载 R_L 所获得功率 P_L 随电阻 R_L 阻值变化如图 3.7.3 所示，从图中可以看出：当 $R_L = 0$ 或 ∞ 时，负载的功率均为 0。但 R_L 在 $0 \sim \infty$ 之间变化时，P_L 存在最大值。利用数学求极值的知识，可得：当 $\dfrac{dP_L}{dR_L} = 0$（即 $R_L = R_{eq}$）时，负载 R_L 所获得功率 P_L 达到最大，其值为 $P_{L,max} = \dfrac{U_{oc}^2}{4R_{eq}}$，这就是最大功率传输定理。

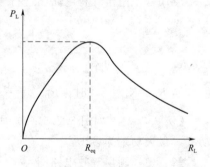

图 3.7.3　P_L-R_L 变化曲线

归纳以上结果可得结论：线性有源二端网络 N_S 向负载 R_L 传输功率时，当 $R_{eq} = R_L$ 时，负载 R_L 才能获得最大功率，其最大功率为 $P_{max} = \dfrac{U_{oc}^2}{4R_{eq}}$，这就是最大功率传输定理。电路的这种工作状态称为负载与有源二端网络的"匹配"。

"匹配"时电路传输的效率为

$$\eta = \frac{I^2 R_L}{I^2 (R_{eq} + R_L)} = \frac{R_L}{2R_L} = 50\%$$

可以看出，在负载获得最大功率时，传输效率却很低，有一半的功率消耗在电源内部，这种情况在电力系统中是不允许的，在电力系统中，输送功率很大，要求传输效率越高越好，故应使负载电阻远远大于电源内阻及输电线上电阻，使其损耗较少，才可获得较高的传输效率。而在无线电技术和通信系统中，传输的功率较小，效率属次要问题，但由于信号较弱，常常要求从信号源获得最大功率，因此要求电源与负载相匹配，但此时传输效率较低。

3.7.2　最大功率传输定理应用

【例 3.7.1】　如图 3.7.4（a）所示电路，试求负载电阻 R_L 为何值时，可获得最大功率，最大功率为多少？

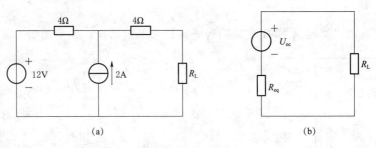

图 3.7.4　［例 3.7.1］

分析：从最大功率传输定理可得：当负载 R_L 等于等效电阻 R_{eq} 时，获得的功率最大，故先应用戴维南定理将其电路进行简化，求出 U_{oc} 与 R_{eq}，即可得到最大功率。

解：（1）画出等效电路图：

应用戴维南定理将电路图进行等效变换，如图 3.7.4（b）所示。则

$$U_{oc} = 12 + 2 \times 4 = 20(V)$$

$$R_{eq} = 4 + 4 = 8(\Omega)$$

（2）求最大功率：

当 $R_L = R_{eq} = 8\Omega$ 时，$P_{L,max} = \dfrac{U_{oc}^2}{4R_{eq}} = \dfrac{20^2}{4 \times 8} = 12.5$（W）

【例 3.7.2】　如图 3.7.5（a）所示电路，试求负载电阻 R 为何值时，可获得最大功率，最大功率为多少？

解：（1）画出等效电路图：

根据戴维南定理，将该有源二端网络用理想电压源与电阻串联的戴维南等效电路来等效替代，如图 3.7.5（b）所示。

（2）求开路电压 U_{oc}。

从含源二端网络的电路图 3.7.5（c），可得

$$U_{oc} = -3 \times 6 + 30 = 12(V)$$

（3）求 R_{eq}。将该有源二端网络中的电源置零，如图 3.7.5（d）所示，求出处理后无源二端网络的等效电阻

$$R_{eq} = 6\Omega$$

（4）求最大输出功率：

当 $R = R_{eq} = 6\Omega$ 时，$P_{max} = \dfrac{U_{oc}^2}{4R_{eq}} = \dfrac{12^2}{4 \times 6} = 6$（W）

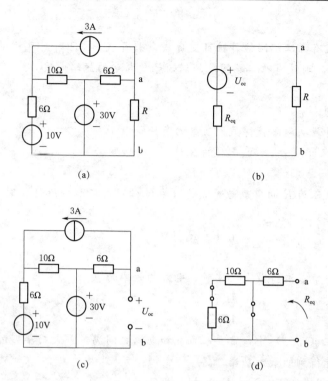

图 3.7.5　[例 3.7.2]

练 习 题

一、填空题

3.7.1　负载获得最大功率的条件是_____。

3.7.2　负载获得最大功率时称负载与电源_____。

3.7.3　当负载被短路时，负载上电压为_____，电流为_____，功率为_____。

3.7.4　当_____时，电源向负载电阻 R_L 提供的功率最大，其值为_____。

3.7.5　当负载取得最大功率时，电源的效率为_____。

3.7.6　已知某电路的戴维南等效电路中的开路电压为 16V，等效电阻为 8Ω，当负载电阻为____时，可获得最大功率。

3.7.7　已知某电路的戴维南等效电路中的开路电压为 12V，等效电阻为 6Ω，当负载电阻为____时，可获得最大功率为____。

3.7.8　已知某电路的诺顿等效电路中的短路电流为 8A，等效电阻为 8Ω，当负载电阻为____时，可获得最大功率为____。

3.7.9　某有源二端网络外接可变负载，若负载为 9Ω 时，可获得最大功率，且最大功率为 1W，则该有源二端网络的戴维南等效电路的开路电压为____，等效电

3.7 ①
测试题

3.7 ⑩
练习题答案

阻为_____。

3.7.10　某有源二端网络外接可变负载，若负载为 4Ω 时，可获得最大功率，且最大功率为 $4W$，则该有源二端网络的诺顿等效电路的短路电流为_____，等效电阻为_____。

二、选择题

3.7.11　负载从网络获得最大功率的条件是（　　）。

A. $R=2R_i$　　　　　　　　　　B. $R=R_i/4$

C. $R_i=R/4$　　　　　　　　　　D. $R=R_i$

3.7.12　电阻为 R 的负载与等效的阻为 R_i 的有源二端网络连接时，（　　）叫做负载与网络匹配。

A. $R=2R_i$　　　　　　　　　　B. $R=R_i/4$

C. $R_i=R/4$　　　　　　　　　　D. $R=R_i$

3.7.13　当负载取得最大功率时，电源的效率为（　　）。

A. 100%　　　　　　　　　　B. 75%

C. 50%　　　　　　　　　　D. 110%

3.7.14　在（　　）中，常要求负载和电源之间满足最大功率匹配，即负载能够从电源获得可能得到的最大功率。

A. 电信工程　　　　　　　　　　B. 电力工程

C. 所有工程　　　　　　　　　　D. 无

3.7.15　当 $R_L=R_{eq}$ 时，电源向负载电阻 R_L 提供的功率最大，其值为（　　）。

A. $P_{max}=\dfrac{U_{oc}^2}{R_{eq}}$　　　　　　　　B. $P_{max}=\dfrac{4U_{oc}}{R_{eq}}$

C. $P_{max}=\dfrac{U_{oc}^2}{4R_{eq}}$　　　　　　　　D. $P_{max}=\dfrac{U_{oc}}{R_{eq}}$

3.7.16　关于最大功率传输定理的应用，下列说法错误的是（　　）。

A. 最大功率传输定理是关于负载在什么条件下才能获得最大功率的定理

B. 当负载电阻等于戴维南等效电阻时，负载能获得最大功率

C. 当负载电阻等于0时，负载中电流最大，负载能获得最大功率

D. 当负载电阻→∞时，负载中电流为0，负载的功率也将为0

3.7.17　关于最大功率传输定理的应用，下列说法错误的是（　　）。

A. 在已知戴维南等效电路开路电压和等效电阻的情况下，负载在满足获得最大功率的条件时，负载上的功率为 $P_{max}=\dfrac{U_{oc}^2}{4R_{eq}}$

B. 在已知诺顿等效电路短路电流和等效电阻的情况下，负载在满足获得最大功率的条件时，负载上的功率为 $P_{max}=\dfrac{1}{2}I_{sc}^2R_{eq}$

C. 负载在获得最大功率时，所消耗的功率与戴维南等效电阻上所消耗的功率相等

D. 只有当负载电阻等于戴维南等效电阻时，负载才能获得最大功率

3.7.18 关于最大功率传输定理的应用，下列说法错误的是（　　）。

A. 当负载电阻等于戴维南等效电阻时，负载上的功率为 $P_{max} = \dfrac{U_{oc}^2}{R_{eq}}$

B. 当负载电阻等于诺顿等效电阻时，负载上的功率为 $P_{max} = \dfrac{1}{4} I_{sc}^2 R_{eq}$

C. 负载在获得最大功率时，其电源效率为 50%

D. 当负载电阻等于 0 时，负载中电流最大，但负载的功率为 0

三、是非题

3.7.19 当 $R_L = R_{eq}$ 时，电源向负载电阻 R_L 提供的功率最大，其值为 $P_{max} = \dfrac{U_{oc}^2}{4R_{eq}}$。 （　　）

3.7.20 当负载取得最大功率时，电源的效率为 100%。 （　　）

3.7.21 电阻为 R 的负载与等效的阻为 R_i 的有源二端网络连接时，$R = R_i$ 叫做负载与网络匹配。 （　　）

3.7.22 负载电阻 R 等于网络的等效电阻 $4R_i$ 时，从网络获得的功率最大。 （　　）

四、计算题

3.7.23 题图 3.7.23 所示电路中，试用戴维南定理求解 R 为何值时，R 会获得最大功率，并求此功率 P_m。

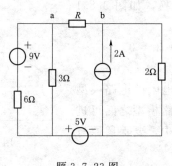

题 3.7.23 图

3.8　含受控源电路的分析

前几节分析的电路中电源都为独立电源，不含受控源。本节主要针对含受控源的电路进行分析。含受控源的电路满足基尔霍夫定律及欧姆定律等电路基本定律，理论上分析含受控源的电路可应用前面介绍的所有分析方法（如网络方程法、等效变换、叠加定理、等效电源定理等），但是考虑到受控电源的特性（控制量决定输出量），在分析此类型电路时，应与不含有受控源的电路有所区别。现将从以下几个例题分析中进行说明。

【**例 3.8.1**】 如图 3.8.1 所示电路，用等效变换法求电流 I。

分析：与独立电源等效互换类似，受控电压源串联电阻的电路模型与受控电流源

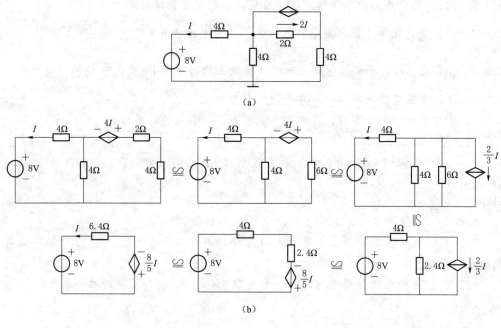

图 3.8.1　［例 3.8.1］

并联电阻的电路模型之间进行等效替换。

　　解：将电路进行等效互换，如图 3.8.1
（b）所示。

$$-6.4I-1.6I-8=0$$

$$I=-1\text{A}$$

　　说明：受控电压源串联电阻的电路模型
与受控电流源并联电阻的电路模型之间可进
行等效替换。但在变换过程中，要保留原有
的控制量。

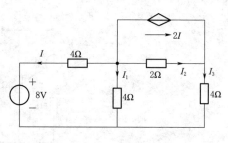

图 3.8.2　［例 3.8.2］

　　【例 3.8.2】　如图 3.8.2 所示电路，用支路电流法求电流 I。

　　分析：用支路电流法对含受控源电路进行分析，与只含独立电源的电路分析方法
类似。

　　解：（1）设各支路电流分别为 I_1、I_2、I_3、I，并在图中标出其参考方向。

　　（2）列方程：根据基尔霍夫电流定律（KCL），可得

$$I+I_1+I_3=0$$

$$2I+I_2=I_3$$

根据基尔霍夫电压定律（KVL），可得

$$4I_1-8-4I=0$$

$$2I_2+4I_3-4I_1=0$$

　　（3）联立方程组，解方程，得到各支路电流：

$$I_1=1\text{A}，I_2=2\text{A}，I_3=0\text{A}，I=-1\text{A}$$

说明： 在使用网络方程法分析电路时，可将受控源当成独立电源。列写方程时，先将受控源等同于独立电源，然后再添加受控源的控制量与方程未知量之间关系的辅助方程。

【例 3.8.3】 如图 3.8.3（a）所示电路，用叠加定理求电压 U。

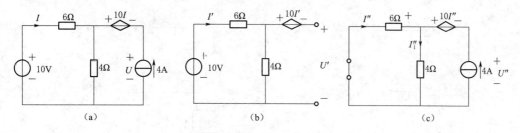

图 3.8.3 ［例 3.8.3］

分析： 应用叠加定理画出各个独立电源单独作用的分电路时，受控源将保留在分电路中。

解：（1）10V 电压源单独作用时：

10V 电压源单独作用，4A 电流源不作用（置零），作开路处理，如图 3.8.5（b）所示。

$$I' = \frac{10}{6+4} = 1(\text{A})$$

$$U' = -10I' + 4I' = -6I' = -6(\text{V})$$

（2）4A 电流源单独作用时：

4A 电流源单独作用，10V 电压源不作用（置零），作短路处理，如图 3.8.5（c）所示。

$$I'' = -\frac{4}{6+4} \times 4 = -1.6(\text{A})$$

$$U'' = -10I'' + 4I''_1 = -10 \times (-1.6) + 4 \times (4 - 1.6) = 25.6(\text{V})$$

（3）10V 电压源和 4A 电流源共同作用时：

$$U = U' + U'' = -6 + 25.6 = 19.6(\text{V})$$

说明： 在对含有受控源的电路应用叠加定理时，必须将受控源保留在电路中。仅当受控源的控制量为零时，受控源才可置零，即受控电流源相当于开路，受控电压源相当于短路。

【例 3.8.4】 如图 3.8.4（a）所示电路，用戴维南定理求电压 U。

解：（1）根据戴维南定理，将待求支路从原电路中移开，形成有源二端网络如图 3.8.4（b）所示。

（2）求开路电压 U_{oc}。从含源二端网络的电路，如图 3.8.4（a）所示，可得

$$U_{oc} = -5U_2 + U_2 = -4U_2 = -4 \times \frac{2}{2+3} \times (-2) = 3.2(\text{V})$$

（3）求等效电阻 R_{eq}。将该有源二端网络中的独立电源置零，保留受控源。如图 3.8.4（c）所示，设该无源二端网络的端口电压为 U_o 求出端口电流 I_o，根据 $R_{eq} = U_o / I_o$，可得出：

121

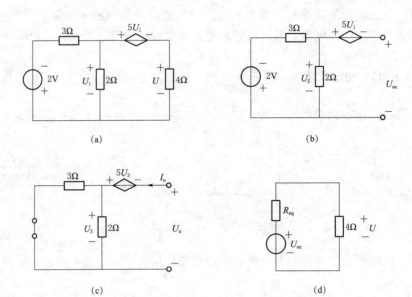

图 3.8.4　[例 3.8.4]

$$U_3 = \frac{3}{2+3} I_\circ \times 2 = 1.2 I_\circ$$

$$U_\circ = -5U_3 + U_3 = -4U_3 = -4.8 I_\circ$$

$$R_{\text{eq}} = \frac{U_\circ}{I_\circ} = \frac{-4.8 I_\circ}{I_\circ} = -4.8\Omega$$

（4）根据戴维南定理，将该有源二端网络用理想电压源与电阻串联的实际电压源模型来等效替代，如图 3.8.4（d）所示。则 4Ω 电阻两端的电压

$$U = \frac{4}{4+R_{\text{eq}}} U_{\text{oc}} = \frac{4}{4-4.8} \times 3.2 = -16(\text{V})$$

说明：应用等效电源定理分析含有受控源的电路求等效电阻时，将独立电源置零，而保留受控源。求开路电压或短路电流时同样必须保留受控源。此例题中，含受控源的二端网络，其等效电阻为负值。出现负值的原因是电路中的受控源为电路提供能量，当其提供的能量大于网络中所有电阻消耗的能量时，就会出现负电阻，否则就为正电阻。

【例 3.8.5】　如图 3.8.5 所示电路，用节点电位法求电流 I。

解法 1：

（1）选取节点 3 作为参考节点，用符号"⊥"表示。

以节点 1、2 的节点电位为电路变量，用 V_1、V_2 表示。

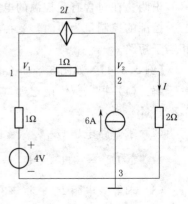

图 3.8.5　[例 3.8.5]

其中
$$I = \frac{V_2}{2}$$

（2）按照规律，列写节点电位方程：

$$\left(\frac{1}{1} + \frac{1}{1}\right)V_1 - \frac{1}{1}V_2 = \frac{4}{1} - 2I$$

$$-\frac{1}{1}V_1 + \left(\frac{1}{2} + \frac{1}{1}\right)V_2 = 6 + 2I$$

（3）解方程，得到节点电位：

$$V_1 = 2\,\mathrm{V}\ , V_2 = 16\,\mathrm{V}$$

（4）求支路电流：

$$I = \frac{V_2}{2} = 8(\mathrm{A})$$

解法 2：

（1）电路等效变换：将受控电流源等效
变换为受控电压源，如图 3.8.6 所示。

（2）利用弥尔曼定理求出电阻 2Ω 两端的
电压：

$$U = \frac{\frac{4 + 2I}{2} + 6}{\frac{1}{2} + \frac{1}{2}} = 8 + I$$

（3）求出通过电阻 2Ω 两端的电流：

$$I = \frac{U}{2} = 4 + 0.5I$$

$$I = 8\,\mathrm{A}$$

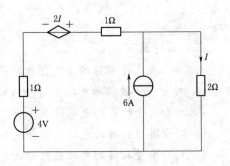

图 3.8.6　［例 3.8.5］解法 2

说明： 应用节点电位法分析含有受控源的电路时，要将受控源的控制量用节点电压来表示。

练　习　题

一、填空题

3.8.1　对含受控源二端网络求等效电阻时，可采用＿＿＿＿＿＿法或＿＿＿＿＿＿
＿＿＿＿法；其中＿＿＿＿＿＿法适用于有源二端网络，＿＿＿＿＿＿法选用于无源二
端网络。

3.8.2　如题 3.8.2 图所示电路，网孔电流为 I_{m1} 和 I_{m2}，网孔电流的参考方向已
标注于图中，在列写网孔电流方程时，将受控电压源当作独立电压源处理，同时，应
添加一个受控电压源的补充方程：＿＿＿＿＿＿。

3.8.3　如题 3.8.3 图所示电路，网孔电流为 I_{m1} 和 I_{m2}，网孔电流的参考方向已
标注于图中，在列写网孔电流方程时，将受控电压源当作独立电压源处理，同时，应
添加一个受控电压源的补充方程：＿＿＿＿＿＿。

3.8 ⊤

测试题

3.8 Ⓓ

练习题答案

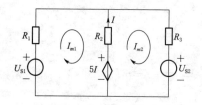

题 3.8.2 图

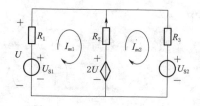

题 3.8.3 图

3.8.4　如题 3.8.4 图所示电路，节点选择已标注于图中，节点电压为 U_{n1}，在列写节点电压方程时，将两个受控电源当作独立电源处理，同时，应分别添加每个受控电源对应的补充方程，对受控电压源，其补充方程为：_____，对受控电流源，其补充方程为：_____。

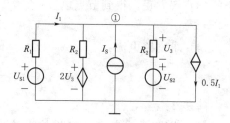

题 3.8.4 图

二、选择题

3.8.5　关于受控源的下列说法，正确的是（　　）。

A. 对含有受控源的电路进行分析时不能应用支路电流法

B. 对含有受控源的电路进行分析时不能应用节点电位法

C. 对含有受控源的电路进行分析时不能应用网孔电流法

D. 对含有受控源的电路进行分析时可以利用支路电流法、节点电位法等方法

3.8.6　关于受控源的特点的下列说法，正确的是（　　）。

A. 受控源不受控制，可以独立存在

B. 受控源只能受电路中某电压控制，不受电流控制

C. 受控源不能独立存在，必须与控制量同时出现、同时消失

D. 受控源只能受电路中某电流控制，不受电压控制

三、是非题

3.8.7　在对含有受控源电路进行分析时，不可以应用支路电流法。（　　）

3.8.8　在对含有受控源电路进行分析时，要注意受控源不能独立存在，必须与控制量同时出现、同时消失。（　　）

3.9　本　章　小　结

3.9.1　网络方程法

（1）支路电流法。支路电流法是以各支路电流为电路变量，根据基尔霍夫定律（KCL、KVL）和欧姆定律（VCR）列出独立方程后，联立方程组求解出各支路电流，进而求出电路中其他物理量的电路分析方法。

（2）网孔电流法。网孔电流法是以网孔电流作为电路独立变量，按照基尔霍夫电压定律（KVL）和元件电压与电流的伏安特性（VCR）列出网孔电流方程，联立这

些方程求出各网孔的网孔电流，再根据网孔电流与支路电流的关系，求出各支路的电流，最后由各支路电流求出电路其他物理量的方法。

（3）节点电位法。节点电位法是以电路中各节点电位作为电路的独立变量，利用基尔霍夫电压定律（KVL）和元件电压与电流的伏安特性（VCR），将各支路电流用节点电位表示，再应用基尔霍夫电流定律（KCL）建立节点电流方程，联立这些方程求出各节点电位，最后根据各支路电流与节点电位的关系，求出各支路的电流。

3.9.2　网络定理法

（1）叠加定理。叠加定理是线性电路普遍适用的基本定理，它是线性性质——叠加性的反映，也是线性电路的重要性质之一，它说明当线性电路中有多个独立电源同时输入时，其输出与输入之间的关系。叠加定理可表述为：在线性电路中，任一支路电流（或某一元件两端电压）是电路中每个独立电源单独作用时，在该支路产生电流（或该元件两端产生的电压）响应的代数和。

（2）替代定理。替代定理也称为置换定理，对一个具有唯一解的电路 N 而言，若已知某二端网络 N_K 的端口电压 U_K 或端口电流 I_K，则不论该二端网络内部结构和元件组成情况如何，都可以用电压为 U_K 的理想电压源或电流为 I_K 的理想电流源来替代，电路中未替代部分内部保持不变。

（3）等效电源定理。等效电源定理又称为等效发电机定理，它由戴维南定理和诺顿定理组成。戴维南定理说明了一个线性有源二端网络可以用一个等效电压源来替代，电压源的电压为该有源二端网络的开路电压 U_{oc}，等效电阻 R_{eq} 等于该有源二端网络"除源"后的等效电阻值。而诺顿定理是用一个等效电流源来等效替代线性有源二端网络，电流源的电流为该有源二端网络的短路电流 I_{sc}，等效电阻 R_{eq} 等于该有源二端网络"除源"后的等效电阻值。

（4）最大功率传输定理。负载 R_L 要从某个线性有源二端网络中获得最大功率 $P_{L,max}$ 的条件是电源与负载相匹配（$R_L = R_{eq}$），此时，最大功率为 $P_{L,max} = \dfrac{U_{oc}^2}{4R_{eq}}$（或 $P_{L,max} = \dfrac{I_{sc}^2 R_{eq}}{4}$）。

3.9.3　含受控源电路分析

（1）应用网络方程法分析含有受控源电路。可暂时将受控源当作独立电源，按照网络方程的分析方法进行分析。注意列写方程时要添加受控源控制量与未知量关系的辅助方程。

（2）应用网络定理法分析含有受控源电路。将受控源保留在电路中，按照网络定理的分析方法进行分析。

3.9 ⓓ

习题答案

本　章　习　题

3.1　如题 3.1 图所示电路，用支路电流法求各支路电流。

3.2　如题 3.2 图所示电路，用支路电流法求各支路电流。

3.3　如题 3.1 图所示电路，用网孔电流法求各支路电流。

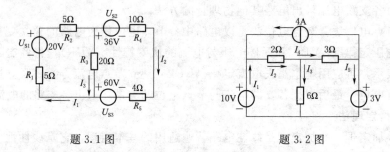

题 3.1 图　　　　　　　　　　　题 3.2 图

3.4　用网孔电流法求解题 3.4 图所示电路的电流 I。

3.5　电路如题 3.5 图所示，应用弥尔曼定理求开关 S 断开及闭合两种情况下的各支路电流。

3.6　如题 3.2 图所示，电路用节点电位法求解各支路电流。

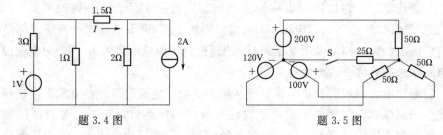

题 3.4 图　　　　　　　　　　　题 3.5 图

3.7　用叠加原理求题 3.7 图电路中的 I 和 U。

3.8　试用叠加原理求题 3.8 图所示电路中的各支路电流。

3.9　试用叠加原理求题 3.2 图所示电路中电流 I_3。

3.10　试用替代原理求题 3.8 图所示电路中的各支路电流。

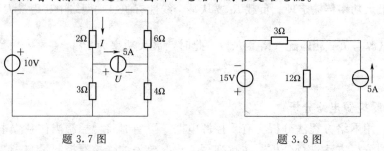

题 3.7 图　　　　　　　　　　　题 3.8 图

3.11　求题 3.11 图所示电路的等效电阻。

3.12　求题 3.12 图所示电路的等效电阻 R_{ab}。

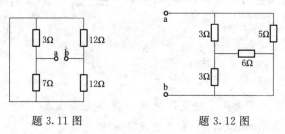

题 3.11 图　　　　　　　　　　　题 3.12 图

3.13 求题 3.13 图所示电路的等效电阻 R_{ab}。

3.14 如题 3.14 图所示电路，试求等效电阻 R_{ab} 和电流 I。

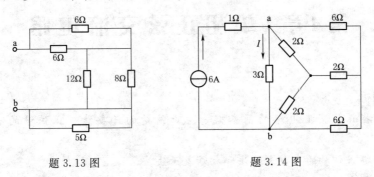

题 3.13 图   题 3.14 图

3.15 如题 3.15 图电路中，试用戴维南定理求解支路电流 I。

3.16 测得一个含独立源的二端网络的开路电压为 10V，短路电流为 0.5A，现将 30Ω 的电阻接到网络上，求 R 的电压、电流。

3.17 如题 3.17 图电路中，试用戴维南定理求解 R 为何值时，R 会获得最大功率，并求此功率 P_m。

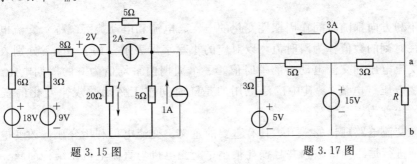

题 3.15 图   题 3.17 图

3.18 如题 3.18 图所示电路，当 R_L 为何值时，负载 R_L 能获得最大功率，并求此最大功率 P_{max}。

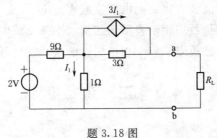

题 3.18 图

第4章 单相正弦交流电路

学习目标

（1）掌握正弦交流电路的基本概念：正弦量的三要素，正弦量的有效值、相位差。

（2）掌握正弦量的矢量表示法和相量表示法。

（3）掌握 R、L、C 三种元件的特性和电压、电流关系及感抗与容抗概念；掌握正弦电流电路中 RLC 串联时阻抗、复阻抗和 RLC 并联时导纳、复导纳的概念。

（4）掌握用相量表示法分析计算单相正弦交流电路。

（5）掌握正弦交流电路的功率计算，了解提高功率因数的意义和方法。

大小和方向都随时间作周期性变化的电压、电流和电动势等统称为交流电。交流电在任一时刻的数值称为瞬时值，以对应的小写字母表示，如 i、u、e 分别表示交流电流、交流电压和交流电动势的瞬时值。一个周期内平均值为 0 的周期电压（电流）称为交变电压（电流）。其中广泛应用的是随时间按正弦函数规律变化的正弦电压（电流），统称为正弦量。

正弦交流电路理论的学习，具有重要的意义。交流电可利用变压器改变电压，可以将电能进行远距离传输，并且损耗很小；交流电机与直流电机比结构简单、造价较低、运行可靠、维护方便。所以电力系统中，无论是电能的产生，电能的传输，还是电能的使用，每个环节的电压、电流都是同一频率的正弦函数。即使是需要直流电的地方，大多数也是应用整流装置将交流电变换成直流电。

本章主要介绍：正弦量及用相量表示正弦量；正弦交流电路的基本性质的基本规律；正弦交流电路的基本分析方法——相量法；谐振和互感两种特殊情况。

4.1

正弦量的
三要素及相
量表示法

4.1 正 弦 量

4.1.1 正弦量及其三要素

通常把大小以及方向随时间按正弦函数规律变化的电流、电压、电动势统称为正弦量。

以正弦电流为例，正弦量的数学表达式即一般解析式为

$$i(t) = I_{\mathrm{m}}\sin(\omega t + \psi) \tag{4.1.1}$$

它表示电流 i 是时间 t 的正弦函数，它的大小以及方向随时间按正弦规律变化，不同的时刻对应不同的数值，称电流的瞬时值，用小写字母 i 表示。

1. 最大值

在式（4.1.1）中，I_m 是正弦量各瞬时值中的最大的，称正弦量的最大值，也叫幅值，用大写字母加下标"m"来表示正弦量的最大值，如 I_m、U_m、E_m 等，它决定了正弦量瞬时值的变化范围。

正弦电流的波形图如图 4.1.1 所示。

2. 角频率

在式（4.1.1）中，（$\omega t + \psi$）称为正弦量的相位角，简称相位。正弦量在不同的瞬间，有不同的相位，不同相位的正弦量的大小以及方向不同，所以相位决定了正弦量在 t 时刻的状态。

通常把正弦量相位增加的速率称为角频率，用 ω 表示，它的 SI 单位为 rad/s（弧度每秒），或写作 s^{-1}，即

$$\frac{d}{dt}(\omega t + \psi) = \omega$$

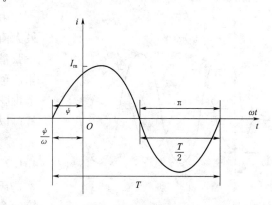

图 4.1.1　正弦电流的波形图

ω 越大，相位增加得越快，正弦量完成一个周期变化所需的时间越短，即周期越小，频率越大；反之，ω 越小，相位增加得越慢，正弦量完成一个周期变化所需的时间越长，即周期越大，频率越小。

$$\omega\uparrow \ \to \ T\downarrow \ \to \ f\uparrow$$

即 ω、T、f 都可以用来反映了正弦量变化的快慢。

随着时间的推移，相位角逐渐增大，且相位每增加 $360°$ 即 2π 弧度（rad），正弦量经历了一个周期 T 的时间，则正弦量的角频率 ω、周期 T、频率 f 三者的关系为

$$\omega T = 2\pi$$
$$\omega = \frac{2\pi}{T} = 2\pi f \tag{4.1.2}$$

我国和世界上大多数国家电力工业的标准频率是 50Hz，习惯上称为工频。

【例 4.1.1】　已知正弦的频率为 50Hz，试求其周期和角频率。

解：
$$T = \frac{1}{f} = \frac{1}{50} = 0.02(s)$$
$$\omega = 2\pi f = 2 \times 3.14 \times 50 = 100\pi = 314(rad/s)$$

通常把 $t = 0$ 时的相位角称为初相位 ψ，简称初相。初相反映正弦量的初始状态，决定了正弦量的初始值。习惯上取 $|\psi| \leqslant \pi$。初相与计时起点的选择有关。

一个正弦量的瞬时值表达式是对应于预先选定的参考方向而言的，所以它的初相也是对应于所选的参考方向而言的，参考方向选择的不同，瞬时值表达式相差一个负号，初相相差 π 或 $-\pi$。

在同一线性正弦交流电路中，电压、电流与电源的频率是相同的，但初相位不一定相同。

初相为正时，正弦量对应的初始值一定是正值；初相为负时，正弦量对应的初始值则为负值。在波形图上，正值初相位于坐标原点左边零点（指波形由负值变为正值所经历的零点）与原点之间（如图 4.1.2 所示 i_1 的初相）；负值初相位于坐标原点右边零点与原点之间（如图 4.1.2 所示 i_2 的初相）。通常规定初相为 0 的正弦量称为参考正弦量。

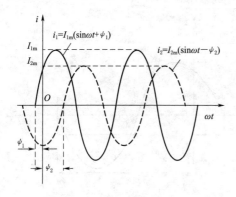

图 4.1.2　正弦量的初相

由上述可知，一个正弦量只要确定了其最大值、角频率和初相位，就可以确定这个正弦量，故把正弦量的最大值、角频率和初相位称为正弦量的三要素。例如，若已知一个正弦电流 $I_m = 10A$，$\omega = 314\,\mathrm{rad/s}$，$\psi = 60°$，就可以写出它的一般表达式

$$i(t) = 10\sin(314t + 60°)\,(A)$$

4.1.2　相位差

在正弦交流电路的分析中，经常要比较两个同频率正弦量之间的相位关系，因此引入相位差的概念。相位差就是两个同频率正弦量相位的差，用 φ_{12} 表示。设有两个同频率的正弦电流，按选定的参考方向，有

$$i_1(t) = I_{m1}\sin(\omega t + \psi_1)$$
$$i_2(t) = I_{m2}\sin(\omega t + \psi_2)$$

则

$$\varphi_{12} = (\omega t + \psi_1) - (\omega t + \psi_2) = \psi_1 - \psi_2 \qquad (4.1.3)$$

可见，对于两个同频率正弦量的相位差在任何瞬间都是一个与时间无关的常量，即相位差就是两个同频率正弦量初相的差。相位差反映了两个正弦量在时间上超前或滞后的关系，即相位关系。在电工理论中，习惯上取 $|\varphi| \leqslant 180°$。

图 4.1.3 中的 $i_1(t)$ 与 $i_2(t)$，如果 $\psi_1 - \psi_2 > 0$，则称 $i_1(t)$ 超前 $i_2(t)$，表明 $i_1(t)$ 比 $i_2(t)$ 先到达正峰值或先过零值，反过来也可以说 $i_2(t)$ 滞后 $i_1(t)$。超前或滞后有时也需指明超前或滞后多少角度或时间，以角度表示时为 $\psi_1 - \psi_2 = \varphi_{12}$，若以时间表示，则为 $(\psi_1 - \psi_2)/\omega$。

两正弦电压 $u_1(t)$、$u_2(t)$ 不同相位差时的波形如图 4.1.4 所示。若两个同频率正弦量的相位差为 0，即 $\varphi_{12} = 0$，则称这两个正弦量为同相位，如图 4.1.4（b）所示，否则称为不同相位。若两个正弦量的相位差为 $\varphi_{12} = \pi$，则称这两个正弦量为反相，如图 4.1.4（c）所示。若 $\varphi_{12} = \dfrac{\pi}{2}$，则称这两个正弦量为正交，如图 4.1.4（d）所示。

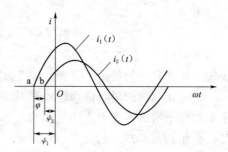

图 4.1.3　正弦量的相位关系

需要注意的是，不同频率的正弦量的相位差随时间变化而变化，没有分析的意义。

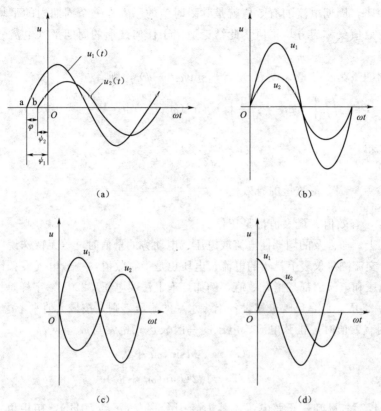

图 4.1.4　同频率正弦量在不同相位差时的相位关系

4.1.3　周期量的有效值

由于周期量的大小、方向都随时间在发生变化，且其瞬时值及最大值都不能确切反映它们在转换能量方面的效果，因此，引用了有效值。周期量的有效值规定用大写字符表示，如 U、I。

周期量的有效值是根据电流的热效应来规定的，定义如下：将一周期量和一个直流量分别作用于同一个电阻 R，如果在周期量的一个周期的时间产生相等的热量，则这个周期量的有效值等于这个直流量的大小。

周期性电流 i 流过电阻 R，在时间 T 内，电阻所消耗的电能为

$$W_1 = \int_0^T i^2 R \mathrm{d}t$$

直流电流 I 流过电阻 R 在时间 T 内所消耗的电能为

$$W_2 = I^2 RT$$

则有

$$\int_0^T i^2 R \mathrm{d}t = I^2 RT$$

可得

$$I = \sqrt{\frac{1}{T}\int_0^T i^2 \,\mathrm{d}t} \tag{4.1.4}$$

此式表明，周期电流的有效值就是其瞬时值的平方在一个周期内的平均值再开平方，所以有效值又称为方均根值，此结论适用于任何波形的周期量（电流、电压和电动势）。

如果周期量为正弦量，设 $i(t) = I_m \sin(\omega t + \psi)$，则有

$$I = \sqrt{\frac{1}{T}\int_0^T i^2 \,\mathrm{d}t} = \sqrt{\frac{1}{T}\int_0^T I_m^2 \sin^2(\omega t + \psi)\,\mathrm{d}t} = \frac{I_m}{\sqrt{2}} = 0.707 I_m \tag{4.1.5}$$

同理可得
$$U = \frac{U_m}{\sqrt{2}}, E = \frac{E_m}{\sqrt{2}}$$

即
$$\text{正弦量的有效值} = \frac{\text{正弦量最大值}}{\sqrt{2}}$$

应注意，有效值、最大值都是正值。

在工程上，所涉及的周期性电流或电压、电动势的量值时，若无特殊说明一般都是指有效值。交流测量仪表上指示的电流、电压也是指有效值，一般电气设备铭牌上所标明的额定电压和电流值都是指有效值，例如灯泡上注明电压"220V"字样是指额定电压的有效值为220V。但是反映电气设备绝缘水平的耐压，则是按最大值来考虑的。

当采用有效值时，正弦电流、电压的一般表达式也常写成
$$i(t) = \sqrt{2}I\sin(\omega t + \psi_i)$$
$$u(t) = \sqrt{2}U\sin(\omega t + \psi_u)$$

【例4.1.2】 已知一正弦电流，其 $I_m = 14.14\mathrm{A}$，$f = 50\mathrm{Hz}$，初相角 $\psi_i = -45°$。试求：（1）该电流有效值 I。

（2）写出该电流的解析式。

（3）求 $t = 0.02\mathrm{s}$ 时的电流值。

解：（1）正弦电流有效值 $I = \dfrac{I_m}{\sqrt{2}} = \dfrac{14.14}{\sqrt{2}} = 10.00(\mathrm{A})$

（2）角频率 $\omega = 2\pi f = 314\ \mathrm{rad/s}$

所以
$$i(t) = I_m \sin(\omega t + \psi_i) = 14.14\sin(314t - 45°)\mathrm{A}$$

或
$$i(t) = \sqrt{2}I\sin(\omega t + \psi_i) = 10\sqrt{2}\sin(314t - 45°)\mathrm{A}$$

（3）当 $t = 0.02\ \mathrm{s}$ 时，$i(0.02) = 14.14\sin\left(100\pi \times 0.02 \times \dfrac{180°}{\pi} - 45°\right) = -10(\mathrm{A})$

练 习 题

一、填空题

4.1.1 我国电力工业的标准频率为_____，周期_____，角频率_____
____。

4.1.2 已知两个正弦交流电流 $i_1 = 5\sqrt{2}\sin(314t + 30°)$A，$i_2 = 220\sqrt{2}\sin(314t - 90°)$A，则 i_1 和 i_2 的相位差为 _____ ，_____ 超前_____。

4.1.3 已知正弦交流电压 $u = 220\sqrt{2}\sin(314t + 135°)$V，它的最大值 $U_{\mathrm{m}} =$ _____ ，有效值 $U =$ _____ ，角频率 $\omega =$ _____ ，周期 $T =$ _____ ，频率 $f =$ _____ ，初相位= _____ 。

二、选择题

4.1.4 已知工频电压有效值和初始值均为 380V，则该电压的瞬时值表达式为（ ）。

A. $u = 380\sin(314t)$ V   B. $u = 537\sin(314t + 45°)$ V

C. 380   D. $u = 380\sin(314t + 90°)$ V

4.1.5 实验室中的交流电压表和电流表，其读值是交流电的（ ）。

A. 最大值   B. 有效值

C. 瞬时值   D. 随机值

4.1.6 两个同频率正弦交流电的相位差等于180°时，则它们相位关系是（ ）。

A. 同相   B. 反相

C. 相等   D. 无法确定

4.1.7 已知 $i_1 = 10\sin(314t + 90°)$ A，$i_2 = 10\sin(628t + 30°)$ A，则（ ）。

A. i_1 超前 i_2 60°   B. i_1 滞后 i_2 60°

C. i_1 、i_2 同相   D. 无法确定

三、是非题

4.1.8 正弦量的三要素是指它的最大值、角频率和初相位。 （ ）

4.1.9 交流电的有效值是瞬时电流在一周期内的均方根值。 （ ）

4.1.10 正弦量的初相角与计时起点的选择有关，而相位差则与计时起点的选择无关。 （ ）

4.1.11 正弦量的最大值等于正弦量的有效值的 $\sqrt{2}$ 倍。 （ ）

四、计算题

4.1.12 一个正弦电流的初相位 $\psi = 15°$，$t = \dfrac{T}{4}$ 时，$i(t) = 0.5$A，试求该电流的有效值 I。

4.2 正弦量的相量表示法

一个正弦量既可以用数学表达式表示，也可以用波形图表示。但是用这两种方法表示的正弦量在进行正弦交流电路计算时都是很烦琐的，用相量表示正弦量，将使正弦交流电路的分析计算过程得到简化。

在线性正弦交流电路中，所有的电压、电流响应都是与激励同频率的正弦量，所以要表示这些正弦量，只要表示有效值和初相位。相量表示法就是用复数来表示正弦量的有效值和初相位，所以用相量表示正弦量后，就可以将正弦时间函数的分析计算

转换为相应的复数运算，使正弦电路的分析计算大为简化。

4.2.1　复数及其表示法

复数的表示形式如下：

（1）代数形式。

$$A = a + jb \qquad (4.2.1)$$

式中，实数 a 称为实部；实数 b 称为虚部；j 为虚数单位，且 $j^2 = -1$。常用 $Re[A]$ 表示取复数 A 的实部，用 $Im[A]$ 表示取复数 A 的虚部，即 $a = Re[A]$，$b = Im[A]$。

复平面上的点与复数一一对应（图 4.2.1）。复数的代数形式在正弦量的相量法中用得较多。

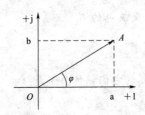

图 4.2.1　复数与复平面上点

复数还与复平面上的矢量一一对应。矢量的长度 r 称为复数的模，矢量和正实轴的夹角 φ 称为辐角。于是

$$r = \sqrt{a^2 + b^2}，\varphi = \arctan \frac{b}{a}$$

$$a = r\cos\varphi，b = r\sin\varphi$$

（2）三角函数形式。

$$A = a + jb = r\cos\varphi + jr\sin\varphi \qquad (4.2.2)$$

（3）指数形式。

根据欧拉公式 $e^{j\varphi} = \cos\varphi + j\sin\varphi$，则

$$A = re^{j\varphi} \qquad (4.2.3)$$

复数的指数形式在正弦量的相量法中用得较少。

（4）极坐标形式：

$$A = r\underline{/\varphi} \qquad (4.2.4)$$

复数的极坐标形式在正弦量的相量法中用得最多。极坐标形式是复数指数式的简写，以上讨论的四种复数表示形式，可以相互转换。

4.2.2　复数运算

4.2.2.1　复数的加、减运算

进行复数相加（或相减），要先把复数化为代数形式。设有两个复数：

$$A_1 = a_1 + jb_1$$
$$A_2 = a_2 + jb_2$$
$$A_1 \pm A_2 = (a_1 \pm a_2) + j(b_1 \pm b_2) \qquad (4.2.5)$$

即复数的加、减运算就是把它们的实部和虚部分别相加减。复数相加减也可以在复平面上进行。容易证明：两个复数相加的运算在复平面上是符合平行四边形的求和法则的；两个复数相减时，可先作出 $(-A_2)$ 矢量，然后把 $A_1 + (-A_2)$ 用平行四边形法则相加，如图 4.2.2 所示。

4.2.2.2　复数的乘、除运算

复数的乘、除运算，一般采用极坐标形式。设有两个复数：

$$A_1 = a_1 + \mathrm{j}\,b_1 = r_1 \underline{/\psi_1}$$

$$A_2 = a_2 + \mathrm{j}\,b_2 = r_2 \underline{/\psi_2} \qquad (4.2.6)$$

$$A_1 A_2 = r_1 r_2 \underline{/\psi_1 + \psi_2}$$

$$\frac{A_1}{A_2} = \frac{r_1 \underline{/\psi_1}}{r_2 \underline{/\psi_2}} = \frac{r_1}{r_2} \underline{/\psi_1 - \psi_2}$$

$$(4.2.7)$$

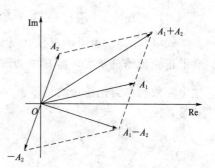

图 4.2.2　复数的加减

即复数相乘时，将模与模相乘，幅角相加；复数相除时，将模与模相除，幅角相减。

4.2.2.3　复数相等和共轭复数

若两个复数的实部和虚部分别相等；或模相等，辐角也相等，则两个复数相等。

设
$$A_1 = a_1 + \mathrm{j}\,b_1 = r_1 \underline{/\psi_1}$$
$$A_2 = a_2 + \mathrm{j}\,b_2 = r_2 \underline{/\psi_2}$$
若 $a_1 = a_2$，$b_1 = b_2$；或 $r_1 = r_2$，$\psi_1 = \psi_2$

则
$$A_1 = A_2$$

若两个复数的实部相等，虚部大小相等但异号，这两个复数就称为共轭复数。与 A 共轭的复数记作 A^*

设
$$A = a + \mathrm{j}\,b = r \underline{/\psi}$$
则其共轭复数为
$$A^* = a - \mathrm{j}\,b = r \underline{/-\psi}$$

可见，一对共轭复数的模相等，辐角大小相等且异号，复平面上对称于横轴。

复数 $\mathrm{e}^{\mathrm{j}\psi} = 1 \underline{/\psi}$ 是一个模等于 1，而辐角等于 ψ 的复数。任意复数 $A = r\mathrm{e}^{\mathrm{j}\psi_1}$ 乘以 $\mathrm{e}^{\mathrm{j}\psi}$ 为

$$r\mathrm{e}^{\mathrm{j}\psi_1} \times \mathrm{e}^{\mathrm{j}\psi} = r\mathrm{e}^{\mathrm{j}(\psi_1 + \psi)} = r \underline{/\psi_1 + \psi}$$

即复数的模不变，辐角变化了 ψ 角，此时复数矢量按逆时针方向旋转了 ψ 角。所以 $\mathrm{e}^{\mathrm{j}\psi}$ 称为旋转因子。使用最多的旋转因子是 $\mathrm{e}^{\mathrm{j}90°} = \mathrm{j}$ 和 $\mathrm{e}^{\mathrm{j}(-90°)} = -\mathrm{j}$。一个复数乘以 j，相当于将该复数矢量按逆时针旋转 $90°$；而乘以 $-\mathrm{j}$ 则相当于将该复数矢量按顺时针旋转 $90°$。

电路理论中还用到一种旋转因子，即 $a = \mathrm{e}^{\mathrm{j}120°}$ 称为 $120°$ 旋转因子。且有

$$a = \mathrm{e}^{\mathrm{j}120°} = 1 \underline{/120°} = -\frac{1}{2} + \mathrm{j}\frac{\sqrt{3}}{2}$$

$$a^2 = \mathrm{e}^{\mathrm{j}2 \times 120°} = 1 \angle 240° = 1 \underline{/-120°} = -\frac{1}{2} - \mathrm{j}\frac{\sqrt{3}}{2}$$

并有
$$1 + a + a^2 = 0$$

4.2.3　正弦量的相量表示法

设正弦量 $u = U_{\mathrm{m}}\sin(\omega t + \psi)$ 且 $\psi > 0$

可以写作 $\quad u = U_{m}\sin(\omega t + \psi) = \mathrm{Im}\left[\sqrt{2}U\mathrm{e}^{\mathrm{j}(\omega t + \psi)}\right] = \mathrm{Im}\left[\sqrt{2}U\mathrm{e}^{\mathrm{j}\psi}\mathrm{e}^{\mathrm{j}\omega t}\right]$ (4.2.8)

式（4.2.8）表明，正弦电压 u 等于复数函数 $\sqrt{2}U\mathrm{e}^{\mathrm{j}(\omega t + \psi)}$ 的虚部，该复数函数包含了正弦量的三要素。而其中 $U\mathrm{e}^{\mathrm{j}\psi}$ 是包含了正弦量的有效值 U 和初相角 ψ 的复数，这个复数被称为正弦量的相量，并用符号 $\dot{U}$ 表示，上面的小圆点是用来表示正弦量的相量，即

$$\dot{U} = U\mathrm{e}^{\mathrm{j}\psi}$$

可简写为 $\quad\quad\quad\quad\quad\quad\quad\quad \dot{U} = U \underline{/\psi}$ (4.2.9)

用相量表示正弦量时，必须把正弦量和相量加以区分。正弦量是随时间变化的正弦函数，而相量只包含了正弦量的有效值和初相位，它可以表示正弦量，而并不等于正弦量。正弦量和相量之间存在着一一对应关系。给定了正弦量，可以得出表示它的相量，即用复数的模表示正弦量的有效值，用复数的幅角表示正弦量的初相角；反之，由一已知的相量，如果知道其对应正弦量的角频率，就可以写出代表它的正弦量。

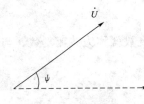

图 4.2.3 相量图

相量和复数一样，可以在复平面上用矢量表示，这种表示相量的图称为相量图，如图 4.2.3 所示。为了清楚起见，图上省去了虚轴 $+\mathrm{j}$，今后实轴也可以省去。值得注意的是，不同频率正弦量的相量图不可画在同一复平面上。

【例 4.2.1】 已知正弦电压

$$u_{1} = 100\sqrt{2}\sin(314t + 60°)\ \mathrm{V}$$

$$u_{2} = 50\sqrt{2}\sin(314t - 30°)\ \mathrm{V}$$

写出表示 u_1 和 u_2 的相量表示式，并画出相量图。

解：$\dot{U}_1 = 100 \underline{/60°}\ \mathrm{V}, \dot{U}_2 = 50 \underline{/-30°}\ \mathrm{V}$

相量图如图 4.2.4 所示。

【例 4.2.2】 已知两频率均为 50Hz 的电压，表示它们的相量分别为 $\dot{U}_1 = 380 \underline{/30°}\ \mathrm{V}, \dot{U}_2 = 220 \underline{/-60°}\ \mathrm{V}$，试写出这两个电压的解析式。

解： $\quad\quad \omega = 2\pi f = 314\ \mathrm{rad/s}$

$$u_1 = 380\sqrt{2}\sin(314t + 30°)\ \mathrm{V}$$

$$u_2 = 220\sqrt{2}\sin(314t - 60°)\ \mathrm{V}$$

4.2.4 用相量法求正弦量的和与差

利用三角函数求正弦量的和与差时，其计算过程较烦琐。引用相量的概念后，求解它们的和与差就比较方便了。现以两个同频率的正弦电流为例说明。设正弦电流

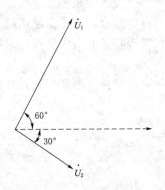

图 4.2.4 ［例 4.2.1］

$$i_1(t) = \sqrt{2}\,I_1\sin(\omega t + \psi_1)$$

$$i_2(t) = \sqrt{2}\,I_2\sin(\omega t + \psi_2)$$

另设两正弦量的和与差为

$$i(t) = i_1(t) \pm i_2(t)$$

根据式（4.2.8）可写出

$$i(t) = i_1(t) \pm i_2(t)$$

$$= \mathrm{Im}\left[\sqrt{2}\,I_1\,\mathrm{e}^{\mathrm{j}(\omega t + \psi_1)}\right] \pm \mathrm{Im}\left[\sqrt{2}\,I_2\,\mathrm{e}^{\mathrm{j}(\omega t + \psi_2)}\right]$$

$$= \mathrm{Im}\left[\sqrt{2}\,I_1\,\mathrm{e}^{\mathrm{j}\psi_1}\,\mathrm{e}^{\mathrm{j}\omega t}\right] \pm \mathrm{Im}\left[\sqrt{2}\,I_2\,\mathrm{e}^{\mathrm{j}\psi_2}\,\mathrm{e}^{\mathrm{j}\omega t}\right]$$

$$= \mathrm{Im}\left[\sqrt{2}\,\dot{I}_1\,\mathrm{e}^{\mathrm{j}\omega t}\right] \pm \mathrm{Im}\left[\sqrt{2}\,\dot{I}_2\,\mathrm{e}^{\mathrm{j}\omega t}\right]$$

$$= \mathrm{Im}\left[\sqrt{2}\,(\dot{I}_1 \pm \dot{I}_2)\,\mathrm{e}^{\mathrm{j}\omega t}\right]$$

由于两个同频率的正弦量的和或差仍是同频率的正弦量，故设

$$i(t) = \sqrt{2}\,I\sin(\omega t + \psi) = \mathrm{Im}\left[\sqrt{2}\,I\,\mathrm{e}^{\mathrm{j}(\omega t + \psi)}\right]$$

$$= \mathrm{Im}\left[\sqrt{2}\,\dot{I}\,\mathrm{e}^{\mathrm{j}\omega t}\right]$$

那么比较上述两个表达式，可知

$$i(t) = i_1(t) \pm i_2(t)$$

$$\mathrm{Im}\left[\sqrt{2}\,\dot{I}\,\mathrm{e}^{\mathrm{j}\omega t}\right] = \mathrm{Im}\left[\sqrt{2}\,(\dot{I}_1 \pm \dot{I}_2)\,\mathrm{e}^{\mathrm{j}\omega t}\right]$$

即
$$\dot{I} = \dot{I}_1 \pm \dot{I}_2 \tag{4.2.10}$$

上式表明：用相量表示正弦量后，同频率正弦量的和或差的运算就可以变成相应的相量和或差的运算。

以后要计算同频率正弦量的和与差运算时，只要先进行对应相量的计算，相量之间的相加减运算可按复数运算法则进行，由相量计算结果得出相应的正弦量。

【例 4.2.3】 已知两个同频率正弦电流分别为

$$i_1(t) = 70.7\sqrt{2}\sin(314t + 45°)\mathrm{A}$$

$$i_2(t) = 42.4\sqrt{2}\sin(314t - 30°)\mathrm{A}$$

试求 $i_1(t)$、$i_2(t)$ 之和并画出相量图。

解：用相量表示 $i_1(t)$、$i_2(t)$

$$\dot{I}_1 = 70.7\;\underline{/45°}\;\mathrm{A} \quad \dot{I}_2 = 42.4\;\underline{/-30°}\;\mathrm{A}$$

它们的相量图如图 4.2.5（a）所示。

将相量 $\dot{I}_1$、$\dot{I}_2$ 相加，得

$$\dot{I} = \dot{I}_1 + \dot{I}_2 = 70.7\;\underline{/45°} + 42.4\;\underline{/-30°}$$

$$= 50 + \mathrm{j}50 + 36.72 - \mathrm{j}21.2$$

$$= 86.72 + \mathrm{j}28.8 = 91.38\;\underline{/18.37°}\,\mathrm{A}$$

由 $\dot{I}$ 得到相应的解析式

$$i(t) = 91.38\sqrt{2}\sin(\omega t + 18.37°)\ \text{A}$$

即为电流 $i_1(t)$、$i_2(t)$ 之和。

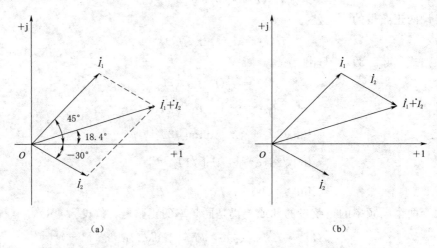

图 4.2.5 [例 4.2.3] 相量图

另外,相量 $\dot{I}_1$ 与 $\dot{I}_2$ 相加可以用平行四边形法作相量图求出,如图 4.2.6 (a) 所示,也可以更简单地用多边形法则作图求出,如图 4.2.6 (b) 所示,即根据相量首尾相接的原则进行。通常并不要求准确地作图,只是近似地画出相量的模和相位,得出定性的结果,以便与计算结果做比较。

相量 $\dot{I}_1$ 与 $\dot{I}_2$ 相减时,例如 $\dot{I}_1 - \dot{I}_2$,只要将其看作 $\dot{I}_1 + (-\dot{I}_2)$,先画出 $-\dot{I}_2$,然后采用相量相加的方法进行计算即可求得 $i(t) = i_1(t) - i_2(t)$。图 4.2.6 (a) 采用平行四边形法作图,图 4.2.6 (b) 采用多边形法作图得出。

由此可见,正弦量用相量表示,可以使正弦量的运算得以简化。

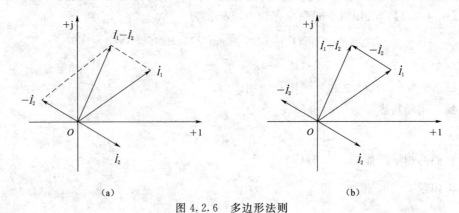

图 4.2.6 多边形法则

4.2.5 基尔霍夫定律的相量形式

4.2.5.1 相量形式的 KCL

KCL 适用于电路的任一瞬间,与电路元件性质无关。正弦电流电路的任一瞬间，连接在电路任一节点（或闭合面）的各支路电流瞬时值的代数和为 0。既然对任一瞬间都适用，那么对表达正弦电流瞬时值随时间变化规律的解析式也适用，即连接在电路任一节点（或闭合面）的各支路正弦电流的代数和为 0，即 $\sum i(t)=0$。

在正弦交流电路中，各电流、电压都是与激励同频率的正弦量，将这些正弦量用相量表示，便有

$$\sum \dot{I} = 0 \qquad\qquad (4.2.11)$$

即连接在电路任一节点（或闭合面）的各支路正弦电流的相量代数和为 0。这就是适用于正弦电流电路中的相量形式的 KCL。

由上述相量形式的 KCL 可知，正弦电流电路中连接在电路任一节点（或闭合面）的各支路正弦电流的相量图组成一个闭合多边形。

4.2.5.2　相量形式的 KVL

KVL 适用于电路的任一瞬间，与电路元件性质无关。正弦电流电路的任一瞬间，任一回路的各支路电压瞬时值的代数和为 0。既然对每一瞬间都适用，那么对表达正弦电压瞬时值随时间变化规律的解析式也适用，即任一回路的各支路正弦电压的代数和为 0，即 $\sum u(t)=0$。

将正弦电压用相量表示，则有

$$\sum \dot{U} = 0 \qquad\qquad (4.2.12)$$

即正弦电流电路任一回路的各支路正弦电压相量的代数和为 0。这就是适用于正弦电流电路中的相量形式的 KVL。

由上述相量形式的 KVL 可知，正弦电流电路中任一回路的各支路正弦电压的相量图组成一个闭合多边形。

练　习　题

一、填空题

4.2.1　正弦交流电的四种表示方法是解析式、波形图、_____和_____。

4.2.2　正弦量的相量表示法，就是用复数的模数表示正弦量的_____，用复数的辐角表示正弦量的_____。

4.2.3　已知复数的代数形式，求极坐标形式，$Z_1=12+j9=$_____，$Z_2=12+j16=$_____，则 $Z_1+Z_2=$_____，$Z_1-Z_2=$_____，$Z_1 \cdot Z_2=$_____，$Z_1/Z_2=$_____。

4.2.4　流入节点的各支路电流_____的代数和恒等于零，是基尔霍夫____定律的相量形式。

二、是非题

4.2.5　某电流相量形式为 $\dot{I}=(60+j80)\text{A}$，则其瞬时表达式为 $i=100\sqrt{2}\sin(\omega t)$ A。
（　　）

4.2 ①

测试题

4.2 ②

练习题答案

4.2.6　频率不同的正弦量可以在同一相量图中画出。　　　　　　　　　（　　）

4.2.7　正弦量可以用相量表示，故有 $u = 10\sqrt{2}\sin(\omega t + 30°) = 10\underline{/30°}$ 。

（　　）

三、计算题

4.2.8　已知 $u_1 = 220\sqrt{2}\sin(\omega t + 60°)$ V，$u_2 = 220\sqrt{2}\sin(\omega t + 120°)$ V，试求 $u_1 + u_2$、$u_1 - u_2$ 并作出相量图。

4.3　正弦交流电路中的电阻元件

4.3 ▶

正弦交流电路
中的电阻元件

在正弦电流电路中，常见的无源元件除电阻元件外还有电感元件和电容元件。电阻元件是耗能元件；电感元件和电容元件是储能元件，分别储存磁场能和电场能。假定这些元件是线性元件，则这些元件的电压、电流在正弦稳态电路中都是同频率的正弦量，涉及的有关运算可以用相量法进行。下面先研究在正弦电流电路中电阻的情况。

4.3.1　电压、电流的关系

当电阻两端加上正弦交流电压时，电阻中就有交流电流通过，电压与电流的瞬时值仍然满足欧姆定律。如图 4.3.1 所示，选择电压与电流为关联参考方向。

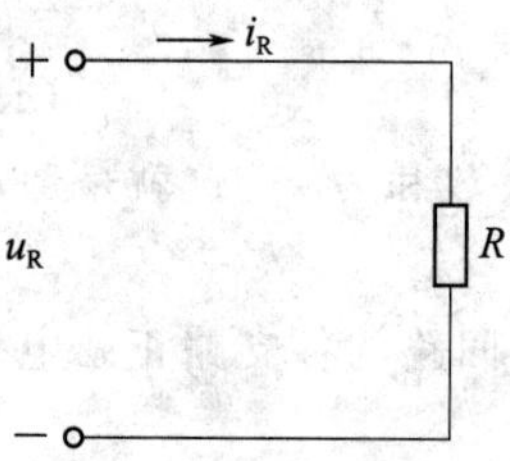

设电阻两端的正弦交流电压为

$$u_R = U_{Rm}\sin(\omega t + \psi_u)$$

则电路中的电流为

$$i_R = \frac{u_R}{R} = \frac{U_{Rm}\sin(\omega t + \psi_u)}{R} = I_{Rm}\sin(\omega t + \psi_i)$$

其中　　$I_{Rm} = \dfrac{U_{Rm}}{R}$，　　$\psi_i = \psi_u$

图 4.3.1　正弦交流电路中的电阻元件

相应的有效值关系：

$$I_R = \frac{U_R}{R} \quad 或 \quad U_R = RI_R \tag{4.3.1}$$

其波形如图 4.3.2 所示（设 $\psi_i = 0$）。电阻元件上电压与电流的相量关系为

$$\dot{U}_R = U_R\underline{/\psi_u} = RI_R\underline{/\psi_i}$$

$$\dot{U}_R = R\dot{I}_R \tag{4.3.2}$$

式（4.3.2）就是相量形式的欧姆定律。也可以写作

$$\dot{I} = G\dot{U}$$

式中：G 为电阻元件的电导，西门子（S）。

电阻元件的相量模型及相量图如图 4.3.3 所示。

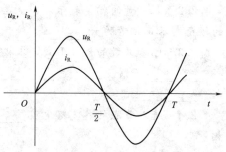

图 4.3.2　电阻元件电压、电流波形图

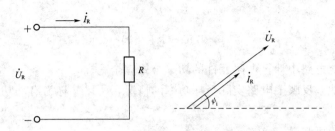

图 4.3.3　电阻元件的相量模型、相量图

4.3.2　电阻元件的功率

在交流电路中，电阻元件同样要消耗电功率。由于交流电压、电流都随时间变化，故电阻元件的功率也随时间变化，各瞬间消耗的功率不同。电路任一瞬间吸收或消耗的功率称为瞬时功率，设电阻元件电压、电流为关联的参考方向时，则瞬时功率等于电压、电流瞬时值的乘积。电阻元件的瞬时功率用小写字母 p 表示，即

$$p = ui$$

瞬时功率的 SI 单位仍然是瓦特（W）。若电阻两端的电压、电流为（设初相角 $\psi = 0°$）

$$u = U_m \sin(\omega t)$$

$$i = I_m \sin(\omega t)$$

则正弦交流电路中电阻元件上的瞬时功率为

$$
\begin{aligned}
p &= u \cdot i \\
&= U_m \sin(\omega t) \times I_m \sin(\omega t) = U_m I_m \sin^2(\omega t) \\
&= UI[1 - \cos(2\omega t)]
\end{aligned}
\tag{4.3.3}
$$

电阻的电压、电流、功率的波形图如图 4.3.4 所示。由于电压和电流同相，电压、电流同时为 0，也同时达到最大值。而且，在电压、电流的正半周，正正得正，瞬时功率是正值；在电压、电流的负半周，负负得正，瞬时功率也是正值；而当电压、电流达到最大值时，瞬时功率最大，其值为 $U_m I_m$ 或 $2UI$。也就是说，电阻元件的瞬时功率总是正值，即电阻元件在电路中总是吸收功率（消耗功率），它是一个耗能元件。

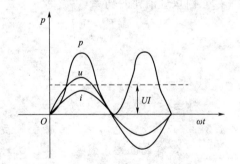

图 4.3.4　电阻元件的功率波形图

由于交流电路中，瞬时功率不能有效或准确地比较和衡量电路功率的大小，故在工程上都采用平均功率来表示电路功率，周期性交流电路中的平均功率就是瞬时功率在一个周期的平均值，用 P 来表示，有

$$P = \frac{1}{T} \int_0^T p \mathrm{d}t = \frac{1}{T} \int_0^T UI[1 - \cos(2\omega t)] \mathrm{d}t = UI$$

又因 $$U = RI$$

所以 $$P = UI = I^2R = \frac{U^2}{R} \qquad (4.3.4)$$

可知与直流电路中计算电阻元件的功率公式完全一样。

由于平均功率反映了电路实际消耗功率的情况，所以又称为有功功率。习惯上简称功率。

从以上分析可知：

(1) 电阻元件的电压与电流为同频率的正弦量。

(2) 电阻元件的电压与电流的有效值满足欧姆定律。

(3) 电阻元件的电压与电流相位相同。

(4) 电阻元件的电压与电流的相量形式：$\dot{U} = R\dot{I}$。

【例 4.3.1】 将一个阻值为 484Ω 的白炽灯接到电压为 $u = 220\sqrt{2}\sin(\omega t + 60°)$ V 的电源上，求：

(1) 通过白炽灯的电流为多少？写出电流的解析式。

(2) 白炽灯消耗的功率是多少？

解：由 $u = 220\sqrt{2}\sin(\omega t + 60°)$ V 可知，电压有效值 $U = 220$V，初相位 $\psi_u = 60°$

(1) 通过白炽灯的电流：

$$I = \frac{U}{R} = \frac{220}{484} = 0.4545(\text{A})$$

电阻元件 $\psi_i = \psi_u = 60°$

电流的解析式为 $i = 0.4545\sqrt{2}\sin(\omega t + 60°)$A

(2) 白炽灯消耗的功率：

$$P = UI = 220 \times 0.4545 = 99.99(\text{W})$$

练 习 题

4.3 ①
测试题

一、填空题

4.3.1 正弦交流电路中，关联参考方向下，电阻元件电压与电流的一般关系式是_____ ，有效值关系式是_____ ，相量关系式是_____ 。

4.3.2 把 110V 的交流电压加在 55Ω 的电阻上，则电阻上 $U = $_____ V，电流 $I = $_____ A。

二、选择题

4.3.3 已知 2Ω 电阻的电流 $i = 6\sin(314t + 45°)$A，当 u、i 为关联方向时，$u = $（ ） V。

A. $12\sin(314t + 30°)$ \qquad B. $12\sqrt{2}\sin(314t + 45°)$

C. $12\sin(314t + 45°)$ \qquad D. $12\sqrt{2}\sin(314t + 135°)$

4.3 ①
练习题答案

4.3.4 已知 2Ω 电阻的电压 $\dot{U} = 10\underline{/60°}$ V，当 u、i 为关联方向时，电阻元件上

电流的 $\dot{I} = ($ $)$ A。

A. $5\sqrt{2}\,\underline{/\,60°}$　　　B. $5\,\underline{/\,60°}$　　　C. $5\,\underline{/\,-60°}$　　　D. $5\sqrt{2}\,\underline{/\,-60°}$

4.3.5 试指出下列哪个公式表示正确？（ ）

A. $p = UI$　　　B. $p = i^2R$　　　C. $p = I^2R$　　　D. $P = uI$

三、计算题

4.3.6 在 5Ω 电阻的两端加上电压 $u = 220\sqrt{2}\sin(314t)$ V，求：

（1）流过电阻的电流有效值。

（2）电流瞬时值。

（3）有功功率。

（4）画相量图。

4.4 正弦交流电路中的电感元件

4.4.1 电压和电流的关系

正弦交流电路中的电感元件 L，其电压、电流参考方向如图 4.4.1 所示。

设 $i_L = I_{Lm}\sin(\omega t + \psi_i)$，则电感两端的电压：

$$
\begin{aligned}
u_L &= L\frac{di_L}{dt} = L\frac{dI_{Lm}\sin(\omega t + \psi_i)}{dt}\\
&= I_{Lm}\omega L\cos(\omega t + \psi_i)\\
&= I_{Lm}\omega L\sin\left(\omega t + \psi_i + \frac{\pi}{2}\right)\\
&= U_{Lm}\sin(\omega t + \psi_u)
\end{aligned}
$$

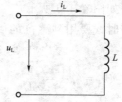
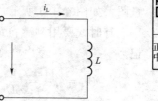

图 4.4.1 正弦交流电路中的电感元件

其中　　$U_{Lm} = \omega L I_{Lm}$，$\psi_u = \psi_i + \dfrac{\pi}{2}$

写成有效值为　　　　　　$U_L = \omega L I_L$

或　　　　　　　　　$\dfrac{U_L}{I_L} = \omega L$ 　　　　　　(4.4.1)

令　　　　　　$X_L = \dfrac{U_L}{I_L} = \omega L = 2\pi f L$ 　　　　　　(4.4.2)

式中：X_L 为感抗，它是用来表示电感元件对正弦电流阻碍或限制作用的一个物理量，它的 SI 单位是欧姆（Ω）。

在电感一定的情况下，电感元件的感抗与频率成正比。频率越高，电流变化率越大，感生电动势越大，对电流的抑制作用越强，电流越小；反之，频率越低，电流变化率越小，感生电动势越小，对电流的抑制作用越弱，电流越大。在直流电路中，$\omega = 0$，$X_L = \omega L = 0$，所以电感在直流电路中视为短路。当 $\omega \to \infty$ 时，感抗也随之趋于无限大，虽有电压作用于电感，但电流为 0，此时电感相当于开路。因此，电感元件具有"通低频，阻高频"的特性。

将式（4.4.2）代入式（4.4.1）得

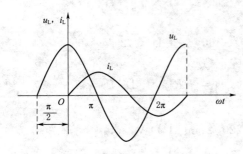

图 4.4.2　电感元件的电压、电流波形图

$$U = X_L I \qquad (4.4.3)$$

电感元件的电压、电流波形图如图 4.4.2 所示（设 $\psi_i = 0$）。

应当注意，这里的感抗代表正弦电压与正弦电流的有效值之比，不代表它们的瞬时值之比，因此电感上的电压 u_L 并不与电流 i_L 成正比而与电流对时间的导数成正比。感抗只对正弦交流电才有意义。

设正弦电流相量

$$\dot{I}_L = I_L \underline{/\psi_i}$$

则

$$\dot{U}_L = U_L \underline{/\psi_u} = \omega L I_L \underline{/\psi_i + 90°} = \mathrm{j}\omega L \dot{I}_L = \mathrm{j}X_L \dot{I}_L$$

即

$$\dot{U}_L = \mathrm{j}X_L \dot{I} \qquad (4.4.4)$$

式中：$\mathrm{j}X_L$ 为复感抗。

电感元件的相量模型及相量图，如图 4.4.3 所示。

有时候要用到感抗的倒数，记为

$$B_L = \frac{1}{X_L} = \frac{1}{\omega L}$$

$$(4.4.5)$$

B_L 称为感纳，其 SI 单位是西门子（S），于是式（4.4.5）可表示为

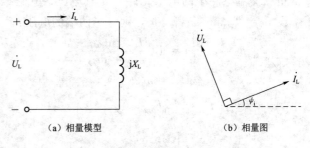

（a）相量模型　　（b）相量图

图 4.4.3　电感元件的相量模型及相量图

$$\dot{I} = -\mathrm{j}B_L \dot{U}$$

4.4.2　电感元件的功率

当电压与电流的参考方向为关联时，电感元件的瞬时功率

$$p = u_L i_L$$

设电感两端的电流、电压为

$$i_L = I_{Lm}\sin(\omega t)$$

$$u_L = U_{Lm}\sin\left(\omega t + \frac{\pi}{2}\right)$$

则正弦交流电路中电感元件上的瞬时功率为

$$p = u_L i_L = U_{Lm}\sin\left(\omega t + \frac{\pi}{2}\right) \times I_{Lm}\sin(\omega t)$$

$$= U_{Lm}I_{Lm}\sin(\omega t)\cos(\omega t)$$

$$= U_L I_L \sin(2\omega t) \qquad (4.4.6)$$

其电压、电流、瞬时功率的波形图如图 4.4.4 所示。由上式或波形图都可以看出，此瞬时功率是以电压、电流有效值的乘积为最大值且两倍于电流的频率按正弦规律变化的。

电感在通以正弦电流时，所吸收的平均功率为

$$P = \frac{1}{T}\int_0^T p\mathrm{d}t = \frac{1}{T}\int_0^T U_\mathrm{L} I_\mathrm{L}\sin(2\omega t)\mathrm{d}t = 0$$

$$(4.4.7)$$

式（4.4.7）表明电感元件在一个周期内是不消耗能量的，它是储能元件。电感吸收的瞬时功率是一个随时间按正弦规律变化的量，在第一个和第三个 1/4 周期内，瞬时功率为正值，电感吸取电源的电

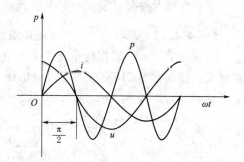

图 4.4.4　电感元件的功率波形图

能，并将其转换成磁场能量储存起来；在第二个和第四个 1/4 周期内，瞬时功率为负值，将储存的磁场能量转换成电能释放给电源，即电感元件与电源之间存在能量交换现象。

虽然电感元件上电压有效值和电流有效值不为 0，但平均功率却为 0，这是由于电压与电流在相位上恰好相差 90° 的缘故。

工程上为了衡量电源与电感元件（或电路）间的能量交换的规模大小，把电感元件电压与电流的有效值的乘积称为无功功率，用 Q 表示。则电感元件的无功功率为

$$Q_\mathrm{L} = UI = I^2 X_\mathrm{L} = \frac{U^2}{X_\mathrm{L}}$$

$$(4.4.8)$$

无功功率具有与平均功率相同的量纲，但因无功功率并不是实际做功的平均功率，为了与平均功率的区别，无功功率的单位不用 W，而是用乏（var）表示，工程上常用单位 kvar，$1\mathrm{kvar} = 10^3\,\mathrm{var}$。相对于无功功率，平均功率通常可以称为有功功率。

下面说明电感元件无功功率的物理意义。由于电感不断吸收与发出能量，或者说电感和外部之间有能量交换，瞬时功率并不为 0。由式（4.4.8）可以看出，电感元件上的无功功率等于瞬时功率的最大值，也就是电感线圈的磁场与外电路交换能量的最大速率。无功功率反映了储能元件与其外部交换能量的规模。"无功"的含义是交换而不是消耗，不应理解为"无用"。电感元件上的无功功率称为感性无功功率，感性无功功率在电力供应中占有很重要的地位。在工程中，具有电感性质的电动机、变压器等设备都是依据电磁能量转换工作的，如果没有无功功率，就没有电源和磁动间的能量转换，这些设备就无法工作。

从以上分析可知：

（1）电感元件的电压与电流为同频率的正弦量。

（2）电感两端的电压与电流有效值之比为 $\dfrac{U}{I} = X_\mathrm{L} = \omega L$。

（3）电感两端的电压在相位上超前电流 $90°$。

（4）电感元件的电压与电流的相量形式：$\dot{U} = j\omega L \dot{I} = jX_L \dot{I}$。

（5）电感元件是储能元件，只交换、不消耗，$P = 0$，$Q_L = UI = I^2 X_L = \dfrac{U^2}{X_L}$。

【例 4.4.1】 若将 $L = 0.1H$ 的电感元件，接在 $f = 50Hz$，$U = 10V$ 的正弦电源上，求通过的电流。若保持电压不变，电源频率变为 $f = 500Hz$，求此时的电流。若把该元件接在直流 110V 电源上，会出现什么现象？

解：（1）当频率 $f = 50Hz$ 时，

$$X_L = 2\pi f L = 2 \times 3.142 \times 50 \times 0.1 = 31.42(\Omega)$$

电流
$$I = \frac{U}{X_L} = \frac{10}{31.42} = 318.3(mA)$$

（2）当频率 $f = 500Hz$ 时，

$$X_L = 2\pi f L = 2 \times 3.142 \times 500 \times 0.1 = 3142(\Omega)$$

电流
$$I = \frac{U}{X_L} = \frac{10}{3142} = 31.83(mA)$$

由以上结果可知，如果电压不变，频率越高，感抗越大，电路中的电流越小。

（3）在直流电路中，$X_L = 0$，电流趋于无穷大，电感元件会烧坏。

【例 4.4.2】 一个 $0.3185H$ 的电感元件接到电压为 $u(t) = 220\sqrt{2}\sin(314t - 120°)V$ 的电源上，试求电感元件：

（1）感抗。

（2）电流的解析式。

（3）无功功率。

解：（1）电感元件感抗为

$$X_L = \omega L = 314 \times 0.3185 = 100(\Omega)$$

（2）电感元件的电流相量为

$$\dot{I} = \frac{\dot{U}}{jX_L} = \frac{220\underline{/-120°}}{j100} = 2.2\underline{/-210°} = 2.2\underline{/150°}(A)$$

电感元件电流的解析式为

$$i(t) = 2.2\sqrt{2}\sin(314 + 150°)A$$

（3）电感元件吸收的无功功率为

$$Q_L = UI = 220 \times 2.2 = 484(var)$$

4.4 ⑦

测试题

4.4 ⑩

练习题答案

练 习 题

一、填空题

4.4.1 在纯电感交流电路中，电压与电流的相位关系是电压＿＿＿＿＿＿电流 $90°$，感抗 $X_L = $＿＿＿＿＿＿，单位是＿＿＿＿＿＿。

4.4.2 在纯电感正弦交流电路中，若电源频率提高一倍，而其他条件不变，则电路中的电流将变成原来的_____。

4.4.3 在正弦交流电路中，已知流过纯电感元件的电流 $I = 5\text{A}$，电压 $u = 20\sqrt{2}\sin(400t)\text{V}$，若 u、i 取关联方向，则 $X_L = \underline{\quad\quad} \Omega$，$L = \underline{\quad\quad\quad\quad}\text{H}$。

二、选择题

4.4.4 感抗反映了电感元件对（ ）起限制作用。

A. 直流电流   B. 交变电流   C. 正弦电流   D. 周期电流

4.4.5 在纯电感电路中，电流应为（ ）。

A. $i = U/X_L$ B. $I = U/L$ C. $I = U/\omega L$ D. $I = u/X_L$

4.4.6 在纯电感电路中，电压相量应为（ ）。

A. $\dot{U} = X_L \dot{I}$ B. $\dot{U} = \text{j}X_L\dot{I}$ C. $\dot{U} = \text{j}\omega L I$ D. $U = \text{j}\omega L \dot{I}$

4.4.7 加在一个感抗是 20Ω 的纯电感两端的电压是 $u = 10\sin(\omega t + 30°)\text{V}$，则通过它的电流瞬时值为（ ）A。

A. $i = 0.5\sin(\omega t + 30°)$ B. $i = 0.5\sin(\omega t - 60°)$

C. $i = 0.5\sin(\omega t + 60°)$ D. $i = 0.5\sin(2\omega t + 30°)$

三、计算题

4.4.8 一个 0.8H 的电感元件接到电压为 $u(t) = 220\sqrt{2}\sin(314t - 120°)\text{V}$ 的电源上，试求电感元件的电流解析式和吸收的无功功率，画电流电压相量图。

4.5 正弦交流电路中的电容元件

4.5.1 电压、电流的关系

图 4.5.1（a）是正弦电流电路中的电容元件，在关联参考方向下电压和电流的关系为

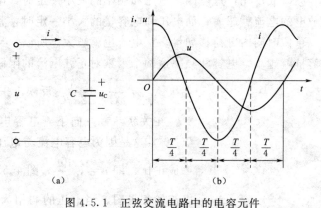

4.5 ▶

正弦交流电路
中的电容元件

图 4.5.1 正弦交流电路中的电容元件

$$i = C\frac{\text{d}u}{\text{d}t}$$

设电容元件两端的正弦电压为

$$u = U_m\sin(\omega t)$$

则电容电流

$$i = C\frac{\mathrm{d}u}{\mathrm{d}t}$$

$$= C\frac{\mathrm{d}}{\mathrm{d}t}[U_{\mathrm{m}}\sin(\omega t)]$$

$$= \omega CU_{\mathrm{m}}\cos(\omega t)$$

$$= \omega CU_{\mathrm{m}}\sin(\omega t + 90°)$$

$$= I_{\mathrm{m}}\sin(\omega t + 90°)$$

也是一个同频率的正弦量，其中

$$I_{\mathrm{m}} = \omega CU_{\mathrm{m}}$$

或
$$\frac{U_{\mathrm{m}}}{I_{\mathrm{m}}} = \frac{U}{I} = \frac{1}{\omega C} \tag{4.5.1}$$

可见：电容元件的电压和电流的最大值（或有效值）之比值等于 $\frac{1}{\omega C}$；在相位上，电流超前电压 90°。

电容的电流、电压的波形如图 4.5.1（b）所示。

由式（4.5.1）可知，当电压 U 一定时，$\frac{1}{\omega C}$ 越大，则电流 I 越小，因而具有阻碍正弦电流的作用。

容抗可以反映电容对正弦电流的阻碍作用。用符号 X_{C} 表示，即

$$X_{\mathrm{C}} = \frac{1}{\omega C} = \frac{1}{2\pi fC} \tag{4.5.2}$$

$$I = \frac{U}{X_{\mathrm{C}}} \tag{4.5.3}$$

容抗的单位也是欧姆（Ω）。

容抗与电容、频率成反比，这是因为电压和频率的大小一定时，电容越大，储存的电荷越多，充放电的电流就越大；而电压和电容量的大小一定时，频率越高，充放电的频率也越高，单位时间内电荷移动量多，电流也就越大。所以，当电容和频率增加时，表现出的容抗就越小。电容和频率这两个因素对正弦电流的限制作用，都通过

容抗 $X_{\mathrm{C}} = \frac{1}{\omega C} = \frac{1}{2\pi fC}$ 反映出来。

在关联参考方向下，电容电流总是超前电压 90°，这是因为电容电流与电压对时间的变化率成正比，即 $i = C\frac{\mathrm{d}u}{\mathrm{d}t}$。图 4.5.2 画出了电压、电流的相量图。当电压的初相为 0° 时，电容电流的初相为 90°，电压与电流之间的相位差 $\varphi_{\mathrm{ui}} = \psi_{\mathrm{u}} - \psi_{\mathrm{i}} = -90°$。

引入容抗以后，电容元件的电压和电流写成相量的形式为 $\dot{U} = U\underline{/0°}$，$\dot{I} = I\underline{/90°}$。

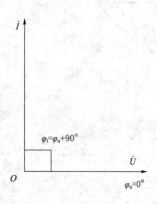

图 4.5.2　电容元件的相量图

则

$$\dot{I} = I\,\underline{/90°} = \omega CU\,\underline{/90°}$$

$$\dot{I} = j\omega C\dot{U}$$

或

$$\dot{U} = \frac{\dot{I}}{j\omega C} = -j\frac{1}{\omega C}\dot{I} = -jX_{c}\dot{I} \tag{4.5.4}$$

上式表明：电容电流相量等于电压相量乘以 $j\omega C$ 或电容电压相量等于电流相量乘以 $-jX_{c}$。式（4.5.4）既表明了电容电流和电压的大小关系，又表明了电流超前电压 $90°$ 的关系。

有时候要用到容抗的倒数，记为

$$B_{c} = \frac{1}{X_{c}} = \omega C \tag{4.5.5}$$

式中：B_{c} 为容纳，其 SI 单位也是西门子（S），于是式（4.5.4）可写成

$$\dot{I} = jB_{c}\dot{U} \tag{4.5.6}$$

【例 4.5.1】 一个 $C = 31.85\mu F$ 的电容接到 $u = 220\sqrt{2}\sin(314t + 30°)$V 的电源上，求：

（1）容抗。

（2）关联方向下的电流 i。

（3）画出电压、电流的相量图。

解：（1）容抗

$$X_{c} = \frac{1}{\omega C} = \frac{1}{314 \times 31.85 \times 10^{-6}} = 100(\Omega)$$

（2）电流有效值

$$I = \frac{U}{X_{c}} = \frac{220}{100} = 2.2(A)$$

电流瞬时值表示式

$$i = \sqrt{2}I\sin(314t + 30° + 90°) = 2.2\sqrt{2}(314t + 120°)A$$

（3）相量图如图 4.5.3 所示。

4.5.2 电容元件的功率

当电压与电流的参考方向为关联时的情况下，设正弦电压 $u = U_{m}\sin(\omega t)$ 时，电感元件的瞬时功率

$$p = ui = U_{m}\sin(\omega t) \times I_{m}\sin(\omega t + 90°)$$

$$= \frac{U_{m}I_{m}}{2}\sin(2\omega t) = UI\sin(2\omega t) \tag{4.5.7}$$

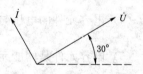

图 4.5.3　［例 4.5.1］相量图

式（4.5.7）表明，p 是一个幅值为 UI，以 2ω 的角频率变化的正弦量。p 的波形如图 4.5.4 所示。

由图可见，在第一个 $1/4$ 周期内，u 和 i 均为正值，故 $p > 0$，表明电容元件吸收功率，在此期间，u 从 0 增至 U_{m}，电场储能也从 0 增至最大值 $\frac{1}{2}CU_{m}^{2}$，电容元件吸

收电能并将它转换为电场能储存起来。在第二个 1/4 周期内，u 为正值，i 为负值，故 $p<0$，表明电容元件发出功率。在此期间，u 从 U_m 降至 0，电场储能也从 $\frac{1}{2}CU_m^2$ 降至 0，电容元件释放电场能并将它转变为电能还给电源。后两个 1/4 周期，除因电压方向改变而产生相反方向的电场外，能量转换情况与前面两个 1/4 周期相同。

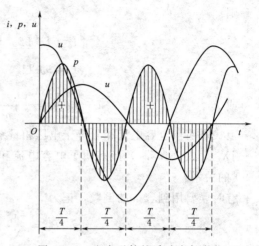

图 4.5.4　电容元件的瞬时功率波形

　　在一个周期 T 内，瞬时功率 p 的曲线与时间轴 t 所包围的面积，恰好正、负面积相等，说明电容元件吸收和释放的能量相等。因此，在正弦电路中，电容元件在一周期内的平均功率为 0，即

$$P = \frac{1}{T}\int_0^T p\mathrm{d}t = \frac{1}{T}\int_0^T UI\sin(2\omega t)\mathrm{d}t = 0$$

电容元件是不消耗能量的，所以也是一个储能元件。

　　电容元件虽不消耗电能，但与电源不断地交换能量，为了衡量这种能量交换的规模，同样定义：

　　电容元件与电源交换功率的最大值（即交换能量的最大速率）为电容元件的无功功率，用 Q_C 表示。

　　由式（4.5.3）可见

$$Q_C = -UI = -I^2 X_C = -\frac{U^2}{X_C} \tag{4.5.8}$$

从以上分析可知：

（1）电容元件的电压与电流为同频率的正弦量。

（2）电容两端的电压与电流有效值之比为 $X_C = \dfrac{1}{\omega C}$。

（3）电容的电流在相位上超前电压 90°。

（4）电容元件的电压与电流的相量形式：$\dot{U} = -\mathrm{j}\dfrac{1}{\omega C}\dot{I} = -\mathrm{j}X_C\dot{I}$。

（5）电容元件是储能元件，只交换、不消耗；$P = 0$，$Q_C = UI = I^2 X_C = \dfrac{U^2}{X_C}$。

【例 4.5.2】试用相量式表示［例 4.5.1］中的电压和电流，并求电容元件的无功功率。

解： 电压相量为

$$\dot{U} = 220\underline{/30°}\ \mathrm{V}$$

根据式（4.5.6），电流相量为

$$\dot{I} = \mathrm{j}\omega C\dot{U} = \mathrm{j}314 \times 31.85 \times 10^{-6} \times 220\underline{/30°}$$
$$= 2.2\underline{/120°}\ \mathrm{A}$$

根据式（4.5.8），电容的无功功率为

$$Q_C = -UI = -220 \times 2.2 = -484(\text{var})$$

练 习 题

一、填空题

4.5.1 电容元件在正弦交流电路中，电压与电流的相位关系是电压＿＿＿＿电流 90°。容抗 $X_C=$＿＿＿＿，单位是＿＿＿＿。

4.5.2 电容元件在正弦交流电路中，已知 $I=5\text{A}$，电压 $u=10\sqrt{2}\sin(314t)\text{V}$，则电容的容抗 $X_C=$＿＿＿＿，电容量 $C=$＿＿＿＿。

4.5.3 正弦交流电路中，已知电容元件电压 $U_C=10\text{V}$，电流 $I_C=4\text{A}$，则电容元件的有功功率 $P=$＿＿＿＿，无功功率 $Q=$＿＿＿＿。

4.5 ⊤
测试题

二、选择题

4.5.4 容抗反映了电容元件对（   ）起阻碍或限制作用。

A. 直流电流   B. 交变电流   C. 正弦电流   D. 周期电流

4.5.5 在纯电容正弦交流电路中，下列各式正确的是（   ）。

A. $i_C = \dfrac{U}{X_C}$ B. $\dot{I} = \dot{U}\omega C$ C. $I = U\omega C$ D. $i = U/C$

4.5 ⑤
练习题答案

4.5.6 若电路中某元件的端电压为 $u=5\sin(314t+35°)\text{V}$，电流 $i=2\sin(314t+125°)\text{A}$，$u$、$i$ 为关联方向，则该元件是（   ）。

A. 电阻   B. 电感   C. 电容   D. 无法确定

三、计算题

4.5.7 一个 $C=50\mu\text{F}$ 的电容接于 $u=220\sqrt{2}\sin(314t+60°)\text{V}$ 的电源上，求 X_C、i_C 及 Q_C，并绘出电容电流和电压的相量图。

4.6 电阻、电感、电容串联电路

4.6.1 电压、电流关系

设图 4.6.1（a）所示 RLC 串联电路中的电流为

$$i = \sqrt{2}I\sin(\omega t + \psi_i)$$

根据以上几节所述可以得出每个元件上的电压都是同一频率的正弦量。取参考方向如图 4.6.1（a）所示，根据 KVL，此电路瞬时值电压方程为

$$u = u_R + u_L + u_C$$

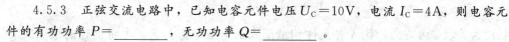

用相量表示电路中的电流和电压，参考方向如图 4.6.1（b）所示，得

$$\begin{cases} \dot{I} = I\angle\psi_i \\ \dot{U} = \dot{U}_R + \dot{U}_L + \dot{U}_C \end{cases}$$

上述的第二式也可以由相量形式的 KVL 直接得出。假设各元件的电压、电流相

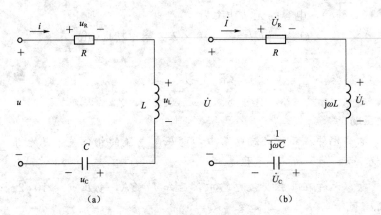

图 4.6.1 RLC 串联电路

量均为关联参考方向，代入各元件相量形式的电压电流关系，可将上述的第二式表示成

$$\dot{U} = R\dot{I} + j\omega L\dot{I} + \frac{1}{j\omega C}\dot{I}$$
$$= \left[R + j\left(\omega L - \frac{1}{\omega C} \right) \right]\dot{I} = Z\dot{I} \qquad (4.6.1)$$

式（4.6.1）称为 RLC 串联电路的欧姆定律的相量形式，式中复数 Z 称为 RLC 串联电路的复阻抗。

4.6.2 复阻抗

复阻抗定义为图 4.6.1（b）所示电路端口电压相量与端口电流相量的比值，即 $Z = \dot{U}/\dot{I}$。它是电路的一个复数参数，而不是表示正弦量的相量，为了区别起见，复阻抗只用大写字母表示，而不加点。

由式（4.6.1）可得

$$Z = \frac{\dot{U}}{\dot{I}} = R + j\left(\omega L - \frac{1}{\omega C} \right) = R + j(X_L - X_C) = R + jX \qquad (4.6.2)$$

上式为复阻抗的代数形式，其中实部 R 称为电路的等效电阻，虚部 $X = X_L - X_C$ 称为电路的等效电抗，简称电抗。感抗和容抗总是正的，而电抗为一个代数量，可正可负，这是由于电感电压超前电流 $\pi/2$，而电容电压滞后电流 $\pi/2$ 造成的结果。

同时由式（4.6.2），可得电阻、电感及电容的复阻抗分别为 $Z_R = R$、$Z_L = jX_L = j\omega L$ 及 $Z_C = -jX_C = -j\frac{1}{\omega C}$。

复阻抗也可以用极坐标形式表示

$$Z = |Z| \angle \varphi \qquad (4.6.3)$$

其中

$$\begin{cases} |Z| = \dfrac{U}{I} = \sqrt{R^2 + X^2} \\ \varphi = \psi_u - \psi_i = \arctan\left(\dfrac{X}{R} \right) = \arctan\left(\dfrac{X_L - X_C}{R} \right) \end{cases} \qquad (4.6.4)$$

以及

$$\begin{cases} R = |Z|\cos\varphi \\ X = |Z|\sin\varphi \end{cases} \tag{4.6.5}$$

其中复阻抗的模 $|Z|$ 称为阻抗，反映电压和电流有效值之间的数量关系；φ 是复阻抗的辐角，称为阻抗角，反映电压和电流之间的相位关系，它可能是正的，也可能是负的，视 X 的正负而定。显然，$|Z|$ 和 R、X 的单位相同，都是 Ω。

4.6.3 电路的三种情况及相量图

随着元件的参数和角频率的不同，电路分别呈现出三种不同的性质。

(1) 当 $X_L > X_C$ 时，$X > 0$，$\varphi > 0$，电压超前电流，电路是电感性的。

(2) 当 $X_L < X_C$ 时，$X < 0$，$\varphi < 0$，电压滞后电流，电路是电容性的。

(3) 当 $X_L = X_C$ 时，$X = 0$，电压、电流同相，电路是电阻性的，电路发生了串联谐振。

根据电抗的正负，作出 RLC 串联电路的相量图，如图 4.6.2 所示。在图 4.6.2 (a) 中画出了 $\varphi > 0$（感性电路）时的相量图；图 4.6.2 (b) 中画出了 $\varphi < 0$（容性电路）时的相量图；图 4.6.2 (c) 中画出了 $\varphi = 0$（阻性电路）时的相量图。作相量图时，先作出电流相量，为了简单起见，设 $\psi_i = 0$，即以相同的电流为参考正弦量，将 $\dot{I}$ 画在正实轴方向。然后作 R、L、C 各元件的电压相量，电阻电压 $\dot{U}_R$ 与电流同相位，电感的电压 $\dot{U}_L$ 超前于电流 $\pi/2$，而电容的电压 $\dot{U}_C$ 滞后于电流 $\pi/2$，所以相量 $\dot{U}_L$ 与 $\dot{U}_C$ 的相位差为 π。图中采用多边形法，即根据矢量首尾相接的原则进行的。具体做法是：先画出第一个相量 $\dot{U}_R$，再在 $\dot{U}_R$ 的尾端直接画出第二个相量 $\dot{U}_L$，在 $\dot{U}_L$ 的尾端再画出第三个相量 $\dot{U}_C$。求和的结果即是从第一个相量的首端指向最后一个相量的尾端，得出相量 $\dot{U}$。图 4.6.2 (a) 中 $U_L > U_C$，是感性电路，所以 $\dot{U}$ 超前 $\dot{I}$，$\varphi > 0$；图 4.6.2 (b) 中 $U_L < U_C$，是容性电路，所以 $\dot{U}$ 滞后 $\dot{I}$，$\varphi < 0$；图 4.6.2 (c) 中 $U_L = U_C$，是阻性电路，所以 $\dot{U}$ 与 $\dot{I}$ 同相，$\varphi = 0$。由于 $\varphi = \psi_u - \psi_i$，其正负视 $\dot{U}$ 超前或滞后于 $\dot{I}$ 而定。

在图 4.6.2 (a) 和 (b) 中，将相量 $\dot{U}_L$ 和 $\dot{U}_C$ 合并成 $\dot{U}_X$，则

$$\dot{U} = \dot{U}_R + \dot{U}_L + \dot{U}_C = \dot{U}_R + \dot{U}_X \tag{4.6.6}$$

或

$$Z\dot{I} = R\dot{I} + jX\dot{I}$$

同样有

$$Z = R + jX \tag{4.6.7}$$

电压 $\dot{U}_R$、$\dot{U}_X$ 和 $\dot{U}$ 组成一个直角三角形，称为电压三角形，端口电压 U 为斜边，而 U_R 和 U_X 分别为两个直角边。由式 (4.6.7) 可以看出，电阻 R、电抗 X 和阻抗模

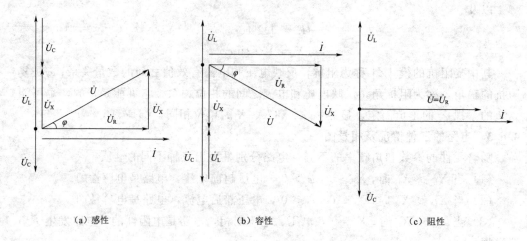

（a）感性   （b）容性   （c）阻性

图 4.6.2   RLC 串联电路的相量图

$|Z|$ 也构成一个直角三角形，称为阻抗三角形，$|Z|$ 为斜边，而 R 和 X 分别为两个直角边。两个三角形是相似的，如图 4.6.3 所示。

【例 4.6.1】   图 4.6.4 所示 RLC 串联电路中，$R = 40\Omega$，$L = 223\mathrm{mH}$，$C = 79.62\mu\mathrm{F}$，电源电压 $u = 220\sqrt{2}\sin(314t + 60°)\mathrm{V}$。试求电路中的电流和各元件上的电压正弦量解析式。

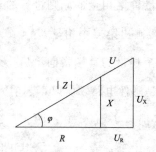

图 4.6.3   电压三角形与阻抗三角形

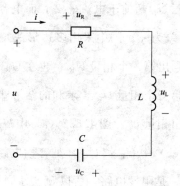

图 4.6.4   [例 4.6.1] 电路图

解： 采用相量法，用相量表示正弦量，计算电路的阻抗，然后求出电流、电压。
电路的电压相量为

$$\dot{U} = 220\underline{/60°} \ \mathrm{V}$$

电路的复阻抗为

$$Z = R + \mathrm{j}\left(\omega L - \frac{1}{\omega C}\right) = \left[40 + \mathrm{j}\left(314 \times 223 \times 10^{-3} - \frac{1}{314 \times 79.62 \times 10^{-6}}\right)\right]\Omega$$

$$= [40 + \mathrm{j}(70 - 40)]\Omega = (40 + \mathrm{j}30)\Omega$$

$$= 50\underline{/36.87°} \ \Omega$$

根据式（4.6.2），得

$$\dot{I} = \frac{\dot{U}}{Z} = \frac{220\ \underline{/60°}}{506\ \underline{/36.87°}}\text{A} = 4.46\ \underline{/23.13°}\text{A}$$

各元件上的电压相量分别为

$$\dot{U}_R = R\dot{I} = 40 \times 4.4\underline{/23.13°}\text{V} = 176\ \underline{/23.13°}\text{V}$$

$$\dot{U}_L = j\omega L\dot{I} = j70 \times 4.4\underline{/23.13°}\text{V} = 308\ \underline{/113.13°}\text{V}$$

$$\dot{U}_C = -j\frac{1}{\omega C}\dot{I} = -j40 \times 4.4\ \underline{/23.13°}\text{V} = 176\ \underline{/-66.87°}\text{V}$$

它们的正弦量解析式为

$$i = 4.4\sqrt{2}\sin(314t + 23.13°)\text{A}$$

$$u_R = 176\sqrt{2}\sin(314t + 23.13°)\text{V}$$

$$u_L = 308\sqrt{2}\sin(314t + 113.13°)\text{V}$$

$$u_C = 176\sqrt{2}\sin(314t - 66.87°)\text{V}$$

【例 4.6.2】　日光灯导通后，整流器与灯管串联，整流器可近似用电感元件作为其模型，灯管可近似用电阻元件作为其模型。一个日光灯电路的 $R = 300\Omega$、$L = 1.66\text{H}$，工频电源电压为 220V。试求：电源电压与灯管电流的相位差、灯管电流、灯管电压和整流器电压。

解：这是电阻、电感串联电路，整流器的感抗：

$$X_L = \omega L = 100\pi \times 1.66 = 521.5(\Omega)$$

电路的复阻抗：

$$Z = R + jX_L = 300 + j521.5 = 601.6\ \underline{/60°}(\Omega)$$

所以电源电压比灯管电流超前 60°。

灯管电流：

$$I = \frac{U}{|Z|} = \frac{220}{601.6} = 0.3657(\text{A})$$

灯管电压、整流器电压各为

$$U_R = RI = 300 \times 0.3657 = 109.7(\text{V})$$

$$U_L = X_L I = 521.5 \times 0.3657 = 190.7(\text{V})$$

练　习　题

4.6 ①
测试题

一、填空题

4.6.1　RL 串联电路，已知：$R = 8\Omega$，$X_L = 6\Omega$，则阻抗 $|Z| = $ _____ Ω，阻抗角 $\varphi = $ _____。

4.6.2　在 RLC 串联电路中，当 $X_L > X_C$ 时，电路呈 _____ 性；当 $X_L < X_C$ 时，电路呈 _____ 性；当 $X_L = X_C$ 时，电路呈 _____ 性。

4.6.3　RLC 串联电路中，$U_R = 4\text{V}$，$U_L = 6\text{V}$，$U_C = 3\text{V}$，则端口 $U = $ _____ V。

4.6 ①
练习题答案

二、选择题

4.6.4　在 RLC 串联电路中，复阻抗的模 $|Z|$ 是（　　）。

A. $|Z| = u/I$　　　　　　　　B. $|Z| = \sqrt{R^2 + X^2}$

C. $|Z| = U/i$　　　　　　　　D. $|Z| = R + jX$

4.6.5　在 RLC 串联电路中，电压电流为关联方向总电压与总电流的相位差角 φ 为（　　）。

A. $\varphi = \arctan \dfrac{\omega L - \omega C}{R}$　　　　B. $\varphi = \arctan \dfrac{X_L - X_C}{R}$

C. $\varphi = \arctan \dfrac{X_L - X_C}{U_R}$　　　　D. $\varphi = \arctan \dfrac{U_L - U_C}{R}$

4.6.6　在 RLC 串联的正弦交流电路中，电压电流为关联方向，总电压为（　　）。

A. $U = U_R + U_L + U_C$　　　　B. $U = \sqrt{U_R^2 + (U_L - U_C)^2}$

C. $U = U_R + U_L - U_C$　　　　D. $U = \sqrt{U_R^2 + (U_L + U_C)^2}$

4.6.7　在 RLC 串联的正弦交流电路中，电路的性质取决于（　　）。

A. 电路外施电压的大小　　　　B. 电路连接形式

C. 电路各元件参数及电源频率　D. 无法确定

三、是非题

4.6.8　在 RLC 串联交流电路中，各元件上电压总是小于总电压。　　　　　（　　）

4.6.9　电感电容相串联，$U_L = 120\text{V}$，$U_C = 80\text{V}$，则总电压等于 200V。

（　　）

4.6.10　在 RLC 串联交流电路中，容抗和感抗的差值越小，电路中电流就越大。

（　　）

四、计算题

4.6.11　RLC 串联电路，$R = 30\Omega$，$L = 254\text{mH}$，$C = 80\mu\text{F}$，电源电压 $u = 220\sqrt{2}\sin(314t + 20°)\text{V}$。试求电路中的电流和各元件上的电压正弦量解析式。

4.6.12　RLC 串联电路，$R = 20\Omega$，$X_L = 5\Omega$，$X_C = 20\Omega$，电源电压 $u = 220\sqrt{2}\sin(314t + 30°)\text{V}$。试求电路中的复阻抗、电流和各元件上的电压。

4.7　电阻、电感、电容并联电路

4.7.1　电压和电流的关系

图 4.7.1（a）所示为 RLC 并联电路。设电路两端的电压为

$$u = \sqrt{2}U\sin(\omega t + \psi_u) \tag{4.7.1}$$

设电压及各支路电流参考方向如图所示，根据 KCL 可以写出

$$i = i_R + i_L + i_C \tag{4.7.2}$$

用相量表示式（4.7.1）和式（4.7.2），相量模型图如图 4.7.1（b）所示，得

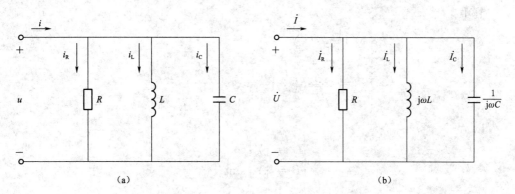

图 4.7.1 RLC 并联电路

$$\begin{cases} \dot{U} = U \angle \psi_{\mathrm{u}} \\ \dot{I} = \dot{I}_{\mathrm{R}} + \dot{I}_{\mathrm{L}} + \dot{I}_{\mathrm{C}} \end{cases} \tag{4.7.3}$$

假设各元件的电压、电流相量均为关联参考方向，式（4.7.3）的第二式也可写成

$$\dot{I} = \frac{\dot{U}}{R} + \frac{\dot{U}}{\mathrm{j}\omega L} + \frac{\dot{U}}{\dfrac{1}{\mathrm{j}\omega C}}$$

$$= \left[\frac{1}{R} + \mathrm{j}\left(-\frac{1}{\omega L} + \omega C \right) \right] \dot{U} = Y\dot{U}$$

由上式可得 $$\dot{I} = Y\dot{U} \tag{4.7.4}$$

式（4.7.4）也称为 RLC 并联电路的欧姆定律的相量形式，式中复数 Y 称为 RLC 并联电路的复导纳。

4.7.2 复导纳

定义复导纳等于图 4.7.1（b）为关联参考方向下的端口电流相量与端口电压相量的比值，即 $Y = \dot{I}/\dot{U}$。

由式（4.7.4），可得

$$Y = \frac{1}{R} + \mathrm{j}\left(-\frac{1}{\omega L} + \omega C \right) \tag{4.7.5}$$

$$= G + \mathrm{j}(-B_{\mathrm{L}} + B_{\mathrm{C}}) = G + \mathrm{j}(B_{\mathrm{C}} - B_{\mathrm{L}}) = G + \mathrm{j}B$$

式（4.7.5）为复导纳的代数形式，其实部 G 是该电路的电导，虚部 B 是容纳与感纳之差，即 $B = B_{\mathrm{C}} - B_{\mathrm{L}}$，称为电纳。容纳和感纳总是正的，而电纳为一个代数量，可正可负。

根据复导纳的定义式，单一电阻、电容及电感的复导纳分别为

$$Y_{\mathrm{R}} = G = \frac{1}{R}, \quad Y_{\mathrm{L}} = -\mathrm{j}B_{\mathrm{L}} = -\mathrm{j}\frac{1}{\omega L}, \quad Y_{\mathrm{C}} = \mathrm{j}B_{\mathrm{C}} = \mathrm{j}\omega C$$

复导纳还可以用极坐标形式表示：

$$Y = |Y| \angle \varphi' \tag{4.7.6}$$

其中

$$
\begin{cases}
|Y| = \sqrt{G^2 + B^2} \\[2mm]
\varphi' = \arctan\left(\dfrac{B}{G}\right) = \arctan\left(\dfrac{\omega C - \dfrac{I}{\omega L}}{\dfrac{1}{R}}\right)
\end{cases}
\tag{4.7.7}
$$

以及

$$
\begin{cases}
G = |Y|\cos\varphi' \\
B = |Y|\sin\varphi'
\end{cases}
\tag{4.7.8}
$$

其中复导纳的模 $|Y|$ 称为导纳，总是正值；φ' 是复导纳的辐角，称为导纳角，可正可负，视 B 的正负而定。$|Y|$ 和 B、G 的 SI 单位均为西门子（S）。

4.7.3 相量图

根据式（4.7.7），随着元件的参数和角频率的不同，电路分别呈现出三种不同的性质。

（1）若 $B_C > B_L$，则 $B > 0$，$\varphi' > 0$，电流超前电压，电路是电容性的。

（2）若 $B_C < B_L$，则 $B < 0$，$\varphi' < 0$，电流滞后电压，电路是电感性的。

（3）当 $B_C = B_L$，则 $B = 0$，$\varphi' = 0$，电流、电压同相位，电路是电阻性的，电路发生并联谐振。

由式（4.7.4）得电流相量：

$$
\begin{aligned}
\dot{I} = Y\dot{U} &= |Y|\underline{/\varphi'} \times U\underline{/\psi_u} \\
&= |Y|U\underline{/\psi_u + \varphi'} = I\underline{/\psi_i}
\end{aligned}
\tag{4.7.9}
$$

其正弦量解析式为

$$
\begin{aligned}
i &= \sqrt{2}\,|Y|U\sin(\omega t + \psi_u + \varphi') \\
&= \sqrt{2}\,I\sin(\omega t + \psi_i)
\end{aligned}
\tag{4.7.10}
$$

式中 $\varphi' = \psi_i - \psi_u$，为电流相量超前电压相量的角度，等于导纳角。如上所述，对于容性电路，$\varphi' > 0$；对于感性电路，$\varphi' < 0$。

根据导纳的正负，作出 RLC 并联电路的相量图，如图 4.7.2 所示。先作出式（4.7.3）的电压相量，为了简单起见，设 $\psi_u = 0$，将 $\dot{U}$ 画在正实轴方向（图 4.7.2）。然后作 R、L、C 各支路的电流相量，其中，电阻中电流 $\dot{I}_R$ 与电压同相位，电感中的电流 $\dot{I}_L$ 滞后于电压 $\pi/2$，而电容中的电流 $\dot{I}_C$ 超前于电压 $\pi/2$，所以 $\dot{I}_L$ 与 $\dot{I}_C$ 的相位差为 π。采用多边形法则求各支路电流的相量和得出电流 $\dot{I}$。图 4.7.2（a）中 $I_C > I_L$，是容性电路，所以 $\dot{I}$ 超前 $\dot{U}$，$\varphi' > 0$；图 4.7.2（b）中 $I_C < I_L$，是感性电路，所以 $\dot{I}$ 滞后 $\dot{U}$，$\varphi' < 0$；图 4.7.2（c）中 $I_C = I_L$，是阻性电路，所以 $\dot{I}$、$\dot{U}$ 同相，$\varphi' = 0$。

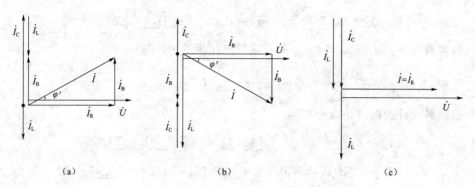

图 4.7.2　RLC 并联电路的相量图

在图 4.7.2 中，将相量 $\dot{I}_L$ 与 $\dot{I}_C$ 合并成 $\dot{I}_B$，则

$$\dot{I} = \dot{I}_R + \dot{I}_L + \dot{I}_C = \dot{I}_R + \dot{I}_B \tag{4.7.11}$$

或

$$\dot{I} = G\dot{U} + jB\dot{U}$$

同样有

$$Y = G + jB \tag{4.7.12}$$

电流 I_R、I_B 和 I 组成一个直角三角形，称为电流三角形，I 为斜边，而 I_R 和 I_B 分别为两个直角边。由式（4.7.12）可以看出，电导 G、电纳 B 和导纳 $|Y|$ 也构成一个直角三角形，称为导纳三角形，$|Y|$ 为斜边，而 G 和 B 分别为两个直角边。两个三角形是相似的，如图 4.7.3 所示。

【**例 4.7.1**】　图 4.7.4 为一个由 RLC 组成的并联电路，已知 $R=25\Omega, L=2\text{mH}$，$C=5\mu\text{F}$，总电流 i 有效值为 0.34A，电源角频率 $\omega = 5000\text{rad/s}$。试求总电压和通过各元件的电流。

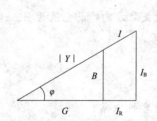

图 4.7.3　电流三角形与导纳三角形

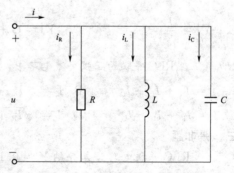

图 4.7.4　[例 4.7.1] 电路图

解： 由式（4.7.5）得电路的复导纳为

$$Y = \frac{1}{R} + j\left(-\frac{1}{\omega L} + \omega C\right)$$

$$= \left[\frac{1}{25} + j\left(-\frac{1}{5000 \times 2 \times 10^{-3}} + 5000 \times 5 \times 10^{-6}\right)\right]$$

$$= [0.04 + j(-0.1 + 0.025)]$$

159

$$= (0.04 - j0.075) = 0.085 \underline{/-61.93°} \text{(S)}$$

取电流相量为 $\dot{I} = 0.34 \underline{/0°}$ A，端口电压相量为

$$\dot{U} = \frac{\dot{I}}{Y} = \frac{0.34 \underline{/0°}}{0.085 \underline{/-61.93°}} = 4 \underline{/61.93°} \text{(V)}$$

通过各元件的电流相量分别为

$$\dot{I}_R = G\dot{U} = 0.04 \times 4 \underline{/61.9°} = 0.16 \underline{/61.93°} \text{(A)}$$

$$\dot{I}_L = -jB_L\dot{U} = -j0.1 \times 4 \underline{/61.9°} = 0.4 \underline{/-28.07°} \text{(A)}$$

$$\dot{I}_C = jB_C\dot{U} = j0.025 \times 4 \underline{/61.9°} = 0.1 \underline{/151.9°} \text{(A)}$$

由于从电压、电流的相量很容易写出它们代表的正弦量，因此，在用相量法求解的最后结果中，一般也不必把相量转化为对应的正弦量的解析式。

练　习　题

一、填空题

4.7.1　在 RLC 并联交流电路中，当 $B_C > B_L$ 时，电路呈_____性，$B_C < B_L$ 时，电路呈_____性，$B_C = B_L$ 时，电路呈_____性。

4.7.2　RLC 并联电路，已知 $I_R = 16A$，$I_L = 30A$，$I_C = 18A$，则总电流 $I = $_____A。

二、选择题

4.7.3　在 RLC 并联电路中，电路复导纳的模 $|Y|$ 是（　　）。

A. $|Y| = \dfrac{U}{i}$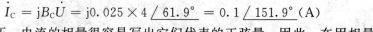

B. $|Y| = \sqrt{\left(\dfrac{1}{R}\right)^2 + \left(\omega C - \dfrac{1}{\omega L}\right)^2}$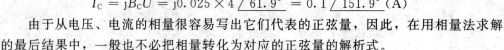

C. $|Y| = \dfrac{\dot{I}}{\dot{U}}$

D. $|Y| = G + jB$

4.7.4　在 RLC 并联的正弦交流电路中，电压电流为关联方向，总电流为（　　）。

A. $I = I_R + I_L + I_C$　　　B. $I = \sqrt{I_R^2 + (I_L - I_C)^2}$

C. $I = I_R + I_L - I_C$　　　D. $I = \sqrt{I_R^2 + (I_L + I_C)^2}$

三、是非题

4.7.5　RLC 并联电路，复导纳 $Y = 0.1 + j0.2S$ 是容性电路。　　　　（　　）

4.7.6　在 RLC 并联交流电路中，各元件上电流总是小于总电流。　　（　　）

四、计算题

4.7.7　已知 RLC 并联电路中，$R = 10\Omega$，$X_L = 10\Omega$，$X_C = 5\Omega$，其中电流 $\dot{U} = 100\angle 0°V$，试求：

(1) $\dot{I}_R$、$\dot{I}_L$、$\dot{I}_C$。

(2) $\dot{I}$。

4.8 复阻抗的等效变换及串并联

4.8.1 复阻抗的等效变换

图 4.8.1（a）所示是一个无源二端网络，已知端口电压相量为 $\dot{U}$，端口电流相量为 $\dot{I}$，$\dot{U}$、$\dot{I}$ 为关联参考方向，$\dot{U}$ 与 $\dot{I}$ 之间的关系由相量形式的欧姆定律决定，即

$$\dot{U} = Z\dot{I}, \dot{I} = Y\dot{U} \tag{4.8.1}$$

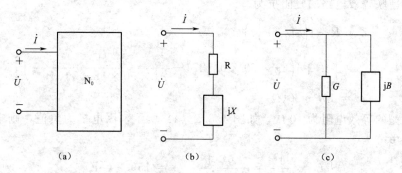

图 4.8.1 二端网络的两种等效电路

其中 Z 和 Y 为二端网络的输入复阻抗和输入复导纳，也称为等效复阻抗和等效导复纳。如果等效复阻抗用 $Z = R + jX$ 表示，则此二端网络等效为等效电阻 R 与等效电抗 X 相串联组成的电路，称为串联等效电路［图 4.8.1（b）］；如果用等效复导纳 $Y = G + jB$ 表示，则此二端网络等效为由等效电导 G 与等效电纳 B 相并联组成的电路，称为并联等效电路［图 4.8.1（c）］。

由于这两种等效电路有相同的 VCR，显然有

$$ZY = 1 \tag{4.8.2}$$

即等效复阻抗和等效复导纳的模互为倒数，而它们的辐角大小相等而符号相反，即

$$\begin{cases} |Z| = \dfrac{1}{|Y|} \\ \varphi = -\varphi' \end{cases} \tag{4.8.3}$$

利用式（4.8.3）可进行两种等效电路参数的互换。

如果已知串联等效电路的复阻抗 $Z = R + jX$，则它的并联等效电路的复导纳为

$$Y = \frac{1}{Z} = \frac{1}{R + jX} = \frac{R}{R^2 + X^2} - j\frac{X}{R^2 + X^2} = G + jB$$

即

$$G = \frac{R}{R^2 + X^2}, \quad B = -\frac{X}{R^2 + X^2} \tag{4.8.4}$$

同理，如果已知并联等效电路的复导纳为 $Y = G + jB$，则它的串联等效电路的复阻抗为

$$Z = \frac{1}{Y} = \frac{1}{G+jB} = \frac{G}{G^2+B^2} - j\frac{B}{G^2+B^2} = R+jX$$

即

$$R = \frac{G}{G^2+B^2}, X = -\frac{B}{G^2+B^2} \tag{4.8.5}$$

式（4.8.4）和式（4.8.5）就是二端网络的两种等效电路的互换条件。

【例 4.8.1】 有一 RLC 串联电路，其中 $R = 10\Omega$，$L = 0.1274H$，$C = 53.08\mu F$，$f = 50Hz$，试求其串联、并联等效电路。

解： 串联等效电路的复阻抗为

$$\begin{aligned}
Z &= R+j\left(\omega L - \frac{1}{\omega C}\right) \\
&= \left[10+j\left(2\pi\times50\times0.1274 - \frac{1}{2\pi\times50\times53.08\times10^{-6}}\right)\right] \\
&= 10-j20(\Omega)
\end{aligned}$$

则串联模型的等效电阻为 10 Ω，如图 4.8.2（a）所示，因电抗为负值，则电路呈容性，等效电容为

$$C = \frac{1}{\omega X_C} = \frac{1}{2\pi\times50\times20} = 159.2(\mu F)$$

并联等效电路的复导纳可直接由式（4.8.2）求得

$$Y = \frac{1}{Z} = \frac{1}{10-j20} = \frac{1}{22.36\ \underline{/-63.43°}} = 0.04472\ \underline{/63.43°} = 0.02+j0.04 S$$

因电纳为正值，电路表现为电容性，其并联等效电路是电导和电容构成，如图 4.8.2（b）所示，电导和电阻为

$$G = 0.02 S, \qquad R' = \frac{1}{G} = \frac{1}{0.0200} = 5(\Omega)$$

电容为

$$C' = \frac{B_C}{\omega} = \frac{0.04}{2\pi\times50} = 127.4(\mu F)$$

应当注意，以上的等效条件只在 $f = 50Hz$ 才是正确的，原因是感抗及容抗均随频率变化而变化。

4.8.2 复阻抗的串并联

复阻抗的串并联计算与电阻电路电阻的串并联计算相似。对于 n 个复阻抗串联而成的电路，其等效复阻抗为

$$Z = Z_1 + Z_2 + \cdots + Z_n \tag{4.8.6}$$

当两个复阻抗 Z_1 和 Z_2 串联时，两个复阻抗的两端的电压分别为

$$\begin{cases} \dot{U}_1 = \dfrac{Z_1}{Z_1+Z_2}\dot{U} \\[2mm] \dot{U}_2 = \dfrac{Z_2}{Z_1+Z_2}\dot{U} \end{cases} \tag{4.8.7}$$

式中：$\dot{U}$ 为总电压；$\dot{U}_1$ 和 $\dot{U}_2$ 分别为 Z_1 和 Z_2 上的电压。

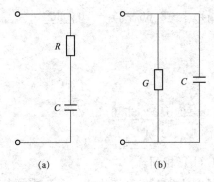

图 4.8.2　[例 4.8.1] 电路图

对于由 n 个复导纳并联而成的电路，其等效复导纳为

$$Y = Y_1 + Y_2 + \cdots + Y_n \quad (4.8.8)$$

两个复阻抗 Z_1 和 Z_2 并联时，等效复阻抗为

$$Z = \frac{1}{Y} = \frac{1}{Y_1 + Y_2} = \frac{1}{\frac{1}{Z_1} + \frac{1}{Z_2}} = \frac{Z_1 Z_2}{Z_1 + Z_2}$$

$$(4.8.9)$$

两个复阻抗支路中流过的电流分别为

$$\begin{cases} \dot{I}_1 = \frac{Z_2}{Z_1 + Z_2} \dot{I} \\ \dot{I}_2 = \frac{Z_1}{Z_1 + Z_2} \dot{I} \end{cases} \quad (4.8.10)$$

式中 $\dot{I}$ 为总电流；$\dot{I}_1$ 和 $\dot{I}_2$ 分别为流过 Z_1 和 Z_2 的电流。

【例 4.8.2】　求图 4.8.3 所示电路的等效复阻抗，$\omega = 10^5 \text{rad/s}$。

解：$X_L = \omega L = 10^5 \times 1 \times 10^{-3} = 100(\Omega)$

$X_C = 1/(\omega C) = 1/(10^5 \times 0.1 \times 10^{-6}) = 100(\Omega)$

$Z = R_1 + \dfrac{jX_L(R_2 - jX_C)}{jX_L + R_2 - jX_C} = 30 + \dfrac{j100 \times (100 - j100)}{100}$

$\quad = 130 + j100(\Omega)$

【例 4.8.3】　图 4.8.4 所示电路，已知 $Z_1 = 6.16 + j9\Omega$，$Z_2 = 2.5 - j4\Omega$，串联接至 $\dot{U} = 220 \angle 40° \text{V}$ 的电源。试计算电路中的电流 $\dot{I}$ 和各个复阻抗上的电压 $\dot{U}_1$ 及 $\dot{U}_2$。

解：电路中各电压、电流的参考方向如图 4.8.4（a）所示。定性作出相量图如图 4.8.4（b）所示。在相量图上，最为关心的是各个相量彼此间的相位关系。由于相量的相位差与计时起点

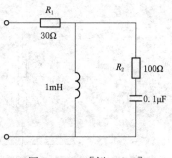

图 4.8.3　[例 4.8.2]

无关，所以在作相量图时，可以任意选择一个相量作为参考相量，其他相量就根据与参考相量的关系作出（在已熟悉相量图的情况下，图上也不必画出实轴和虚轴了）。

在作串联电路的相量图时，由于串联时各元件的电流相等，一般选电流相量为参考相量比较方便，将 $\dot{I}$ 画在水平方向，Z_1 是感性阻抗，$\dot{U}_1$ 超前于 $\dot{I}$；Z_2 是容性阻抗，$\dot{U}_2$ 滞后于 $\dot{I}$。$\dot{U}_1$ 与 $\dot{U}_2$ 的相量和等于 $\dot{U}$，所以可作出近似的相量图如图 4.8.4（b）所示，然后进行计算。

$$Z = Z_1 + Z_2 = \left[(6.16 + j9) + (2.5 - j4)\right] = 8.66 + j5 = 10\;\underline{/30°}$$

$$\dot{I} = \frac{\dot{U}}{Z} = \frac{220\underline{/40°}}{10\underline{/30°}} = 22\;\underline{/10°}\;(\text{A})$$

所以

$$\dot{U}_1 = Z_1\dot{I} = (6.16 + j9) \times 22\;\underline{/10°} = 240.0\;\underline{/65.61°}\;(\text{V})$$

$$\dot{U}_2 = Z_2\dot{I} = (2.5 - j4) \times 22\;\underline{/10°} = 103.8\;\underline{/-47.99°}\;(\text{V})$$

计算结果表明相量之间的相位关系与图 4.8.4 (b) 相同。

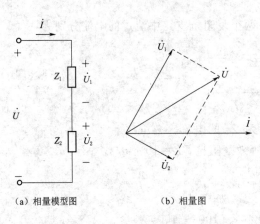

(a) 相量模型图   (b) 相量图

图 4.8.4   [例 4.8.3] 电路及相量图

【例 4.8.4】 在图 4.8.5 (a) 所示电路中，已知 $R_1 = 6\Omega$，$X_1 = 8\Omega$，$R_2 = 16\Omega$，$X_2 = 12\Omega$，$u = 220\sqrt{2}\sin314t\text{V}$。试求电流 i_1、i_2 和 i。

解：设备支路电压、电流的参考方向如图 4.8.5 (a) 所示。定性作出相量图，本例题是一个并联电路，由于并联时电压相等，作相量图时取电压 $\dot{U}$ 为参考相量比较方便。第一支路是感性电路，$\dot{I}_1$ 滞后于 $\dot{U}$；第二支路是容性支路，$\dot{I}_2$ 超前于 $\dot{U}$。$\dot{I}_1$ 和 $\dot{I}_2$ 的相量和等于 $\dot{I}$，所以可作出相量图如图 4.8.5 (b) 所示，然后进行计算。

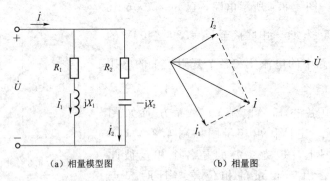

(a) 相量模型图   (b) 相量图

图 4.8.5   [例 4.8.4] 电路及相量图

$$Z_1 = R_1 + jX_1 = (6 + j8)\Omega$$
$$Z_2 = R_2 - jX_2 = (16 - j12)\Omega$$

所以

$$\dot{I}_1 = \frac{\dot{U}}{Z_1} = \frac{220\underline{/10°}}{6 + j8} = \frac{220\underline{/0°}}{10\underline{/53.13°}} = 22\;\underline{/-53.13°}\;(\text{A})$$

$$\dot{I}_2 = \frac{\dot{U}}{Z_2} = \frac{220\underline{/10°}}{16 - j12} = \frac{220\underline{/0°}}{10\underline{/-37°}} = 11\;\underline{/36.87°}\;(\text{A})$$

得

$$\dot{I} = \dot{I}_1 + \dot{I}_2 = 22\underline{/-53.13°} + 11\underline{/36.87°}$$
$$= (13.20-j17.60) + (8.800+j6.600)$$
$$= 22.00-j11.00$$
$$= 24.60\underline{/-26.57°} \text{ (A)}$$

用瞬时值解析式表示，为

$$i_1 = 22\sqrt{2}\sin(314t-53.13°)\text{A}$$
$$i_2 = 11\sqrt{2}\sin(314t+36.87°)\text{A}$$
$$i = 24.60\sqrt{2}\sin(314t-26.57°)\text{A}$$

本题也可用阻抗并联公式直接计算总电流，由式（4.8.9）得

$$Z = \frac{Z_1 Z_2}{Z_1 + Z_2} = \frac{(6+j8)\times(16-j12)}{(6+j8)+(16-j12)}$$
$$= \frac{10\underline{/53.13°}\times 20\underline{/-36.87°}}{22.36\underline{/-10.31°}} = 8.945\underline{/26.57°} \text{ (Ω)}$$

$$\dot{I} = \frac{\dot{U}}{Z} = \frac{220\underline{/0°}}{8.945\underline{/26.57°}} = 24.60\underline{/-26.57°} \text{ (A)}$$

4.8 ⑦
测试题

计算结果表明各相量之间的相位关系与图 4.8.5（b）相符。

练 习 题

4.8 ⑧
练习题答案

一、填空题

4.8.1 RL 串联电路，已知：$R=8\Omega$，$X_L=6\Omega$，两端电压 $u=220\sqrt{2}\sin(314t+60°)\text{V}$，则阻抗 $Z=$ _____ Ω，$\dot{I}=$ _____ A。

4.8.2 RC 串联电路，已知：$R=6\Omega$，$X_C=8\Omega$，两端电压 $u=220\sqrt{2}\sin(314t+30°)\text{V}$，则阻抗 $Z=$ _____ Ω，$\dot{I}=$ _____ A。

4.8.3 已知 $Z_1=3+j4\Omega$，$Z_2=8-j6\Omega$，现将 Z_1 与 Z_2 串联，等效复阻抗 $Z=$ _____ Ω，_____ 将 Z_1 与 Z_2 并联，等效复阻抗 $Z=$ _____ Ω。

二、是非题

4.8.4 复阻抗与复导纳的等效互换是在某一固定频率条件下进行的。 （ ）

4.8.5 若 Z_1 与 Z_2 并联，则等效复导纳 $Y=1/Z_1+1/Z_2$。 （ ）

4.8.6 若 Z_1 与 Z_2 并联，电流参考方向都一致，则总电流 $\dot{I}=\dot{I}_1+\dot{I}_2$。

（ ）

三、计算题

4.8.7 如题 4.8.7 图所示电路，$Z_1=10\Omega$、$Z_2=j10\Omega$、$Z_3=-j5\Omega$，求输入端复阻抗 Z_{ab}。

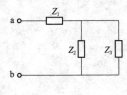

题 4.8.7 图

4.8.8 已知一无源二端网络在关联参考方向下的端口电压、端口电流为 $\dot{U} = 220\,\underline{/30°}$ V, $\dot{I} = 10\,\underline{/60°}$ A, 求该网络的等效串联电路的复阻抗、阻抗、阻抗角、等效电阻、等效电抗, 等效并联电路的复导纳、导纳、导纳角、等效电导、等效电纳。

4.9 正弦交流电路中的功率

在前面几节内容中分别分析了电阻、电感及电容的功率, 接下来研究在正弦激励下, 负载由电阻、电感、电容组成的无源二端网络的功率。

4.9.1 瞬时功率

设二端网络的端口电压 u 和端口电流 i 为关联的参考方向, 如图 4.9.1 所示, 其表达式为

$$\begin{cases} u(t) = \sqrt{2}U\sin(\omega t + \psi_u) \\ i(t) = \sqrt{2}I\sin(\omega t + \psi_i) \end{cases}$$

相位差 $\psi_u - \psi_i = \varphi$, 为了简单起见, 设 $\psi_i = 0$, 上式可写成

$$\begin{cases} u(t) = \sqrt{2}U\sin(\omega t + \varphi) \\ i(t) = \sqrt{2}I\sin(\omega t) \end{cases} \tag{4.9.1}$$

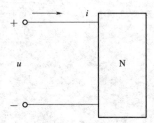

图 4.9.1 二端网络

式中: φ 为电压超前于电流的相位, 即该无源二端网络的等效复阻抗的阻抗角。

由式 (4.9.1) 的 u、i, 得到无源二端网络吸收的瞬时功率为

$$p(t) = u(t)i(t) = \sqrt{2}U\sin(\omega t + \varphi) \times \sqrt{2}I\sin(\omega t)$$
$$= UI[\cos\varphi - \cos(2\omega t + \varphi)] \tag{4.9.2}$$

其波形如图 4.9.2 (a) 所示, 图中同时画出了电压、电流的波形。由图可以看出, 当 u、i 瞬时值同号时, $p > 0$, 二端网络从外电路吸收功率; 当 u、i 瞬时值异号时, $p < 0$, 二端网络向外电路提供功率。瞬时功率有正有负的现象, 说明在外电路和二端网络之间有能量往返交换。这种现象是由储能元件引起的。作为储能元件的电感和电容, 只能储存能量而不消耗能量。电感的磁场能量将随电感电流的增减而增减, 电容的电场能量将随电容电压的增减而增减。当磁场能量或电场能量减小时, 一个储能元件释放出来的能量, 可以转移到另一个储能元件中, 也可以消耗于电阻中, 如有多余则必然要送回电源。这就造成了能量由二端网络反向传输到外电路的现象。

由图 4.9.2 (a) 还可以看出, 在一个循环内, $p > 0$ 的部分大于 $p < 0$ 的部分, 因此, 平均看来, 二端网络仍是从外电路吸收功率的, 这是由于二端网络中存在消耗能量的电阻。

为了便于说明二端网络的有功功率和无功功率, 将式 (4.9.2) 括号内的第二项展开, 经过整理, 可得瞬时功率

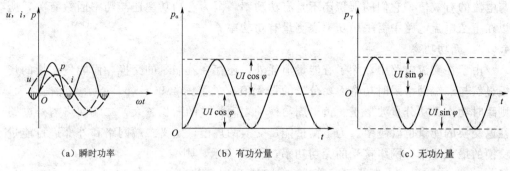

（a）瞬时功率　　　　　（b）有功分量　　　　　（c）无功分量

图 4.9.2　二端网络的功率

$$p(t) = UI\cos\varphi[1 - \cos(2\omega t)] + UI\sin\varphi\sin(2\omega t) = p_a + p_\gamma \qquad (4.9.3)$$

式（4.9.3）表明，瞬时功率可以看成由 p_a 和 p_γ 两个分量组成。

第一个分量：$p_a = UI\cos\varphi[1 - \cos(2\omega t)]$，波形如图 4.9.2（b）所示，它的瞬时值大于或等于 0，反映的是二端网络中的等效电阻消耗电能的瞬时功率，其平均值为 $UI\cos\varphi$。对应于二端网络瞬时功率的有功分量。

第二个分量：$p_\gamma = UI\sin\varphi\sin(2\omega t)$，波形如图 4.9.2（c）所示，它是一个交变分量，其正、负半周面积相等，其平均值为 0，反映的是二端网络中的等效电抗交换电能的瞬时功率。对应于二端网络瞬时功率的无功分量。

应予指出，将瞬时功率看成由上述两个分量组成，这完全是人为的，其目的是便于理解二端网络的有功功率和无功功率。实际上，二端网络从外电路吸收的瞬时功率是按图 4.9.2（a）的总体曲线进行的。

4.9.2　平均功率

由于一般情况下，二端网络中总有电阻，而电阻总是消耗功率，所以二端网络的瞬时功率虽然有正有负，但二端网络吸收的平均功率一般恒大于 0。

平均功率前面已有定义，将式（4.9.2）代入，即得

$$P = \frac{1}{T}\int_0^T p(t)\mathrm{d}t = \frac{1}{T}\int_0^T UI[\cos\varphi - \cos(2\omega t + \varphi)]\mathrm{d}t$$

$$= UI\cos\varphi \qquad (4.9.4)$$

平均功率又称为有功功率，式（4.9.4）表明正弦电流电路中无源二端网络的有功功率一般并不等于电压与电流有效值的乘积，它还与电压电流之间相位差 φ 有关。

$$\lambda = \cos\varphi \qquad (4.9.5)$$

定义无源二端网络的电压电流之间的相位差的余弦值为 λ，称二端网络的功率因数，φ 称为功率因数角，它等于无源二端网络等效复阻抗的阻抗角。若 $\varphi = 0$，即 $\lambda = \cos\varphi = 1$ 时，二端网络吸收的有功功率才等于电压与电流有效值乘积，这是因为 $\varphi = 0$ 时，电压与电流同相位，二端网络等效于一个电阻。若 $\varphi = \pm\pi/2$，即 $\lambda = \cos\varphi = 0$ 时二端网络不吸收有功功率，这是因为 $\varphi = \pm\pi/2$ 时，电压与电流相位正交，二端网络等效于一个电抗。

在直流电路中，若测出电压与电流的量值，那么它们的乘积就是有功功率，因此在直流电路中一般不用功率表测量功率。但在正弦电流电路中，即使测出电路中电压

与电流的有效值，它们的乘积还不是有功功率，因为有功功率还与功率因数有关，所以在正弦电流电路中需采用功率表测量有功功率。

4.9.3 无功功率

由于在交流电路中，除了能量消耗外，还存在着能量的交换，而能量交换的规模显然与二端网络瞬时功率无功分量的最大值有关，图 4.9.2（c）所示，此值越大，则瞬时功率无功分量波形正、负半周与横轴之间构成的面积越大，二端网络与外电路往返交换的能量也就越多。为了衡量能量交换的规模，定义二端网络和外部进行能量交换的最大速率为网络接受的无功功率，用 Q 表示，则

$$Q = UI\sin\varphi \tag{4.9.6}$$

若 $\varphi = 0$，二端网络等效为一个电阻，它吸收的无功功率等于 0。当 φ 不等于 0 时，则二端网络中必有储能元件，二端网络性质或感性、或容性，它与外电路间有能量交换，因而构成了无功功率。由式（4.9.6）可知，对于感性的二端网络，$\varphi > 0$，则 Q 为正值；对于容性的二端网络，$\varphi < 0$，则 Q 为负值。无功功率的正负与二端网络阻抗角 φ 的正负以及等效电抗的正负相一致。

若二端网络中既有电感又有电容，则它们在二端网络内部先自行交换一部分能量，其差额再与外电路进行交换，因而二端网络由外电路吸收的无功功率 Q 应等于电感吸收的无功功率 Q_L 与电容吸收的无功功率 Q_C 之和。

虽然无功功率在平均意义上并不做功，但在电力工程中也把无功功率看作可以"产生"或"消耗"的。对于感性二端网络，Q 为正值，习惯上把它看作吸收（消耗）无功功率；而对于容性二端网络，Q 为负值，习惯上把它看作提供（产生）无功功率。对于无源二端网络，吸收感性无功，相当于发出容性的无功。

4.9.4 视在功率

对于发电机、变压器、电机及一些电气器件，它们的容量是由它们的额定电压和额定电流所决定，所以引入视在功率的概念。对于一个二端网络，定义其端口电压、端口电流有效值的乘积为视在功率，用符号 S 代表，即

$$S = UI \tag{4.9.7}$$

视在功率的量纲与有功功率相同，为了与有功功率区别起见，视在功率的单位为伏安（VA），工程上常用单位有千伏安（kVA）和兆伏安（MVA）等。视在功率与有功功率、无功功率的关系由式（4.9.4）、式（4.9.6）得到

$$P^2 + Q^2 = (UI\cos\varphi)^2 + (UI\sin\varphi)^2 = (UI)^2 = S^2$$

所以

$$S = \sqrt{P^2 + Q^2} \tag{4.9.8}$$

因此，P、Q 和 S 也构成一个直角三角形（图 4.9.3），它与串联电路中的阻抗三角形、电压三角形是相似的，此三角形称为功率三角形。

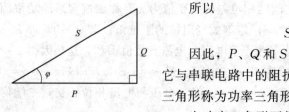

图 4.9.3 功率三角形

由功率三角形可得出下列关系式：

$$\tan\varphi = \frac{Q}{P}, \cos\varphi = \frac{P}{S} = \lambda$$

以及

$$Q = P\tan\varphi \,,\ P = S\cos\varphi = \lambda S$$

【例 4.9.1】 图 4.9.4 为三个支路并联连接到 220V 交流电源上，已知 $R_1 = 10\,\Omega$，$R_2 = 3\,\Omega$，$X_L = 4\,\Omega$，$R_3 = 8\,\Omega$，$X_C = 6\,\Omega$。求各支路吸收的和电源提供的有功功率、无功功率和视在功率，并验证整个电路的功率平衡。

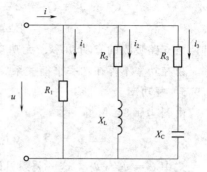

图 4.9.4　[例 4.9.1] 电路图

解： 设 $\dot{U} = 220\ \underline{/0^\circ}$ V，求各支路的功率：

(1) 支路 1 电压、电流为关联参考方向，所以支路 2 中的电流和吸收的功率分别为

$$\dot{I}_1 = \frac{220\underline{/0^\circ}}{10} = 22\ \underline{/0^\circ}\ (\text{A})$$

$$P_1 = U I_1 \cos\varphi_1 = 220 \times 22 \times 1 = 4840(\text{W}) = 4.84(\text{kW})$$

$$Q_1 = 0\text{var}$$

$$S_1 = U I_1 = 220 \times 22 = 4840(\text{VA})$$

(2) 支路 2 电压、电流为关联参考方向，所以支路 2 中的电流和吸收的功率分别为

$$\dot{I}_2 = \frac{220\ \underline{/0^\circ}}{3 + \text{j}4} = \frac{220\ \underline{/0^\circ}}{\underline{/5\ 53.13^\circ}} = 44\ \underline{/-53.13^\circ}(\text{A})$$

$$\varphi_2 = \psi_u - \psi_{i2} = 0^\circ - (-53.13^\circ) = 53.13^\circ$$

$$P_2 = U I_2 \cos\varphi_2 = 220 \times 44 \times \cos 53.13^\circ = 5808(\text{W}) = 5.808(\text{kW})$$

$$Q_2 = U I_2 \sin\varphi_2 = 220 \times 44 \times \sin 53.13^\circ = 7744(\text{var}) = 7.744(\text{kvar})$$

$$S_2 = U I_2 = 220 \times 44 = 9.68(\text{kVA})$$

(3) 支路 3 电压、电流为关联参考方向，所以支路 1 中的电流和吸收的功率分别为

$$\dot{I}_3 = \frac{220\ \underline{/0^\circ}}{8 - \text{j}6} = \frac{220\ \underline{/0^\circ}}{10\ \underline{/-36.87^\circ}} = 22\ \underline{/36.87^\circ}(\text{A})$$

$$\varphi_3 = \psi_u - \psi_{i3} = 0^\circ - 36.87^\circ = -36.87^\circ$$

$$P_3 = U I_3 \cos\varphi_3 = 220 \times 22 \times \cos(-36.87^\circ) = 3872(\text{W}) = 3.872(\text{kW})$$

$$Q_3 = U I_3 \sin\varphi_3 = 220 \times 22 \times \sin(-36.87^\circ) = -2904(\text{var}) = -2.904(\text{kvar})$$

$$S_3 = U I_3 = 220 \times 22 = 4.84(\text{kVA})$$

(4) 电源电压、电流为非关联参考方向，所以电源电流和电源提供的功率分别为

$$\dot{I} = \dot{I}_1 + \dot{I}_2 + \dot{I}_3 = 22\ \underline{/0^\circ} + 44\ \underline{/-53.13^\circ} + 22\ \underline{/36.87^\circ} = 69.57\ \underline{/-18.43^\circ}\ \text{A}$$

$$\varphi = \psi_u - \psi_i = 0^\circ - (-18.43^\circ) = 18.43^\circ$$

$$P = U I \cos\varphi = 220 \times 69.57 \times \cos 18.43^\circ = 14.52(\text{kW})$$

$$Q = U I \sin\varphi = 220 \times 69.57 \times \sin 18.43^\circ = 4.839(\text{kvar})$$

$$S = U I = 220 \times 69.57 = 15.31(\text{kVA})$$

(5) 验证整个电路的有功功率、无功功率、视在功率平衡：

$$P_1 + P_2 + P_3 = 4.84 + 5.808 + 3.872 = 14.52(\text{kW}) = P$$

$$Q_1 + Q_2 + Q_3 = 0 + 7.744 - 2.904 = 4.84(\text{kvar}) = Q$$

$$S_1 + S_2 + S_3 = 4.84 + 9.68 + 4.84 = 19.36(\text{kVA}) \neq S$$

即两条支路吸收的有功功率、无功功率之和分别等于电源提供的有功功率、无功功率。视在功率不存在功率平衡关系。

4.9.5 复功率

由图 4.9.3，可得

$$S = \sqrt{P^2 + Q^2} , \tan\varphi = Q/P$$

式中 $\varphi = \psi_u - \psi_i$。这一关系可以用下述复数表达，定义为复功率，记为 $\tilde{S}$ ，即

$$\tilde{S} = P + jQ = S\underline{/\varphi} = UI\underline{/\psi_u - \psi_i} \tag{4.9.9}$$

由式 (4.9.9) 得 $\dot{U} = U\underline{/\psi_u}$ ， $\dot{I} = I\underline{/\psi_i}$ ，或 $\dot{I}^* = I\underline{/\psi_i}$ （$\dot{I}$ 的共轭相量），所以复功率又可表示为

$$\tilde{S} = U\underline{/\psi_u} \times I\underline{/-\psi_i} = \dot{U}\dot{I}^* \tag{4.9.10}$$

当计算某一复阻抗 Z 吸收的复功率时，可把 $\dot{U} = Z\dot{I}$ 代入式 (4.9.10)，得复功率的计算式为

$$\tilde{S} = Z\dot{I}\dot{I}^* = ZI^2 = (R + jX)I^2$$

当计算某一复导纳 Y 吸收的复功率时，则可把 $\dot{I} = Y\dot{U}$ 代入式 (4.9.10)，得复功率的计算式为

$$\tilde{S} = \dot{U}(Y\dot{U})^* = \dot{U}Y^*\dot{U}^* = Y^*U^2 = (G - jB)U^2$$

复功率的单位为伏安（VA），工程上常用的单位有千伏安（kVA）和兆伏安（MVA）等。

需要指出：对于正弦电流电路，由于有功功率 P 和无功功率 Q 都是守恒的，所以复功率也应守恒，即在整个电路中某些支路吸收的复功率应等于其余支路发出的复功率。此结论可用来校验电路计算结果。

【例 4.9.2】 对〔例 4.9.1〕求各支路和电源的复功率，并验证整个电路的复功率平衡。

解： 取 $\dot{U} = 220\underline{/0°}$ V，求各支路和电源的复功率：

(1) 支路 1 电压、电流为关联参考方向，所以支路 1 吸收的复功率为

$$\tilde{S}_1 = \dot{U}\dot{I}_1^* = 220\underline{/0°} \times 22\underline{/0°} \text{ (VA)} = 4.84 \text{ (kVA)}$$

(2) 支路 2 电压、电流为关联参考方向，所以支路 2 吸收的复功率为

$$\tilde{S}_2 = \dot{U}\dot{I}_2^* = 220\underline{/0°} \times 44\underline{/53.1°} \text{ (VA)} = (5.808 + j7.744) \text{ (kVA)}$$

(3) 支路 1 电压、电流为关联参考方向，所以支路 1 吸收的复功率为

$$\tilde{S}_3 = \dot{U}\dot{I}_3^* = 220\underline{/0°} \times 22\underline{/-36.9°} \text{ (VA)} = (3.872 - j2.904) \text{ (kVA)}$$

(4) 电源电压、电流为非关联参考方向，所以电源输出的复功率为

$$\tilde{S} = \dot{U}\dot{I}^* = 220\,\underline{/0°} \times 69.57\,\underline{/18.43°} = 15.31\,\underline{/18.43°}$$
$$= 14.52 + j4.839\,(\text{kVA})$$

验证整个电路的复功率平衡：

$$\tilde{S}_1 + \tilde{S}_2 + \tilde{S}_3 = 4.84 + (3.872 - j2.904) + (5.808 + j7.744)$$

$$= 14.52 + j4.839\,(\text{kVA}) = S$$

即三条支路吸收的复功率之和等于电源提供的复功率。

【**例 4.9.3**】 图 4.9.5 所示为采用电压表、电流表和功率表测量一个电感线圈的参数 R 和 L 的电路，电源的频率为 50Hz，测得下列数据：电压表的读数为 100V，电流表的读数为 2A，功率表的读数为 120W。试求 R 和 L。

解：电感线圈可用电阻 R 和电感 L 的串联电路表示。设线圈的阻抗为 $Z = |Z|\underline{/\varphi}$，根据测量的数据计算如下。

按电压表和电流表的读数，有

$$|Z| = \frac{U}{I} = \frac{100}{2} = 50\,(\Omega)$$

按功率表读数有

$$P = UI\cos\varphi = 100 \times 2 \times \cos\varphi = 120\,(\text{W})$$

故功率因数：

$$\lambda = \cos\varphi = \frac{120}{100 \times 2} = 0.6$$

功率因数角即阻抗角为

$$\varphi = \arccos 0.6 = 53.13°$$

因而得

$$Z = 50\,\underline{/53.13°} = (30 + j40)\,(\Omega)$$

所以

$$R = 30\,\Omega$$

$$L = \frac{40}{\omega} = \frac{40}{2\pi \times 50} = 0.1274\,(\text{H})$$

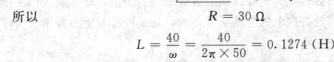

图 4.9.5　[例 4.9.3]

【**例 4.9.4**】 如图 4.9.6 所示，电源内复阻抗 $Z_0 = R_0 + jX_0$，负载复阻抗 $Z = R + jX$，并且 R 及 X 均可调。试求 R 及 X 为何值时，负载获得最大有功功率？

解：负载吸收的有功功率为

$$P = RI^2 = \frac{RU_S^2}{(R_0 + R)^2 + (X_0 + X)^2}$$

式中 R 及 X 均可调。固定 R 不变，先调节 X，由上式知当 $X = -X_0$ 时，P 值最大，即

$$P'_{\max} = \frac{RU_S^2}{(R_0 + R)^2}$$

在上式中，只有 R 可调，不同 R 有不同的 $P'_{\max}$。由二端网络最大功率传输定理

171

可知，当 $R = R_0$（负载与电源匹配），$P'_{\max}$ 达到最大值，
可得

$$P_{\max} = \frac{U_{\mathrm{S}}^2}{4R_0^2}$$

因此，$Z = R + \mathrm{j}X = R_0 - \mathrm{j}X_0 = Z_0^*$ 时，负载才能获得最大功率，这个条件称为负载与电源间的共轭匹配。

4.9.6　功率因数的改善

正弦电流电路中，负载从电源获得的有功功率 $P = UI\lambda = UI\cos\varphi$。除与负载的电压、电流有效值有关外，

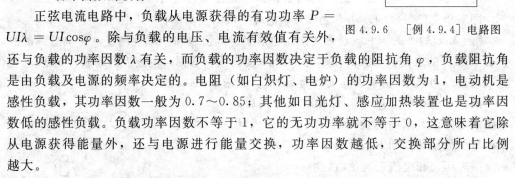

图 4.9.6　［例 4.9.4］电路图

还与负载的功率因数 λ 有关，而负载的功率因数决定于负载的阻抗角 φ，负载阻抗角是由负载及电源的频率决定的。电阻（如白炽灯、电炉）的功率因数为 1，电动机是感性负载，其功率因数一般为 $0.7 \sim 0.85$；其他如日光灯、感应加热装置也是功率因数低的感性负载。负载功率因数不等于 1，它的无功功率就不等于 0，这意味着它除从电源获得能量外，还与电源进行能量交换，功率因数越低，交换部分所占比例越大。

负载的功率因数低将造成两个不良结果：

（1）电源设备的容量不能得到充分利用，因为电源设备的视在功率为定值，负载的功率 $P = UI\cos\varphi$，功率因数 $\cos\varphi$ 越低，被负载消耗掉的功率 P 就越小，电源设备容量的利用率就越低。例如一台 1000kVA 的变压器，当功率因数 $\lambda = 0.7$ 时，它的输出功率仅为 $1000 \times 0.7\mathrm{kW} = 700\mathrm{kW}$。

（2）在供电线上要引起较大的能量损耗和电压降低，在输电电压和输送的功率确定的情况下，负载的功率因数越低，通过线路的电流 $I = \dfrac{P}{U\cos\varphi}$ 越大，导线电阻的能量损耗和导线阻抗的电压降越大。线路电压降增大，引起负载电压的降低，影响负载的正常工作，如白炽灯不够亮，电动机转速降低等。

提高电力系统的功率因数，不仅能够提高电源设备的利用率，还能减少输电线路上的电能损耗及电压损失，改善供电的电压质量，所以功率因数是电力技术经济中的一个重要指标。

一般用电负载都是感性的，即通常说的功率因数滞后。对于感性负载，提高功率因数最常用方法是采用适当的电容器和负载并联，供电线上增加一个电容电流，使用电的综合功率因数得到改善。

【**例 4.9.5**】　设有一电感负载，如图 4.9.7 中用串联的 R、L 代表，其端电压为 U，有功功率为 P，现要求把它的供电功率因数从 $\cos\varphi$ 提高到 $\cos\varphi'$，试决定需要并联多大的电容（图中用 C 代表）？

解：作相量图如图 4.9.7（b）所示，以电压相量 $\dot{U}$ 为参考，原来负载电流为 $\dot{I}_{\mathrm{L}}$（功率因数角为 φ），并联电容后，电容电流为 $\dot{I}_{\mathrm{C}}$，使线路电流由原来的 $\dot{I}_{\mathrm{L}}$ 变为 $\dot{I} = \dot{I}_{\mathrm{L}} + \dot{I}_{\mathrm{C}}$（功率因数角变为 φ'）。

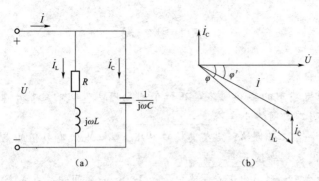

图 4.9.7 [例 4.9.5] 电路

未并联电容 C 时，线路电流等于负载电流为

$$I_L = \frac{P}{U\cos\varphi}$$

电流 $\dot{I}_L$ 的无功分量为 $I_L\sin\varphi$。

并联电容后，线路电流等于

$$I = \frac{P}{U\cos\varphi'}$$

这时电流 $\dot{I}$ 的无功分量变为 $I\sin\varphi'$。

显然所需电容电流等于两个无功电流之差

$$I_C = I_L\sin\varphi - I\sin\varphi'$$

由于 $I_C = \omega C U$，所以所需并联的电容为

$$C = \frac{I_C}{\omega U} = \frac{I_L\sin\varphi - I\sin\varphi'}{\omega U}$$

将 I_C、I_L 两式代入，得

$$C = \frac{P}{\omega U^2}(\tan\varphi - \tan\varphi') \qquad (4.9.11)$$

【例 4.9.6】 一个负载的工频电压为 220V，功率为 10kW，功率因数为 0.6，欲将功率因数提高为 0.9，试求所需并联的电容。

解： 未并联电容时，功率因数角为

$$\varphi = \arccos 0.6 = 53.13°$$

并联电容后，功率因数角为

$$\varphi' = \arccos 0.9 = 25.84°$$

由式（4.9.11）得所需并联的电容为

$$C = \frac{P}{\omega U^2}(\tan\varphi - \tan\varphi')$$

$$= \frac{10000}{2\pi \times 50 \times 220^2}(\tan 53.13° - \tan 25.84°)$$

$$= 558.4 \times 10^{-6}\ (F) = 558.4\ (\mu F)$$

173

练 习 题

一、填空题

4.9.1 正弦电路中的二端网络，在一个周期内，吸收的电能一定会大于或等于发出的电能，说明二端网络中含有_____。

4.9.2 对于一个二端网络，定义其端口电压、端口电流有效值的乘积为_____，用符号_____代表，单位_____。

4.9.3 由功率三角形写出交流电路中 P、Q、S、φ 之间的关系式 $P=$_____，$Q=$_____，$S=$_____。

4.9.4 已知某一无源网络的等效复阻抗 $Z = 10\angle 60° \ \Omega$，外加电压 $U = 220 \ \text{V}$，则 $S=$_____；$P=$_____；$Q=$_____；$\cos\varphi =$_____。

4.9.5 纯电阻负载的功率因数为_____，纯电感和纯电容负载的功率因数为_____。

4.9.6 在供电设备输出的功率中，既有有功功率又有无功功率，当总功率 S 一定时，功率因数 $\cos\varphi$ 越低，有功功率就_____；无功功率就_____。

4.9.7 当电源电压和负载有功功率一定时，功率因数越低，电源提供的电流就_____；线路的电压降就_____。

4.9.8 提高功率因数的方法，是在感性负载两端并联_____。

二、选择题

4.9.9 交流电路的功率因数等于（　　）。

A. 有功功率与无功功率之比　　　　B. 有功功率与视在功率之比

C. 无功功率与视在功率之比　　　　D. 电路中电压与电流相位差

4.9.10 在 R、L 串联的正弦交流电路中，功率因数 $\cos\varphi$ 等于（　　）。

A. X/R　　　　　　　　　　　　B. $R/(X_L + R)$

C. $R/\sqrt{R^2 + X_L^2}$　　　　　　D. $X_L/\sqrt{R^2 + X_L^2}$

4.9.11 交流电路中提高功率因数的目的是（　　）。

A. 增加电路的功率消耗　　　　　　B. 提高负载的效率

C. 增加负载的输出功率　　　　　　D. 提高电源的利用率

4.9.12 在 R、L、C 串联正弦交流电路中，有功功率为 P 等于（　　）。

A. $I^2 R$　　　　　　　　　　　　B. $U_R I \cos\varphi$

C. UI　　　　　　　　　　　　　D. $S - Q$

三、是非题

4.9.13 串联交流电路中的电压三角形、阻抗三角形、功率三角形都是相似三角形。　　　　　　　　　　　　　　　　　　　　　　　　　　（　　）

4.9.14 正弦交流电路中，无功功率就是无用的功率。　　　　　　（　　）

4.9.15 在正弦交流电路中，总的有功功率 $P = P_1 + P_2 + P_3 + \cdots$。（　　）

4.9.16 在正弦交流电路中，总的无功功率 $Q = Q_1 + Q_2 + Q_3 + \cdots$。（　　）

4.9.17 在正弦交流电路中，总的视在功率 $S = S_1 + S_2 + S_3 + \cdots$ 。 （ ）

四、计算题

4.9.18 把一个电阻为 6Ω、电感为 50mH 的线圈接到 $u = 212.2\sqrt{2}\sin(200t + \pi/2)\text{V}$ 的电源上。求电路的阻抗、电流、有功功率、无功功率、视在功率。

4.9.19 把一个电阻为 6Ω、电容为 $120\mu\text{F}$ 的电容串接在 $u = 220\sqrt{2}\sin(314t + \pi/2)\text{V}$ 的电源上，求电路的阻抗、电流、有功功率、无功功率及视在功率。

4.10 用相量法分析复杂交流电路

通过前面几节的分析，可以知道正弦交流电路引入复阻抗、复导纳、电压相量、电流相量的概念后，得到了相量形式的欧姆定律和基尔霍夫定律。然后根据这两个定律又导出了复阻抗串、并联的分压及分流公式。这些公式在形式上与直流电路中相应的公式相对应，见表 4.10.1。

表 4.10.1　　　　　　　　直流电阻性电路和正弦交流电路的比较

比较项目	直流电阻性电路	正弦交流电路
电路中的物理量	U，I	$\dot{U}$，$\dot{I}$
电路的构成	独立源、受控源、电阻	独立源、受控源、电阻、电容、电感
无源元件	电阻	电阻、电容、电感
无源元件的参数	R	Z
	G	Y
元件约束关系	$U = RI$ 或 $I = GU$	$\dot{U} = Z\dot{I}$ 或 $\dot{I} = Y\dot{U}$
KCL	$\sum I = 0$	$\sum \dot{I} = 0$
KVL	$\sum U = 0$	$\sum \dot{U} = 0$

由表 4.10.1 可以推知：分析直流电路的各种定理和计算方法完全适用于分析复杂的线性正弦交流电路，故正弦电流电路一般采用相量分析计算，即所谓相量法，相量法可归纳为下列几点：

(1) 作电路的相量模型。所谓电路的相量模型是在元件的连接方式不变的基础上，将原电路中各元件都用它们的相量模型表示，就可得到与原电路图对应的电路的相量模型。

(2) 所有电流、电压均用其相量表示，并选定它们的参考方向，标注在电路图上。

(3) 利用电路的相量模型，根据两类约束的相量形式列写出电路方程式，然后解得未知量的相量解答。用相量代替正弦量后，两类约束的相量形式与直流电路中所用同一公式在形式上完全相同。

(4) 分析计算时可以利用相量图，有时可用相量图来简化计算，或者利用相量之间的几何关系帮助分析。

(5) 如果需要，可再由求得的相量形式的解答写出对应的瞬时值解析式。

下面通过一些例题说明相量法在分析计算较复杂正弦交流电路中的应用。

【例 4.10.1】 在图 4.10.1 所示电路中，已知 $\dot{U}_{S1} = 100\text{V}, \dot{U}_{S2} = 100\angle 90°\text{V}$，$R_1 = R_2 = R_3 = 5\Omega, X_L = 5\Omega, X_{C1} = X_{C2} = 5\Omega$，试用支路电流法求支路电流。

解： 选定各支路电流及其参考方向如图 4.10.1 所示。

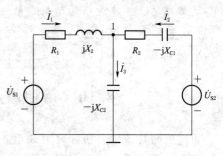

根据相量形式的基尔霍夫定律列出方程：

$$\dot{I}_1 + \dot{I}_2 = \dot{I}_3$$

$$-\dot{U}_{S1} + (R_1 + jX_L)\dot{I}_1 + (-jX_{C2})\dot{I}_3 = 0$$

$$-\dot{U}_{S2} + (R_2 - jX_{C1})\dot{I}_2 + (-jX_{C2})\dot{I}_3 = 0$$

代入数据得

图 4.10.1 ［例 4.10.1］

$$\dot{I}_1 + \dot{I}_2 = \dot{I}_3$$

$$-100\angle 0° + (5 + j5)\dot{I}_1 + (-j5)\dot{I}_3 = 0$$

$$-100\angle 90° + (5 - j5)\dot{I}_2 + (-j5)\dot{I}_3 = 0$$

对以上方程求解得

$$\dot{I}_1 = 10\angle -36.87° \text{ A} , \dot{I}_2 = 13.42\angle 116.57° \text{ A} , \dot{I}_3 = 6.325\angle 71.57° \text{ A}$$

【例 4.10.2】 题目如［例 4.10.1］，根据图 4.10.1，用节点电压法求图中的电流 $\dot{I}_3$。

解： 根据节点电压法，列出方程

$$\left(\frac{1}{R_1 + jX_L} + \frac{1}{-jX_{C2}} + \frac{1}{R_2 - jX_{C1}}\right)\dot{U}_1 = \frac{\dot{U}_{S1}}{R_1 + jX_L} + \frac{\dot{U}_{S2}}{R_2 - jX_{C1}}$$

即

$$\left(\frac{1}{5 + j5} + \frac{1}{-j5} + \frac{1}{5 - j5}\right)\dot{U}_1 = \frac{100\angle 0°}{5 + j5} + \frac{100\angle 90°}{5 - j5}$$

解得

$$\dot{U}_1 = 30 - j10 = 31.62\angle -18.43° \text{ (V)}$$

$$\dot{I}_3 = \frac{\dot{U}_1}{-jX_{C2}} = \frac{30 - j10}{-j5} = 2 + j6 = 6.325\angle 71.57° \text{ (A)}$$

【例 4.10.3】 如图 4.10.2 所示电路，用戴维南定理求 $\dot{I}_2$。

解：（1）断开待求电流所在的支路，求有源二端网络的开路电压 $\dot{U}_{OC}$

$$\dot{U}_{OC} = 10\angle 0° \times \frac{-j50}{100 - j50} = 10\angle 0° \times \frac{-j}{2 - j} = 10\angle 0° \times \frac{1\angle -90°}{2.236\angle -26.57°}$$

$$= \frac{10 \times 1}{2.236}\angle 0° - 90° + 26.57° = 4.472\angle -63.43° \text{ (V)}$$

（2）对有源二端网络除源，求无源二端网络的等效复阻抗 Z_{eq}

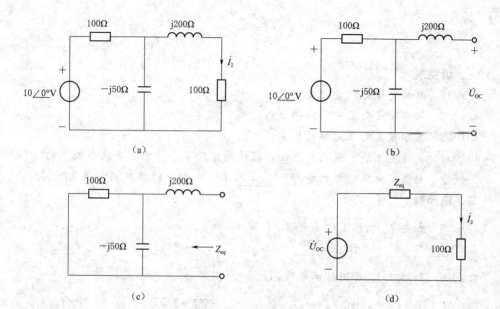

图 4.10.2 ［例 4.10.3］电路

$$Z_{eq} = j200 + \frac{100 \times (-j50)}{100 - j50} = j200 + \frac{-j100}{2 - j1} = 20 + j\,160°(\Omega)$$

（3）戴维南等效相量模型图如图 4.10.2（d）所示。

所以

$$\dot{I}_2 = \frac{\dot{U}_{OC}}{R + Z_{eq}} = \frac{4.472\,\underline{/-63.43°}}{100 + (20 + j160)} = \frac{4.472\,\underline{/-63.43°}}{120 + j160}$$

$$= \frac{4.472\,\underline{/-63.43°}}{200\,\underline{/53.13°}} = 0.02236\,\underline{/-116.6°}\,(A)$$

【例 4.10.4】 如图 4.10.3 所示为交流电桥测试线
圈的电阻 R_x 和电感 L_x 的线路，R_A、R_B、R_C、C_n 均已
知，试求交流电桥平衡时的 R_x 和 L_x 值。

解：如图 4.10.3 所示，

$$Z_1 = R_A, Z_4 = R_B$$

与直流电桥类似，交流电桥平衡的条件是：

$$Z_1 Z_4 = Z_2 Z_3$$

上式等号两边的实部和虚部应分别相等，
所以

$$\left(\frac{R_n}{1 + j\omega C_n R_n}\right)(R_x + j\omega L_x) = R_A R_B$$

$$R_n R_x + j\omega L_x R_n = R_A R_B + j\omega C_n R_n R_A R_B$$

得 $$R_x = \frac{R_A R_B}{R_n}, L_x = C_n R_A R_B$$

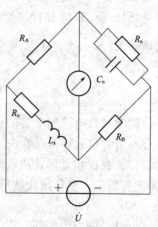

4.10.3 ［例 4.10.4］交流电桥
测量原理图

练 习 题

4.10 ⊤
测试题

一、填空题

4.10.1 欧姆定律的相量形式为_____或_____。

4.10.2 基尔霍夫电流定律的相量形式为_____。

4.10.3 基尔霍夫电压定律的相量形式为_____。

4.10.4 支路电流法、网孔电流法、戴维南定理等，只要将直流公式中的电阻用_____代替，电流、电压、电动势都用_____表示，都可以推广到正弦电流电路。

4.10 Ⓓ
练习题答案

二、选择题

4.10.5 如题 4.10.5 图所示电路，$\dot{I}$ 为（ ）。

A. $2\underline{/45°}$ B. $2\underline{/30°}$ C. $2\underline{/-23.13°}$ D. $2\underline{/83.13°}$

4.10.6 如题 4.10.6 图所示电路，$\dot{U}$ 等于（ ）。

A. $Z\dot{I}+\dot{U}_S$ B. $Z\dot{I}-\dot{U}_S$ C. $-Z\dot{I}-\dot{U}_S$ D. $-Z\dot{I}+\dot{U}_S$

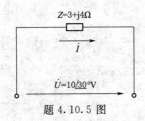
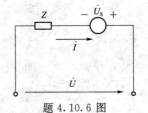

题 4.10.5 图   题 4.10.6 图

三、计算题

4.10.7 如题 4.10.7 图所示电路，试用支路电流法求各支路中的电流。（列出方程）

4.10.8 如题 4.10.7 图所示电路，试用戴维南定理求 R_L 中的电流 $\dot{I}_L$。

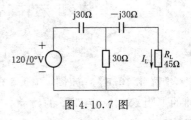

图 4.10.7 图

4.11 电 路 的 谐 振

4.11 ▶
电路的谐振

同时具有电感和电容的正弦交流电路，在一般情况下，电路的端口电压和端口电流存在着相位差，但是在一定条件下，端口电压、电流出现同相位的现象，称为电路的谐振。根据相量形式的欧姆定律，当端口电压、电流同相时，阻抗角、导纳角等于 0，则复阻抗、复导纳代数形式的虚部等于 0，即

$$\text{Im}[Z_i]=0，\text{Im}[Y_i]=0$$

这就是谐振的条件。

电路中的谐振是电路的一种特殊的情况，谐振现象在电信工程和电工技术中得到广泛的应用，但谐振在有些场合下又有可能破坏系统的正常工作，因此，研究谐振现象有重要的意义。谐振按发生电路的不同可分为串联谐振和并联谐振。

4.11.1 串联谐振

1. 谐振的条件

发生在 RLC 串联电路中的谐振称为串联谐振。如图 4.11.1 所示，在 RLC 元件串联电路中，在正弦电压 u 的作用下，电路的电流有效值为

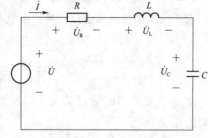

$$I = \frac{U}{|Z|} = \frac{U}{\sqrt{R^2 + \left(\omega L - \frac{1}{\omega C}\right)^2}}$$

电路的复阻抗为

$$Z = R + \left(\omega L - \frac{1}{\omega C}\right)$$

电路电压与电流的相位差为

图 4.11.1　RLC 串联谐振电路

$$\varphi = \arctan \frac{\omega L - \frac{1}{\omega C}}{R}$$

如果电源电压频率可调，当 ω 从 0 逐渐增加时，感抗 ωL 也由 0 逐渐增加，而容抗 $\frac{1}{\omega C}$ 则从无限大逐渐减小。当调节频率 ω 使 $\left(\omega L - \frac{1}{\omega C}\right) = 0$ 时，电路的阻抗 Z 等于电阻 R，阻抗角 $\varphi = 0$，电压与电流同相，电路的这种工作状况称为串联谐振。

电路谐振时的角频率称为谐振角频率，记作 ω_0，电路串联时的谐振角频率：

$$\omega_0 L - \frac{1}{\omega_0 C} = 0 \tag{4.11.1}$$

所以

$$\omega_0 = \frac{1}{\sqrt{LC}} \tag{4.11.2}$$

谐振频率为

$$f_0 = \frac{1}{2\pi \sqrt{LC}} \tag{4.11.3}$$

式（4.11.3）即为 RLC 串联电路发生谐振的条件。可见这一谐振频率与电路中的电阻无关，仅决定于电路中的 L 和 C 的数值。改变 ω，L，C 中的任何一个量都可使电路达到谐振。f_0 反映电路的一种固有性质，在电路的 L、C 一定，f_0 就称为电路的固有频率。只有电路的频率 $f = f_0$ 时，电路才发生谐振。

如果外加电压的频率一定，也可以通过改变 L 或 C 来使电路达到谐振。调节电路参数使电路达到谐振的过程称为谐振。

2. 谐振的特点

（1）电路的输入阻抗最小，$Z_0 = R$，电压不变时，电路中的电流最大。

RLC 串联谐振电路为纯电阻性质，电流有效值 $I = \frac{U}{|Z|} = \frac{U}{R} = I_0$ 达最大，且 R 越小，I 将越大，且与电路的 L 和 C 值无关。

（2）电感电压与电容电压相等，即 $U_L = U_C$，且都等于输入电源电压 Q 倍。

谐振时感抗和容抗的绝对值称之为串联谐振电路的特性阻抗，用符号 ρ 表示，它

由电路的 L、C 参数决定，即

$$\rho = \omega_0 L = \frac{1}{\omega_0 C} = \sqrt{\frac{L}{C}} \qquad (4.11.4)$$

式中：L 单位为 H；C 单位为 F；ρ 单位为 Ω。

电工技术中将谐振电路的特性阻抗与回路电阻的比值定义为该谐振电路的品质因数，即

$$Q = \frac{\rho}{R} = \frac{\omega_0 L}{R} = \frac{1}{\omega_0 CR} = \frac{1}{R}\sqrt{\frac{L}{C}} \qquad (4.11.5)$$

Q 是个无量纲的量，其大小可反映谐振电路的性能，它与电感、电容及电源上电压的关系为

$$U_{\mathrm{L}} = \omega_0 L I_0 = \frac{\omega_0 L}{R} U = QU$$

$$U_{\mathrm{C}} = \frac{1}{\omega_0 C} I_0 = \frac{1}{\omega_0 CR} U = QU \qquad (4.11.6)$$

$$U_{\mathrm{L}} = U_{\mathrm{C}} = QU$$

因此实用上由于电容器的损耗可忽略不计，而电感线圈的损耗 R 必须考虑。因此谐振电路的电阻主要由线圈的电阻决定，即线圈自身的品质因数就是整个 RLC 串联谐振电路的品质因数。实际无线电工程中，Q 值一般为 $50\sim300$，因而谐振时电感电压和电容电压在电路谐振时可高出外加电压几十倍以上，所以串联谐振又称为电压谐振。在电信工程电路中，将微弱的电信号输入到串联谐振电路，就可从电容两端提出比输入高 Q 倍的电压信号。

（3）谐振时，电源提供的能量全部消耗在电阻上，电容和电感之间进行能量交换，二者和电源无能量交换。

3. 串联谐振电路的谐振曲线

串联谐振电路对于不同频率的信号具有选择能力，可通过电路的谐振曲线来说明。

在上述串联谐振电路中，电流有效值为

$$
\begin{aligned}
I &= \frac{U}{|Z|} = \frac{U}{\sqrt{R^2 + \left(\omega L - \dfrac{1}{\omega C}\right)^2}} \\[2mm]
&= \frac{U}{\sqrt{R^2 + R^2 \left(\dfrac{\omega}{\omega_0}\dfrac{\omega_0 L}{R} - \dfrac{\omega_0}{\omega}\dfrac{1}{\omega_0 CR}\right)^2}} \\[2mm]
&= \frac{U}{R\sqrt{1 + Q^2\left(\dfrac{\omega}{\omega_0} - \dfrac{\omega_0}{\omega}\right)^2}}
\end{aligned}
$$

令 $\dfrac{U}{R} = I_0$，及 $\dfrac{\omega}{\omega_0} = \eta$ 则有

$$\frac{I}{I_0} = \frac{1}{\sqrt{1 + Q^2\left(\eta - \dfrac{1}{\eta}\right)^2}} \qquad (4.11.7)$$

根据式（4.11.7），以 I/I_0 为纵坐标，η 为横坐标，以 Q 值为参变量可以画出一组不同的曲线，如图 4.11.2 所示。这一组曲线称为串联谐振电路的通用谐振曲线。

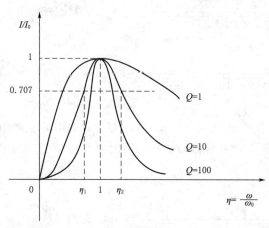

图 4.11.2　串联谐振电路的通用谐振曲线

在谐振时，$\omega = \omega_0$，$\eta = 1$，得 $I = I_0$，$\dfrac{I}{I_0} = 1$；而当 ω 偏离 ω_0 时，$\eta = \dfrac{\omega}{\omega_0} \neq 1$，这时有 $\dfrac{I}{I_0} < 1$，即电流有效值开始下降。从图 4.11.2 都可以看出，在一定的频率偏移下，Q 值越大，电流有效值下降得越快，这表明电路对不是谐振频率点附近的电流信号具有较强的抑制能力，或者说选择性较好。反之，Q 值很小，则在谐振点附近电流变化较缓慢，所以选择性很差。

通用谐振曲线上纵坐标为 $\dfrac{I}{I_0} = \dfrac{1}{\sqrt{2}} = 0.707$ 这一数值对应的两个频率点之间的宽度（图 4.11.2 的 η_1、η_2）工程上称为通频带（或称为带宽），它决定了谐振电路允许通过信号的频率范围。由曲线可见，Q 值越高，带宽越窄。也就是说，提高了电路的选择性，电路的带宽就减小。因此，Q 值是反映谐振电路性质的一个重要指标。

4. 串联谐振的应用

在具有电感和电容元件的电路中，电路两端的电压与其中的电流一般是不同相的，如果调节电路的参数或电源的频率而使它们同相，这时电路中就发生谐振现象。在电力工程中发生串联谐振时，如果电压过高时，可能会击穿线圈和电容器的绝缘，所以一般应避免发生串联谐振。但在无线电工程中则常利用串联谐振以获得较高电压，电容或电感元件上的电压常高于电源电压几十倍或几百倍。

无线电技术中常应用串联谐振的选频特性来选择信号。收音机通过接收天线，接收到各种频率的电磁波，每一种频率的电磁波都要在天线回路中产生相应的微弱的感应电流。为了达到选择信号的目的，通常在收音机里采用如图 4.11.3 所示的谐振电路。把调谐回路中的电容 C 调节到某一值，电路就具有一个固有的频率 f_0。如果这时某电台的电磁波的频率正好等于调谐电路的固有频率，就能收听该电台的广播节目，其他频率的信号被抑制掉，这样就实现了选择电台的目的。

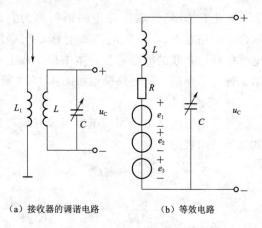

（a）接收器的调谐电路　　　（b）等效电路

图 4.11.3　收音机谐振电路

181

【**例 4.11.1**】　收音机的输入回路可用 RLC 串联电路为其模型，其电感为 0.233mH，可调电容的变化范围为 42.5～360pF。试求该电路谐振频率的范围。

解： $C = 42.5$pF 时的谐振频率为

$$f_{01} = \frac{1}{2\pi\sqrt{LC_1}} = \frac{1}{2 \times 3.14\sqrt{0.233 \times 10^{-3} \times 42.5 \times 10^{-12}}} = 1600(\text{kHz})$$

$C = 360$pF 时的谐振频率为

$$f_{02} = \frac{1}{2\pi\sqrt{LC_2}} = \frac{1}{2 \times 3.14\sqrt{0.233 \times 10^{-3} \times 360 \times 10^{-12}}} = 550(\text{kHz})$$

所以此电路的调谐频率为 550～1600kHz。

【**例 4.11.2**】　图 4.11.1 所示电路，$R = 100\Omega$、$L = 20$mH、$C = 200$pF，正弦电压源电压 $U = 50$V。求电路的谐振频率 f_0，特性阻抗 ρ，品质因数 Q，谐振时的电感电压与电容电压。

解： 电路的谐振频率

$$f_0 = \frac{1}{2\pi\sqrt{LC}} = \frac{1}{2 \times 3.14\sqrt{200 \times 10^{-3} \times 200 \times 10^{-12}}} = 7.962(\text{kHz})$$

特性阻抗

$$\rho = \sqrt{\frac{L}{C}} = \sqrt{\frac{20 \times 10^{-3}}{200 \times 10^{-12}}} = 10000(\Omega)$$

品质因数

$$Q = \frac{\rho}{R} = \frac{10000}{100} = 100$$

谐振时的电感电压与电容电压

$$U_L = U_C = QU = 100 \times 50 = 5000(\text{V})$$

4.11.2　并联谐振

串联谐振电路只有当电源的内阻较小时，才能得到较高的 Q 值，也才能获得较好的选择性。如果电源的内阻较大，选择性就会降低，此时就可采用并联谐振电路。

发生在 RLC 并联电路中的谐振称为并联谐振。并联谐振电路有 RLC 并联电路和电容 C 与线圈（电阻与电感串联）并联的电路两种，本书以工程上广泛应用的第二种为例介绍，其电路模型如图 4.11.4 所示。

1. 谐振的条件

并联谐振电路由线圈与电容组成并联电路，电路等效复导纳的表达式为

$$Y = \frac{1}{R + j\omega L} + j\omega C$$

$$= \frac{R}{R^2 + (\omega L)^2} + j\left[\omega C - \frac{\omega L}{R^2 + (\omega L)^2}\right]$$

$$= G + jB \tag{4.11.8}$$

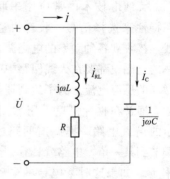

图 4.11.4　并联谐振电路

其中

$$G = \frac{R}{R^2 + (\omega L)^2} \ , \ B = \omega C - \frac{\omega L}{R^2 + (\omega L)^2}$$

当复导纳的虚部 $B = 0$ 时，电路端口电压与电流同相位，电路发生并联谐振。

并联谐振时有

$$\frac{\omega L}{R^2 + (\omega L)^2} = \omega C$$

$$C = \frac{L}{R^2 + (\omega L)^2} \tag{4.11.9}$$

由式（4.11.9）可求得谐振角频率为

$$\omega_0 = \sqrt{\frac{1}{LC} - \frac{R^2}{L^2}} = \frac{1}{\sqrt{LC}} \sqrt{1 - \frac{CR^2}{L}} \tag{4.11.10}$$

谐振频率为

$$f_0 = \frac{1}{2\pi \sqrt{LC}} \sqrt{1 - \frac{CR^2}{L}} \tag{4.11.11}$$

式（4.11.11）中，只有当 $R < \sqrt{\dfrac{L}{C}}$ 时，为 f_0 实数，电路才有可能发生谐振。

如果 $R > \sqrt{\dfrac{L}{C}}$，则 f_0 为虚数，电路就不可能发生谐振。一般情况下，线圈电阻很小，在谐振时，$\omega_0 L \gg R$，则式（4.11.10）和式（4.11.11）可写成

$$\omega_0 \approx \frac{1}{\sqrt{LC}} \tag{4.11.12}$$

和

$$f_0 \approx \frac{1}{2\pi \sqrt{LC}} \tag{4.11.13}$$

与串联谐振电路的谐振频率计算公式近似相同。

2. 谐振的特征

（1）支路电流 I_{RL} 和 I_C 相等，并可能远远大于电路端口输入电流。

并联谐振时电路电压电流的相量图如图 4.11.5 所示。谐振时，各支路电流分别为

$$I_{RL} = \frac{U}{\sqrt{R^2 + (\omega_0 L)^2}}$$

$$I_C = U \omega_0 C$$

当 $\omega_0 L \gg R$ 时，$I_{RL} \approx \dfrac{U}{\omega_0 L} \approx \omega_0 C U = I_C$ 即 $I_{RL} \approx I_C$。

总电流为

$$I_0 = UG = \frac{UR}{R^2 + (\omega_0 L)^2} \approx \frac{UR}{(\omega_0 L)^2} = \frac{U}{\omega_0 L} \cdot \frac{R}{\omega_0 L} \approx I_{RL} \cdot \frac{R}{\omega_0 L}$$

则

$$I_{RL} \approx I_C \approx I_0 \cdot \frac{\omega_0 L}{R} \gg I_0 \tag{4.11.14}$$

可见，在并联谐振时，两并联支路的电流近似相等，并且远大于电路端口输入总电流。因此并联谐振电路又称为电流谐振。

（2）电路的等效阻抗为最大，或接近最大（$\varphi = 0$）。

并联谐振时，电路的等效导纳 $Y_0 = G$，电路的等效阻抗 Z_0 等于 Y_0 的倒数，相当于电阻，由式（4.11.8）得

$$Z_0 = \frac{1}{G} = \frac{R^2 + (\omega_0 L)^2}{R}$$

将式（4.11.9）代入上式，可得

$$Z_0 = \frac{1}{G} = \frac{L}{RC} \tag{4.11.15}$$

式（4.11.15）表明，谐振时电路的等效阻抗最大，其值由电路的参数决定而与外加电源频率无关。电感线圈的电阻越小，则谐振时电路等效阻抗越大。当 $R \to 0$ 时，相当于电感 L 与电容 C 相并联，这时 $Z_0 \to \infty$，即并联部分相当于开路，如图 4.11.5 所示。

3. 并联谐振电路的特性阻抗和品质因数

同串联谐振电路一样，并联谐振电路的特性阻抗为

$$\rho = \sqrt{\frac{L}{C}}$$

它与串联谐振电路的特性阻抗在形式上和意义上是相同的。

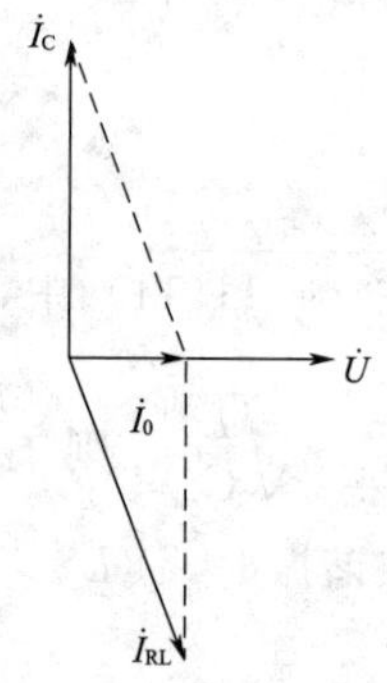

并联谐振电路的品质因数定义为电路谐振时的容纳（或感纳）与输入电导 G 的比值，即

图 4.11.5 并联谐振相量图

$$Q = \frac{\omega_0 C}{G} = \frac{\omega_0 C}{\dfrac{RC}{L}} = \frac{\omega_0 L}{R} \approx \frac{1}{R}\sqrt{\frac{L}{C}} = \frac{\rho}{R} \tag{4.11.16}$$

那么有

$$\frac{I_C}{I_0} = \frac{\omega_0 CU}{GU} = Q \tag{4.11.17}$$

可见在并联谐振时，支路电流 $I_C \approx I_{RL}$ 是总电流 I_0 的 Q 倍。

4. 并联谐振的应用

并联谐振在工业和通信电子技术中经常应用。例如利用并联谐振时阻抗高的特点来选择信号或消除干扰。

【例 4.11.3】 如图 4.11.4 所示，$R = 10\Omega$、$L = 100\mu H$ 的线圈和 $C = 100\text{pF}$ 的电容构成并联谐振回路，信号源的电流为 $1\mu A$。当电路发生谐振时，试求：

（1）谐振角频率。

（2）品质因数 Q。

（3）端口电压 U_0 及支路电流 I_{RL}、I_C。

解：（1）由式（4.11.10）计算角频率：

$$\omega_0 = \sqrt{\frac{1}{LC} - \frac{R^2}{L^2}} = \sqrt{\frac{1}{100 \times 10^{-6} \times 100 \times 10^{-12}} - \frac{10^2}{(100 \times 10^{-6})^2}}$$

$$= 99.99 \times 10^5 (\text{rad/s})$$

由近似公式计算角频率

$$\omega_0 \approx \frac{1}{\sqrt{LC}} = \sqrt{\frac{1}{100 \times 10^{-6} \times 100 \times 10^{-12}}}$$

$$= 100 \times 10^5 (\text{rad/s})$$

比较之后，两种计算结果相差很小。

（2）品质因数

$$Q = \frac{1}{R}\sqrt{\frac{L}{C}} = \frac{1}{10}\sqrt{\frac{100 \times 10^{-6}}{100 \times 10^{-12}}} = 100$$

（3）端口电压及支路电流

$$Z_0 = \frac{1}{RC} = \frac{100 \times 10^{-6}}{10 \times 100 \times 10^{-12}} = 10^5 (\Omega)$$

$$U_0 = Z_0 I_0 = 10^5 \times 10^{-6} = 0.1 (\text{V})$$

$$I_{\text{RL}} \approx I_{\text{C}} = Q I_0 = 100 \times 1 = 100 (\mu\text{A})$$

练 习 题

一、填空题

4.11.1　一个由电阻、电感、电容组成的电路，在一定的条件下出现_____ _____的现象，称为谐振。

4.11.2　串联正弦交流电路发生谐振的条件是_____，谐振时，谐振频率 $f=$_____，品质因数 $Q=$_____。

4.11 Ⓣ
测试题

4.11.3　当发生串联谐振时，电路中的感抗与容抗_____，总阻抗 $Z=$_____，电流最____。

二、选择题

4.11.4　如题 4.11.4 图所示电路在开关 S 断开时谐振频率为 f_0，当 S 合上时，电路谐振频率为（　　）。

4.11 Ⓓ
练习题答案

A. $\dfrac{\sqrt{6}}{2} f_0$ B. $\dfrac{1}{\sqrt{3}} f_0$ C. $3 f_0$ D. $\sqrt{3} f_0$

4.11.5　如题 4.11.4 图中，已知开关 S 打开时，电路发生谐振，当把开关合上时，电路呈现（　　）。

A. 阻性   B. 感性   C. 容性   D. 阻容性

4.11.6　如题 4.11.6 图所示电路，当此电路发生谐振时，电压表的读数为（　　）。

A. U_s

B. 大于 0 且小于 U_s

C. 等于 0

D. $0.5 U_s$

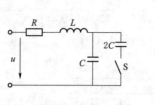 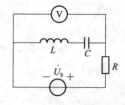

题 4.11.4 图   题 4.11.6 图

4.11.7 在 R、L、C 并联谐振电路中，电阻 R 越小，其影响是（   ）。

A. 谐振频率升高   B. 谐振频率降低

C. 电路总电流增大   D. 电路总电流减小

三、是非题

4.11.8 谐振也可能发生在纯电阻电路中。   （   ）

4.11.9 串联谐振会产生过电压，所以也称作电压谐振。   （   ）

4.11.10 并联谐振时，支路电流可能比总电流大，所以又称为电流谐振。 （   ）

4.11.11 电路发生谐振时，电源只供给电阻耗能，而电感元件和电容元件进行能量转换。   （   ）

四、问答题

4.11.12 一个线圈与电容器串联电路谐振时，线圈电压为 150V，电容器电压 120V，试问电源电压是多少？

4.12 互 感 电 路

4.12.1 互感的基本概念

1. 互感现象与互感

一个线圈流过电流使线圈本身具有磁链，当线圈的电流变化时，线圈的磁链随之改变，在线圈本身引起感应电压，这种电磁感应现象称为自感应现象。

当一个线圈中通入变化的电流（交变电流），在另一个线圈中将产生感应电动势的现象。通常把两个线圈中这种电磁感应现象，称为互感现象。

如图 4.12.1（a）所示，两个有磁耦合的线圈 $11'$ 和线圈 $22'$（简称一对耦合线圈），电流 i_1 在线圈 1 和线圈 2 中产生的磁通分别为 ϕ_{11} 和 ϕ_{21}，则 $\phi_{21} \leqslant \phi_{11}$，电流 i_1 称为施感电流；ϕ_{11} 称为线圈 1 的自感磁通；ϕ_{21} 称为线圈 1 对线圈 2 的互感磁通，它与线圈 2 交链形成的磁链记为 ψ_{21}，它等于 ϕ_{21} 与匝数 N_2 的乘积。这样的线圈 1 和线圈 2 称为互感线圈。

类似自感的定义 $L_1 = \dfrac{\psi_{11}}{i_1}$，定义线圈 1 对线圈 2 的互感量为

$$M_{21} = \frac{\psi_{21}}{i_1} \tag{4.12.1}$$

同理，如图 4.12.1（b）所示，电流 i_2 在线圈 2 和线圈 1 中产生的磁通分别为 ϕ_{22} 和 ϕ_{12}，且 $\phi_{12} \leqslant \phi_{22}$。$\phi_{22}$ 称为线圈 2 的自感磁通，ϕ_{12} 称为线圈 2 对线圈 1 的互感磁

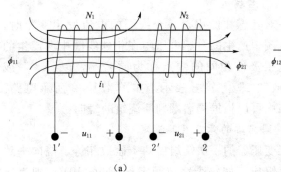 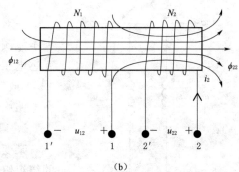

图 4.12.1　互感电路

通，它与线圈 1 铰链形成的磁链记为 ψ_{12}，它等于 ϕ_{12} 与匝数 N_1 的乘积。即线圈 2 对线圈 1 的互感量为

$$M_{12} = \frac{\psi_{12}}{i_2} \tag{4.12.2}$$

上述系数 M_{12} 和 M_{21} 称互感系数。对线性电感 M_{12} 和 M_{21} 相等，记为 M，互感与自感有相同的单位，也是亨（H）。

变压器是利用互感现象制成的一种电气设备，它利用磁的耦合把能量从一次绕组传输到二次绕组。变压器在电力系统和电子线路中应用广泛，收录机常用的稳压电源，就是变压器的一种。

2. 耦合系数

两个载流线圈通过彼此的磁场相互联系的物理现象称为磁耦合。为了描述两个线圈间磁耦合紧密的程度，引入耦合系数，设两个线圈的自感分别为 L_1、L_2，两个线圈间的互感为 M，则耦合系数定义如下：

$$K = \frac{M}{\sqrt{L_1 L_2}} \quad (K \leqslant 1) \tag{4.12.3}$$

其值大小取决于两线圈的几何尺寸、相对位置和中间介质，$K=1$ 时为全耦合。

3. 互感电压

两个耦合线圈中通以交变电流，则产生的磁通链也是交变的，交变的磁通链将分别在两线圈中产生感应电压，由互感磁通链产生的电压称为互感电压。

类似于自感电压 $u = \dfrac{\mathrm{d}\psi}{\mathrm{d}t} = L\dfrac{\mathrm{d}i}{\mathrm{d}t}$，在上述两线圈中分别通以交变电流 i_1 与 i_2，互感磁通链 ψ_{21} 与 ψ_{12} 在两线圈中产生的互感电压为

$$u_{21} = \frac{\mathrm{d}\psi_{21}}{\mathrm{d}t} , \ u_{12} = \frac{\mathrm{d}\psi_{12}}{\mathrm{d}t} \tag{4.12.4}$$

互感电压与互感磁通链间也符合右手螺旋定则。线性电感线圈中，互感电压与电流的关系有

$$u_{21} = M\frac{\mathrm{d}i_1}{\mathrm{d}t} , \ u_{12} = M\frac{\mathrm{d}i_2}{\mathrm{d}t} \tag{4.12.5}$$

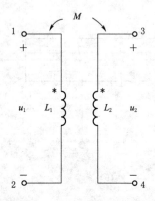

4. 同名端

一对互感线圈中，一个线圈的电流发生变化时，在本线圈中产生的自感电压与在相邻线圈中所产生的互感电压极性相同的端点称为同名端，以"＊"或"·"或"Δ"等符号表示，如图 4.12.2 所示电路。在电路中可以根据同名端判断绕组的绕向。

5. 同名端的意义及其测定

某变压器的一次绕组由两个匝数相等、绕向一致的绕组组成，如每个绕组额定电压为 110V，则当电源电压为 220V 时，应把两个绕组串联起来使用；如电源电压为 110V 时，则应将它们并联起来使用。可

图 4.12.2 互感电路的同名端

见，绕组接法正确非常重要，而实际中绕组的绕向是看不到的，而接法的正确与否，与同名端（同极性端）标记直接相关，因此同名端的判别相当重要。

对于已制成的变压器以及其他的电子仪器中的线圈，无法从外部观察其绕组的绕向，因此无法辨认其同名端，此时可用实验的方法进行测定。测定的方法有直流法和交流法两种。

（1）直流判别法。依据同名端定义以及互感电动势参考方向标注原则来判别。如图 4.12.3 所示，两个耦合线圈的绕向未知，当开关 S 合上的瞬间，电流从端口 1 流入，此时若电压表指针正偏转，说明 3 端电压为正极性，因此 1、3 端为同名端；若电压表指针反偏，说明 4 端电压正极性，则 1、4 端为同名端。

（2）交流判别法。如图 4.12.4 所示，将两个线圈各取一个接线端连接在一起，如图中的端口 2 和端口 4。并在匝数多的线圈上（图中为 L_1 线圈）加一个较低的交流电压 u_1，交流电压表就有显示，如果电压表读数小于 U_1，则绕组为反极性串联，故 1 和 3 为同名端。如果电压表读数大于 U_1，则 1 和 4 为同名端。

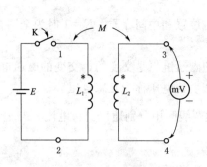

图 4.12.3 直流法判别绕组同名端

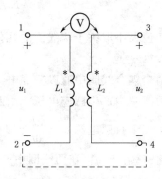

图 4.12.4 交流法判别绕组同名端

4.12.2 具有互感的电路

1. 互感线圈的伏安关系

两个互感线圈 L_1 和 L_2 中分别有电流 i_1 与 i_2 流过时，在每一个线圈中既有自身电流产生的自感电压，还有另一线圈的电流产生的互感电压。因此，互感线圈中伏安

关系应为

$$\begin{cases} u_1 = u_{11} + u_{12} = L_1 \dfrac{\mathrm{d}i_1}{\mathrm{d}t} \pm M \dfrac{\mathrm{d}i_2}{\mathrm{d}t} \\ u_2 = u_{22} + u_{21} = L_2 \dfrac{\mathrm{d}i_2}{\mathrm{d}t} \pm M \dfrac{\mathrm{d}i_1}{\mathrm{d}t} \end{cases} \tag{4.12.6}$$

规律：电流同时流入同名端时，互感电压与自感电压同号；电流同时流入异名端时，互感电压与自感电压异号；端钮处电压与电流向内部关联时，自感电压取正号；端钮处电压与电流向内部非关联时，自感电压取负号。

在正弦电流电路中，用相量形式表示：

$$\begin{cases} \dot{U}_1 = \mathrm{j}\omega L_1 \dot{I}_1 \pm \mathrm{j}\omega M \dot{I}_2 \\ \dot{U}_2 = \mathrm{j}\omega L_2 \dot{I}_2 \pm \mathrm{j}\omega M \dot{I}_1 \end{cases} \tag{4.12.7}$$

2. 互感线圈串联的电路

将有互感的两个线圈串联，有顺串和反串两种连接方式，它们都可以用一个纯电感来等效替代。

(1) 顺串。顺串是把两个线圈的异名端接在一起。如图 4.12.5 (a) 所示，这时电流从两个线圈的同名端流入，两个互感线圈中互感电压与自感电压方向一致，故顺向串联后的总电压相量：

$$\dot{U} = \dot{U}_1 + \dot{U}_2 = (\mathrm{j}\omega L_1 \dot{I} + \mathrm{j}\omega M \dot{I}) + (\mathrm{j}\omega L_2 \dot{I} + \mathrm{j}\omega M \dot{I})$$
$$= \mathrm{j}\omega(L_1 + L_2 + 2M)\dot{I} = \mathrm{j}\omega L_{顺串} \dot{I}$$

替代互感的等效电感为

$$L_{顺串} = L_1 + L_2 + 2M \tag{4.12.8}$$

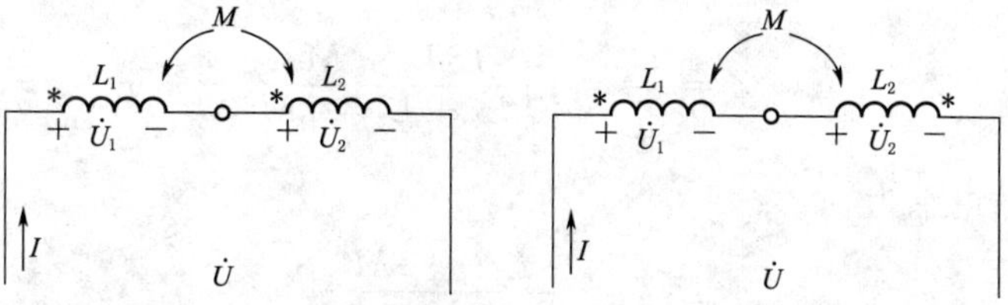

(a) 顺串　　　　　　　　　　(b) 反串

图 4.12.5　互感线圈的串联

(2) 反串。反串是把两个线圈的同名端接在一起。如图 4.12.5 (b) 所示，这时，电流从两个线圈的异名端流入，两个互感线圈中互感电压与自感电压方向相反，故反向串联后的总电压相量：

$$\dot{U} = \dot{U}_1 + \dot{U}_2 = (\mathrm{j}\omega L_1 \dot{I} - \mathrm{j}\omega M \dot{I}) + (\mathrm{j}\omega L_2 \dot{I} - \mathrm{j}\omega M \dot{I})$$
$$= \mathrm{j}\omega(L_1 + L_2 - 2M)\dot{I} = \mathrm{j}\omega L_{反串} \dot{I}$$

替代互感的等效电感为

$$L_{反串} = L_1 + L_2 - 2M \tag{4.12.9}$$

注意：即使是在反向串联的情况下，串联后的等效电感不会小于 0，即 $L_1 + L_2 \geqslant 2M$。

3. 互感线圈并联的电路

（1）具有互感的线圈两端并联连接。此并联连接方式有两种：一种是线圈的同名端同侧并联，如图 4.12.6（a）所示。另一种是线圈的同名端异侧并联。如图 4.12.6（b）所示。

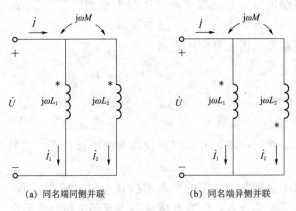

(a) 同名端同侧并联　　　　　　　(b) 同名端异侧并联

图 4.12.6　两个有互感的线圈并联

首先写出图 4.12.6 所示电路的伏安关系为

$$\begin{cases} \dot{U} = \dot{I}_1 \cdot j\omega L_1 \pm \dot{I}_2 \cdot j\omega M \\ \dot{U} = \dot{I}_2 \cdot j\omega L_2 \pm \dot{I}_1 \cdot j\omega M \end{cases}$$

根据 $\dot{I} = \dot{I}_1 + \dot{I}_2$ 求解电路可得输入端阻抗

$$Z = \frac{\dot{U}}{\dot{I}} = j\omega \frac{L_1 L_2 - M^2}{L_1 + L_2 \mp 2M}$$

则并联等效电感为

$$L_{并联} = \frac{L_1 L_2 - M^2}{L_1 + L_2 \mp 2M} \tag{4.12.10}$$

线圈同名端同侧并联时，上式分母中 $2M$ 前取负号；线圈的同名端异侧并联时，上式分母中 $2M$ 前取正号。即互感并联与互感线圈串联时一样，它们也都可以用一个纯电感来等效替代。

（2）具有互感的线圈一端并联连接。如图 4.12.7（a）是两个同名端并接在一起，线圈中的电流从同名端流入，如果将互感线圈电路 4.12.7（a）改成图 4.12.7（b）的形式，推导可得如图 4.12.7（c）所示的去耦等效电路，其伏安关系为

$$\begin{cases} \dot{U}_1 = \dot{I}_1 \cdot j\omega (L_1 - M) + \dot{I} \cdot j\omega M \\ \dot{U}_2 = \dot{I}_2 \cdot j\omega (L_2 - M) + \dot{I} \cdot j\omega M \end{cases} \tag{4.12.11}$$

如图 4.12.8（a）所示是两个线圈异名端并接的情况，两线圈中电流由异名端流

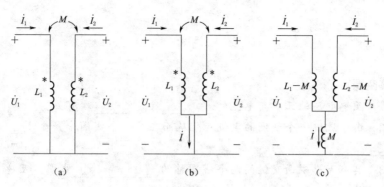

图 4.12.7　互感线圈同名端一端并联电路

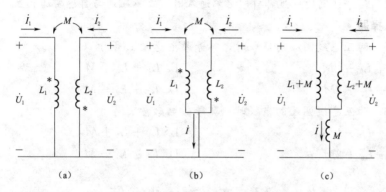

图 4.12.8　互感线圈异名端一端并联电路

入，同理将互感线圈电路 4.12.8（a）改成图 4.12.8（b）的形式，推导可得如图 4.12.8（c）所示去耦等效电路，其伏安关系为

$$\begin{cases} \dot{U}_1 = \dot{I}_1 \cdot \mathrm{j}\omega(L_1 + M) - \dot{I} \cdot \mathrm{j}\omega M \\ \dot{U}_2 = \dot{I}_2 \cdot \mathrm{j}\omega(L_2 + M) - \dot{I} \cdot \mathrm{j}\omega M \end{cases} \tag{4.12.12}$$

【例 4.12.1】 求图 4.12.9（a）电路 ab 端钮的入端阻抗。

解： 图 4.12.9（a）所示电路的去耦等效电路如图 4.12.9（b）所示，则很容易根据阻抗串并联公式得到入端阻抗为

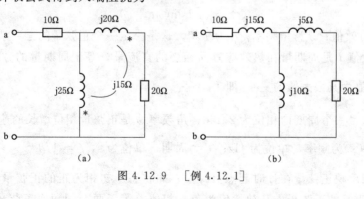

图 4.12.9　［例 4.12.1］

$$Z_{ab} = 10 + \mathrm{j}15 + \frac{\mathrm{j}10(20 + \mathrm{j}5)}{20 + \mathrm{j}15} = 13.2 + \mathrm{j}22.6 \ (\Omega)$$

练 习 题

一、填空题

4.12.1 互感电压的正负与电流的_____及_____端有关。

4.12.2 由于流过一个线圈的电流变化从而在另一个线圈中产生_____的现象称为_____。

4.12.3 具有互感磁通交链的两个线圈称为_____线圈。互感 M 反映了一个线圈在另外一个线圈中产生_____的能力。

4.12.4 两个线圈的电流都自同名端通入时,互感磁通与自感磁通相互_____。

二、选择题

4.12.5 两互感线圈顺向串联时,其等效电感量 L 等于( )。

A. $L_1 + L_2 - 2M$ B. $L_1 + L_2 + M$

C. $L_1 + L_2 + 2M$ D. $L_1 + L_2 - M$

4.12.6 两互感线圈反向串联时,其等效电感量 L 等于( )。

A. $L_1 + L_2 - 2M$ B. $L_1 + L_2 + M$

C. $L_1 + L_2 + 2M$ D. $L_1 + L_2 - M$

4.13 本 章 小 结

正弦电流电路是指同频率正弦激励下线性动态电路的稳定状态,正弦电流电路中所有响应都是与激励同频率的正弦量。本章先介绍正弦量概念和用相量表示正弦量,这是分析计算正弦电流电路的基础。然后从分析正弦电流电路中的 R、L、C 元件和 RLC 串联电路、RLC 并联电路这些特殊情况出发,定义复阻抗和复导纳,介绍复阻抗、复导纳的等效变换及串并联,并讨论正弦电流电路中的功率以及利用相量法分析正弦电流电路。

(1) 正弦量:

1) 正弦量的解析式为

$$i(t) = \sqrt{2}\,I\sin(\omega t + \psi)$$

式中:I 为有效值;ω 为角频率;ψ 为初相。这是决定一个正弦量的三要素。

2) 有效值 I 是周期量在热效应方面相当的直流量,等于周期量的方均根值。正弦量的有效值为其最大值的 $\frac{1}{\sqrt{2}}$,即 $I = \frac{I_m}{\sqrt{2}}$。

3) 正弦量一个周期内相位为 $2\pi\,\mathrm{rad}$;角频率 ω 是正弦量相位增长的速度 $\omega = 2\pi f = \frac{2\pi}{T}$,式中 f 为频率,单位为 Hz;T 为周期,单位为 s,$f = 1/T$。

4) 初相反映正弦量在计时起点($t=0$)的状态。初相为正的正弦量,其初始值为正;初相为负的正弦量,其初始值为负。相位差等于两个同频率正弦量初相之差,相位差的存在表示两个正弦量在不同时刻到达零点。

（2）用相量表示正弦量：

1）正弦量 $i(t) = \mathrm{Im}\left[\sqrt{2}\,I\mathrm{e}^{\mathrm{j}(\omega t+\psi)}\right]$，由于正弦电流电路中各正弦量具有相同的角频率 ω，略去 $\mathrm{e}^{\mathrm{j}\omega t}$，$i(t) = \mathrm{Im}\left[\sqrt{2}\,I\mathrm{e}^{\mathrm{j}\psi}\right]$，可以用有效值相量 $\dot{I} = I\mathrm{e}^{\mathrm{j}\psi} = I\underline{/\psi}$ 表示，其运算方法和复数相同。

2）同频率正弦量之和的相量等于正弦量的相量之和。

（3）储能元件：

1）线性电感元件。在关联参考方向下的 $u = L\dfrac{\mathrm{d}i}{\mathrm{d}t}$；储能为 $W_{\mathrm{L}} = \dfrac{1}{2}Li^2$。

2）线性电容元件。在关联参考方向下 $i = C\dfrac{\mathrm{d}u}{\mathrm{d}t}$；储能为 $W_{\mathrm{L}} = \dfrac{1}{2}Cu^2$。

（4）正弦电流电路的基本性质和计算公式（可利用对偶关系帮助理解和记忆）：

1）KCL、KVL 的相量形式：$\sum \dot{I} = 0$，$\sum \dot{U} = 0$。

2）R、L、C 元件 VCR 的相量形式：

$$\dot{U} = R\dot{I},\ \dot{U}_{\mathrm{L}} = \mathrm{j}\omega L = \mathrm{j}X_{\mathrm{L}}\dot{I},\ \dot{U}_{\mathrm{C}} = \frac{1}{\mathrm{j}\omega C} = -\mathrm{j}X_{\mathrm{C}}\dot{I}$$

式中：R 为电阻；X_{L} 为感抗；X_{C} 为容抗，单位均为 Ω。

$$\dot{I} = G\dot{U},\ \dot{I} = \frac{1}{\mathrm{j}\omega L}\dot{U} = -\mathrm{j}B_{\mathrm{L}}\dot{U},\ \dot{I} = \mathrm{j}\omega C\dot{U} = \mathrm{j}B_{\mathrm{C}}\dot{U}$$

式中：G 为电导；B_{L} 为感纳；B_{C} 为容纳，单位均为 S。

3）RLC 串联电路的复阻抗：

$$Z = R + \mathrm{j}\omega L + \frac{1}{\mathrm{j}\omega C} = R + \mathrm{j}\left(\omega L - \frac{1}{\omega C}\right) = R + \mathrm{j}(X_{\mathrm{L}} - X_{\mathrm{C}})$$
$$= R + \mathrm{j}X = |Z|\underline{/\varphi}$$

式中：Z 为复阻抗；R 为电阻；X 为电抗，单位均为 Ω；$|Z|$、φ 分别为阻抗、阻抗角。R、X、$|Z|$ 构成阻抗三角形。

当 $X_{\mathrm{L}} > X_{\mathrm{C}}$ 时，$\varphi > 0$，为感性电路；当 $X_{\mathrm{L}} < X_{\mathrm{C}}$ 时，$\varphi < 0$，为容性电路；当 $X_{\mathrm{L}} = X_{\mathrm{C}}$ 时，$\varphi = 0$，为电阻性电路。

4）RLC 并联电路的复导纳：

$$Y = \frac{1}{R} + \frac{1}{\mathrm{j}\omega L} + \mathrm{j}\omega C = G + \mathrm{j}\left(-\frac{1}{\omega L} + \omega C\right) = G + \mathrm{j}(-B_{\mathrm{L}} + B_{\mathrm{C}})$$
$$= G + \mathrm{j}B = |Y|\underline{/\varphi'}$$

式中：Y 为复导纳；G 为电导；B 为电纳，单位均为 S；$|Y|$、φ' 分别为导纳、导纳角。G、B、$|Y|$ 构成导纳三角形。

当 $B_{\mathrm{C}} > B_{\mathrm{L}}$ 时，$\varphi' > 0$，为容性电路；当 $B_{\mathrm{C}} < B_{\mathrm{L}}$ 时，$\varphi' < 0$，为感性电路；当 $B_{\mathrm{L}} = B_{\mathrm{C}}$ 时，$\varphi' = 0$，为电阻性电路。

5）不含独立源的二端网络，在关联参考方向时，端口电压相量（或电流相量）与电流相量（或电压相量）的比值为二端网络的复阻抗（或复导纳）。

$$Z = \frac{\dot{U}}{\dot{I}} = |Z|\underline{/\varphi}, \quad Y = \frac{\dot{I}}{\dot{U}} = |Y|\underline{/\varphi'}$$

对同一不含独立源的二端网络，其端口复阻抗与复导纳互为倒数，即

$$Z = \frac{1}{Y}$$

（5）正弦电流电路的功率：

1）不含独立源二端网络的功率，在电压、电流为关联参考方向时：

有功功率 $P = UI\cos\varphi = UI\lambda$，为二端网络吸收的平均功率；$\varphi = \psi_u - \psi_i$ 为功率因数角，等于二端网络的阻抗角；λ 为功率因数。P 的单位为 W。

无功功率 $Q = UI\sin\varphi$，为二端网络与外电路进行能量交换的最大速率。若 $Q > 0$，吸收感性无功功率；若 $Q < 0$，吸收容性无功功率，相当于提供感性无功功率。Q 的单位为 var。

视在功率 $S = UI$，常用来表征电器设备的容量，S 的单位为 VA。

P、Q、S 构成功率三角形，$Q = P\tan\varphi$。

复功率是一个计算用的复数量，在关联参考方向下二端网络的复功率定义为

$$\tilde{S} = \dot{U}\dot{I}^* = P + jQ = S\angle\varphi$$

其计算公式为

$$\tilde{S} = \dot{U}\dot{I}^* = ZI^2 = Y^*U^2$$

单位为 VA。

2）为了改善功率因数（由 $\cos\varphi$ 提高为 $\cos\varphi_1$），以减少线路的电压损失和功率损耗，可在电感性负载两端并联电容器，所需电容器的无功功率为

$$Q_C = P\tan\varphi - P\tan\varphi_1$$

电容器的电容为

$$C = \frac{Q_C}{\omega U^2} = \frac{P}{U^2\omega}(\tan\varphi - \tan\varphi_1)$$

（6）相量法：

1）画出电路的相量模型，将激励和响应用相量表示，选定它们的参考方向，元件用复阻抗或复导纳表示。

2）根据两类约束的相量形式列写电路方程，并用相量图辅助进行求解。

（7）含由电阻、电感和电容的交流电路，端口电压和电流出现同相位的现象成为谐振。谐振时，电路对外呈阻性。

RLC 串联电路发生谐振的条件是感抗等于容抗，即 $X_L = X_C$ 或 $\omega L = \frac{1}{\omega C}$。

串联谐振的角频率 $\omega_0 = \frac{1}{\sqrt{LC}}$。

调节电源频率 f，或调节 L、C，使电路达到谐振的过程为调谐。

串联谐振的特点是：①电路的输入阻抗最小，电流有效值达到最大；②电感和电容的电压 $U_L = U_C = QU$，可能远大于电路输入电压，所以也称电压谐振。

串联谐振时，电感或电容电压与电源电压之比值称为品质因数 Q：

$$Q = \frac{U_\mathrm{L}}{U} = \frac{U_\mathrm{C}}{U}$$

$$= \frac{\omega_0 L}{R} = \frac{1}{R\omega_0 C}$$

$$= \frac{\rho}{R}$$

ρ 为特性阻抗

$$\rho = \omega_0 L = \frac{1}{\omega_0 C} = \sqrt{\frac{L}{C}}$$

（8）RLC 并联电路发生谐振的条件的感纳等于容纳，即 $B_\mathrm{C} = B_\mathrm{L}$，或 $B = 0$。这时，电感和电容的电流有效值相等、相位相反，彼此相互抵消。

并联谐振的特点是：①电路呈阻性，等效谐振 $Z_0 = \dfrac{L}{RC}$，电路的输入阻抗最大或接近最大；②电感和电容的电流 $I_\mathrm{C} \approx I_\mathrm{L} = QI_0$，有可能比输入电流大许多倍，所以并联谐振又称为电流谐振。

在电力工程中，谐振引起的高电压或大电流可能造成危害而应予以防止。但在无线电技术中谐振得到了广泛应用，从串联谐振电路的电流谐振或并联谐振电路的阻抗谐振曲线中可以知道，谐振电路对不同频率的信号具有选择能力，Q 值越大，选择性越好。

（9）一对磁耦合线圈，每个线圈的合成磁链为自感磁链和互感磁链的代数和：

$$\boldsymbol{\Psi}_1 = \boldsymbol{\Psi}_{11} \pm \boldsymbol{\Psi}_{12} = L_1 i_1 \pm M i_2$$

$$\boldsymbol{\Psi}_2 = \boldsymbol{\Psi}_{21} \pm \boldsymbol{\Psi}_{22} = L_2 i_2 \pm M i_2$$

式中：L_1、L_2 为每个线圈的自感；M 为互感，都是正值，$M = k\sqrt{L_1 L_2}$，k 为耦合因数，$0 \leqslant k \leqslant 1$。

每个线圈的电压包括自感电压和互感电压两部分，由于每个线圈的电压电流取关联参考方向，所以自感电压总是正值；而互感电压则与引起该电压的另一个线圈的电流参考方向有关，如对同名端相关联时取正值，非关联时取负值：

$$u_1 = L_1 \frac{\mathrm{d}i_1}{\mathrm{d}t} \pm M \frac{\mathrm{d}i_2}{\mathrm{d}t}$$

$$u_2 = L_2 \frac{\mathrm{d}i_2}{\mathrm{d}t} \pm M \frac{\mathrm{d}i_1}{\mathrm{d}t}$$

（10）同名端。当电流 i_1 和 i_2 在耦合线圈中产生的磁通方向相同相互增强时，电流 i_1 和 i_2 流入的两个端钮为同名端，否则为异名端。当外加电流由一线圈的端钮流入且增大时，于耦合线圈感生电动势，在同名端引起较异名端为高的电位，并由同名端向外电路流出电流。

（11）耦合电感的相量形式为

$$\dot{U}_1 = \mathrm{j}\omega L_1 \dot{I}_1 \pm \mathrm{j}\omega M \dot{I}_2$$

$$\dot{U}_2 = \mathrm{j}\omega L_2 \dot{I}_2 \pm \mathrm{j}\omega M \dot{I}_1$$

互感电压与引起该电压的另一个线圈电流的参考方向对同名端相关联时取正值，非关联时取负值。

计及互感电压后，可用支路分析法等列出含耦合电感电路的电路方程，然后求解。

（12）耦合电感的串联或并联均等效为一个电感。

串联时，等效电感为 $L = L_1 + L_2 \pm 2M$，顺接时取"＋"号，反接取"－"号。

并联时，等效电感为 $L = \dfrac{L_1 L_2 - M^2}{L_1 + L_2 \pm 2M}$，同名端相连取"－"号，异名端相连取"＋"号。

本 章 习 题

4.13 ⓓ

习题答案

4.1　有两个正弦量：$u(t) = 311.1\sin(314t + 60°)\text{V}$，$i(t) = 5\sqrt{2}\sin(314t - 45°)\text{A}$，试求：

（1）它们各自的最大值、有效值、角频率、频率、周期、初相位。

（2）它们之间的相位差，并说明其超前与滞后关系。

4.2　已知正弦电压和电流的波形图如题 4.2 图所示，频率为 50Hz，求：

（1）试指出它们的最大值和初相位以及它们的相位差，并说明哪个正弦量超前，超前多少角度？

（2）写出电压、电流的瞬时值表达式。

（3）画出相量图。

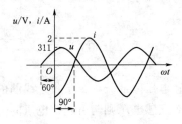

题 4.2 图　　　　　　　　　　题 4.4 图

4.3　已知两个正弦电流，$i_1 = 3\sqrt{2}\sin(\omega t + 20°)\text{A}$，$i_2 = 5\sqrt{2}\sin(\omega t - 35°)\text{A}$，写出两电流的相量形式；并求：$i_1 + i_2$，$i_1 - i_2$。

4.4　如题 4.4 图所示的相量图中，已知：$U = 220\text{V}$，$I_1 = 5\text{A}$，$I_2 = 3\text{A}$，它们的角频率为 ω，试写出各正弦量的瞬时值表达式 u、i_1、i_2，以及其相量 $\dot{U}$、$\dot{I}_1$、$\dot{I}_2$。

4.5　在 806.7Ω 电阻的两端加上电压 $u = 220\sqrt{2}\sin(314t)\text{V}$，求：

（1）流过电阻的电流有效值。

（2）电流解析式。

（3）有功功率。

4.6　一个 $X_L = 10\Omega$ 的电感元件接到电压为 $u(t) = 220\sqrt{2}\sin(314t + 120°)\text{V}$ 的电源上，试求：

（1）电感元件的电流解析式。

（2）无功功率。

（3）画出电流、电压相量图。

4.7 一个 $X_C = 10\Omega$ 的电容元件接到电压为 $u(t) = 220\sqrt{2}\sin(314t - 120°)\text{V}$ 的电源上，试求：

（1）电路中的电流有效值。

（2）无功功率。

（3）画出相量图。

（4）若电容不变，而电源的频率为 100Hz，其他条件不变，又如何？

4.8 日光灯管与镇流器串联接到交流电压上，可看作 R、L 串联电路。如已知某灯管的等效电阻 $R_1 = 280\Omega$，镇流器的电阻和电感分别为 $R_2 = 20\,\Omega$ 和 $L = 1.65\,\text{H}$，电源电压 $U = 220\,\text{V}$，电源频率为 50Hz。试求电路中电流和灯管两端与镇流器上的电压。

4.9 RLC 串联电路，电源电压 $u = 220\sqrt{2}\sin(314t + 20°)\text{V}$，$R = 30\,\Omega$，$L = 254.8\text{mH}$，$C = 79.62\mu\text{F}$，试求电路中的电流和各元件上的电压正弦量解析式。

4.10 RLC 串联电路，电源电压 $u = 220\sqrt{2}\sin(314t + 60°)\text{V}$，$R = 16\Omega$，$X_L = 20\Omega$，$X_C = 8\Omega$，试求电路中的复阻抗、电流和各元件上的电压。

4.11 RC 串联电路，$R = 8\Omega$，$X_C = 6\Omega$，电源电压 $u = 220\sqrt{2}\sin(314t - 30°)\text{V}$。试求电路中的电流和各元件上的电压正弦量解析式。

4.12 在 RLC 并联电路中，已知 $R = 10\Omega$，$X_L = 15\Omega$，$X_C = 8\Omega$，电路电压 $U = 120\text{V}$，$f = 50\text{Hz}$。试求：

（1）电流 $\dot{I}_R$、$\dot{I}_L$、$\dot{I}_C$ 及总电流 $\dot{I}$。

（2）复导纳 Y。

（3）画出相量图。

4.13 电路如题 4.13 图所示，$R = 5\Omega$，$L = 0.05\text{H}$，$\dot{I} = 1\text{A}$，$\omega = 200\text{rad/s}$，试求 $\dot{U}_R$、$\dot{U}_L$ 和 $\dot{U}_S$，并作出相量图。

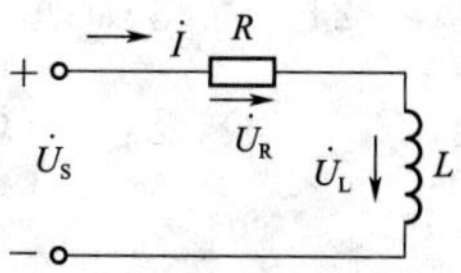

4.14 如电阻 R 与一线圈串联电路，已知 $R = 28\Omega$，测得 $I = 4.4\text{A}$，$U = 220\text{V}$，电路总功率 $P = 580\text{W}$，频率 $f = 50\,\text{Hz}$，试求线圈的参数 r 和 L。

题 4.13 图

4.15 电路如题 4.15 图所示电路中，电压表的读数 V_1 为 6V，V_2 为 8V，V_3 为 14V，电流表的读数 A_1 为 3A，A_2 为 8A，A_3 为 4A。求电压表和电流表的读数。

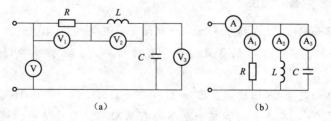

（a）   （b）

题 4.15 图

4.16 在 R、L、C 串联电路中，已知 $R=10\Omega$，$X_L=15\Omega$，$X_C=5\Omega$，电源电压 $u=10\sqrt{2}\sin(314t+30°)\text{V}$。求此电路的复阻抗 Z，电流 $\dot{I}$，电压 $\dot{U}_R$、$\dot{U}_L$、$\dot{U}_C$，并画出相量图。

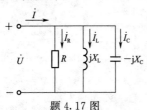

题 4.17 图

4.17 已知 RLC 并联电路，电路如题 4.17 图所示，电源电压 $\dot{U}=120\underline{/0°}\text{V}$，$f=50\text{Hz}$。（已知 $R=10\Omega$，$X_L=20\Omega$，$X_C=5\Omega$）试求：

(1) 各支路电流及总电流。

(2) 电路的功率因数，电路呈电感性还是电容性？

4.18 某线性无源二端网络的端口电压和电流分别为 $\dot{U}=220\underline{/65°}\text{V}$，$\dot{I}=10\underline{/35°}\text{A}$，电压、电流取关联参考方向，工频。

(1) 求等效阻抗及等效参数，并画出等效电路图。

(2) 判断电路的性质。

4.19 有三个复阻抗 $Z_1=40+\text{j}15\Omega$，$Z_2=20-\text{j}20\Omega$，$Z_3=60+\text{j}80\Omega$ 相串联，电源电压 $\dot{U}=100\angle30°\text{V}$，试求：

(1) 等效复阻抗 Z。

(2) $\dot{I}$。

(3) 各阻抗电压 $\dot{U}_1$、$\dot{U}_2$、$\dot{U}_3$。

4.20 如题 4.20 图所示电路 $u=5\sqrt{2}\sin(2t)\text{V}$，求：

(1) 等效 Z_{ab} 及等效导纳 Y_{ab}。

(2) 总电流 $\dot{I}$ 及 $\dot{I}_1$。

4.21 电路如题 4.21 图所示，已知 $\dot{U}_{S1}=50\underline{/90°}\text{V}$，$\dot{U}_{S2}=50\underline{/0°}\text{V}$，$R_1=5\Omega$，$R_2=2\Omega$，$X_L=5\Omega$。试用支路电流法求各支路电流 $\dot{I}_1$、$\dot{I}_2$ 和 $\dot{I}_3$。

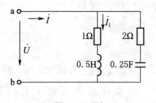

题 4.20 图

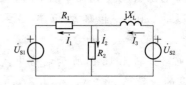

题 4.21 图

4.22 电路如题 4.22 图所示无源单口网络 N，已知 $u=40\sin(5t+30°)\text{V}$，$i=20\sin(5t-30°)\text{A}$，求网络 N 的等效阻抗、有功功率 P、无功功率 Q、视在功率 S、功率因数。

4.23 电路如题 4.23 图所示。已知 $Z_1=20+\text{j}15\Omega$，$Z_2=20-\text{j}10\Omega$，外加正弦电压的有效值为 220V，求各负载和整个电路的有功功率、无功功率、视在功率和功率因数。

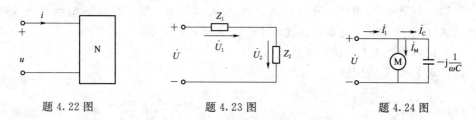

题 4.22 图　　　　　　　题 4.23 图　　　　　　　题 4.24 图

4.24　一台额定功率为 1kW 的交流异步电动机，接到电压有效值为 220V，频率 $f = 50Hz$ 的电源上，电路如题 4.24 图所示。已知电动机的功率因数为 0.8（感性），与电动机并联的电容为 $30\mu F$，求负载电路的功率因数。

4.25　一个线圈接到 220V 直流电源上时，功率为 1.2kW，接到 50Hz、220V 的交流电源上，功率为 0.6kW。试求该线圈的电阻与电感各为多少？

4.26　将额定电压为 220V，额定功率为 40W，功率因数为 0.5 的日光灯电路的功率因数提高到 0.9，需并联多大电容？

4.27　电压为 220V 的线路上接有功率因数为 0.5、功率为 800W 的日光灯和功率因数为 0.65、功率为 500W 的电风扇。试求线路的总有功功率、无功功率、视在功率、功率因数以及总电流。

4.28　电路如题 4.28 图所示，试求：

(1) 电路的总阻抗 Z，总电流 $\dot{I}$，总电压 $\dot{U}$。

(2) 电路的 P、Q、S。

4.29　电路如题 4.29 图，已知 Z_L 的实部和虚部皆可改变，求使 Z_L 获得最大功率的条件和最大功率值。

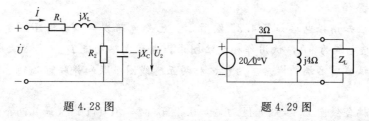

题 4.28 图　　　　　　　题 4.29 图

4.30　已知一串联谐振电路的参数 $R = 10\Omega$，$L = 0.13mH$，$C = 558pF$，外加电压 $U = 5V$。试求电路在谐振时的电流、品质因数及电感和电容上的电压。

4.31　在 RLC 串联电路中，已知 $R = 50\Omega$，$L = 300mH$，在 $f = 100Hz$ 时电路发生谐振。试求：

(1) 电容 C 值及电路特性阻抗 ρ 和品质因素 Q。

(2) 若谐振时电路两端电压有效值 $U = 20V$，求电路中电流 I_0 及电阻、电感、电容上的各自电压。

(3) 若改变电路 R 大小，电路的谐振频率是否改变。

4.32　在如题 4.32 图所示电路，电源电压 $U = 10V$，角频率 $\omega = 5000rad/s$。调节电容 C 使电路中电流达最大，这时电流为 200mA，电压为 600V。试求 R、L、C 之值及回路的品质因素 Q。

4.33 如题 4.33 图所示电路，电流表 A 的读数为 5A，电流表 A_1 读数为 13A，电流表 A_2 读数为 12A，电压表读数为 130V。

（1）试判断电路是否达到谐振？

（2）求 R 和 X_L 的值。

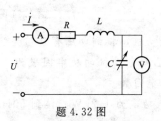

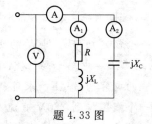

题 4.32 图　　　　　　　　题 4.33 图

4.34 如题 4.34 图所示电路处于谐振状态，电压表的读数为 100V，两个电流表的读数均为 10A。试求 X_L、R、X_C。

4.35 已知题 4.35 图所示并联谐振电路的谐振角频率中 $\omega = 10^5 \text{rad/s}$，$Q = 100$，谐振时电路阻抗等于 $120 \text{k}\Omega$，试求电路参数 R、L 和 C。

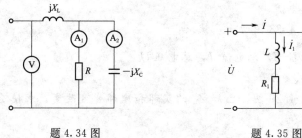

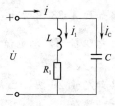

题 4.34 图　　　　　　　　题 4.35 图

4.36 已知谐振电路如题 4.35 图所示。已知电路发生谐振时 RL 支路电流等于 15A，电路总电流为 9A，试用作相量法图求出电容支路电流 I_C。

4.37 试述同名端的概念。为什么对两互感线圈串联和并联时必须要注意它们的同名端？

4.38 耦合线圈 $L_1 = 0.6\,\text{H}$，$L_2 = 0.4\,\text{H}$，$M = 0.1\text{H}$，试计算两个线圈串联和并联时的等效电感。

4.39 如果误把顺串的两互感线圈反串，会发生什么现象？为什么？

第5章 三 相 电 路

学习目标

（1）了解二相交流电的产生，理解对称正弦三相正弦量的特点并掌握其表示方法，理解对称三相电源的特点。

（2）熟练掌握三相电源、三相负载的星形和三角形连接方式及相电压、相电流、线电压、线电流的概念和相互关系。

（3）熟练掌握三相对称电路的特点和分析方法，掌握对称三相电路功率的分析方法，了解三相电路有功功率的测量方式。

（4）了解用中性点电压分析法分析星形不对称三相电路，理解中性点位移的概念和中性线的作用。

（5）了解对称分量的概念及不对称三相正弦量的分解。

目前，国内外的电力系统中电能的产生、传输和供电方式普遍采用的是三相制。三相电力系统是由三相电源、三相负载和三相输电线三部分组成的。生活中使用的单相交流电源只是三相制中的一相。

无论从电能产生、电能传输、电能使用，三相制与单相制相比都具有明显的优越性，三相制得到普遍应用。

（1）三相交流发电机和变压器比容量相同的单相发电机和变压器节省材料，且体积小，有利于制造大容量的发电机组。

（2）在输电电压、输电功率、输电距离和线路损耗等相同的条件下，采用三相输电比单相输电节省材料。

（3）三相电流能够产生旋转磁场，从而制造出结构简单、性能良好、运行可靠、维护方便的三相异步电动机。

三相电路是一种特殊类型的复杂电路，前述的有关单相正弦交流电路的理论、定律及分析方法完全适用于三相正弦交流电路。但是，三相电路本身又有其自身的特点。

本章主要介绍三相电源，三相电路的连接方式，三相电路中的电压、电流、功率，对称三相电路的特点的计算，不对称三相电路的分析方法。

5.1 ▶

三相电源

5.1 三 相 电 源

5.1.1 三相电源

在电力工业中，三相正弦电压是由三相交流发电机产生的，图 5.1.1 是三相同步发电机的原理图。

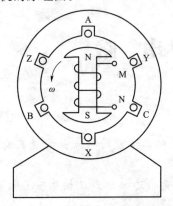

图 5.1.1 三相同步发电机原理图

三相发电机中转子上的励磁线圈 MN 接直流电源,使转子成为一个磁极。在定子内侧、空间相隔 120°的槽内装有三个完全相同的线圈 A—X、B—Y、C—Z。转子与定子间磁场即发电机气隙磁场成正弦分布。当转子以角速度 ω 转动时,三个线圈中便分别感应出频率相同、幅值相等、初相依次互差 120°的三个电动势。有这样的三个电动势的发电机便构成对称三相电源。

对称三相电源的电压瞬时值表达式(以 A 相电压为参考正弦量)为

$$\begin{cases} u_A = \sqrt{2}U\sin(\omega t) \\ u_B = \sqrt{2}U\sin(\omega t - 120°) \\ u_C = \sqrt{2}U\sin(\omega t + 120°) \end{cases}$$

(5.1.1)

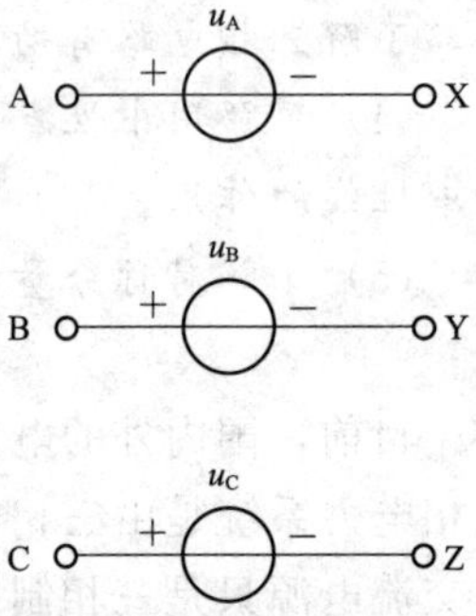

图 5.1.2 对称三相电压源

三相发电机中三个线圈的始端分别用 A、B、C 表示;末端分别用 X、Y、Z 表示。三相电压的参考方向为始端指向末端。用电压源表示三相电压,如图 5.1.2 所示。

它们的相量形式为

$$\begin{cases} \dot{U}_A = U \underline{/0°} \\ \dot{U}_B = U \underline{/-120°} \\ \dot{U}_C = U \underline{/+120°} \end{cases}$$

(5.1.2)

对称三相电压的波形图和相量图如图 5.1.3 和图 5.1.4 所示。

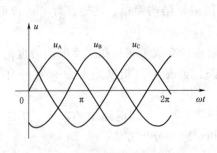

图 5.1.3 波形图

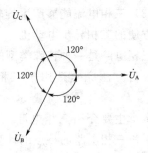

图 5.1.4 相量图

5.1.2 对称三相正弦量

根据前述三相电源电压的特点,三个频率相同、有效值相等、按规定的参考方向其初相依次互差 120°的正弦电压(电流、电动势)称为对称三相正弦量。频率相同,但有效值或相位差不满足上述定义的就称为不对称三相正弦量。

由三角函数的和差化积公式，可以证明对称三相正弦量的解析式之和恒等于零。则对称三相正弦量在任一时刻的瞬时值之和恒为零，即对称三相正弦电压 u_A、u_B、u_C 之和

$$u_A + u_B + u_C = 0 \qquad (5.1.3)$$

由图 5.1.3 可得，对称三相正弦电压的相量和恒等于零，即

$$\dot{U}_A + \dot{U}_B + \dot{U}_C = 0 \qquad (5.1.4)$$

通常三相发电机产生的都是对称三相电源。本书今后若无特殊说明，提到的三相电源均为对称三相电源。

5.1.3 相序

三相电源中每一相电压经过同一值（零值、正的最大值）的先后次序称为相序。从图 5.1.3 可以看出，其三相电压到达正的最大值的次序依次为 u_A、u_B、u_C，其相序为 A—B—C—A，称为顺序或正序。若将发电机转子反转，则

$$u_A = \sqrt{2}U\sin \omega t$$

$$u_C = \sqrt{2}U\sin(\omega t - 120°)$$

$$u_B = \sqrt{2}U\sin(\omega t + 120°)$$

其相序为 A—C—B—A，称为逆序或负序。

工程上常用的相序是顺序，如果不加以说明，都是指顺序（正序）。工业上通常在交流发电机的三相引出线及配电装置的三相母线上，涂有黄、绿、红三种颜色，分别表示 A、B、C 三相。

对于三相电动机，当三相电源的相序改变，三相电动机的旋转方向相应改变，可以通过改变三相电源的相序（正序或负序）用于控制三相电动机的正转或反转。

练　习　题

一、填空题

5.1.1　三个 _____ 相等，_____ 相同，按规定的参考方向其 _____ 依次互差 120° 的正弦电压（电流、电动势），统称为对称三相正弦量。

5.1.2　对称三相正弦量（包括对称三相电动势，对称三相电压、对称三相电流）的瞬时值之和恒等于 _____ 。

5.1.3　三相电压到达零值（或最大值）的先后次序称为 _____ 。

5.1.4　三相电压的相序为 A—B—C 的称为 _____ 相序，工程上通用的相序指 _____ 相序。

5.1.5　对称三相电源，设 B 相的相电压 $\dot{U}_B = 220\underline{/90°}$ V，则 A 相电压 $\dot{U}_A =$ _____ ，C 相电压 $\dot{U}_C =$ _____ 。

5.1 ①

测试题

5.1 ①

练习题答案

203

二、是非题

5.1.6 假设三相电源的正相序为 A—B—C，则 C—B—A 为负相序。 （ ）

5.1.7 对称三相电源，假设 A 相电压 $u_A = 220\sqrt{2}\sin(\omega t + 30°)$ V，则 B 相电压为 $u_B = 220\sqrt{2}\sin(\omega t - 120°)$ V。 （ ）

5.1.8 三个频率、振幅和相位相同的正弦电压，就称为对称三相电压。 （ ）

5.1.9 对称三相正弦量达到零值（指由负变正时经过的零值）的顺序叫做它们的相序。 （ ）

5.1.10 A 相比 B 相滞后 120°，C 相比 A 相滞后 120° 的对称三相正弦量的相序为正序。 （ ）

三、计算题

5.1.11 若已知对称三相交流电源 B 相电压为 $u_B = 220\sqrt{2}\sin(\omega t + 30°)$ V，试写出其他两相的电压的瞬时值表达式及三相电压的相量式，并画出相量图。

5.2 三相电源和三相负载的连接

5.2.1 三相电源的连接

三相电源基本的连接方式有星形（Y 形）连接和三角形（△形）连接。对三相发电机来说，三相绕组更多的是采用星形（Y 形）连接。

1. 三相电源的星形（Y 形）连接

将对称三相电源的三个末端 X、Y、Z 连接在一起形成一个节点，称为三相电源的中性点，用 N 表示，从中性点引出的导线称为中性线（俗称零线）；而从始端 A、B、C 引出三条导线称为端线或相线（俗称火线）。这种连接称为三相电源的星形连接，如图 5.2.1 所示。

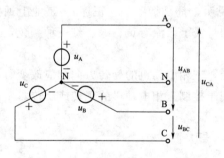

图 5.2.1 星形连接的三相电源

每相电源两端的电压称为电源的相电压，相电压符号用 u_A、u_B、u_C 表示。对于星形连接，一般规定其参考方向由端线指向中点。

相线与相线之间的电压称为线电压，一般规定线电压的参考方向是由 A 线指向 B 线，B 线指向 C 线，C 线指向 A 线，用 u_{AB}、u_{BC}、u_{CA} 表示。下面分析星形连接时对称三相电源线电压与相电压的关系。

根据图 5.2.1，由 KVL 可得，三相电源的线电压与相电压有以下关系：

$$\left.\begin{array}{l} u_{AB} = u_A - u_B \\ u_{BC} = u_B - u_C \\ u_{CA} = u_C - u_A \end{array}\right\} \qquad (5.2.1)$$

用相量表示，设

$$\dot{U}_A = U_p \underline{/\ 0°} \qquad \dot{U}_B = U_p \underline{/-120°} \qquad \dot{U}_C = U_p \underline{/\ 120°}$$

则线电压与相电压的相量形式关系为

$$\left.\begin{array}{l} \dot{U}_{AB} = \dot{U}_A - \dot{U}_B = \sqrt{3}\,\dot{U}_A \underline{/\ 30°} \\[2mm] \dot{U}_{BC} = \dot{U}_B - \dot{U}_C = \sqrt{3}\,\dot{U}_B \underline{/\ 30°} \\[2mm] \dot{U}_{CA} = \dot{U}_C - \dot{U}_A = \sqrt{3}\,\dot{U}_C \underline{/\ 30°} \end{array}\right\} \qquad (5.2.2)$$

由上式看出，星形连接的对称三相电源的线电压也是对称的。如线电压有效值用"U_1"表示，相电压有效值用"U_p"表示，则对称三相电源星形（Y）连接时

$$U_1 = \sqrt{3}U_p \qquad\qquad (5.2.3)$$

且各线电压的相位超前于相应的相电压30°，其相量图如图 5.2.2 所示。

三相电源星形连接可以有两种供电方式：一种是三相四线制（三条端线和一条中性线）；另一种是三相三线制，即无中性线。目前电力网的低压供电系统（又称民用电）为三相四线制，此系统供电的线电压为380V，相电压为220V，通常写作电源电压380/220V。

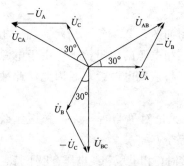

图 5.2.2　星形连接三相电源电压相量图

2. 三相电源的三角形（△形）连接

将对称三相电源中的三个正弦电压源首尾依次相接，由三个连接点引出三条相线就构成了三角形连接的对称三相电源，如图 5.2.3 所示。

对称三相电源采用三角形连接时，只有三条端线，没有中性线，它只能构成三相三线制。对于三角形连接，一般规定相电压的参考方向是由 A 指向 B、B 指向 C、C 指向 A。在图 5.2.3 中可以明显地看出，线电压就是相应的相电压，即

$$U_p = U_1 \qquad (5.2.4)$$

式（5.2.4）说明三角形连接的对称三相电源，线电压等于相应的相电压。

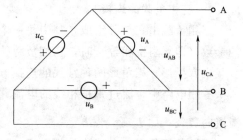

图 5.2.3　三角形连接的三相电源

应该注意，三相电源作三角形连接时，要注意连接的正确性。当三相电源连接正确时，在电源的闭合回路中总的电压之和为 0，即

$$\dot{U}_A + \dot{U}_B + \dot{U}_C = 0$$

相量如图 5.2.4（b）所示，这样才能保证电源在没有输出的情况下，电源内部没有环形电流存在。但是，如果将某一相电源（例如 A 相）极性对调，则这时在三相电源闭合回路之前总的电压为

$$-\dot{U}_A + \dot{U}_B + \dot{U}_C = -2\dot{U}_A$$

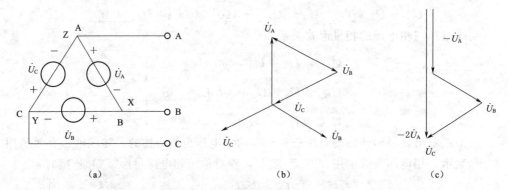

图 5.2.4 三角形连接三相电源电压相量图

即此电压是接反这相电源电压的 2 倍，相量图如图 5.2.4（c）所示。当三相电源形成三角形闭合回路后，两倍的相电压将作用于三相电源的内阻抗上，由于电源内阻抗很小，就会在电源闭合回路中产生很大的环流，将造成电源毁坏。因此，此种连接一定要事先正确判明三相电源的极性。

另外，根据 KVL，三相电路的三个线电压，无论对称与否，无论采用什么连接方式，三个线电压解析式、瞬时值及相量之和恒等于 0。

综上所述，通常三相电源采用星形或三角形连接时，相电压和线电压有以下特点：

（1）电源的线电压、相电压都是对称的。

（2）电源采用星形连接时，线电压等于 $\sqrt{3}$ 倍的相电压，即 $U_1 = \sqrt{3}U_p$，且线电压相位超前相应的相电压 30°。

（3）电源采用三角星形连接时，线电压等于相应的相电压。

5.2.2 三相负载的连接

三相负载由三部分组成，其中每一个部分称为一相负载。当三相负载都具有相同的参数（即复阻抗相等）时，三相负载就称为对称三相负载。与三相电源一样，三相负载也有星形、三角形两种常规的连接方式。

三相电路中，流过每根相线的电流称为线电流，规定各个线电流的参考方向从电源流向负载，如 $\dot{I}_A$、$\dot{I}_B$、$\dot{I}_C$。

流过各相负载的电流称为相电流，且负载相电流的参考方向与负载相电压的参考方向是关联的，星形连接的相电流的符号是 $\dot{I}_A$、$\dot{I}_B$、$\dot{I}_C$，三角形连接的相电流的符号是 $\dot{I}_{ab}$、$\dot{I}_{bc}$、$\dot{I}_{ca}$。

1. 三相负载的星形（Y）连接

如果三个单相负载连接成星形，则称为星形连接（或称 Y 连接）负载。如果各相负载是有极性的，则必须同三相电源一样按各相末端（或各相首端）相连接成中性点，否则将造成不对称。如果各相负载没有极性，则可以任意连接成星形。星形连接负载引出三条端线向外连接至三相电源的相线，而将负载中性点 N'（N）连接到三相电源的中性线，如图 5.2.5 所示。

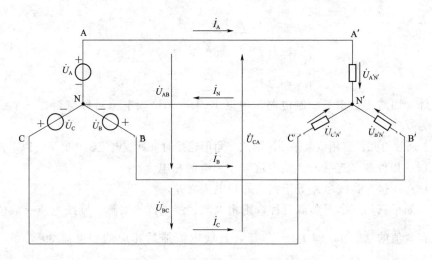

图 5.2.5 三相负载的星形（Y）连接

根据电路结构，当负载采用星形连接时，线电流等于相应的相电流。即

$$I_l = I_p \tag{5.2.5}$$

在三相四线制电路中，流过中性线的电流称为中性线电流，规定选择中线电流的参考方向由负载中点流向电源中点，用 $\dot{I}_N$ 表示，则有

$$\dot{I}_N = \dot{I}_A + \dot{I}_B + \dot{I}_C \tag{5.2.6}$$

如果三个相电流对称，则中性线电流 $\dot{I}_N = 0$。

中点电压 $\dot{U}_{N'N}$：负载中点和电源中点之间的电压。参考方向由负载中点指向电源中点。

2. 三相负载的三角形（△）连接

当三相负载采用三角形连接时，则称为三角形（△）连接负载。如果各相负载是有极性的，则必须同三相电源一样，注意极性连接的顺序。图 5.2.6（a）为三角形连接负载，显然各负载的电压就是负载的线电压，而流过各相负载的相电流假设为 $\dot{I}_{ab}$、$\dot{I}_{bc}$、$\dot{I}_{ca}$，各端线的线电流假设为 $\dot{I}_A$、$\dot{I}_B$、$\dot{I}_C$。按照图 5.2.6（a）所示参考方向，根据 KCL 可得如下关系式

$$\left. \begin{array}{l} \dot{I}_A = \dot{I}_{ab} - \dot{I}_{ca} \\ \dot{I}_B = \dot{I}_{bc} - \dot{I}_{ab} \\ \dot{I}_C = \dot{I}_{ca} - \dot{I}_{bc} \end{array} \right\} \tag{5.2.7}$$

如果三相负载相电流对称，则可作相量图 5.2.6（b），由相量图可知三个线电流也对称，且线电流相序与相电流相序相同。

如果设 $I_{ab} = I_{bc} = I_{ca} = I_p$，则 $I_A = I_B = I_C = I_l$，有

$$I_l = \sqrt{3} I_p \tag{5.2.8}$$

即线电流 I_l 等于 $\sqrt{3}$ 倍的相电流 I_p。且线电流的相位滞后相应相电流 $30°$，即

$$\left.\begin{array}{l} \dot{I}_{\mathrm{A}} = \sqrt{3}\,\dot{I}_{\mathrm{ab}}\,\underline{/-30^{\circ}} \\[2mm] \dot{I}_{\mathrm{B}} = \sqrt{3}\,\dot{I}_{\mathrm{bc}}\,\underline{/-30^{\circ}} = \dot{I}_{\mathrm{A}}\,\underline{/-120^{\circ}} \\[2mm] \dot{I}_{\mathrm{C}} = \sqrt{3}\,\dot{I}_{\mathrm{ca}}\,\underline{/-30^{\circ}} = \dot{I}_{\mathrm{A}}\,\underline{/-120^{\circ}} \end{array}\right\}$$ (5.2.9)

另外，而对于三相三线制电路，根据 KCL，无论线电流对称与否，三个线电流之和恒为 0。

综上所述可知：三相负载采用星形或三角形连接时，其线电流、相电流有以下特点：

(1) 三相负载 Y 连接时，线电流等于相应的相电流。

(2) △连接时，线电流等于相应的相电流之差。

(3) 如果三相三角形负载对称，则相电流、线电流均对称，则线电流有效值等于相电流有效值的 $\sqrt{3}$ 倍，即 $I_1 = \sqrt{3}\,I_{\mathrm{p}}$，且线电流滞后相应的相电流 30°，如：$\dot{I}_{\mathrm{A}} = \sqrt{3}\,\dot{I}_{\mathrm{ab}}\angle -30^{\circ}$。

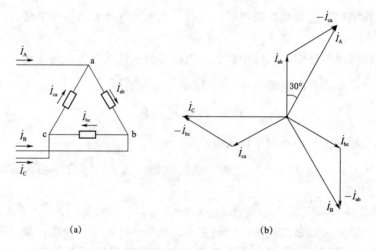

(a) (b)

图 5.2.6 三相负载的三角形（△）连接

三相交流电路是由三个单相交流电路所组成的复杂电路，它的分析方法通常是以单相交流电路的分析方法为基础的。

【例 5.2.1】 某对称三相电路，如图 5.2.7（a）所示，负载为 Y 连接，三相四线制，其电源线电压为 3810V，每相负载阻抗 $Z = 8 + \mathrm{j}6\Omega$，忽略输电线路阻抗。求负载的相电流、中性线电流，画出负载电压和电流的相量图。

解：已知 $U_1 = 380\ \mathrm{V}$，负载为 Y 连接，其电源无论是 Y 还是△连接，都可用等效的 Y 连接的三相电源进行分析。

电源相电压

$$U_{\mathrm{p}} = \frac{3810}{\sqrt{3}} = 2200(\mathrm{V})$$

设

$$\dot{U}_{\mathrm{A}} = 2200\ \underline{/0^{\circ}}\ (\mathrm{V})$$

则

$$\dot{I}_{\mathrm{A}} = \frac{\dot{U}_{\mathrm{A}}}{Z} = \frac{2200\ \underline{/0^{\circ}}}{8 + \mathrm{j}6} = 220\ \underline{/-36.87^{\circ}}(\mathrm{A})$$

根据对称性可得

$$\dot{I}_B = \frac{\dot{U}_B}{Z} = \frac{2200\,\underline{/-120°}}{8+j6} = 220\,\underline{/-156.9°}\,(A)$$

$$\dot{I}_C = \frac{\dot{U}_C}{Z} = \frac{2200\,\underline{/120°}}{8+j6} = 220\,\underline{/83.13°}\,(A)$$

$$\dot{I}_N = \dot{I}_A + \dot{I}_B + \dot{I}_C = 0$$

相量图如图 5.2.7（b）所示。

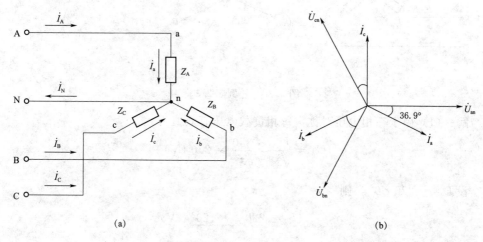

（a）　　　　　　　　　　　　　（b）

图 5.2.7　［例 5.2.1］

【例 5.2.2】 已知负载△连接的对称三相电路，电源的线电压为 380V，每相负载阻抗 $Z = 17.32 + j10\Omega$。求负载的线电流。

解：
$$U_p = U_l = 380V$$

设
$$\dot{U}_{AB} = 380\,\underline{/0°}\,V$$

$$\dot{I}_{ab} = \frac{\dot{U}_{AB}}{Z} = \frac{380\,\underline{/0°}}{17.32+j10} = \frac{380\,\underline{/0°}}{20\,\underline{/30°}} = 19\,\underline{/-30°}\,(A)$$

同理，根据对称性可得

$$\dot{I}_{bc} = 19\,\underline{/-150°}\,A$$

$$\dot{I}_{ca} = 19\,\underline{/90°}\,A$$

线电流　$\dot{I}_A = \sqrt{3}\,\dot{I}_{ab}\,\underline{/-30°} = \sqrt{3} \times 19\,\underline{/-30°-30°} = 32.91\,\underline{/-60°}\,(A)$

$$\dot{I}_B = 32.91\,\underline{/-180°}\,(A)$$

$$\dot{I}_C = 32.91\,\underline{/60°}\,A$$

【例 5.2.3】 图 5.2.8（a）所示电路中，加在星形连接负载上的三相电压对称，其线电压为 380V。试求：

（1）三相负载每相阻抗为 $Z_A = Z_B = Z_C = (17.32+j10)\Omega$ 时，各相电流和中性线电流。

（2）断开中性线后的各相电流。

（3）仍保持有中性线，但 C 相负载改为 20 Ω 时的各相电流和中性线电流。

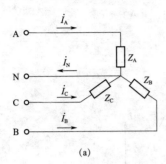 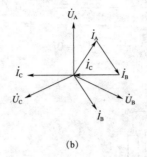 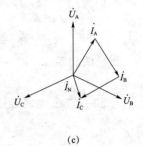

图 5.2.8 ［例 5.2.3］

解：（1）由于三相电压对称，每相负载电压有效值为

$$U_p = \frac{U_1}{\sqrt{3}} = \frac{380}{\sqrt{3}} = 220 \text{ (V)}$$

设 $\dot{U}_A = 220\angle 0°$，则

$$\dot{U}_B = 220\angle{-120°} \text{ (V)}$$

$$\dot{U}_C = 220\angle{120°} \text{ (V)}$$

各相电流为

$$\dot{I}_A = \frac{\dot{U}_A}{Z_A} = \frac{220\angle 0°}{17.32+j10} = 11\angle{-30°} \text{ (A)}$$

$$\dot{I}_B = \frac{\dot{U}_B}{Z_B} = \frac{220\angle{-120°}}{17.32+j10} = 11\angle{-150°} \text{ (A)}$$

$$\dot{I}_C = \frac{\dot{U}_C}{Z_C} = \frac{220\angle{120°}}{17.32+j10} = 11\angle{-90°} \text{ (A)}$$

中性线电流为

$$\dot{I}_N = \dot{I}_A + \dot{I}_B + \dot{I}_C = 11\angle{-30°} + 11\angle{-150°} + 11\angle{-90°} = 0 \text{ (A)}$$

其相量图如图 5.2.8（b）所示。

（2）由于三相电流对称，中性线电流为 0，断开中性线时三相电流不变。

（3）此情况下 $\dot{I}_A$、$\dot{I}_B$ 不变，$\dot{I}_C$ 及 $\dot{I}_N$ 将变为

$$\dot{I}_C = \frac{\dot{U}_C}{Z_C} = \frac{220\angle{120°}}{20} = 11\angle{120°} \text{ (A)}$$

$$\dot{I}_N = \dot{I}_A + \dot{I}_B + \dot{I}_C = 11\angle{-30°} + 11\angle{-150°} + 11\angle{120°} = 5.694\angle{-165.0°} \text{ (A)}$$

其相量图如图 5.2.8（c）所示。

由本例可知，有阻抗为 0 的中性线时，星形连接负载承受的相电压为线电压的 1/ $\sqrt{3}$ ，负载对称时，负载电流也对称，其有效值为

$$I_l = I_p = \frac{U_p}{|Z|} = \frac{220}{20} = 11 \text{（A）}$$

负载对称时，中性线不起作用；如果负载不对称，则阻抗为 0（或很小）的中性线能使负载处在电源的对称电压作用下，但中性线有电流。

【**例 5.2.4**】 将上例中的负载改为三角形连接，接到同样电源上，如图 5.2.9 （a）所示。试求：

（1）负载对称时各相电流和线电流。

（2）BC 相负载断开后的各相电流和线电流。

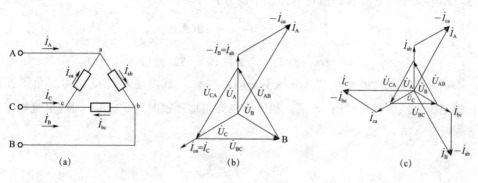

图 5.2.9 ［例 5.2.4］

解：（1）为了与上例比较，仍设 $\dot{U}_A = 220 \underline{/0°}$ V，则可得

$$\dot{U}_{AB} = \sqrt{3}\dot{U}_A \underline{/30°} = 380 \underline{/30°} \text{（V）}$$

$$\dot{U}_{BC} = \sqrt{3}\dot{U}_B \underline{/30°} = 380 \underline{/-90°} \text{（V）}$$

$$\dot{U}_{CA} = \sqrt{3}\dot{U}_C \underline{/30°} = 380 \underline{/150°} \text{（V）}$$

三角形连接负载承受线电压，各相电流为

$$\dot{I}_{ab} = \frac{\dot{U}_{AB}}{Z_A} = \frac{380 \underline{/30°}}{17.32 + j10} = 19 \underline{/0°} \text{（A）}$$

$$\dot{I}_{bc} = \frac{\dot{U}_{BC}}{Z_B} = \frac{380 \underline{/-90°}}{17.32 + j10} = 19 \underline{/-120°} \text{（A）}$$

$$\dot{I}_{ca} = \frac{\dot{U}_{CA}}{Z_C} = \frac{380 \underline{/150°}}{17.32 + j10} = 19 \underline{/120°} \text{（A）}$$

各线电流为

$$\dot{I}_A = \sqrt{3}\dot{I}_{ab} \underline{/-30°} = \sqrt{3} \times 19 \underline{/0°} \times \underline{/-30°} = 32.91 \underline{/-30°} \text{（A）}$$

$$\dot{I}_B = \sqrt{3}\dot{I}_{bc} \underline{/-30°} = \sqrt{3} \times 19 \underline{/-120°} \times \underline{/-30°} = 32.91 \underline{/-150°} \text{（A）}$$

$$\dot{I}_C = \sqrt{3}\dot{I}_{ca} \underline{/-30°} = \sqrt{3} \times 19 \underline{/120°} \times \underline{/-30°} = 32.91 \underline{/90°} \text{（A）}$$

其相量如图 5.2.9 (b) 所示。

(2) 如 BC 相负载断开，则 $\dot{I}_{bc}=0$，而 $\dot{I}_{ab}$、$\dot{I}_{ca}$ 不变。此情况下线电流为

$$\dot{I}_A = \dot{I}_{ab} - \dot{I}_{ca} = \sqrt{3}\,\dot{I}_{ab} \underline{/-30°} = 32.91\underline{/-30°} \text{ (A)}$$

$$\dot{I}_B = \dot{I}_{bc} - \dot{I}_{ab} = -\dot{I}_{ab} = 19\underline{/180°} \text{(A)}$$

$$\dot{I}_C = \dot{I}_{ca} - \dot{I}_{bc} = \dot{I}_{ca} = 19\underline{/120°} \text{ (A)}$$

可见 $\dot{I}_A$ 并不变，而 $\dot{I}_B$、$\dot{I}_C$ 将发生变化，其相量如图 5.2.9 (c) 所示。

由本例可见，三角形连接负载承受线电压，端线阻抗为 0（或很小）时，负载的电压不受负载不对称和负载变动影响。对称的三角形连接负载的电流对称，线电流也对称，相电流和线电流有效值可直接按下面方式计算。

$$I_p = \frac{U_1}{|Z|} = \frac{380}{20} = 19(\text{A})$$

$$I_1 = \sqrt{3}\,I_p = \sqrt{3} \times 19 = 32.91(\text{A})$$

比较本例和上例可见，电源电压不变时，对称负载由星形连接改为三角形连接后，相电压为星形连接时的 $\sqrt{3}$ 倍，相电流也为星形连接时的 $\sqrt{3}$ 倍，而线电流则为星形连接时的 3 倍。

练 习 题

一、填空题

5.2.1 三相电路中，对称三相电源、负载一般有_____或_____两种特定的连接方式。

5.2.2 三相电压源的 Y 连接是把三个末端连在一起，成为一个公共点 N，叫做_____点，简称_____；从三个始端分别引出_____与外部相连。

5.2.3 三相电路中，两根端线间的电压叫_____规定其参考方向从 A 线到 B 线、_____、_____。

5.2.4 三相电路中，每根端线的电流叫_____电流，规定其参考方向从_____到_____。

5.2.5 Y 连接负载中点 N′ 与 Y 连接独立源中点 N 间的电压叫_____。规定其参考方向从_____到_____。

5.2.6 三相四线制供电系统中可以获得两种电压，即____和_____。

5.2.7 如果三相负载的每相负载的复阻抗都相同，则称为_____。

5.2.8 三相电路中若电源对称，负载也对称，则称为_____电路。

5.2.9 对称三相负载为星形连接，当线电压为 220V 时，相电压等于_____；线电压为 380V 时，相电压等于_____。

二、选择题

5.2.10 一台三相电动机，每组绕组的额定电压为 220V，对称三相电源的线电

压 $U_l=380V$，则三相绕组应采用（　　　）。

A. 星形连接，不接中性线　　　　　B. 星形连接，并接中性线

C. 星形连接，有无中性线均可　　　D. 三角形连接

5.2.11　一台三相电动机绕组星形连接，接到 $U_l=380V$ 的三相电源上，测得线电流 $I_l=10A$，则电动机每组绕组的阻抗为（　　　）Ω。

A. 38　　　　　　B. 22　　　　　　C. 66　　　　　　D. 11

5.2.12　三相电源线电压为 380V，对称负载为星形连接，未接中性线。如果某相突然断掉，其余两相负载的电压均为（　　　）V。

A. 380　　　　　　B. 220　　　　　　C. 190　　　　　　D. 无法确定

三、是非题

5.2.13　对称三相电源，其三相电压瞬时值之和恒为零，所以三相电压瞬时值之和为零的三相电源，就一定为对称三相电源。　　　　　　　　　　　　（　　　）

5.2.14　从三相电源的三个绕组的始端 A、B、C 引出的三根线叫端线，俗称火线。　　　　　　　　　　　　　　　　　　　　　　　　　　　　（　　　）

5.2.15　三相电源无论对称与否，三个线电压的相量和恒为零。　　（　　　）

5.2.16　三相电源无论对称与否，三个相电压的相量和恒为零。　　（　　　）

5.2.17　目前电力网的低压供电系统又称为民用电，该电源即为中性点接地的星形连接，并引出中性线（零线）。

5.2.18　对称三相电源绕组在作三角形连接时，在连成闭合电路之前，应该用电压表测量闭合回路的开口电压，如果读数为两倍的相电压，则说明一相接错。

　　　　　　　　　　　　　　　　　　　　　　　　　　　　　　（　　　）

5.2.19　三相电路中一般所说的电压，如不加以说明都指线电压而言。（　　　）

5.2.20　对称三相电路星形连接，中性线电流不为零。　　　　　　（　　　）

5.2.21　在三相四线制电路中，中性线上的电流是三相电流之和，所以中性线应选用截面积比端线（火线）截面积更粗的导线。　　　　　　　　　　（　　　）

四、计算题

5.2.22　三相对称负载星形连接，每相为电阻 $R=12\Omega$，感抗 $X_L=12\Omega$ 的串联负载，接于线电压 $U_l=380V$ 的三相电源上，试求相电流 $\dot{I}_A$、$\dot{I}_B$、$\dot{I}_C$，并画相量图。

5.3　对称三相电路的特点和计算

第 4 章所讨论的有关单相正弦交流电路的基本理论、基本定律和基本分析方法，同样适用于三相正弦交流电路。本节首先要分析对称三相电路的特点，而后根据其特点，运用单相正弦交流电路的解题思路进行分析。

对称的三相电源、对称的三相负载，通过复阻抗相等的三相输电线连接而成的电路就是对称的三相电路。如图 5.3.1 所示，对称三相电源采用星形连接。对

5.3 ▶

对称三相
电路的计算

称三相负载也采用星形连接，且有中性线。这种连接称为 Y－Y 连接的三相四线制电路。

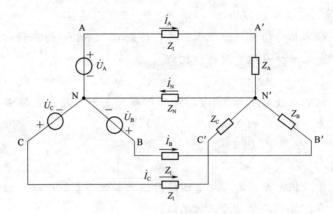

图 5.3.1 三相四线制电路

设每相负载复阻抗均为 Z，N 为电源中点，N' 为负载的中点。设中线的复阻抗为 Z_N。每相负载上的电压称为负载相电压，用 $\dot{U}_{A'N'}$、$\dot{U}_{B'N'}$、$\dot{U}_{C'N'}$ 表示；负载端线之间的电压称为负载的线电压，用 $\dot{U}_{A'B'}$、$\dot{U}_{B'C'}$、$\dot{U}_{C'A'}$ 表示。端线中的电流用 $\dot{I}_A$、$\dot{I}_B$、$\dot{I}_C$ 表示。对于负载 Y 连接的电路，线电流等于对应相电流。

三相电路实际上是一个较复杂的正弦交流电路，采用节点电位法分析此电路可得

$$\dot{U}_{N'N} = \frac{\dfrac{1}{Z+Z_1}(\dot{U}_A + \dot{U}_B + \dot{U}_C)}{\dfrac{3}{Z+Z_1} + \dfrac{1}{Z_N}} = 0 \tag{5.3.1}$$

结论是中性点之间的电压为 0，即负载中性点与电源中性点等电位，它与中性线阻抗的大小无关。由此可得

$$\dot{U}_{A'N'} = \dot{U}_A$$
$$\dot{U}_{B'N'} = \dot{U}_B$$
$$\dot{U}_{C'N'} = \dot{U}_C$$

上式表明：负载相电压等于电源相电压（在忽略输电线阻抗时），即负载三相电压也为对称三相电压。若以 $\dot{U}_A$ 为参考相量，则线电流为

$$\left.\begin{aligned}
\dot{I}_A &= \frac{\dot{U}_A - \dot{U}_{N'N}}{Z_1 + Z} = \frac{\dot{U}_A}{Z_1 + Z} \\[2mm]
\dot{I}_B &= \frac{\dot{U}_B - \dot{U}_{N'N}}{Z_1 + Z} = \frac{\dot{U}_B}{Z_1 + Z} = \frac{\dot{U}_A}{Z_1 + Z}\angle{-120°} = a^2\,\dot{I}_A \\[2mm]
\dot{I}_C &= \frac{\dot{U}_C - \dot{U}_{N'N}}{Z_1 + Z} = \frac{\dot{U}_C}{Z_1 + Z} = \frac{\dot{U}_A}{Z_1 + Z}\angle{120°} = a\,\dot{I}_A
\end{aligned}\right\} \tag{5.3.2}$$

式 (5.3.2) 可见，三个线电流也是与电源同相序的对称量。因此，中性线电流

$\dot{I}_N$ 为 0，即

$$\dot{I}_N = \dot{I}_A + \dot{I}_B + \dot{I}_C = 0 \tag{5.3.3}$$

中性线可认为不起作用。而线电流等于对应相电流，则负载的相电压分别为

$$\dot{U}_{A'N'} = Z\dot{I}_A$$
$$\dot{U}_{B'N'} = Z\dot{I}_B = a^2\dot{U}_{A'N'} \tag{5.3.4}$$
$$\dot{U}_{C'N'} = Z\dot{I}_C = a\dot{U}_{A'N'}$$

负载的相电压也是对称的，当然负载侧的线电压也对称。

以上分析可知，对称 Y-Y 三相电路具有下列一些特点：

（1）中性线不起作用。即使考虑了中性线的阻抗（ $Z_N \neq 0$ ），但无论中线阻抗为何值，中点电压 $\dot{U}_{N'N}$ 均为 0，故中性线电流 $\dot{I}_N = 0$。所以在对称三相电路中，不论有没有中性线，中性线阻抗为何值，电路的情况都一样。

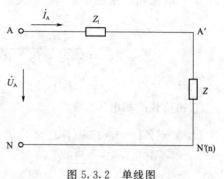

图 5.3.2 单线图

（2）每相的电流、电压仅由该相的电源和阻抗参数决定，各相之间彼此不相关，即各相响应具有独立性。

（3）各相的电流、电压响应都是和电源激励同相序的对称量。

根据上述特点，对称 Y-Y 三相电路的一般计算步骤可归结为：

（1）电路中三相电源都看成或化成等效 Y 连接，等效 Y 连接电压源的相电压为 $U_l/\sqrt{3}$ ；如果对称负载采用的是△连接，则将△连接负载化为等效 Y 连接， $Z_Y = \frac{1}{3}Z_\triangle$ 。

（2）取出一相电路（通常取 A 相）来计算，用短路线将 N 和点 $N'(n)$ 连接起来，画出与计算一相所对应的单线图，如图 5.3.2 所示，根据单线图中的电源相电压和该相电路阻抗参数计算出线电流。因为 $\dot{U}_{N'N} = 0$ ，所以计算一相的电路图中不包括中性线阻抗 Z_N 。

（3）如果负载是星形连接，则线电流也是负载的相电流，进一步计算出负载的相电压、线电压等响应。如果负载是三角形连接，则回到原电路，由线电流计算出相应负载的相电流，进一步计算出负载的相电压等响应。

（4）最后根据电路响应的对称性，推知其他两相的电流、电压响应，无须逐相计算。

由于 $\dot{U}_{N'N} = 0$ ，所以负载一侧的线电压与相电压的关系同电源的线电压与相电压的关系相同，即

$$\left.\begin{array}{l}\dot{U}_{A'B'} = \sqrt{3}\dot{U}_{A'N'} \underline{/-30°} \\[2mm] \dot{U}_{B'C'} = \sqrt{3}\dot{U}_{B'N'} \underline{/-30°} = \dot{U}_{A'B'} \underline{/-120°} \\[2mm] \dot{U}_{C'A'} = \sqrt{3}\dot{U}_{C'N'} \underline{/-30°} = \dot{U}_{A'B'} \underline{/120°}\end{array}\right\} \qquad (5.3.5)$$

【例 5.3.1】　如图 5.3.3 所示为一对称三相电路，对称三相电源的线电压为 380V，每相负载的阻抗 $Z = 15 + j10\Omega$，输电线阻抗 $Z_l = 1 + j2\ \Omega$，求三相负载的相电压、线电压、相电流。

解： 电源相电压 $U_p = \dfrac{380}{\sqrt{3}} = 220V$　设 $\dot{U}_A = 220 \underline{/0°}$ V

则 $\dot{I}_A = \dfrac{\dot{U}_A}{Z_l + Z} = \dfrac{220 \underline{/0°}}{1 + j2 + 15 + j10} = \dfrac{220 \underline{/0°}}{20 \underline{/36.87°}} = 11 \underline{/-36.87°}$ (A)

由对称性得　　　　　$\dot{I}_B = 11 \underline{/-156.9°}$ A　　　$\dot{I}_C = 11 \underline{/83.13°}$ A

三相负载的相电压

$$\begin{aligned}\dot{U}_{A'N'} &= Z\dot{I}_A = (15 + j10) \times 11 \underline{/-36.87°} = 18.03 \underline{/33.69°} \times 11 \underline{/-36.87°} \\ &= 198.3 \underline{/-3.18°} \text{(V)}\end{aligned}$$

$$\dot{U}_{B'N'} = 198.3 \underline{/-123.2°} \text{ V}$$

$$\dot{U}_{C'N'} = 198.3 \underline{/116.8°} \text{ V}$$

三相负载的线电压　　　　$\dot{U}_{A'B'} = \sqrt{3}\dot{U}_{A'N'} \underline{/30°} = 343.5 \underline{/26.82°}$ (V)

$$\dot{U}_{B'C'} = 343.5 \underline{/-93.20°} \text{ V}$$

$$\dot{U}_{C'A'} = 343.5 \underline{/146.8°} \text{ V}$$

可见由于输电线路阻抗的存在，负载的相电压、线电压与电源的相电压、线电压不相等，但仍然是对称的。

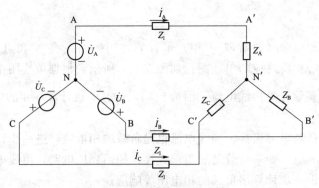

图 5.3.3　［例 5.3.1］

如果对称负载采用的是三角形连接的电路，可以利用阻抗的 Y-△等效变换，将负载变换为星形连接，再按 Y-Y 连接的电路进行计算。

【例 5.3.2】　有一对称三相电路如图 5.3.4（a）所示，对称三相电源线电压为

6.6kV。每相负载阻抗 $Z = 105 + j60\Omega$，线路阻抗 $Z_l = 2 + j4\Omega$，求负载的相电压、相电流和线电流。

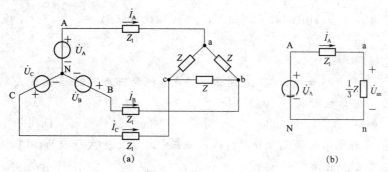

图 5.3.4　[例 5.3.2] 电路图

解：将△连接的对称三相负载变换成 Y 连接的对称三相负载。取经变换后的电路中的一相等效电路，如图 5.3.4（b）所示。

电源相电压　　　　　　$U_p = \dfrac{6600}{\sqrt{3}} = 3811(\text{V})$

设　　　　　　　　　　$\dot{U}_A = 3811 \underline{/0°}\ \text{V}$

线电流 $\dot{I}_A = \dfrac{\dot{U}_A}{Z_l + Z/3} = \dfrac{3811\underline{/0°}}{2 + j4 + 35 + j20} = \dfrac{3811\underline{/0°}}{44.10\underline{/32.97°}} = 86.42\underline{/-32.97°}\ \text{(A)}$

三角形连接时的负载相电流

$\dot{I}_{ab} = \dfrac{1}{\sqrt{3}}\dot{I}_A\underline{/30°} = \dfrac{1}{\sqrt{3}} \times 86.42\underline{/-32.97°} \times \underline{/30°} = 49.90\underline{/-2.970°}\text{(A)}$

根据图 5.3.4（a）可得△连接负载的相电压

$\dot{U}_{ab} = Z\dot{I}_{ab} = 120.9\underline{/29.74°} \times 49.90\underline{/-2.970°} = 6033\underline{/26.77°}\ \text{(V)}$

由于负载采用的是△连接，负载的相电压也是负载的线电压。

最后，根据对称性即可得其他两相的相电压、相电流和线电流。

练　习　题

5.3 ⊤
测试题

一、填空题

5.3.1　星形连接的对称三相电路，无论中线阻抗为何值，均有中点电压 $\dot{U}_{N'N} = $ _____；中线电流 $\dot{I}_N = $ _____。

5.3 Ⓓ
练习题答案

5.3.2　星形连接的对称三相电路，每相的电流、电压仅由该相的电源和阻抗参数决定，即各相响应具有 _____。

5.3.3　对称三相电路，各相的电流、电压响应都是和电源激励 _____ 的对称量。

5.3.4　对称三相电路，负载为星形连接，测得各相电流均为 5A，则中性线电

流 $I_N =$ _____；当 U 相负载断开时，中性线电流 $I_N =$ _____。

5.3.5 星形连接的对称三相电路，已知电源的线电压 $u_{AB} = 380\sqrt{2}\sin(314t)\,V$，C 相线电流为 $i_C = \sqrt{2}\sin(314t + 30°)\,A$，则 A 相线电流 $i_A =$ _____，负载复阻抗 $Z =$ _____。

二、选择题

5.3.6 三相电路如题 5.3.6 图所示，若电源线电压为 220V，则当 A 相负载短路时，电压表 V 的读数为（   ）V。

A. 0   B. 220   C. 380   D. 190

5.3.7 三相电路如题 5.3.6 图所示，若正常时电流表 A 读数为 10A，则当 A 相开路时，电流表 A 的读数为（   ）A。

A. 10   B. 5   C. $5\sqrt{3}$ D. $10\sqrt{3}$

5.3.8 三相四线制对称电路，负载星形连接时线电流为 5A，当两相负载电流减至 2A 时，中性线电流变为（   ）A。

A. 0   B. 3   C. 5   D. 8

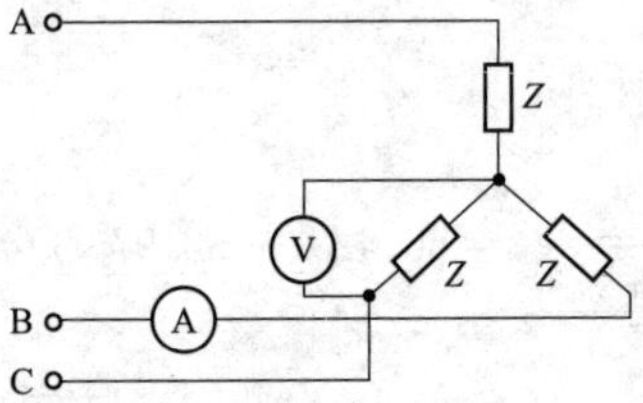

题 5.3.6 图

5.3.9 对称三相三线制电路，负载为星形连接，对称三相电源的线电压为 380V，测得每相电流均为 5.5A。若在此负载下，装中性线一根，中性线的复阻抗为 $Z_N = (6 + j8)\,\Omega$，则此时负载相电流的大小（   ）。

A. 不变   B. 增大

C. 减小   D. 无法确定

三、是非题

5.3.10 三相电动机的三个线圈组成对称三相负载，因而不必使用中性线，电源可用三相三线制。   （   ）

5.3.11 要将额定电压为 220V 的对称三相负载接于额定线电压为 380V 的对称三相电源上，则负载应作星形连接。   （   ）

5.3.12 对称三相三线制和对称三相四线制的负载，都可按单相电路的分析方法进行计算。   （   ）

5.3.13 电源和负载都是星形连接无中性线的对称三相电路，计算时可假定有中性线存在，将其看成是三相四线制电路计算。   （   ）

5.3.14 由一组三相电源向一组负载供电时，电源的线电流等于负载的线电流；由一组三相电源同时向对多组负载供电时，电源的线电流等于各负载线电流的相量和。   （   ）

5.4   不对称三相电路分析

在三相电路中，如果三相电源不对称或者是三相负载不对称，或者是对称三相电路发生了短路、开路的故障，则三相电路就是不对称的三相电路。在生产实际中，一般来说三相电源是对称的，负载出现三相不对称的情况，主要出现在低压配电网中，这部分负载一般采用星形连接，例如日常照明电路就属于这种。

对于不对称 Y-Y 连接电路，常采用中性点电压法分析计算，即先计算出三相电路中性点之间的电压，进一步再求各负载的电压、电流。图 5.4.1 所示三相四线制电路中，负载不对称，假设电源内阻抗和线路阻抗忽略不计，中性线阻抗为 Z_N。

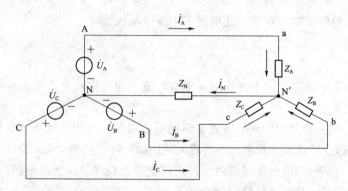

图 5.4.1　Y-Y 连接的不对称三相电路

根据弥尔曼定理可求得电路中点电压为

$$\dot{U}_{N'N} = \frac{\dfrac{\dot{U}_A}{Z_A} + \dfrac{\dot{U}_B}{Z_B} + \dfrac{\dot{U}_C}{Z_C}}{\dfrac{1}{Z_A} + \dfrac{1}{Z_B} + \dfrac{1}{Z_C} + \dfrac{1}{Z_N}} \tag{5.4.1}$$

那么各相负载的相电压为

$$\left. \begin{aligned} \dot{U}_{AN'} &= \dot{U}_A - \dot{U}_{N'N} \\ \dot{U}_{BN'} &= \dot{U}_B - \dot{U}_{N'N} \\ \dot{U}_{CN'} &= \dot{U}_C - \dot{U}_{N'N} \end{aligned} \right\} \tag{5.4.2}$$

三相负载不对称，如果没有中性线，或者是有中线，但中线的阻抗较大，式 (5.4.1) 中的 $\dot{U}_{nN} \neq 0$，出现了中点电压，这种现象称为中点位移。而因为负载中性点 n 与电源中性点 N 点电位不相等，因为中点位移的存在使得负载相电压不对称，各相负载电压相量图如图 5.4.2 所示，从相量图可知，中点电压越大（即中点位移越大），三相负载相电压就越不对称，有的相低于电压源电压，有的高于电压源电压，甚至可能高过电源的线电压。且负载变化，中点电压也要变化，各相负载的电压也都跟随着变化。对于三相三线制电路，$Z_N = \infty$，在负载阻抗一定时，中性点电压 $\dot{U}_{nN}$ 此时最大，将使负载电压出现严重的不对称。

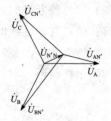

图 5.4.2　不对称三相电路
中点位移

各相电流为

$$\left.\begin{array}{l} \dot{I}_A = \dfrac{\dot{U}_{an}}{Z_A} \\[2mm] \dot{I}_B = \dfrac{\dot{U}_{bn}}{Z_B} \\[2mm] \dot{I}_C = \dfrac{\dot{U}_{cn}}{Z_C} \end{array}\right\} \qquad (5.4.3)$$

显然，各相电流亦不对称，此情况下中性线电流为

$$\dot{I}_N = \frac{\dot{U}_{nN}}{Z_N} = \dot{I}_A + \dot{I}_B + \dot{I}_C \neq 0$$

因此，负载不对称时，中性线上一定有电流，而且中点电压大小与中性线阻抗大小有关。

由式（5.4.1）可知，中点电压直接影响到负载各相电压的大小。如果各相负载电压相差过大，就会给负载工作带来不良后果。例如，对于照明负载，由于白炽灯额定电压是一定的，当某一相的电压过高时，白炽灯就会被烧坏，而当某一相的电压过低时，白炽灯的亮度不足，显然这种情况会造成负载不正常工作，甚至损坏。由上述分析可知，造成负载电压不对称的根本原因是出现中性点电压 $\dot{U}_{nN}$，如果中性点电压能减小，三相负载电压的不对称的程度就会降低。对于不对称 Y 连接负载，如果有中线，且中线的阻抗 Z_N 很小，就能够迫使中点电压很小，从而使负载电压近似等于电源线电压的 $1/\sqrt{3}$，而且几乎不随负载的变化而变化，即三相不对称负载可获得近似于对称的工作电压，保证负载的正常工作。因此，照明线路都采用三相四线制供电，且供电线路的中性线必须采用阻抗很小且具有足够机械强度的导线，同时规定总中线上不准装设熔断器或开关。

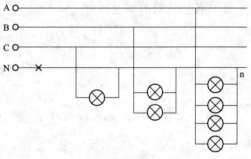

图 5.4.3 ［例 5.4.1］

【**例 5.4.1**】 电路如图 5.4.3 所示，每只灯泡的额定电压为 220V，额定功率为 100W，电源系 220/380V 电网，试求：

（1）有中性线时（即三相四线制），各灯泡的亮度是否一样。

（2）中性线断开时（即三相三线制），各灯泡能正常发光吗？

解：（1）有中性线时，尽管此时三相负载不对称，但是有中性线，加在各相灯泡上的电压均为 220V，各灯泡正常发光，亮度一样。

（2）中性线断开时，由结点电位法得中性点之间电压

$$\dot{U}_{nN} = \frac{\dfrac{\dot{U}_A}{R_a} + \dfrac{\dot{U}_B}{R_b} + \dfrac{\dot{U}_C}{R_c}}{\dfrac{1}{R_a} + \dfrac{1}{R_b} + \dfrac{1}{R_c}}$$

每盏灯泡电阻为

$$R = \frac{U_P^2}{P} = \frac{220^2}{100} = 484(\Omega)$$

各相负载电阻为

$$R_a = \frac{R}{4} = 121\Omega, \quad R_b = \frac{R}{2} = 242\Omega, \quad R_c = R = 484\Omega$$

则

$$\dot{U}_{nN} = \frac{\dfrac{220 \underline{/0^\circ}}{121} + \dfrac{220 \underline{/-120^\circ}}{242} + \dfrac{220 \underline{/120^\circ}}{484}}{\dfrac{1}{121} + \dfrac{1}{242} + \dfrac{1}{484}}$$

$$= 83.16 \underline{/-19.11^\circ} (V)$$

各负载相电压为

$$\dot{U}_{an} = \dot{U}_A - \dot{U}_{nN} = 220 \underline{/0^\circ} - 83.16 \underline{/-19.11^\circ} = 144.0 \underline{/10.90^\circ} (V)$$

$$\dot{U}_{bn} = \dot{U}_B - \dot{U}_{nN} = 220 \underline{/-120^\circ} - 83.16 \underline{/-120^\circ} = 249.5 \underline{/-139.1^\circ} (V)$$

$$\dot{U}_{cn} = \dot{U}_C - \dot{U}_{nN} = 220 \underline{/120^\circ} - 83.16 \underline{/-19.11^\circ} = 288.0 \underline{/130.9^\circ} (V)$$

由计算结果可以看出，A 相灯泡上的电压只有 144V，发光不足，而 C 相灯泡上的电压远超过额定电压，C 相灯泡被烧坏。

【例 5.4.2】 示相器是用来测定三相电源相序的，电路如图 5.4.4 所示，任意指定电源的一相为 A 相接电容，其他两相接规格相同的白炽灯，且 $\dfrac{1}{\omega C} = R$，接通电源后，如何根据两个白炽灯的亮暗程度确定相序？

解： 根据式（5.4.1），首先求出中点电压

设 $\qquad \dot{U}_A = U_p \underline{/0^\circ}$ V

$$\dot{U}_{N'N} = \frac{j\omega C \dot{U}_A + G\dot{U}_B + G\dot{U}_C}{j\omega C + 2G}$$

$$= \frac{jU_p \underline{/0^\circ} + U_p \underline{/-120^\circ} + U_p \underline{/120^\circ}}{j+2}$$

$$= \frac{-1+j}{2+j} U_p$$

$$= (-0.2 + j0.6)U_p = 0.6325U_p \underline{/108.4^\circ} \text{ V}$$

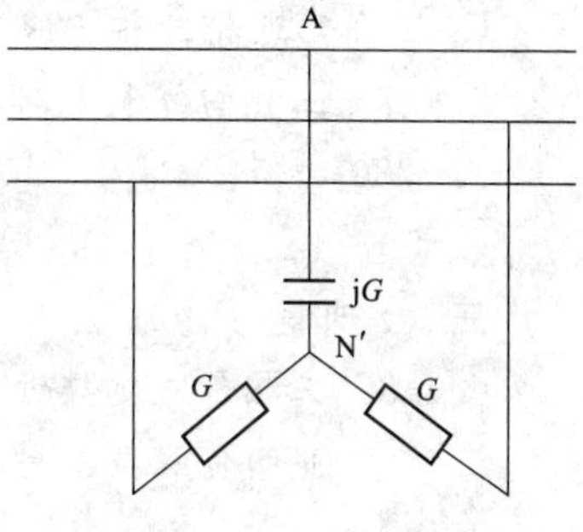

图 5.4.4 ［例 5.4.2］

由式（5.4.2），可求出 B 相和 C 相白炽灯承受的电压：

$$\dot{U}_{BN'} = \dot{U}_B - \dot{U}_{N'N} = U_p \underline{/-120^\circ} - (-0.2 + j0.6) = 1.496U_p \underline{/-101.6^\circ} (V)$$

$$\dot{U}_{CN'} = \dot{U}_C - \dot{U}_{N'N} = U_p \underline{/120^\circ} - (-0.2 + j0.8) = 0.401U_p \underline{/131.6^\circ} (V)$$

根据上述结果可以得出结论：灯泡比较亮的所接的相为 B 相，灯泡较暗的所接的相则为 C 相。因为 B 相白炽灯的电压超过额定电压，实际每相用两只白炽灯串联。

练 习 题

一、填空题

5.4.1 对于星形连接的不对称三相电路，首先应用_____定理求出中点电压，进一步求负载的相电压和相电流。

5.4.2 三相四线制电路中，负载线电流之和 $\dot{I}_A + \dot{I}_B + \dot{I}_C =$ _____，负载线电压之和 $\dot{U}_{AB} + \dot{U}_{BC} + \dot{U}_{CA} =$ _____。

5.4.3 三相四线制系统是指有三根_____和一根_____组成的供电系统，其中相电压是指_____与_____之间的电压，线电压是指_____和_____之间的电压。

5.4.4 照明负载如_____断开，电路就不能正常工作，所以四线制电路中，中线要有足够的_____，同时总中线上不应装_____。

二、选择题

5.4.5 在三相四线制的中性线上，不住安装开关和熔断器的原因是（   ）。

A. 中性线上没有电缆

B. 开关接通或断开对电路无影响

C. 安装开关和熔断器降低中性线的机械强度

D. 开关断开或熔丝熔断后，三相不对称负载承受三相不对称电压的作用，无法正常工作，严重时会烧毁负载

5.4.6 日常生活中，照明线路采用的是（   ）接法。

A. 星形连接三相三线制   B. 星形连接三相四线制

C. 三角形连接三相三线制   D. 既可为三线制，又可为四线制

5.4.7 三相四线制电路，电源线电压为 380V，则负载的相电压为（   ）V。

A. 380   B. 220

C. 537.4   D. 负载的阻值未知，无法确定

三、是非题

5.4.8 三相负载越接近对称，中性线电流就越小。   （   ）

5.4.9 照明负载虽不对称但接近对称，中线电流很小所以中线一般较端线细。

（   ）

5.4.10 不对称三相负载作星形连接，为保证相电压对称，必须有中性线。（   ）

5.5 三 相 电 路 的 功 率

在掌握了对称以及不对称三相电路电压、电流的基础上，就可以进一步分析三相电路功率的计算和测量。

5.5.1 三相电路功率的计算

三相电路中，三相独立源（三相负载）的总有功功率、总无功功率分别等于每相

5.5 ▶

三相电路
的功率

的有功功率、无功功率之和，即

$$P = P_A + P_B + P_C = U_{pA}I_{pA}\cos\varphi_A + U_{pB}I_{pB}\cos\varphi_B + U_{pC}I_{pC}\cos\varphi_C$$

$$Q = Q_A + Q_B + Q_C = U_{pA}I_{pA}\sin\varphi_A + U_{pB}I_{pB}\sin\varphi_B + U_{pC}I_{pC}\sin\varphi_C$$

总视在功率

$$S \neq S_A + S_B + S_C$$

$$S = \sqrt{P^2 + Q^2} \tag{5.5.1}$$

1. 三相总有功功率

在对称三相电路中，由于每相独立源（或负载）不但相电压有效值相等，相电流有效值相等，而且每相电压比电流超前的相位差也相等，所以每相的有功功率、无功功率都分别相等，即在对称三相电路中，每一相的三倍就是三相的总数。同时，根据负载星形及三角形接法时线、相电压和线、相电流的关系，可分析得到对称三相总有功功率

$$P = 3P_A = 3U_pI_p\cos\varphi = \sqrt{3}U_1I_1\cos\varphi \tag{5.5.2}$$

式中：U_p、I_p 分别为负载的相电压和相电流；U_1、I_1 分别为负载的线电压和线电流；φ 为相电压比相电流超前的相位差（对负载而言，φ 就是负载的阻抗角）。

2. 三相总无功功率

同样的方法可以得到对称三相总无功功率：

$$Q = \sqrt{3}U_1I_1\sin\varphi \tag{5.5.3}$$

3. 三相总视在功率与功率因数

定义对称三相电路的功率因数：

$$\lambda' = \frac{P}{S} = \cos\varphi' \tag{5.5.4}$$

在对称三相电路中，三相总视在功率：

$$S = \sqrt{3}U_1I_1 \tag{5.5.5}$$

$$\lambda' = \lambda = \cos\varphi$$

在不对称三相电路中，三相总视在功率可用式（5.5.5）计算，由于各相的功率因数不同，其功率因数值无实际意义。

5.5.2 三相电路有功功率测量

三相四线制电路，无论对称或不对称，一般可用专门的三相三元件有功功率表或三只单相功率表分别测量每一相的功率，如图 5.5.1 所示，然后相加得出三相总有功功率。

对于三相三线制电路，无论是否对称，都可以用专门的三相二元件有功功率表或两只单相功

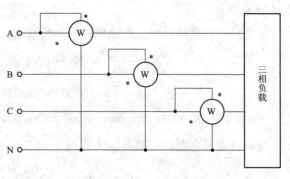

图 5.5.1 三表法

223

率表测量三相有功功率，称为两表法。两只功率表的电流线圈分别串入任意两相的相线中（例如 A、B 两相），电压线圈的非发电机端（即无 * 端）接到第三相相线（即 C 相）上，如图 5.5.2 所示。这时，两个功率表读数的代数和等于三相有功功率值。

另外，可以证明对称三相正弦交流电路的总瞬时功率等于平均功率 P，是不随时间变化的常数，电路瞬时功率恒定的这种性质称为瞬时功率的平衡，瞬时功率平衡的电路称为平衡制电路。对三相电动机来说，瞬时功率恒定意味着电动机转动平稳，这是三相制的重要优点之一。

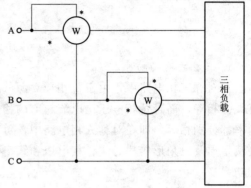

图 5.5.2　两表法

【例 5.5.1】 一台 △ 连接三相电动机的总有功功率、线电压、线电流分别是 2.4kW、380V、6.078A，试求它的功率因数和每相阻抗。

解： 由式（5.5.2）可知，这台电动机的功率因数为

$$\lambda = \cos\varphi = \frac{P}{\sqrt{3}U_l I_l} = \frac{2.4 \times 10^3}{\sqrt{3} \times 380 \times 6.078} = 0.6$$

它每相的阻抗为

$$Z = |Z| \angle \varphi = \frac{U_l}{\dfrac{I_l}{\sqrt{3}}} \angle \arccos\lambda$$

$$= \frac{380}{\dfrac{6.078}{\sqrt{3}}} \angle \arccos 0.6 = 108.3 \angle 53.13° \ \Omega$$

【例 5.5.2】 某三相异步电动机每相绕组的等值阻抗 $|Z| = 20\Omega$，功率因数 $\lambda = 0.8$，正常运行时绕组作三角形连接，电源线电压为 380V。试求：

（1）正常运行时相电流，线电流和电动机的输入功率。

（2）为了减小启动电流，在启动时改接成星形，试求此时的相电流、线电流及电动机输入功率。

解：（1）正常运行时，电动机作三角形连接：

$$I_p = \frac{U_p}{|Z|} = \frac{380}{20} = 19.00(\text{A})$$

$$I_l = \sqrt{3}\,I_p = \sqrt{3} \times 19.00 = 32.91(\text{A})$$

$$P = \sqrt{3}U_l I_l \cos\varphi = \sqrt{3} \times 380 \times 32.91 \times 0.8 = 17.33(\text{kW})$$

（2）启动时，电动机星形连接：

$$I_p = \frac{U_p}{|Z|} = \frac{380/\sqrt{3}}{20} = 10.97 \ (\text{A})$$

$$I_l = I_p = 10.97\text{A}$$

$$P = \sqrt{3}U_l I_l \cos\varphi = \sqrt{3} \times 380 \times 10.97 \times 0.8 = 5.776(\text{kW})$$

从此例可以看出，同一对称三相负载接于电路，当负载作△连接时的线电流是 Y 连接时线电流的 3 倍，作△连接时的功率也是作 Y 连接时功率的 3 倍。即有 $P_\triangle = 3P_Y$。

练 习 题

一、填空题

5.5.1 不对称三相负载有功总功率等于各相负载的_____之和。

5.5.2 在对称三相电路中，φ 为每相负载的阻抗角，若已知相电压 U_p、相电流 I_p，则三相电路总的有功功率 $P = $ _____。

5.5.3 对称三相电路的视在功率 S 与无功功率 Q、有功功率 P 的关系式为_____。

5.5.4 当三相电路对称时，三相瞬时功率之和是一个_____，其值等于三相电路的_____功率，由于这种性能，使三相电动机的稳定性高于单相电动机。

5.5.5 对称三相电路中，三相总有功功率 $P = \sqrt{3}UI\cos\varphi$，其中 U 是_____电压，I 是_____电流，φ 是_____比_____超前的相位差。

（二维码）5.5 ①
测试题

（二维码）5.5 ②
练习题答案

二、选择题

5.5.6 对称三相电路，电源电压 $u_{AB} = 220\sqrt{2}\sin(314t)$ V，负载接成星形连接，已知线电流 $i_C = 2\sqrt{2}\sin(314t + 30°)$ A，则三相总功率 $P = ($ $)$ W。

A. 660   B. 127   C. $220\sqrt{3}$ D. $660\sqrt{3}$

5.5.7 某对称三相负载，当接成星形时，三相功率为 P_Y，保持电源线电压不变，而将负载该接成三角形，则此时三相功率 $P_\triangle = ($ $)$ P_Y。

A. $\sqrt{3}$ B. 1   C. $\dfrac{1}{3}$ D. 3

5.5.8 某一电动机，当电源线电压为 380V 时，作星形连接。电源线电压为 220V 时，作三角形连接。若三角形连接时功率 $P_\triangle = 3\text{kW}$，则星形连接时的功率 $P_Y = ($ $)$ kW。

A. 3   B. 1   C. $\sqrt{3}$ D. 9

三、是非题

5.5.9 对称三相电路有功功率的计算公式为 $P = \sqrt{3}U_l I_l \cos\varphi$，其中 φ 对于星形连接，是指相电压与相电流之间的相位差；对于三角形连接，则是指线电压与线电流之间的相位差。   （   ）

5.5.10 三相负载，无论是作星形或三角形连接，无论对称与否，其总功率均为 $P = \sqrt{3}U_l I_l \cos\varphi$。   （   ）

5.5.11 在相同的线电压作用下，同一三相对称负载作三角形连接时所取用的有功功率为星形联时的 $\sqrt{3}$ 倍。 （ ）

5.5.12 在相同的线电压作用下，三相异步电动机作三角形连接和作星形连接时，所取用的有功功率相等。 （ ）

5.5.13 在对称三相电源上接有甲、乙两组对称三相负载，已知甲组负载的有功功率 $P_1 = 20kW$，乙组负载的有功功率 $P_2 = 30kW$，三相电路的总的功率为 $P = 50kW$。 （ ）

5.5.14 在三相四线制中，三相功率的测量一般采用三瓦计法。 （ ）

5.5.15 在三相三线制中，三相功率的测量一般采用三瓦计法。 （ ）

四、计算题

5.5.16 复阻抗 $Z = 40 + j30\Omega$ 的对称负载，求总的三相功率。

(1) 电源为三角形连接，线电压为220V；

(2) 电源为星形连接，其相电压为220V。

5.5.17 对称纯电阻负载星形连接，其各相电阻为 $R = 100\Omega$，接入线电压为380V 的电源，求总的三相功率。

5.5.18 线电压为380V，$f = 50Hz$ 的三相电源的负载为一台三相电动机，其每相绕组的额定电压为380V，联成三角形运行时，额定线电流为19A，额定输入功率为10kW。求电动机在额定状态下运行时的功率因数及电动机每相绕组的复阻抗。

5.5.19 对称三相负载为感性，接在对称线电压 $U_1 = 380V$ 的对称三相电源上，测得输入线电流 $I_1 = 12.1A$，输入功率为 5.5kW，求功率因数和无功功率。

5.6 三相电压和电流的对称分量

5.6.1 三相制的对称分量

在三相制电路中，有效值相等、频率相同、相位差顺序相等的三个正弦量就是一组对称分量。在三相制中，满足上述定义条件的对称正弦量有以下三种。

1. 正序对称分量

设有三个相量 $\dot{F}_{A1}$、$\dot{F}_{B1}$、$\dot{F}_{C1}$，它们的模相等、频率相同、相位依次相差120°、相序为 $\dot{F}_{A1} \rightarrow \dot{F}_{B1} \rightarrow \dot{F}_{C1}$，如图 5.6.1（a）所示。这样的一组对称正弦量称为正序对称分量，它们的相量表达式为

$$\dot{F}_{A1} \qquad \dot{F}_{B1} = a^2 \dot{F}_{A1} \qquad \dot{F}_{C1} = a \dot{F}_{A1}$$

2. 负序对称分量

设有三个相量 $\dot{F}_{A2}$、$\dot{F}_{B2}$、$\dot{F}_{C2}$，它们的模相等、频率相同、相位依次相差120°、相序为 $\dot{F}_{A2} \rightarrow \dot{F}_{C2} \rightarrow \dot{F}_{B2}$，如图 5.6.1（b）所示。这样的一组对称正弦量称为负序对称分量，它们的相量表达式为

$$\dot{F}_{A2} \qquad \dot{F}_{B2} = a \dot{F}_{A2} \qquad \dot{F}_{C2} = a^2 \dot{F}_{A2}$$

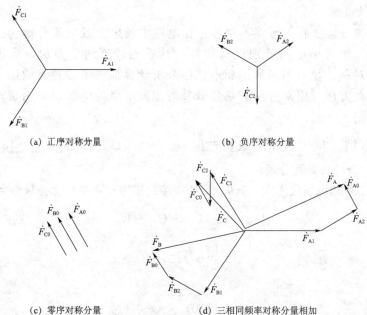

(a) 正序对称分量   (b) 负序对称分量

(c) 零序对称分量   (d) 三相同频率对称分量相加

图 5.6.1　三相制的对称分量

3. 零序对称分量

设有三个相量 $\dot{F}_{A0}$、$\dot{F}_{B0}$、$\dot{F}_{C0}$，它们的模相等、频率相同、相位相同，如图 5.6.1 (c) 所示。这样的一组对称正弦量称为零序对称分量，它们的相量表达式为

$$\dot{F}_{A0} = \dot{F}_{B0} = \dot{F}_{C0}$$

在三相制中，除上述正序、负序、零序三组对称分量外，没有其他对称分量。

将上述三相同频率对称分量相加，一般情况下可以得到一组同频率的不对称三相正弦量，如图 5.6.1 (d) 所示，即

$$\left.\begin{aligned}
\dot{F}_A &= \dot{F}_{A0} + \dot{F}_{A1} + \dot{F}_{A2} \\
\dot{F}_B &= \dot{F}_{B0} + \dot{F}_{B1} + \dot{F}_{B2} = \dot{F}_{A0} + a^2 \dot{F}_{A1} + a \dot{F}_{A2} \\
\dot{F}_C &= \dot{F}_{C0} + \dot{F}_{C1} + \dot{F}_{C2} = \dot{F}_{A0} + a \dot{F}_{A1} + a^2 \dot{F}_{A2}
\end{aligned}\right\} \tag{5.6.1}$$

解联立方程式 (5.6.1)，可得 A 相的三相对称分量：

$$\left.\begin{aligned}
\dot{F}_{A0} &= \frac{1}{3}(\dot{F}_A + \dot{F}_B + \dot{F}_C) \\
\dot{F}_{A1} &= \frac{1}{3}(\dot{F}_A + a\dot{F}_B + a^2\dot{F}_C) \\
\dot{F}_{A2} &= \frac{1}{3}(\dot{F}_A + a^2\dot{F}_B + a\dot{F}_C)
\end{aligned}\right\} \tag{5.6.2}$$

通过以上分析可知：任意一组同频率的不对称三相正弦量都可以应用式 (5.6.2) 分解为三组频率相同、但相序不同的对称正弦量，即对称分量；反之，三组频率相同、相序不同的对称正弦分量，也可以应用式 (5.6.1) 把它们相加得到一组不对称

227

的同频率正弦量。

引用对称分量之后，可将不对称三相电路中的电压或电流分解为三组对称分量，即化为三组对称电路分别进行计算，然后把计算结果叠加，求出实际未知量。可见，对称分量为不对称三相电路的分析计算提供了一种有效的方法，即对称分量法。此方法可用来分析有功负载和考虑发电机等电源设备内部电压降的三相不对称电路。

【例 5.6.1】 试将三相负载相电压 $\dot{U}_{an} = 0$、$\dot{U}_{bn} = \sqrt{3}U_p \underline{/-150°}$、$\dot{U}_{cn} = \sqrt{3}U_p \underline{/150°}$ 分解为对称分量。

解： 将三个相电压代入式（5.6.2）的零序、正序和负序对称分量分别为

$$\dot{U}_{A0} = \frac{1}{3}(\dot{U}_{an} + \dot{U}_{bn} + \dot{U}_{cn})$$

$$= \frac{1}{\sqrt{3}}U_p(\underline{/-150°} + \underline{/150°})$$

$$= U_p \underline{/180°}$$

$$\dot{U}_{A1} = \frac{1}{3}(\dot{U}_{an} + a\dot{U}_{bn} + a^2\dot{U}_{cn})$$

$$= \frac{1}{\sqrt{3}}U_p(\underline{/-30°} + \underline{/30°})$$

$$= U_p \underline{/0°}$$

$$\dot{U}_{A2} = \frac{1}{3}(\dot{U}_{an} + a^2\dot{U}_{bn} + a\dot{U}_{cn})$$

$$= \frac{1}{\sqrt{3}}U_p(\underline{/90°} + \underline{/-90°})$$

$$= 0$$

可画出正序对称分量如图 5.6.2（a），零序对称分量如图 5.6.2（b），负序对称分量为 0。如果按式（5.6.1）将各对称分量进行叠加，可得不对称的三相量如图 5.6.2（c）所示。

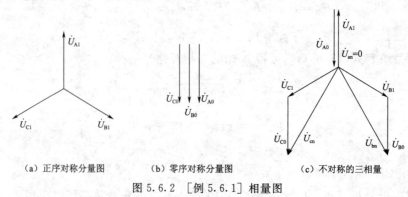

（a）正序对称分量图　　　　（b）零序对称分量图　　　　（c）不对称的三相量

图 5.6.2　[例 5.6.1] 相量图

5.6.2　三相制的对称分量的一些性质

在三相三线制电路中，因为三个线电流之和为 0，所以三线制电路的线电流中不

含零序对称分量。如果三线制电路的线电流不对称，就可以认为是含有负序对称分量的缘故。

在三相四线制电路中，中性线电流等于三个线电流零序分量的三倍。

不论电路是三相三线制还是三相四线制，因为三个线电压之和为 0，所以线电压中不含零序分量。如果线电压不对称，就可以认为是含有负序分量的缘故。

通常取线电压的负序分量有效值 U_2 与正序分量有效值 U_1 的百分比：

$$\varepsilon = \frac{U_2}{U_1} \times 100\% \tag{5.6.3}$$

来衡量线电压的不对称程度，ε 称为不对称度。

另外，一组不对称三相正弦量中，某一相的量为零时，其各序分量不一定都为零。

【例 5.6.2】 不对称星形连接负载的各相阻抗分别为 $Z_A = (3+j4)\Omega$，$Z_B = (3-j4)\Omega$，$Z_C = 5\Omega$，接在线电压为 380V 的对称三相四线制电源上。试求：

(1) 有中性线且中性线阻抗可忽略时中性线电流和线电流的零序分量。

(2) 中性线断开时线电流的零序分量。

(3) 中性线断开时负载中性点的位移电压和负载相电压的零序分量。

解：设 $\dot{U}_A = 220 \angle 0°$，$\dot{U}_B = 220 \angle -120°$，$\dot{U}_C = 220 \angle 120°$ V

(1) 当有中性线时，电路图如图 5.6.3（a）所示，各相电流为

$$\dot{I}_A = \frac{\dot{U}_A}{Z_A} = \frac{220 \angle 0°}{3+j4} = 44 \angle -53.13° \ (\text{A})$$

$$\dot{I}_B = \frac{\dot{U}_B}{Z_B} = \frac{220 \angle -120°}{3-j4} = 44 \angle -66.87° \ (\text{A})$$

$$\dot{I}_C = \frac{\dot{U}_C}{Z_C} = \frac{220 \angle 120°}{5} = 44 \angle 120° \ (\text{A})$$

中性线电流为

$$\begin{aligned}
\dot{I}_N &= \dot{I}_A + \dot{I}_B + \dot{I}_C \\
&= 44 \angle -53.13° + 44 \angle -66.87° + 44 \angle 120° \\
&= 43.37 \angle -60.00° \ (\text{A})
\end{aligned}$$

线电流的零序分量按式（5.6.2）第一式为

$$\dot{I}_{A0} = \frac{1}{3}(\dot{I}_A + \dot{I}_B + \dot{I}_C)$$

$$= \frac{1}{3}\dot{I}_N = \frac{1}{3} \times 43.37 \angle -60° = 14.46 \angle -60° \ (\text{A})$$

(2) 当中性线断开时，电路图如图 5.6.3（b）所示，则

$$\dot{I}_N = 0$$

所以线电流零序分量为 0，即 $\dot{I}_{A0} = 0$。

(3) 中性线断开后，负载中性点位移电压按式（5.4.1）为

$$\dot{U}_{nN} = \frac{\dfrac{\dot{U}_A}{Z_A} + \dfrac{\dot{U}_B}{Z_B} + \dfrac{\dot{U}_C}{Z_C}}{\dfrac{1}{Z_A} + \dfrac{1}{Z_B} + \dfrac{1}{Z_C}}$$

$$= \frac{\dfrac{220\underline{/0°}}{3+j4} + \dfrac{220\underline{/-120°}}{3-j4} + \dfrac{220\underline{/120°}}{5}}{\dfrac{1}{3+j4} + \dfrac{1}{3-j4} + \dfrac{1}{5}}$$

$$= \frac{43.37\underline{/-60°}}{0.440} = 98.57\underline{/-60°}\ (V)$$

下面讨论负载电压可能存在的零序分量。将式（5.6.2）三式相加，由于 $\dot{U}_A + \dot{U}_B + \dot{U}_C = 0$，所以

$$\dot{U}_{an} + \dot{U}_{bn} + \dot{U}_{cn} = -3\dot{U}_{nN}$$

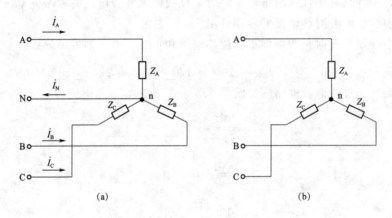

$$(a) \qquad\qquad\qquad\qquad (b)$$

图 5.6.3 ［例 5.6.2］

负载相电压的零序分量为

$$\dot{U}_{a0} = \frac{1}{3}(\dot{U}_{an} + \dot{U}_{bn} + \dot{U}_{cn}) = -\dot{U}_{nN}$$

所以负载相电压的零序分量等于负载中性点电压的负值。在本例题中

$$\dot{U}_{a0} = -98.57\underline{/-60°} = 98.57\underline{/120°}\ (V)$$

5.6 Ⓣ
测试题

练　习　题

一、填空题

5.6.1　任意一组同频率的不对称三相正弦量，都可以分解为____组____相同、但____不同的对称正弦量。

5.6.2　对称三相正弦量有____种，即____对称量，____对称量，____对称量。

5.6 Ⓓ
练习题答案

二、选择题

5.6.3 几组不同相序的对称三相正弦量相加的结果是（ ）。

A. 一组不对称三相正弦量　　　　 B. 一组对称三相正弦量

C. 相等的对称三相正弦量　　　　 D. 0

5.6.4 几组相序相同的对称三相正弦量相加的结果仍是（ ）。

A. 一组不同相序的对称三相正弦量　 B. 一组同相序的对称三相正弦量

C. 一组相等的对称二相正弦量　　　 D. 0

三、是非题

5.6.5 三线制电路的线电流中也含有零序分量。 （ ）

5.6.6 不论电路是三线制还是四线制，线电压中必含零序分量。 （ ）

5.7 本 章 小 结

（1）三相电源的电压一般是三个频率相同、振幅相等而相位上互差120°的三个正弦电压源，构成对称的三相正弦电压，其瞬时值解析式为

$$u_A(t) = \sqrt{2}U\sin(\omega t)$$

$$u_B(t) = \sqrt{2}U\sin(\omega t - 120°)$$

$$u_C(t) = \sqrt{2}U\sin(\omega t + 120°)$$

对称三相正弦电压瞬时值之和为0。其相量关系为

$$\dot{U}_A = U\underline{/0°}$$

$$\dot{U}_B = U\underline{/-120°} = \alpha^2\dot{U}_A$$

$$\dot{U}_C = U\underline{/120°} = \alpha\dot{U}_A$$

对称三相正弦电压相量之和为0。把参考相量画在垂直方向，可以作出三相相量图，三个相量顶点构成三角形。

对称三相正弦电压 A—B—C 的相序称为正序。

（2）三相电源的两种连接方式。

1）星形连接：把三个电压源的负极性端 X、Y、Z 连接在一起，形成电源中性点 N，并引出中性线；将正极性端 A、B、C 引出三条端线，构成了星形连接。线电压与相电压关系为

$$\dot{U}_{AB} = \dot{U}_A - \dot{U}_B$$

$$\dot{U}_{BC} = \dot{U}_B - \dot{U}_C$$

$$\dot{U}_{CA} = \dot{U}_C - \dot{U}_A$$

可用相量图表示。

对于三相对称电源，有 $\dot{U}_{AB} = \sqrt{3}\dot{U}_A\underline{/30°}$

$$\dot{U}_{AB} = \sqrt{3}\dot{U}_A \underline{/30°}$$

$$\dot{U}_{BC} = \sqrt{3}\dot{U}_B \underline{/30°} = \dot{U}_{AB} \underline{/-120°}$$

$$\dot{U}_{CA} = \sqrt{3}\dot{U}_C \underline{/30°} = \dot{U}_{AB} \underline{/120°}$$

线电压也为三相对称。如相电压为 U_p，则线电压

$$U_l = \sqrt{3}U_p$$

2）三角形连接：把三个电压源按顺序相接，即 X 与 B、Y 与 C、Z 与 A 相接形成一个回路，从端点 A、B、C 引出端线，构成三角形连接。当三相对称，则

$$U_l = U_p$$

（3）三相负载的两种连接方式。当三相负载参数相同，则称为对称的三相负载；否则为不对称三相负载。三相负载也有两种连接方式：

1）星形连接。三相负载连接成星形，将三个端线和一个中性线接至电源，称为三相四线制；如不接中性线，则为三相三线制。负载接成星形时，线电流等于对应的相电流。

三相四线制时，中性线电流

$$\dot{I}_N = \dot{I}_A + \dot{I}_B + \dot{I}_C$$

如三相电流对称（振幅相等，彼此相差 120°），则

$$\dot{I}_N = 0$$

2）三角形连接。三相负载连接成三角形，将三个端线接至电源，电源流向负载电流为

$$\dot{I}_A = \dot{I}_{ab} - \dot{I}_{ca}$$

$$\dot{I}_B = \dot{I}_{bc} - \dot{I}_{ab}$$

$$\dot{I}_C = \dot{I}_{ca} - \dot{I}_{bc}$$

可用相量图绘出其相量关系。

如三相相电流对称，则

$$\dot{I}_A = \sqrt{3}\dot{I}_{ab} \underline{/-30°}$$

$$\dot{I}_B = \sqrt{3}\dot{I}_{bc} \underline{/-30°} = \dot{I}_A \underline{/-120°}$$

$$\dot{I}_C = \sqrt{3}\dot{I}_{ca} \underline{/-30°} = \dot{I}_A \underline{/120°}$$

三相线电流也对称。如相电流为 I_p，则线电流 $I_l = \sqrt{3}I_p$。

（4）对称三相电路的分析计算。对称三相电路可化为 Y - Y 接线，负载中性点对电源中性点电压 $U_{nN} = 0$，中性线不起作用，形成各相的独立性因而可归结为一相计算，即可单独画出等效的 A 相计算电路（$Z_N = 0$）进行计算，然后按照对称量的关系求得 B 相、C 相响应。

（5）不对称三相星形连接负载的分析方法。不对称三相星形连接负载的电路可用节点电位法求负载中性点电压 $\dot{U}_{nN}$（称为负载中性点位移电压），然后求得各相电压和

各相支路电流等。

(6) 三相电路的功率为三相功率之和，对称三相电路的有功功率为

$$P = \sqrt{3}U_1 I_1 \cos\varphi$$

对称三相电路的无功功率为

$$Q = \sqrt{3}U_1 I_1 \sin\varphi$$

对称三相电路的视在功率为

$$S = \sqrt{3}U_1 I_1$$

(7) 三相制的对称分量。在三相制电路中，凡是量值相等、频率相同、相位差彼此相等的三个正弦量就是一组对称分量。在三相制中，有三种对称分量：正序对称分量、负序对称分量和零序对称分量。任意一组不对称三相正弦量都可以分解为三组对称分量：

$$\dot{F}_{A0} = \frac{1}{3}(\dot{F}_A + \dot{F}_B + \dot{F}_C)$$

$$\dot{F}_{A1} = \frac{1}{3}(\dot{F}_A + a\dot{F}_B + a^2\dot{F}_C)$$

$$\dot{F}_{A2} = \frac{1}{3}(\dot{F}_A + a^2\dot{F}_B + a\dot{F}_C)$$

三相三线制电路的线电流和线电压中一定不含零序分量。三相四线制电路的中性线电流等于线电流零序分量的三倍，线电压中也不含零序分量。不对称星形连接负载中性点电压的负值等于负载相电压的零序分量。

本 章 习 题

5.1 已知对称三相电压 $u_A = 220\sqrt{2}\sin(314t - 30°)$A，试写出正序时的 u_B 和 u_C，各相电压的相量式，并画出相量图。

5.2 题 5.2 图所示对称三相电路，三相电源的线电压为 380V，相线和中线的阻抗为 0，负载阻抗 $Z_A = Z_B = Z_C = 17.32 + j10\Omega$，求：

(1) 负载的相电流及中线电流。

(2) 画出电压、电流相量图。

5.3 一组对称三角形连接负载，每相阻抗为 $Z = 40 + j30\Omega$，接于线电压为 380V 的对称三相电源上，求：

(1) 相电流和线电流。

(2) 画出电压、电流相量图。

5.4 一对称三相电路题 5.4 图所示。对称

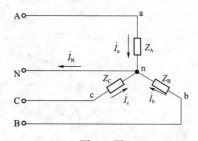

题 5.2 图

三相电源线电压是 380V，星形连接的对称负载每相阻抗 $Z_1 = 10\angle 30°\Omega$，三角形连接的对称三相负载每相阻抗 $Z_2 = 20\angle 36.87°\Omega$，求各电压表和电流表的读数。

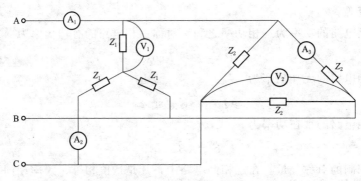

题 5.4 图

5.5 对称三相电源线电压 380V，接星形连接的三相对称负载，其每相阻抗 $Z=11+j14\Omega$，端线阻抗 $Z_1=(0.2+j0.1)\Omega$。试求负载相电流及相电压，并画出相量图。

5.6 线电压为 380V 对称三相电源上，接一组对称三角形连接负载，已知：每根相线的阻抗 $Z_1=j1\Omega$，每根负载的阻抗 $Z=12+j6\Omega$，求线电流，负载的相电流和相电压。

5.7 在六层楼房中单相照明电灯均接在三相四线制电路上，若每两层为一相，每相装有 220V，40W 的白炽灯 30 盏，线路阻抗忽略不计，对称三相电源的线电压为 380V，试求：

(1) 当照明灯全部点亮时，各相电压、相电流及中性线电流。

(2) 当 B 相照明灯只有一半点亮，而 A、C 两相照明灯全部亮时，各相电压、相电流及中性线电流。

(3) 当中性线断开时，在上述两种情况下的相电压为多少？由此说明中性线的作用。

5.8 在题 5.8 图三相四线制电路中，电源电压为 220/380V，三相负载为 $Z_A=20\Omega$，$Z_B=j20\Omega$，$Z_C=-j20\Omega$。试求各相电流和中性线电流。

5.9 对称三相电路如题 5.9 图所示，三个电流表读数均为 10A。当开关 K 断开后，求各电流表读数。

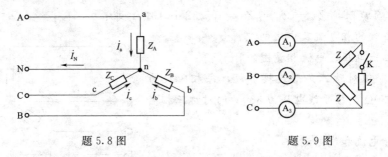

题 5.8 图　　　　　　　　　　题 5.9 图

5.10 某一三相对称电路，其负载为星形连接，已知线电流 $\dot{I}_A=10\underline{/15°}$ A，线电压 $\dot{U}_{AB}=380\underline{/75°}$ V，求此负载消耗的有功功率及每相负载的功率因数。

5.11 两组感性负载并联运行，如题 5.11 图所示，一组接成△形，功率 20kW，功率因数 0.85；另一组接成 Y 形，功率 10kW，功率因数 0.8，端线阻抗 $Z_N=0.1+$

j0.2Ω，其负载的线电压是 380V，试求电源的线电压应该是多少伏?

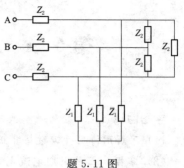

题 5.11 图

5.12 对称三相星形连接负载，与线电压为 380V 的对称三相电源相连，已知负载的功率因数是 0.85，消耗的总功率是 12kW，求负载的相电流和每相的阻抗。

5.13 线电压为 380V 的三相电压源对 Y 连接每相复阻抗 $Z = 12 + j16Ω$ 的对称负载供电，每根端线复阻抗 $Z_l = 1 + j2Ω$，求负载的相电流、相电压，负载总功率、电源总功率。

5.14 线电压 380V 的三相电压源对△连接每相复阻抗 $Z_l = 48 + j36Ω$ 对称负载供电，每根端线复阻抗 $Z_l = 1 + j2Ω$，求负载相电流、相电压，负载总功率和电源总功率。

5.15 一台三相变压器的电压为 6600V，电流为 20A，功率因数为 0.866，试求它的总有功功率、总无功功率和总视在功率。

5.16 一台 Y 连接、功率为 $20 × 10^4$ kW 的发电机的电压为 13.8kV，功率因数为 0.8。试求它的电流、无功功率和视在功率。

5.17 每相阻抗 $Z = (45 + j20)Ω$ 的对称 Y 连接负载接到 380V 的三相电源。试求:

(1) 正常情况下负载的电压和电流。

(2) A 相负载开路后，B、C 两相负载的电压和电流以及 A 相的开路电压。

(3) A 相负载短路后，B、C 两相负载的电压和电流，以及端线 A 的电流。

5.18 某接地系统发生单相（设为 A 相）接地故障时的三个线电流分别为：$I_A = 1500$ A，$I_B = 0$，$I_C = 0$。试求这组线电流的对称分量并作相量图。

第6章 非正弦周期电流电路

学习目标

(1) 了解用傅里叶级数将非正弦周期量分解的方法及其傅里叶级数展开式的特点。

(2) 掌握非正弦周期电流电路有效值、有功功率的计算。

(3) 掌握非正弦周期电流电路的分析方法。

  本章所分析的非正弦周期电流电路，指的是非正弦周期量激励下线性电路的稳定状态。非正弦周期电流电路的分析方法是在直流稳态电路及正弦稳态电路的基础上，应用傅里叶级数及叠加定理进行。

6.1 非正弦周期量

6.1.1 非正弦周期量

  在电工技术中，除了大小、方向随时间按正弦规律变化的正弦量之外，还会遇到大小、方向不按正弦规律变化的周期量，称非正弦周期量。

  发电机产生的电压理论上是按正弦规律变化的，但由于材料和制造等方面的原因，电压只是近似于正弦电压变化的；在电力系统中，发电机和变压器等设备的电压或电流中也会存在一些非正弦量，在分析电力系统的工作状态时，有时也会考虑它们的影响。在电子设备、自动控制及计算机等技术领域中大量采用的脉冲信号，在电子示波器中的锯齿波扫描电压，这些都是非正弦信号。因此，讨论非正弦周期电流电路具有实际意义。如图 6.1.1 所示的是几种非正弦周期信号的波形图，虽然各波形形状不一，但都是周期性变化的。

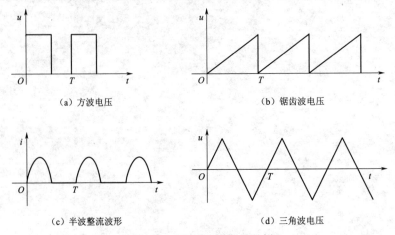

(a) 方波电压   (b) 锯齿波电压

(c) 半波整流波形   (d) 三角波电压

图 6.1.1 非正弦周期量示例

6.1.2 非正弦周期量的产生

非正弦周期量产生的原因通常有以下三种：

（1）电路激励为非正弦量。当电源（或信号源）的电压或电流为非正弦量时，即便电路是线性的，在它的作用下电路的响应也是非正弦量。

（2）不同频率的正弦激励同时作用于线性电路。在线性电路中，当有两个或两个以上的不同频率的激励共同作用时，将会产生一个非正弦周期信号。如图 6.1.2 所示，将角频率为 ω 的正弦电压源 u_1 与角频率为 3ω 的正弦电压源 u_2 串联后接入示波器，可观察到 u_1 和 u_2 之和的总电压 u 是一个非正弦周期电压。

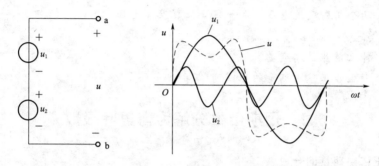

图 6.1.2 频率不同的正弦波叠加

（3）电路中存在非线性元件。如果电路中存在非线性元件，在正弦激励作用下，电路中产生的响应一定是非正弦周期量。

【例 6.1.1】 如图 6.1.3（a）所示为半波整流电路，其输入信号为图 6.1.3（b）所示的正弦波，假设二极管为理想电路模型，试分析输出信号波形。

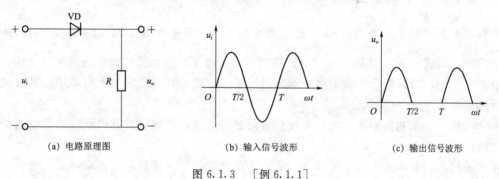

（a）电路原理图   （b）输入信号波形   （c）输出信号波形

图 6.1.3 ［例 6.1.1］

解：由于二极管具有单向导电性：

在 $0 \sim \dfrac{T}{2}$ 时间段内，$u_i > 0$，二极管工作在正向偏置状态，二极管正向导通，忽略二极管的正向压降，二极管相当于闭合的开关，输出电压 $u_o = u_i$。

在 $\dfrac{T}{2} \sim T$ 时间段内，$u_i < 0$，二极管工作在反向偏置状态，二极管反向截止，相当于断开的开关，输出电压 $u_o = 0$。

图 6.1.3（c）为半波整流输出信号波形，电路的输入正弦信号，输出为非正弦信号，但是周期性的。

因此，如果在电路中存在非线性元件，即使在正弦激励（电压或电流）作用下，电路中也会产生非正弦周期的响应（电压或电流）。

练 习 题

一、是非题

6.1.1　非正弦信号分为两种：一种是周期性的，另外一种是非周期的。　（　　）

6.1.2　两个正弦交流电压之和一定是正弦交流电压。　（　　）

二、简答题

6.1.3　什么是非弦周期量？

6.1.4　产生非正弦周期量的原因通常有哪些？

6.2　周期函数分解为傅里叶级数

6.2.1　非正弦周期量的合成

频率不同的正弦量之和是一个非正弦的周期量。一个典型的非正弦周期信号波如矩形波，可以看成是由一系列幅值不等、频率成整数倍的正弦波合成的波形。图 6.2.1（a）所示的矩形波是角频率为 ω 的非正弦周期波，图中虚线是与它同频率的正弦波 u_1，显然，两者的波形差别很大。如果在正弦电压 u_1 的波形上叠加角频率为 3ω、振幅为 $\frac{1}{3}U_{1m}$ 的正弦电压 u_2，可得合成波形 u 如图 6.2.1（b）中的虚线所示。

若再叠加上第三个角频率为 5ω、振幅为 $\frac{1}{5}U_{1m}$ 的正弦电压 u_3，则得图 6.2.1（c）中虚线所示的波形 u，显然，它已经较为接近矩形波了。照此规律把更高频率的电压分量叠加上去，所得的合成波形将会越来越接近于矩形波，直至叠加无穷多项，其合成波形就与矩形波一样了。

可见，一系列振幅不同，频率成整数倍的正弦波，叠加以后可得到一个非正弦周期波。

既然不同频率的正弦量可以叠加成一个周期性的非正弦量，那么反过来一个非正弦的周期量也可分解为无穷多个不同频率的正弦量。其分解的办法是数学里的傅里叶级数展开法。

6.2.2　非正弦周期量的分解

凡是满足数学里狄里赫利条件的周期函数都用傅里叶级数展开。电气电子工程中所遇到的非正弦周期量一般都可以用傅里叶级数展开。

设一非正弦周期函数 $f(t)$，角频率 $\omega = \dfrac{2\pi}{T}$，T 为 $f(t)$ 的周期，则它的傅里叶级数的展开式为

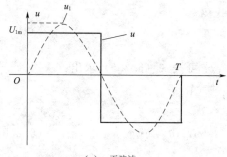

（a）u_1正弦波

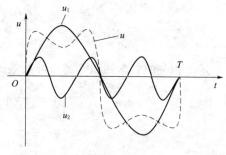

（b）u_1和u_2的叠加

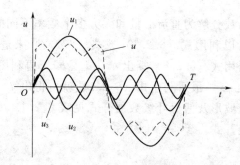

（c）u_1、u_2和u_3的叠加

图 6.2.1 矩形波的合成

$$f(t) = A_0 + A_{1m}\sin(\omega t + \psi_1) + A_{2m}\sin(2\omega t + \psi_2) + \cdots + A_{km}\sin(k\omega t + \psi_k) + \cdots$$

$$= A_0 + \sum_{k=1}^{\infty} A_{km}\sin(k\omega t + \psi_k) \tag{6.2.1}$$

式中：A_0 为恒定分量或直流分量，又称零次谐波；$A_{1m}\sin(\omega t + \psi_1)$ 为频率与非正弦周期函数 $f(t)$ 相同，称为基波或一次谐波；$A_{2m}\sin(2\omega t + \psi_2)$ 为频率是基波频率的两倍，称为二次谐波；$A_{km}\sin(k\omega t + \psi_k)$ 为频率是基波频率的 k 倍，称为 k 次谐波。

$k \geqslant 2$ 的各次谐波统称为高次谐波。其中 k 为奇数的谐波称为奇次谐波，k 为偶数的谐波称为偶次谐波。傅里叶级数展开式有无穷多项，但因为傅里叶级数的收敛性，即幅值随谐波次数的升高而减小，且一般收敛很快，所以，实际工程计算中，一般只需取前几项就足以满足精度的要求。

由式（6.2.1）可推得傅里叶级数的第二种表达式

$$f(t) = a_0 + \sum_{k=1}^{\infty} a_k\cos(k\omega t) + \sum_{k=1}^{\infty} b_k\sin(k\omega t) \tag{6.2.2}$$

式中：a_0 为直流分量；$a_k\cos(k\omega t)$ 为余弦项；$b_k\sin(k\omega t)$ 为正弦项。

式（6.2.1）式（6.2.2）之间的关系为

$$\begin{cases} a_0 = A_0 \\ a_k = A_{km}\sin\psi_k \\ b_k = A_{km}\cos\psi_k \end{cases} \tag{6.2.3}$$

239

$$\begin{cases} A_{km} = \sqrt{a_k^2 + b_k^2} \\ \tan\psi_k = \dfrac{a_k}{b_k} \end{cases} \tag{6.2.4}$$

运用相关的数学知识，傅里叶系数 a_0、a_k、b_k 可按式（6.2.5）求出：

$$\begin{cases} a_0 = \dfrac{1}{T} \int_0^T f(t)\mathrm{d}t \\[2mm] a_k = \dfrac{2}{T} \int_0^T f(t)\cos(k\omega t)\mathrm{d}t \\[2mm] b_k = \dfrac{2}{T} \int_0^T f(t)\sin(k\omega t)\mathrm{d}t \end{cases} \tag{6.2.5}$$

将一个非正弦周期函数分解为直流分量和无穷多个频率不同的谐波分量之和，称为谐波分析。谐波分析可以利用式（6.2.1）或式（6.2.2）来进行。要得出 $f(t)$ 的各次谐波分量，必须先利用式（6.2.5）算出 a_0、a_k、b_k，再利用式（6.2.4）计算出各分量的幅值 A_{km} 和初相 ψ_k，最后利用式（6.2.1）就可得出 $f(t)$ 的展开式。

工程中常见的非正弦波形及傅里叶级数展开式见表 6.2.1，实际遇到这类波形时可直接对照其波形查出展开式。

6.2.3　周期信号的频谱

为了直观地表示一个非正弦周期函数分解为各次谐波后，其中包含哪些频率分量及各分量占有多大"比重"，常采用一种称为频谱图的方法。用横坐标表示各谐波的频率，用纵坐标方向的线段长度表示各次谐波幅值大小，这种频谱图称为幅度频谱。图 6.2.2 所示为锯齿波的幅度频谱图。如果在纵坐标方向把各谐波的初相用相应线段依次排列就可得到相位频谱。幅度频谱和相位频谱统称为非正弦周期信号的频谱图，简称频谱。如无特别说明，一般所说的频谱专指幅度频谱。

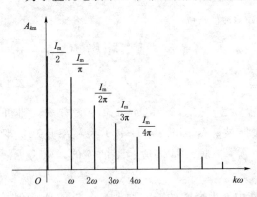

图 6.2.2　锯齿波的幅度频谱图

表 6.2.1　　　　　　　　　几种非正弦周期函数的傅里叶级数

名称	函数的波形图	傅里叶级数	有效值	整流平均值
矩形波		$f(t) = \dfrac{4A_m}{\pi}\big[\sin(\omega t) +$ $\dfrac{1}{3}\sin(3\omega t) + \dfrac{1}{5}\sin(5\omega t)$ $+ \cdots + \dfrac{1}{k}\sin(k\omega t) + \cdots\big]$ （k 为奇数）	A_m	A_m

名称	函数的波形图	傅里叶级数	有效值	整流平均值
梯形波		$f(t) = \dfrac{4A_\mathrm{m}}{\omega t_0 \pi}[\sin(\omega t_0)\sin(\omega t) + $ $\dfrac{1}{9}\sin(3\omega t_0)\sin(3\omega t) + $ $\dfrac{1}{25}\sin(5\omega t_0)\sin(5\omega t) + \cdots + $ $\dfrac{1}{k^2}\sin(k\omega t_0)\sin(k\omega t) + \cdots]$ （k 为奇数）	$A_\mathrm{m}\sqrt{1 - \dfrac{4\omega t_0}{3\pi}}$	$A_\mathrm{m}\left(1 - \dfrac{\omega t_0}{\pi}\right)$
三角波		$f(t) = \dfrac{8A_\mathrm{m}}{\pi^2}[\sin(\omega t) - \dfrac{1}{9}\sin(3\omega t)$ $+ \dfrac{1}{25}\sin(5\omega t) + \cdots$ $+ \dfrac{(-1)^{\frac{k-1}{2}}}{k^2}\sin(k\omega t) + \cdots]$ （k 为奇数）	$\dfrac{A_\mathrm{m}}{\sqrt{3}}$	$\dfrac{A_\mathrm{m}}{2}$
锯齿波		$f(t) = A_\mathrm{m}\{\dfrac{1}{2} - \dfrac{1}{\pi}[\sin(\omega t) + $ $\dfrac{1}{2}\sin(2\omega t) + $ $\dfrac{1}{3}\sin(3\omega t) + \cdots]\}$ （k 为奇数）	$\dfrac{A_\mathrm{m}}{\sqrt{3}}$	$\dfrac{A_\mathrm{m}}{2}$
正弦波		$f(t) = A_\mathrm{m}\sin(\omega t)$	$\dfrac{A_\mathrm{m}}{\sqrt{2}}$	$\dfrac{2A_\mathrm{m}}{\pi}$
半波整流波		$f(t) = \dfrac{2A_\mathrm{m}}{\pi}[\dfrac{1}{2} + \dfrac{\pi}{4}\cos(\omega t)$ $+ \dfrac{1}{1\times 3}\cos(2\omega t) - \dfrac{1}{3\times 5}\cos(4\omega t)$ $+ \dfrac{1}{5\times 7}\cos(6\omega t) - \cdots]$	$\dfrac{A_\mathrm{m}}{2}$	$\dfrac{A_\mathrm{m}}{\pi}$
全波整流波		$f(t) = \dfrac{4A_\mathrm{m}}{\pi}[\dfrac{1}{2} + \dfrac{1}{1\times 3}\cos(2\omega t)$ $- \dfrac{1}{3\times 5}\cos(4\omega t)$ $+ \dfrac{1}{5\times 7}\cos(6\omega t) - \cdots]$	$\dfrac{A_\mathrm{m}}{\sqrt{2}}$	$\dfrac{2A_\mathrm{m}}{\pi}$

6.2.4　非正弦波的对称性

工程中常见的非正弦波具有某种对称性，利用函数的对称性，可判断傅里叶级数展开式中哪些项不存在，使展开式的求解工作得以简化。

1. 奇函数

满足 $f(t) = -f(-t)$ 的周期函数称为奇函数，其波形关于原点对称，表 6.2.1 中的矩形波、梯形波、三角波、正弦波。奇函数的傅里叶级数展开式中，$a_0 = 0$、$a_k = 0$，即无直流分量和余弦分量，表示为

$$f(t) = \sum_{k=1}^{\infty} b_k \sin(k\omega t)$$

2. 偶函数

满足 $f(t) = f(-t)$ 的周期函数称为偶函数，其波形关于纵轴对称，表 6.2.1 中的半波整流波、全波整流波。偶函数的傅里叶级数展开式中 $b_k = 0$，即无正弦分量，表示为

$$f(t) = a_0 + \sum_{k=1}^{\infty} a_k \cos(k\omega t)$$

3. 奇谐波函数

满足 $f(t) = -f\left(t \pm \dfrac{T}{2}\right)$ 的周期函数称为奇谐波函数，其波形特点是：将 $f(t)$ 的波形移动半个周期后，与原波形对称于横轴，即镜像对称，表 6.2.1 中的矩形波、梯形波、三角波、正弦波。奇谐波函数的傅里叶级数展开式中无直流分量（$a_0 = 0$）和偶次谐波，只含奇次谐波，表示为

$$f(t) = \sum_{k=1}^{\infty} \left[a_k \cos(k\omega t) + b_k \sin(k\omega t) \right] \quad (k = 1,3,5,\cdots)$$

4. 偶谐波函数

满足 $f(t) = f\left(t \pm \dfrac{T}{2}\right)$ 的周期函数称为偶谐波函数，其波形特点是：将 $f(t)$ 的波形移动半个周期后，与原波形完全重合。表 6.2.1 中的全波整流波。偶谐波函数的傅里叶级数展开式中无奇次谐波分量，有直流分量和偶次谐波，表示为

$$f(t) = a_0 + \sum_{k=2}^{\infty} \left[a_k \cos(k\omega t) + b_k \sin(k\omega t) \right] \quad (k = 2,4,6,\cdots)$$

函数关于原点或纵轴对称，除与函数本身有关外，还与计时起点的选择有关。而函数关于横轴对称，仅取决于其本身，与计时起点的选择无关。所以，对某些奇谐波函数，适当选择计时起点，可使它又是奇函数，或又是偶函数，从而使傅里叶级数展开式得以简化。例如，表 6.2.1 中的梯形波、三角波、矩形波，它们本身都是奇谐波函数，它们的傅里叶级数中不含直流分量和偶次谐波；表 6.2.1 中那样选择计时起点，它们又都成为奇函数，不含余弦项，两个特点综合起来，它们的傅里叶级数中就只含奇次正弦项了。

电工中常用的磁通平顶波和电流尖顶波都是奇谐波函数，适当选择计时起点，它们又是奇函数。图 6.2.3 所示为两者的波形，在图示计时起点下，它们分别可以近似

地分解为

$$\phi(t) = \phi_1(t) + \phi_3(t) = \phi_{1m}\sin(\omega t) + \phi_{3m}\sin(3\omega t)$$

$$i(t) = i_1(t) + i_3(t) = I_{1m}\sin(\omega t) + I_{3m}\sin(3\omega t)$$

由于五次以上谐波的振幅很小，常忽略不计。

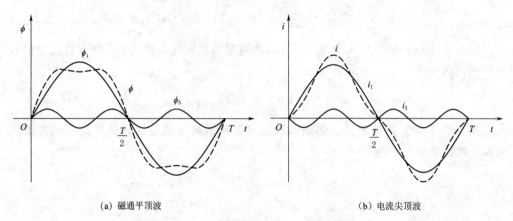

(a) 磁通平顶波   (b) 电流尖顶波

图 6.2.3 磁路中的平顶波和电流尖顶波

【例 6.2.1】 由波形的对称性特点判断图 6.2.4 中各非正弦周期波的傅里叶级数展开式中不存在的项，并写出各波形的傅里叶级数展开式。

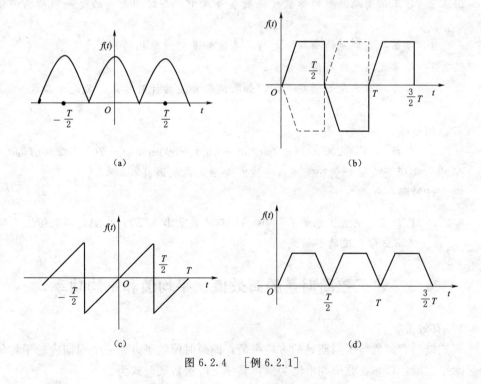

图 6.2.4 ［例 6.2.1］

解： 图 6.2.4（a）的波形关于纵轴对称，为偶函数，同时又符合偶谐波函数的特点，它的展开式中不含正弦分量和奇次谐波分量，为

$$f(t) = a_0 + \sum_{k=1}^{\infty} a_k \cos(k\omega t) \quad (k = 2,4,6,\cdots)$$

图 6.2.4（b）的波形符合奇谐波函数的特点，为奇谐波函数，其展开式中不包含直流分量和偶次谐波分量，为

$$f(t) = \sum_{k=1}^{\infty} \left[a_k \cos(k\omega t) + b_k \sin(k\omega t) \right] \quad (k = 1,3,5,\cdots)$$

图 6.2.4（c）的波形关于原点对称，为奇函数，它的展开式中不包含直流分量和余弦项，为

$$f(t) = \sum_{k=1}^{\infty} b_k \sin(k\omega t)$$

图 6.2.4（d）的波形符合偶函数和偶谐波函数两个特点，其展开式中不含正弦项和奇次谐波分量，为

$$f(t) = a_0 + \sum_{k=2}^{\infty} a_k \cos(k\omega t) \quad (k = 2,4,6,\cdots)$$

6.2 Ｔ
测试题

6.2 Ｄ
练习题答案

练 习 题

一、是非题

6.2.1　非正弦周期函数的傅里叶级数展开式中，与时间无关的这一项称为直流分量。　　　　　　　　　　　　　　　　　　　　　　（　　）

6.2.2　非正弦周期波的周期一定与其基波分量的周期相同。　　　（　　）

6.2.3　正弦交流电含有谐波分量。　　　　　　　　　　　　　　（　　）

6.2.4　三角波首先是奇谐波函数，如果选择合适的计时起点，又是奇函数。

（　　）

二、问答题

6.2.5　在式 $u(t) = 200 + 141.4\sin(\omega t + 45°) + 80\sin(3\omega t + 20°) + 20\sin(5\omega t - 30°)$ V 中，哪项是直流分量？哪项是基波？哪项是高次谐波？

三、计算题

6.2.6　已知某电流直流分量 $I_0 = 10$ A，基波分量 $\dot{I}_1 = 20\underline{/0°}$ A，二次谐波 $\dot{I}_2 = 3\underline{/45°}$ A。试写出该电流的解析式。

6.3　非正弦周期量的有效值、平均值和平均功率

6.3.1　有效值

周期量的有效值等于周期量的方均根值，即瞬时值的平方在一个周期内的平均值的算术平方根，以非正弦周期电流为例，其傅里叶级数展开式为

$$i(t) = I_0 + \sum_{k=1}^{\infty} I_{km} \sin(k\omega t + \psi_k)$$

则非正弦周期电流有效值

$$I = \sqrt{\frac{1}{T}\int_0^T \left[I_0 + \sum_{k=1}^{\infty} I_{km}\sin(k\omega t + \psi_k) \right]^2 dt}$$

为了计算上式中等号或边根号内的积分，先将平方式展开。

平方式展开后的各项有两种类型：一种是同次谐波的平方，它们的平均值为

$$\frac{1}{T}\int_0^T I_0^2 dt = I_0^2$$

$$\frac{1}{T}\int_0^T \sum_{k=1}^{\infty} I_{km}^2 \sin^2(k\omega t + \psi_k) dt = \frac{1}{2}\sum_{k=1}^{\infty} I_{km}^2 = \sum_{k=1}^{\infty} I_k^2$$

式中：$I_k = \dfrac{I_{km}}{\sqrt{2}}$ 为 k 次谐波分量的有效值。

另一种是不同次谐波的乘积的 2 倍，根据三角函数的正交性，它们的平均值为

$$\frac{1}{T}\int_0^T 2I_0\sum_{k=1}^{\infty} I_{km}\sin(k\omega t + \psi_k) dt = 0$$

$$\frac{1}{T}\int_0^T 2\sum_{k=1}^{\infty}\sum_{q=1}^{\infty} I_{km} I_{qm}\sin(k\omega t + \psi_k)\sin(q\omega t + \psi_q) dt = 0 \qquad (k \neq q)$$

综合以上结论，所以 $i(t)$ 的有效值为

$$I = \sqrt{I_0^2 + I_1^2 + I_2^2 + \cdots} \tag{6.3.1}$$

同理，非正弦周期电压的有效值为

$$U = \sqrt{U_0^2 + U_1^2 + U_2^2 + \cdots} \tag{6.3.2}$$

结论：非正弦周期量的有效值等于其直流分量和各次谐波有效值的平方之和的算术平方根。

6.3.2 平均值、整流平均值

1. 平均值

非正弦周期量的平均值等于它的直流分量，以电流为例，其平均值为

$$I_{av} = \frac{1}{T}\int_0^T i\,dt = I_0 \tag{6.3.3}$$

由于周期性非正弦量展开为傅里叶级数后，除直流分量外，其余各次谐波均为正弦量，它们的平均值均为零，所以非正弦周期量 $I_{av} = I_0$。

2. 整流平均值

对于一个在一个周期内有正有负的周期量，其平均值可能很小，甚至于等于零。工程上为了对周期量进行测量和分析，常取非正弦周期量的绝对值在一个周期内的平均值，定义为绝对值平均值或整流平均值。

$$I_{rect} = \frac{1}{T}\int_0^T |i|\,dt \tag{6.3.4}$$

对于上、下半周期的波形面积相等的周期量，可用正半波来计算其整流平均值，则有

$$I_{rect} = \frac{2}{T}\int_0^{\frac{T}{2}} |i|\,dt \tag{6.3.5}$$

对于一个周期内有正也有负的周期量，它的平均值和整流平均值不相等，只有当周期量在一个周期内的值都为正时，二者才相等。

工程中，同一非正弦周期电流（或电压），当用不同类型的仪表进行测量时，会得到不同的结果。用磁电系仪表（直流仪表）测量，所得结果将是电流（或电压）的直流分量。用电磁系或电动系仪表测量的结果是电流（或电压）的有效值；用全波整流仪表测量所得的结果是电流（或电压）的整流平均值。因此，在测量非正弦量时，一定要根据要求选择合适的仪表。

6.3.3 平均功率

设非正弦周期电流电路二端网络的电压 $u(t)$、电流 $i(t)$ 为

$$i(t) = I_0 + \sum_{k=1}^{\infty} I_{km} \sin(k\omega t + \psi_{ik})$$

$$u(t) = U_0 + \sum_{k=1}^{\infty} U_{km} \sin(k\omega t + \psi_{uk})$$

当电压 $u(t)$、电流 $i(t)$ 取关联参考方向时，则此二端网络吸收的瞬时功率为

$$p(t) = u(t)i(t) = \left[U_0 + \sum_{k=1}^{\infty} U_{km} \sin(k\omega t + \psi_{uk}) \right] \times \left[I_0 + \sum_{k=1}^{\infty} I_{km} \sin(k\omega t + \psi_{ik}) \right]$$

电路吸收的平均功率为

$$P = \frac{1}{T} \int_0^T p(t)\,\mathrm{d}t = \frac{1}{T} \int_0^T u(t)i(t)\,\mathrm{d}t$$

$$= \frac{1}{T} \int_0^T \left[U_0 + \sum_{k=1}^{\infty} U_{km} \sin(k\omega t + \psi_{uk}) \right] \times \left[I_0 + \sum_{k=1}^{\infty} I_{km} \sin(k\omega t + \psi_{ik}) \right] \mathrm{d}t \quad (6.3.6)$$

展开后，展开式中的各项分成两类，直流分量及同次谐波电压与电流的乘积，不同次谐波电压与电流的乘积。根据三角函数的正交性，不同次谐波电压与电流乘积的平均值为零。而直流分量及同次谐波电压与电流乘积的平均值分别为

$$P_0 = \frac{1}{T} \int_0^T U_0 I_0\,\mathrm{d}t = U_0 I_0$$

$$P_k = \frac{1}{T} \int_0^T \sum_{k=1}^{\infty} U_{km} I_{km} \sin(k\omega t + \psi_{uk}) \sin(k\omega t + \psi_{ik})\,\mathrm{d}t = \frac{1}{2} \sum_{k=1}^{\infty} U_{km} I_{km} \cos\varphi_k$$

$$= \sum_{k=1}^{\infty} U_k I_k \cos\varphi_k$$

式中：U_k、I_k 为 k 次谐波电压、电流的有效值；φ_k 为 k 次谐波电压和 k 次谐波电流之间的相位差。

于是有功功率为

$$P = U_0 I_0 + \sum_{k=1}^{\infty} U_k I_k \cos\varphi_k$$

$$= U_0 I_0 + U_1 I_1 \cos\varphi_1 + U_2 I_2 \cos\varphi_2 + \cdots = P_0 + P_1 + P_2 + \cdots \quad (6.3.7)$$

式（6.3.7）表明，非正弦周期电流电路的平均功率等于直流分量和各次谐波分别产生的平均功率的代数和。

由以上分析可知，只有相同频率的谐波电压与电流才能构成平均功率；而不同频

率的谐波电压、电流只能构成瞬时功率，但不能构成平均功率。

非正弦周期电路无功功率的情况较为复杂，本书不予讨论，而视在功率可定义为 $S = UI$ ，并将功率因数定义为 $\lambda = \dfrac{P}{S}$ 。

【例 6.3.1】 已知某二端网络，端口电压 $u = 60 + 40\sqrt{2}\sin(\omega t + 50°) + 30\sqrt{2}\sin(3\omega t + 30°) + 16\sqrt{2}\sin(5\omega t)\text{V}$ ，端口电流 $i = 30 + 20\sqrt{2}\sin(\omega t - 10°) + 15\sqrt{2}\sin(3\omega t + 60°) + 8\sqrt{2}\sin(5\omega t - 45°)\text{A}$ ，u 和 i 取关联参考方向。求：

(1) 端口电压、端口电流的有效值。

(2) 二端网络吸收的平均功率。

解：(1) 电流有效值 $I = \sqrt{I_0^2 + I_1^2 + I_3^2 + I_5^2} = \sqrt{30^2 + 20^2 + 15^2 + 8^2} = 39.86(\text{A})$

电压有效值 $U = \sqrt{U_0^2 + U_1^2 + U_3^2 + U_5^2} = \sqrt{60^2 + 40^2 + 30^2 + 16^2} = 79.72(\text{V})$

(2) 直流分量的功率 $P_0 = U_0 I_0 = 60 \times 30 = 1800(\text{W})$

基波功率 $P_1 = U_1 I_1 \cos\varphi_1 = 40 \times 20\cos[50° - (-10°)] = 400(\text{W})$

三次谐波功率 $P_3 = U_3 I_3 \cos\varphi_3 = 30 \times 15\cos(30° - 60°) = 389.7(\text{W})$

五次谐波功率 $P_5 = U_5 I_5 \cos\varphi_5 = 16 \times 8\cos[0° - (-45°)] = 90.51(\text{W})$

二端网络吸收的功率为

$$P = P_0 + P_1 + P_3 + P_5 = 1800 + 400 + 389.7 + 90.51 = 2680(\text{W})$$

6.3.4 波形因数

工程上为了反映非正弦周期量波形的大致性质，引用波形因数 K_f，其定义式为

$$K_f = \frac{\text{有效值}}{\text{整流平均值}} \tag{6.3.8}$$

按式（6.3.8）可求得正弦波的波形因数为

$$K_f = \frac{\dfrac{I_m}{\sqrt{2}}}{\dfrac{2}{\pi}I_m} = 1.11 \tag{6.3.9}$$

如果以正弦波的波形因数作为标准，对非正弦波来说，若波形因数 $K_f > 1.11$，则可估计它的波形比正弦波尖；若 $K_f < 1.11$，则其波形比正弦波平坦。

以表 6.2.1 中的三角波为例，其有效值、整流平均值可由表查得，其波形因数为

$K_f = \dfrac{A_m/\sqrt{3}}{A_m/2} = \dfrac{2}{\sqrt{3}} = 1.15 > 1.11$，显然，三角波比正弦波尖。

6.3.5 等效正弦波

在工程实际中，为了简化计算，有时把非正弦周期量近似地用正弦量代替，从而把非正弦周期电流电路简化为正弦电流电路处理。用一个所谓等效正弦波代替非正弦周期波，其条件是：

(1) 等效正弦波和非正弦周期波必须有相同的频率。

（2）等效正弦波和非正弦周期波应有相等的有效值。

（3）用等效正弦波代替非正弦周期波后，全电路的有功功率应不变。

根据以上条件中的（1）和（2），可先确定等效正弦波的频率与有效值，然后根据条件（3）确定等效正弦电压与等效正弦电流的相位差，即

$$\varphi = \pm \arccos\lambda = \pm \arccos\left(\frac{P}{UI}\right) \qquad (6.3.10)$$

式中：λ 为非正弦周期电流电路的功率因数。φ 角的正负应参照实际电压与电流波形作出选择。

应当指出，等效正弦波不可能与被代替的非正弦周期波在各方面完全等效，它是在一定误差允许条件下的一种近似。

<h2 style="text-align:center">练　习　题</h2>

一、是非题

6.3.1　非正弦周期量的有效值等于它各项谐波有效值和的平方根。　　　（　　）

6.3.2　一周期内的值有正有负的周期量的平均值 I_{rect} 与其直流分量 I 是不同的。

（　　）

6.3.3　波形因数等于周期量的平均值与有效值的比值。　　　　　　　（　　）

6.3.4　非正弦周期性电流电路中，同次谐波电压电流既可以构成瞬时功率，也可以构成平均功率。　　　　　　　　　　　　　　　　　　　　　（　　）

6.3.5　非正弦周期性电流电路中，不同次谐波电压电流虽然构成瞬时功率，但不构成平均功率。　　　　　　　　　　　　　　　　　　　　　　（　　）

二、问答题

6.3.6　什么是非正弦周期量的最大值、有效值、整流平均值？

三、计算题

6.3.7　试求全波整流波的波形因数，并说明该波形的特征。

6.3.8　某二端网络的端口电压、电流为

$$u = 100 + 100\sqrt{2}\sin(\omega t - 25°) + 35\sqrt{2}\sin(3\omega t + 60°)\,\text{V}$$

$$i = 1 + 0.7\sqrt{2}\sin(\omega t - 70°) + 0.2\sqrt{2}\sin(3\omega t + 30°)\,\text{A}$$

求电压、电流的有效值和该二端网络吸收的平均功率。

6.3 ①
测试题

6.3 ①
练习题答案

6.4　非正弦周期电流电路的计算

本节所分析的是非正弦周期量激励下线性电路的稳态响应，在已知电路的参数和非正弦周期量激励时，可应用傅里叶级数及叠加定理进行求解。其计算步骤如下：

（1）把给定的非正弦输入信号（激励）分解为傅里叶级数，并视计算精度的要求取前几项。

（2）分别求直流分量及频率不同的正弦量单独作用下的响应分量。

1）计算直流分量单独作用下的电路响应。此时，电感元件相当于短路、电容元件相当于开路，电路为直流电阻性电路。

2）计算频率不同的正弦量单独作用下的响应分量。此时，电路为正弦交流电路，使用相量法计算。注意：

如果不考虑趋肤效应的影响，电阻 R 与频率无关，始终为一常数。

不同频率的谐波，感抗和容抗是不同的。设基波角频率为 ω，电感 L 对基波的感抗 $X_{L1}=\omega L$，k 次谐波感抗为 $X_{Lk}=k\omega L=kX_{L1}$；电容 C 对基波的容抗 $X_{C1}=\dfrac{1}{\omega C}$，$k$ 次谐波容抗为 $X_{Ck}=\dfrac{1}{k\omega C}=\dfrac{1}{k}X_{C1}$。

（3）把由第（2）步算出的响应分量的相量式还原为解析式（瞬时值表达式），再把这些解析式进行叠加，其结果就是非正弦激励下电路的稳态响应。

注意：不能将代表不同频率的电流（电压）相量直接叠加，必须先将它们转换为瞬时值表达式后方可求其代数和。

【例 6.4.1】 如图 6.4.1(a) 所示的 RLC 串联电路，已知：电阻 $R=6\Omega$，电感感抗 $\omega L=2\Omega$，电容容抗 $\dfrac{1}{\omega C}=8\Omega$，电源电压 $u(t)=10+12\sqrt{2}\sin(\omega t)+6\sqrt{2}\sin(2\omega t)$V。求：

（1）电路中的电流 $i(t)$。

（2）电源电压、电流的有效值。

（3）电路的有功功率。

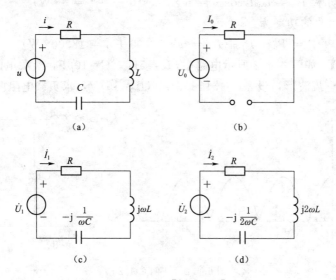

图 6.4.1 ［例 6.4.1］

解：（1）电源电压 $u(t)=10+12\sqrt{2}\sin(\omega t)+6\sqrt{2}\sin(2\omega t)$（V）

（2）直流分量 $U_0=10$V 单独作用时，电感 L 相当于短路，电容 C 相当于开路，如图 6.4.1（b）所示，故 $I_0=0$。

基波分量 $u_1=12\sqrt{2}\sin(\omega t)$V 单独作用时，电路模型如图 6.4.1（c）所示。

$$Z_1 = (6 + j2 - j8) = 6 - j6 = 8.485 \underline{/-45°} \ (\Omega)$$

$$\dot{I}_1 = \frac{\dot{U}_1}{Z_1} = \frac{12 \underline{/0°}}{8.485 \underline{/-45°}} = 1.414 \underline{/45°} \ (A)$$

二次谐波分量 $u_3 = 6\sqrt{2}\sin(2\omega t)$ V 单独作用时，电路模型如图 6.4.1 (d) 所示。

$$Z_2 = 6 + 2 \times j2 + \frac{1}{2} \times (-j8) = 6(\Omega)$$

$$\dot{I}_2 = \frac{\dot{U}_2}{Z_2} = \frac{6 \underline{/0°}}{6} = 1 \underline{/0°} \ (A)$$

电流 i 等于直流分量、基波和二次谐波电流瞬时值的代数和

$$i = I_0 + i_1 + i_3 = 1.414\sqrt{2}\sin(\omega t + 45°) + \sqrt{2}\sin(2\omega t) \ (A)$$

电容 C 在直流分量作用下相当于开路，故电流 i 中无直流分量。所以电容具有"隔直通交"的作用。

（3）电压、电流有效值：

电源电压有效值 $U = \sqrt{U_0^2 + U_1^2 + U_2^2} = \sqrt{10^2 + 12^2 + 6^2} = \sqrt{280} = 16.73 \ (V)$

电流有效值 $I = \sqrt{I_0^2 + I_1^2 + I_2^2} = \sqrt{0^2 + 1.414^2 + 1^2} = \sqrt{2.999} = 1.732 \ (A)$

电路的有功功率：

直流分量的功率 $\qquad P_0 = U_0 I_0 = 10 \times 0 = 0 \ (W)$

基波功率 $P_1 = U_1 I_1 \cos\varphi_1 = 12 \times 1.414\cos(0° - 45°) = 12.00 \ (W)$

二次谐波功率 $P_2 = U_2 I_2 \cos\varphi_2 = 6 \times 1\cos(0° - 0°) = 6 \ (W)$

二端网络吸收的功率为

$$P = P_0 + P_1 + P_2 = 0 + 12.00 + 6 = 18.00 \ (W)$$

【例 6.4.2】 如图 6.4.2 所示电路中，$L = 5H$，$C = 10\mu F$，负载电阻 $R = 2000\Omega$，u_S 为正弦全波整流波形，设 $\omega_1 = 314 \ rad/s$，$U_m = 157V$，求负载电阻两端的电压。

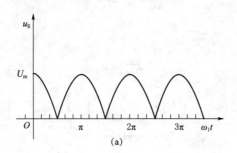 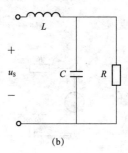

图 6.4.2 ［例 6.4.2］

解：（1）查表 6.1.1，可得全波整流电压 u_S 的傅里叶级数为

$$u_S = \frac{4U_m}{\pi}\left[\frac{1}{2} + \frac{1}{3}\cos(2\omega t) - \frac{1}{15}\cos(4\omega t) + \cdots\right]$$

由于此级数收敛很快，因此只取到 4 次谐波，即

$$u_S = 100 + 66.67\cos(2\omega t) - 13.33\cos(4\omega t) \ (V)$$

（2）直流分量 $U_0 = 100\,\text{V}$ 单独作用时，电感 L 相当于短路，电容 C 相当于开路，如图 6.4.3（a）所示，故负载电阻两端电压的直流分量 $U_{C(0)} = 100\text{V}$。

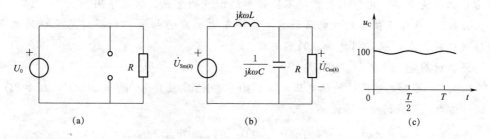

图 6.4.3　[例 6.4.2] 解析图

二次谐波分量 $u_2 = 66.67\cos(2\omega t)\,\text{V}$ 和四次谐波分量 $u_4 = 13.33\cos(4\omega t)\,\text{V}$ 分别单独作用时，电路模型如图 6.4.3（b）所示。

$$\dot{U}_{Cm(k)} = \frac{\dfrac{1}{jk\omega L}}{\dfrac{1}{R} + jk\omega C + \dfrac{1}{jk\omega L}}\dot{U}_{Sm(k)} = \frac{R}{R + jk\omega L\,(1 + jk\omega RC)}\dot{U}_{Sm(k)}$$

当二次谐波作用时，即 $k = 2$，此时 $U_{Sm(2)} = 66.67\,\text{V}$，代入已知数据可得 $U_{Cm(2)} = 3.549\,\text{V}$。

当四次谐波作用时，即 $k = 4$，此时 $U_{Sm(4)} = 13.33\,\text{V}$，代入已知数据可得 $U_{Cm(4)} = 0.1710\,\text{V}$。

从计算结果可知，负载两端电压中的二次和四次谐波分量比输入电压中的二次和四次谐波分量减小很多，负载两端电压接近直流电压，波形如图 6.4.3（c）所示。

电感和电容对各次谐波的感抗和容抗是不同的，这种特性在工程上得到了广泛的应用。例如可以组成含有电感和电容的各种不同电路，将这种电路接在输入和输出之间时，可以让某些所需要的频率分量顺利地通过而抑制某些不需要的分量，这种电路称为滤波器。[例 6.4.2] 所示电路使低频分量通过而抑制高频分量，故称低通滤波器。相反，则称为高通滤波器。

<h2 style="text-align:center">练　习　题</h2>

一、填空题

6.4.1　已知电路参数和非正弦周期性激励，计算直流分量单独作用下的响应，电感元件等于 _____ ，电容元件等于 _____ ，电路成为 _____ 性电路。

6.4.2　已知一个电阻、电感串联电路的基波复阻抗 $Z_1 = 5 + j12\,\Omega$，那么它的二次谐波阻抗为 _____ ，三次谐波阻抗为 _____ 。

6.4.3　已知一个电阻、电容串联电路的基波复阻抗 $Z_1 = 5 - j24\,\Omega$，那么它的二次谐波阻抗为 _____ ，三次谐波阻抗为 _____ 。

6.4 ①
测试题

6.4 ②
练习题答案

251

二、是非题

6.4.4　在非正弦周期性电路计算中，除直流分量外各次谐波单独作用下的电路成为正弦交流电路，电感、电容对不同频率的谐波的感抗、容抗不同。　　　（　　）

6.4.5　在非正弦周期性电路计算中，将各次响应的相量相加得到总响应的相量再转换成解析式，就得到总响应的解析式。　　　（　　）

三、计算题

6.4.6　已知电感元件的端电压 $u = 10\sin(\omega t + 30°) + 6\sin(3\omega t + 60°)$ V，$\omega L = 2\Omega$。求通过该电感元件的电流 i。

6.4.7　已知电压源 $u_S(t) = 100\sqrt{2}\sin(100\pi t) + 5\sqrt{2}\sin(300\pi t + 30°)$ V，电容 $\dfrac{1}{\omega C} = 10\Omega$，求电容电流的解析式。

6.4.8　RC 串联电路中，已知 $R = 10\Omega$，$\dfrac{1}{\omega C} = 20\Omega$，接到 $u = 100\sin(\omega t) + 40\sin(2\omega t)$ V 的非正弦电源上，求电流 i。

6.5　本　章　小　结

6.5.1　非正弦周期量

（1）不按正弦规律变化的周期性电流、电压、电动势统称为非正弦周期量。

（2）非正弦周期量的产生。

1）电路激励是非正弦量。

2）不同频率的正弦激励共同作用于线性电路。

3）电路中存在非线性元件。

6.5.2　非正弦周期量的谐波分析

将一个非正弦周期函数分解为直流分量和无穷多个频率不同的谐波分量之和，称为谐波分析。分解的方法采用傅里叶级数展开法。

已知一非正弦周期量 $f(t)$ 的周期为 T，角频率 $\omega = \dfrac{2\pi}{T}$。在满足狄里赫利条件下可以将 $f(t)$ 分解为傅里叶级数。傅里叶级数包含有直流分量、基波分量和高次谐波分量。它有以下两种形式：

（1）$f(t) = A_0 + \sum\limits_{k=1}^{\infty} A_{km}\sin(k\omega t + \psi_k)$。

（2）$f(t) = a_0 + \sum\limits_{k=1}^{\infty} a_k\cos(k\omega t) + \sum\limits_{k=1}^{\infty} b_k\sin(k\omega t)$。

两种形式的系数之间的关系为

$$\begin{cases} A_0 = a_0 \\ A_{km} = \sqrt{a_k^2 + b_k^2} \\ \tan\psi_k = \dfrac{a_k}{b_k} \end{cases}$$

6.5.3 非正弦波的对称性

根据非正弦周期函数波形的对称性，可直观判定其傅里叶级数不包含哪些项，使展开式的求解得以简化。

(1) 在一个周期内，波形在横轴上、下部分包围的面积相等的，无直流分量。

(2) 波形关于纵轴对称的则为偶函数，无正弦项。

(3) 波形关于原点对称的则为奇函数，无直流分量和余弦项。

(4) 波形平移半个周期后与原波形对称于横轴的则为奇谐波函数，无直流分量、偶次谐波分量。

(5) 波形平移半个周期后与原波形重合的则为偶谐波函数，无奇次谐波分量。

6.5.4 非正弦周期量的有效值、整流平均值、波形因数

(1) 有效值
$$I = \sqrt{I_0^2 + I_1^2 + I_2^2 + \cdots}$$
$$U = \sqrt{U_0^2 + U_1^2 + U_2^2 + \cdots}$$

非正弦周期量的有效值等于恒定分量的平方与各次谐波有效值的平方之和的平方根。

(2) 整流平均值
$$I_{\text{rect}} = \frac{1}{T} \int_0^T |i| \, \mathrm{d}t$$
$$U_{\text{rect}} = \frac{1}{T} \int_0^T |u| \, \mathrm{d}t$$

(3) 波形因数
$$K_{\text{f}} = \frac{\text{有效值}}{\text{整流平均值}}$$

正弦波的 $K_{\text{f}} = 1.11$，尖顶波的 $K_{\text{f}} > 1.11$，平顶波的 $K_{\text{f}} < 1.11$。

6.5.5 非正弦周期性电流电路的功率

$$P = U_0 I_0 + \sum_{k=1}^{\infty} U_k I_k \cos\varphi_k$$
$$= U_0 I_0 + U_1 I_1 \cos\varphi_1 + U_2 I_2 \cos\varphi_2 + \cdots = P_0 + P_1 + P_2 + \cdots$$

非正弦周期电流电路的平均功率等于恒定分量构成的功率和各次谐波平均功率的代数和。

6.5.6 非正弦周期电流电路的计算

将激励分解为傅里叶级数，分别计算激励的直流分量和各次谐波分量单独作用下的响应，最后将所得的响应的解析式相加。注意：

(1) 直流分量单独作用时，电路为直流电阻性电路，电容相当于开路，电感相当于短路。

(2) 各次谐波单独作用时，电路为正弦交流电路，采用相量法计算。其中，对于不同频率的谐波，感抗和容抗是不同的。若基波角频率为 ω，则 k 次谐波的感抗和容抗分别为 $X_{Lk} = k\omega L$、$X_{Ck} = \dfrac{1}{k\omega C}$。

(3) 把代表不同频率的电流（电压）相量相叠加是错误的，应先将它们变为瞬时值后才能求代数和。

本 章 习 题

6.1 求周期电压 $u(t) = 100 + 70\sin(100\pi t - 70°) - 40\sin(300\pi t + 15°)\,\mathrm{V}$ 的有效值。

6.2 某二端网络的端口电压、电流为 $u = 100 + 100\sqrt{2}\sin(\omega t - 25°) + 35\sqrt{2}\sin(3\omega t + 60°)\,\mathrm{V}$，$i = 1 + 0.7\sqrt{2}\sin(\omega t - 70°) + 0.2\sqrt{2}\sin(3\omega t + 30°)\,\mathrm{A}$，求电压、电流的有效值。

6.3 设某二端网络的端口电压 $u = 10 + 141.4\sin(\omega t) + 50\sin(3\omega t + 60°)\,\mathrm{V}$、端口电流 $i = \sin(\omega t - 70°) + 0.3\sin(3\omega t + 60°)\,\mathrm{A}$，$u$ 和 i 取关联参考方向。求：

(1) 端口电压、端口电流的有效值。

(2) 二端网络吸收的平均功率。

6.4 如题 6.4 图所示电路中，$u_\mathrm{S}(t) = 8 + 100\sqrt{2}\sin(\omega t)\,\mathrm{V}$，$R = 40\Omega$，$\omega L = 30\Omega$，那么 $u_\mathrm{S}(t)$ 是正弦量吗？试求 $i(t)$ 和电源发出的有功功率 P。

6.5 如题 6.5 图所示电路，端电压为 $u(t) = 220\sqrt{2}\sin(\omega t + 20°) - 110\sqrt{2}\sin(3\omega t - 30°)\,\mathrm{V}$，电阻 $R = 5\Omega$，电容 $\dfrac{1}{\omega C} = 5\Omega$。求：

(1) 电流 $i(t)$ 及其有效值。

(2) 电路的平均功率。

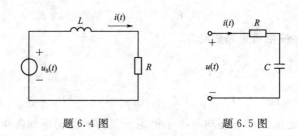

题 6.4 图   题 6.5 图

6.6 在 RL 串联电路中，若电阻 $R = 20\Omega$，电感 $L = 63.7\,\mathrm{mH}$，角频率 $\omega = 314\mathrm{rad/s}$，电源电压 $u(t) = 10 + 100\sqrt{2}\sin(\omega t) + 20\sqrt{2}\sin(2\omega t)\,\mathrm{V}$，求：

(1) 电源电压的有效值。

(2) 电路中的瞬时电流及其有效值。

(3) 电路的有功功率。

6.7 电感线圈与电容元件串联，已知外加电压 $u = 300\sin(\omega t) + 150\sin(3\omega t)\,\mathrm{V}$，电感线圈的基波阻抗 $Z_\mathrm{L} = (10 + \mathrm{j}20)\Omega$，电容的基波容抗 $X_\mathrm{C} = 30\Omega$，求电路电流瞬时值及有效值。

6.8 RLC 串联电路，已知：电阻 $R = 10\Omega$，电感感抗 $X_\mathrm{L} = 2\Omega$，电容容抗 $X_\mathrm{C} = 18\Omega$，电源电压 $u(t) = 10 + 51\sqrt{2}\sin(\omega t + 30°) + 17\sqrt{2}\sin(3\omega t)\,\mathrm{V}$。求：

(1) 电源电压的有效值。

（2）电路中的电流 $i(t)$。

（3）电路的有功功率。

6.9　如题 6.9 图所示电路中，已知 $u = 10 + 80\sin(\omega t + 30°) + 18\sin(3\omega t)$ V，

$R = 6\Omega$，$\omega L = 2\Omega$，$\dfrac{1}{\omega C} = 18\Omega$。试求：电流 i 的解析式和电磁式各仪表的读数。

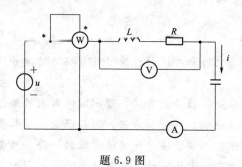

题 6.9 图

第7章 动态电路的过渡过程

学习目标

（1）了解稳态和暂态的概念，理解过渡过程与换路定律并熟练掌握初始值和稳态值的计算。

（2）掌握一阶电路微分方程分析方法，理解时间常数的概念，掌握一阶电路的零输入响应、零状态响应、全响应的分析方法，理解强制分量和自由分量的概念。

（3）能理解并熟练运用三要素法分析直流激励的一阶电路全响应。

（4）了解二阶动态电路的零输入响应、零状态响应、全响应的分析方法，掌握二阶动态电路中初始值与稳态值的计算。

7.1 电路的过渡过程与换路定律

7.1.1 过渡过程

前面各章所分析的无论是直流电路还是周期电流电路，电路中所有的响应达到一种稳定状态，将其称为稳态。同样在自然界中，将事物长期处于一个相对稳定的状态也称为稳态，例如静止的飞机，匀速转动的吊扇等。

当外界条件发生变化，打破原来相对稳定的状态，事物也随外界条件变化而变化，重新达到另一个新的相对稳定的状态。将事物从一种稳定状态到另一种稳定状态的变化过程称为过渡过程，如静止的飞机（稳态）起飞加速到某一速度后匀速飞行（新稳态），这个加速的过程就是过渡过程。又如原先匀速转动的吊扇（稳态）断开电源后，转速逐渐降低，经过一段时间后，停止转动（新稳态）。这个过程较为短暂，所以过渡过程又称暂态过程。在过渡过程中的工作状态称为暂态。

当电路的结构或元件的参数发生变化时，电路也可能经历过渡过程。先来做一个实验，实验电路如图7.1.1所示。电路开关闭合前，电路中没有电流，灯泡不亮，电感元件、电容元件均无储能，电路处于稳定状态。将电路7.1.1（a）的开关闭合，灯泡在开关闭合瞬间不亮，然后逐渐变亮，最后亮度不再变化，电路达到新的稳态，灯泡亮度的变化，说明电路7.1.1（a）出现了过渡过程。将电路7.1.1（b）的开关闭合，灯泡在开关闭合瞬间很亮，然后逐渐变暗，最后熄灭，说明电路7.1.1（b）也出现了过渡过程。将电路7.1.1（c）的开关闭合，灯泡在开关闭合瞬间立即发亮，且亮度不再变化，说明电路7.1.1（c）没有出现过渡过程，立即达到新的稳态。

通过实验发现，只有电路中储能元件的能量发生变化时，才有可能发生过渡过

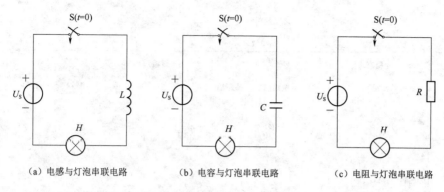

（a）电感与灯泡串联电路　　　（b）电容与灯泡串联电路　　　（c）电阻与灯泡串联电路

图 7.1.1　过渡过程的实验电路

程。这是因为储能元件的能量不可能发生突变，否则将导致功率 $\left(p = \dfrac{\mathrm{d}W}{\mathrm{d}t} \right)$ 为无穷大，所以产生过渡过程的实质是电路中储能元件内部能量不能突变而产生能量转移的过程。

从实验分析中可以看出，仅仅含有储能元件也不会产生过渡过程。当电路接通、断开、短路、电路元件参数发生改变时，才会使电路中电压和电流产生改变，这样才有可能引起电路中能量产生变化，才有可能出现过渡过程。

综上所述：过渡过程出现在电路状态发生改变的含有储能元件的电路中。

电路的过渡过程时间较短，但它具有一些独特的性质，对研究电路起很重要的作用。如：在电子技术中常常利用过渡过程来改善波形或产生特定的波形；另外，某些电路的过渡过程，会产生过电流或过电压。过电流产生的电磁力可造成电气设备的机械破坏，过电压有可能破坏电气设备的绝缘，使电气设备遭受损坏。因此我们认识和掌握这种客观存在的物理现象的规律，正是为了在生活生产中充分利用过渡过程的特点，防止它所产生的危害。

在对过渡过程的分析中，常常采用数学分析方法和实验分析方法。数学分析方法主要是根据基尔霍夫定律和欧姆定律等电路基本定律，借助数学的分析手段来分析过渡过程。实验分析方法是利用实验仪器来观测过渡过程中各物理量的变化规律或借助实验方法对过渡过程进行分析。

7.1.2　换路定律

1. 换路的概念

在电路中，将电路的接通、断开、短路或电路参数、结构改变，统称为换路。换路是瞬时完成的。通常将换路的时刻认为是 $t = 0$，而换路前最后一瞬间，记作 $t = 0_-$，换路后最初一瞬间，记作 $t = 0_+$。在数值上 0_-、0_+ 均等于零，但 0_- 是时间 t 由负值趋近于零的极限，0_+ 则是 t 由正值趋近于零的极限。

换路前电路的稳定状态称为原稳态。换路后电路不是立即转变到新的稳态，而是有一个渐变的过程，这个过程称为过渡过程。理论上这个过渡过程要经过无限长时间结束，从而使电路达到新的稳态。过渡过程如图 7.1.2 所示。

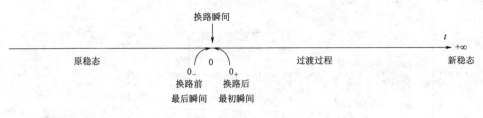

图 7.1.2　过渡过程

2. 换路定律

换路定律指出：

（1）在换路的瞬间，电容元件的电流为有限值时，电容电压不能跃变。

（2）在换路的瞬间，电感元件的电压为有限值时，电感电流不能跃变。

其表达式为

$$u_C(0_+) = u_C(0_-) \tag{7.1.1}$$

$$i_L(0_+) = i_L(0_-) \tag{7.1.2}$$

从能量角度分析：电路发生换路时，电路中储能元件的能量不可跃变，所以在含有电容元件或电感元件的电路换路前后，其储能不变。即：$W_C(0_+) = W_C(0_-)$、$W_L(0_+) = W_L(0_-)$。而电容元件的储能为 $\frac{1}{2}Cu_C^2$，电感元件储能为 $\frac{1}{2}Li_L^2$，其电容 C 与电感 L 为常数。所以可得出换路定律。

同样也可以根据电容、电感元件的 VCR 关系：$i_C = C\dfrac{du_C}{dt}$、$u_L = L\dfrac{di_L}{dt}$，若电容的电压（或电感电流）发生跃变了，必然要产生无限大电流（或无限大电压），显然是不可能的。所以当电容元件的电流、电感元件的电压为有限值时，电感电流和电容电压的变化是连续的，即不能跃变。

综上所述可知：换路瞬间，电容元件的电流和电感元件的电压为有限值时，电容电压和电感电流不可跃变。

7.1.3　电路中初始值与稳态值的计算

换路后的最初一瞬间（$t = 0_+$）时，电路各元件的电压值与电流值统称为初始值，用 $f(0_+)$ 表示。

电路的初始值 $f(0_+)$ 可分为两类：一类是不可以跃变的初始值，称为独立初始值。可根据换路定律，由 $t = 0_-$ 的电路中求得；另一类是可以跃变的初始值，称为相关初始值。

求解电路 $t = 0_+$ 时刻初始值的步骤如下：

（1）根据 $t = 0_-$ 时刻的电路图，求出换路前的 $u_C(0_-)$、$i_L(0_-)$。

（2）根据换路定律可得 $t = 0_+$ 时刻独立初始值 $u_C(0_+)$、$i_L(0_+)$。

（3）作出 $t = 0_+$ 时刻的电路图，对其进行分析，得出其他相关初始值。

注意：对于较复杂的电路，可用换路后最初瞬间（$t = 0_+$）的等效电路来求相关初始值。在 $t = 0_+$ 时刻的等效电路图中，原电路的电容元件用电压值为 $u_C(0_+)$ 的理想电压源来替换〔当 $u_C(0_+) = 0$ 时，原电路的电容元件用短路代替〕；原电路的电感元件用电流值为 $i_L(0_+)$ 的理想电流源来替换〔当 $i_L(0_+) = 0$ 时，原电路的电感元件用开路代替]。如果电路中独立电源是变化的，则取其在 $t = 0_+$ 时刻的值。等效后的电路是一个电阻性电路，可根据基尔霍夫定律和欧姆定律等电路基本定律，按电阻性电路进行分析计算，求得相关初始值。

电路的稳态值是指过渡过程结束后电路达到稳定状态，各元件的电压值与电流值的统称，用 $f(\infty)$ 表示。稳态值可由 $t \to \infty$ 时电路图分析得出。

求解电路在过渡过程结束后的稳态值，可根据 $t \to \infty$ 时刻的电路图进行分析。注意在分析稳态直流电路时，要注意电容元件与电感元件。根据电容元件电压与电流关系 $i_C = C \dfrac{\mathrm{d}u_C}{\mathrm{d}t} = 0$，此时电容元件看作开路。根据电感元件电压与电流关系 $u_L = L \dfrac{\mathrm{d}i_L}{\mathrm{d}t} = 0$，此时电感元件看作短路。

【例 7.1.1】 如图 7.1.3（a）所示电路原先已达到稳定，在 $t = 0$ 时刻将 K 断开，求三种情况下电容电压、电容电流：

（1）K 断开前一瞬间。

（2）K 断开后一瞬间。

（3）电路达到稳定状态（$t \to \infty$）的值。

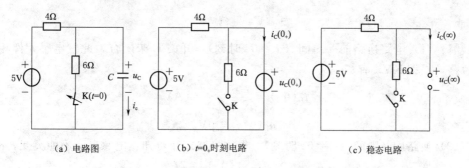

(a) 电路图　　　　　(b) $t=0_+$时刻电路　　　　　(c) 稳态电路

图 7.1.3　　[例 7.1.1]

解：（1）电路换路前一瞬间（$t = 0_-$ 时刻），开关 K 未断开，则

$$u_C(0_-) = \frac{6}{4+6} \times 5 = 3(\mathrm{V})$$

$$i_C(0_-) = 0$$

（2）换路后一瞬间（$t = 0_+$ 时刻），根据换路定律可知：电容电压不能突变，而电容电流可突变。

$$u_C(0_+) = u_C(0_-) = 3(\mathrm{V})$$

将 $t = 0_+$ 时刻电路中的电容元件用电压源代替。得到 $t = 0_+$ 时刻的等效电路如图 7.1.3（b）所示。根据 KVL，有

$$i_C(0_+) = \frac{5-3}{4} = 0.5(\mathrm{A})$$

（3）待电路达到新的稳态，画出稳态时的等效电路如图 7.1.3（c）所示。对直流电路而言，电容元件作开路处理。

所以，电容电流的稳态值为：

$$i_C(\infty) = 0\text{A}$$

电容电压的稳态值为:

$$u_C(\infty) = 5\text{V}$$

【例 7.1.2】　如图 7.1.4（a）所示电路原先已达到稳定,在 $t = 0$ 时刻将 K 闭合,求三种情况下电感电流、电感电压:

（1）在 K 闭合前一瞬间。

（2）K 闭合后一瞬间。

（3）电路达到稳定状态（$t \rightarrow \infty$）的值。

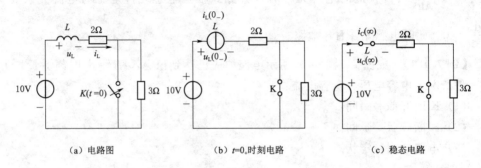

（a）电路图　　　　　　（b）$t = 0_+$时刻电路　　　　　　（c）稳态电路

图 7.1.4　[例 7.1.2]

解:（1）电路换路前一瞬间（$t = 0_-$ 时刻）,开关 K 未闭合,此时电感元件相当于短路,根据 KVL 有

$$i_L(0_-) = \frac{10}{2+3} = 2(\text{A})$$

$$u_L(0_-) = 0\text{V}$$

（2）换路后一瞬间（$t = 0_+$ 时刻）,根据换路定律可知:电感电流不能突变,故

$$i_L(0_+) = i_L(0_-) = 2\text{A}$$

将 $t = 0_+$ 时刻电路中的电感元件用电流源代替。得到 $t = 0_+$ 时刻的等效电路如图 7.1.4（b）所示,根据 KVL 有

$$u_L(0_+) = 10 - 2 \times 2 = 6(\text{V})$$

（3）待电路达到新的稳态,画出稳态时的等效电路如图 7.1.4（c）所示。对于直流电路而言,电感元件短路处理。所以

$$i_L(\infty) = \frac{10}{2} = 5(\text{A})$$

$$u_L(\infty) = 0\text{V}$$

【例 7.1.3】　如图 7.1.5（a）所示电路,直流电压源的电压 $U_S = 50\text{V}$、$R_1 = R_2 = 5\,\Omega$、$R_3 = 20\Omega$。电路原已稳定。在 $t = 0$ 时断开开关 S。试求 $t = 0_+$ 时电路的 $i_L(0_+)$、$u_C(0_+)$、$u_{R2}(0_+)$、$u_{R3}(0_+)$、$i_C(0_+)$、$u_L(0_+)$ 等初始值。

解:（1）先确定独立初始值 $i_L(0_+)$、$u_C(0_+)$。因为电路换路前已达稳态,所以电感元件相当短路,电容元件相当开路,故有

$$i_L(0_-) = \frac{U_S}{R_1 + R_2} = \frac{50}{5+5} = 5\,(\text{A})$$

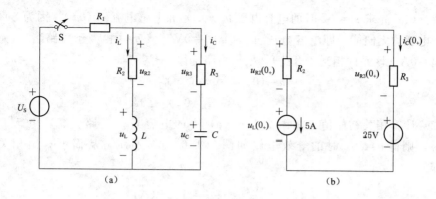

图 7.1.5　[例 7.1.3]

$$u_C(0_-) = R_2 i_L(0_-) = 5 \times 5 = 25 \ (\text{V})$$

根据换路定律，有

$$i_L(0_+) = i_L(0_-) = 5 \ (\text{A})$$

$$u_C(0_+) = u_C(0_-) = 25 \ (\text{V})$$

（2）计算相关初始值。将图 7.1.5（a）中的电容 C 及电感 L 分别用等效电压源 $u_C(0_+) = 25\text{V}$ 及等效电流源 $i_L(0_+) = 5\text{A}$ 代替，则得 $t = 0_+$ 时的等效电路图如图 7.1.5（b）所示，从而可算出相关初始值，即

$$u_{R2}(0_+) = R_2 i_L(0_+) = 5 \times 5 = 25(\text{V})$$

$$i_C(0_+) = -i_L(0_+) = -5(\text{A})$$

$$u_{R3}(0_+) = R_3 i_C(0_+) = 20 \times (-5) = -100(\text{V})$$

$$u_L(0_+) = i_C(0_+)(R_2 + R_3) + u_C(0_+) = -5 \times (5 + 20) + 25 = -100 \ (\text{V})$$

由计算结果可以看出：相关初始值可能跃变也可能不跃变。如电容电流由零跃变到 -5A，电感电压由零跃变到 -100V，电阻 R_3 的电压由 0 跃变到 -100V，但电阻 R_2 的电压却并不跃变。

【例 7.1.4】　如图 7.1.6（a）所示电路，直流电压源的电压 $U_S = 20\text{V}$，$R_1 = 16\Omega$，$R_2 = 8\Omega$。开关 S 闭合前电感与电容均没有储能，在 $t = 0$ 时 S 闭合，求 S 闭合时的 $u_C(0_+)$、$i_L(0_+)$、$i_C(0_+)$、$u_1(0_+)$、$u_2(0_+)$、$u_L(0_+)$ 等初始值。

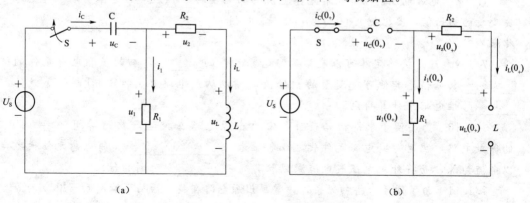

（a）　　　　　　　　　　　　　　（b）

图 7.1.6　[例 7.1.4]

第 7 章 动态电路的过渡过程

解：（1）先求 $t = 0_+$ 时的电容电压 $u_C(0_+)$ 和电感电流 $i_L(0_+)$。因为 S 闭合前电容与电感均无储能，即电容电压 $u_C(0_-) = 0V$（该元件相当于短路），电感电流 $i_L(0_-) = 0A$（该元件相当于开路）。根据换路定律，有

$$u_C(0_+) = u_C(0_-) = 0V$$

$$i_L(0_+) = i_L(0_-) = 0A$$

（2）计算相关初始值。将图 7.1.6（a）中的电容 C 用短路代替，电感 L 用开路代替，则得 $t = 0_+$ 时的等效电路如图 7.1.6（b）所示，从而可算出相关初始值，即

$$i_c(0_+) = \frac{U_S}{R_1} = \frac{20}{16} = 1.25\,(A)$$

$$u_1(0_+) = u_L(0_+) = U_S = 20\,(V)$$

$$u_2(0_+) = R_2\,i_L(0_+) = 8 \times 0 = 0\,(V)$$

练 习 题

一、填空题

测试题

7.1 ①
练习题答案

7.1.1 电路理论中，把电路中支路的接通和切断、元件参数的改变等，统称为_____，完成这一动作后的最初一瞬间响应值，统称为_____。

7.1.2 含有_____或_____元件的电路叫动态电路，电路方程为线性一阶常系数微分方程的动态电路叫_____电路。

7.1.3 一阶电路是指用_____阶微分方程来描述的电路。二阶电路是指用_____阶微分方程来描述的电路。

7.1.4 初始值是指响应在换路后的_____的值。

7.1.5 在换路瞬间，电容元件的_____有限时，其_____不能突变。

7.1.6 在换路瞬间，电感元件的_____有限时，其_____不能突变。

7.1.7 如果把换路瞬间取为计时起点（$t = 0$），换路定律关于 u_C、i_L 的数学表达式分别为（1）_____；（2）_____。

7.1.8 电容电压的初始值和电感电流的初始值由_____定律确定。其他可突变量的初始值，要根据 $u_C(0_+)$、$i_L(0_+)$ 和应用_____、_____及_____定律来确定。

7.1.9 应用换路定律可以直接确定电容元件的_____初始值和电感元件的_____初始值。其他可突变量的初始值，可以从原电路在 $t = 0_+$ 时刻的等效的_____性电路中计算得到。

7.1.10 为了便于求得初始条件，常画出原电路在换路后初始瞬间（$t = 0_+$）的等效电路，画时可将电容元件代之以电压为_____源，将电感元件代之以电流为源，而将外施电压或电流激励取其_____时刻的值。

7.1.11 为了便于求得初始条件，常画出原电路在换路后初始瞬间（$t = 0_+$）的等效电路，画时如遇到电容元件或电感元件为零初始状态，则可将 $u_C(0_+) = 0$ 的电容

元件作_____路处理，将 $i_L(0_+)=0$ 的电感元件作_____路处理，而外施电压或电流激励应取其_____时刻的值。

7.1.12 在直流稳态电路中，电容元件相当于_____，电感元件相当于_____。

7.1.13 电容器的电流_____跃变。电感的电压_____跃变。

二、选择题

7.1.14 换路时，电感元件的下列各量中可以突变的量是（　　）。

A. 电压　　　　　　B. 电流　　　　　　C. 磁通　　　　　　D. 磁场能

7.1.15 换路时，电容元件的下列各量中可以突变的量是（　　）。

A. 电压　　　　　　B. 电流　　　　　　C. 电能　　　　　　D. 电场能

7.1.16 换路时，RL 串联支路中的（　　）不突变。

A. 电阻上电压　　　　　　　　　　　B. 电感电压

C. 串联支路的电压　　　　　　　　　D. 无法确定

7.1.17 R 与 C 并联电路在其外部换路时，不突变的电流是（　　）。

A. 电容电流　　　　　　　　　　　　B. 电阻电流

C. 并联电路总电流　　　　　　　　　D. 无法确定

7.1.18 换路时，电流可以突变的元件是（　　）。

A. 电感元件　　　　　　　　　　　　B. 电压源

C. 电流源　　　　　　　　　　　　　D. 无法确定

7.1.19 换路时，电压可以突变的元件是（　　）。

A. 电容元件　　　　　　　　　　　　B. 电压源

C. 电流源　　　　　　　　　　　　　D. 无法确定

7.1.20 换路时，电流不能突变的元件是（　　）。

A. 电阻元件　　　　　　　　　　　　B. 电容元件

C. 电感元件　　　　　　　　　　　　D. 无法确定

7.1.21 换路时，电压不能突变的元件是（　　）。

A. 电阻元件　　　　　　　　　　　　B. 电容元件

C. 电感元件　　　　　　　　　　　　D. 无法确定

7.1.22 在计算动态电路初始值时，$i_L(0_-)=0$ 的电感元件可以代之以（　　）。

A. 开路　　　　　　　　　　　　　　B. 短路

C. 阻抗 $j\omega L$　　　　　　　　　　D. 无法确定

7.1.23 在计算动态电路初始值时，$u_C(0_-)=0$ 的电容元件可以代之以（　　）。

A. 开路　　　　　　　　　　　　　　B. 短路

C. 阻抗 $1/j\omega C$　　　　　　　　　D. 无法确定

三、是非题

7.1.24 电路换路时，电感元件的电流可以突变。　　　　　　　　　　（　　）

7.1.25 电路换路时，电感元件的电压可以突变。　　　　　　　　　　（　　）

7.1.26 换路时，电阻元件上的电压、电流都可以突变。　　　　　　　（　　）

7.1.27 换路时，电感元件的磁场能可以突变。　　　　　　　　　　　（　　）

7.1.28　换路时，电容元件的电场能可以突变。（　　）

7.1.29　实际电路换路时，电容元件的电荷量不可以突变。（　　）

7.1.30　实际电路换路时，电感元件的磁链可以突变。（　　）

7.1.31　换路时，RL 串联支路中的电阻电压不突变。（　　）

7.1.32　换路瞬间，电压为零的电容元件应视为开路。（　　）

7.1.33　换路瞬间，电流为零的电感元件应视为短路。（　　）

四、计算题

7.1.34　如题 7.1.34 图所示电路，电路原先已达稳定，在 $t=0$ 时刻将 K 断开，求电容电压初始值 $u_C(0_+)$ 和电容电流初始值 $i_C(0_+)$。

7.1.35　如题 7.1.35 图所示电路，电路原先已稳定，在 $t=0$ 时刻将 K 闭合，求电感电流初始值 $i_L(0_+)$ 和电感电压初始值 $u_L(0_+)$。

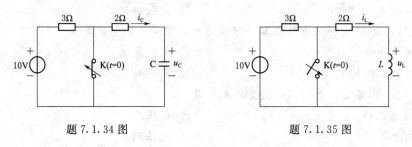

题 7.1.34 图　　　　　　题 7.1.35 图

7.1.36　如题 7.1.36 图电路原先已稳定，在 $t=0$ 时刻将 K 闭合，求电感电流初始值 $i_L(0_+)$ 和电感电压初始值 $u_L(0_+)$。

7.1.37　如题 7.1.37 图所示电路，电路原先已稳定，在 $t=0$ 时刻将 K 闭合，求电容电压初始值 $u_C(0_+)$ 和电容电流初始值 $i_C(0_+)$。

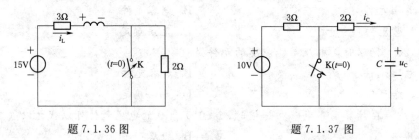

题 7.1.36 图　　　　　　题 7.1.37 图

7.1.38　如题 7.1.38 图所示电路，电路原先 K 与 1 闭合，且已稳定。在 $t=0$ 时刻将 K 从 1 迅速闭合到 2，求电感电流初始值 $i_L(0_+)$ 和电感电压初始值 $u_L(0_+)$。

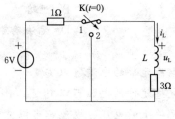

题 7.1.38 图

7.2　一阶电路的零输入响应

与电阻元件伏安特性的代数表示形式不同，电容元件（或电感元件）的电压与电流的约束关系是通过积分或微分形式来描述，所以将其称为动态元件（或储能元件）。

在分析含有储能元件的电路时，也可像分析电阻电路一样，根据基尔霍夫定律和欧姆定律等电路基本定律来建立电路方程。不同的是纯电阻电路的电路方程是代数方程，而含有动态元件的电路方程是微分方程。微分方程的阶数由电路中含有动态元件的个数及电路的结构决定。

当动态电路中仅含有一个动态元件，剩余部分为线性电阻电路的电路方程为一阶线性常微分方程，相应的电路称为一阶电路。当等效电路中包含二个动态元件时，它可用二阶导数的微分方程来描述，称为二阶电路。以此类推，当等效电路中含有 n 个动态元件时，其电路方程为 n 阶微分方程，将其等效电路称为 n 阶电路。

这类电路的响应可以由独立电源引起，也可以由电路中储能元件的初始状态引起，还可以由独立电源和储能元件的初始状态共同作用下引起。根据响应产生的原因，将响应分为三种类型：

（1）零输入响应。动态电路中没有外加激励电源（即输入为零），仅由动态元件初始储能所引起的响应，称为动态电路的零输入响应。

（2）零状态响应。在动态电路中，储能元件初始状态为零，仅由独立电源作为外施激励引起的响应，称为动态电路的零状态响应。

（3）全响应。在含非零初始状态的储能元件的动态电路中，由独立电源与其初始状态共同作用下引起的响应，称为全响应。

分析这类电路的响应一般选电容电压或电感电流作为电路变量（以时间 t 为自变量，电容电压或电感电流为因变量），根据基尔霍夫定律和欧姆定律等电路基本定律进行分析，建立电路的微分方程，然后借助数学分析手段，解微分方程，得到电路待求变量。

7.2.1　RC 电路的零输入响应

如图 7.2.1 所示的 RC 电路，在 $t < 0$ 时，开关处在位置 1 处，电压源对电容元件进行充电，电路稳定后，电容电压 $u_C = U_0$。在 $t = 0$ 时刻，开关由位置 1 处合到位置 2 处，电容元件与电源断开，与电阻 R 连接，在 $t = 0_+$ 时刻，电容元件的电压不能突变，所以 $u_C(0_+) = u_C(0_-) = U_0$，此后电容元件开始向电阻放电，电容元件的电压逐渐减小，直至为零，此时电容元件放电完成，达到新的稳态。在放电过程中，电容元件储存的电场能量全转为热能。

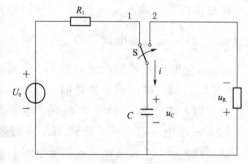

图 7.2.1　RC 电路的零输入响应

由于此时没有独立源能量输入，仅靠电容中的电场储能在电路中产生响应，所以在换路后（$t>0$）电路的响应为零输入响应。

设备支路电压、电流参考方向如图所示，列换路后的 KVL 方程

$$u_C + u_R = 0 \qquad\qquad (7.2.1)$$

而元件的电压电流关系为

$$\left.\begin{array}{l} u_R = iR \\[2mm] i = C\dfrac{\mathrm{d}u_C}{\mathrm{d}t} \end{array}\right\} \qquad\qquad (7.2.2)$$

代入 KVL 方程得

$$RC\frac{\mathrm{d}u_C}{\mathrm{d}t} + u_C = 0 \qquad\qquad (7.2.3)$$

这就是 RC 电路零输入响应方程，u_C 以及 i 都是时间 t 的函数，应记作 $u_C(t)$、$i(t)$，简记为 u_C、i。式（7.2.3）是一阶常系数线性齐次常微分方程，它的通解为

$$u_C = A\mathrm{e}^{pt}$$

式中：A 为积分常数；p 为特征方程的特征根。根据所学数学知识可知，式（7.2.3）的特征方程为

$$RCp + 1 = 0$$

解得

$$p = -\frac{1}{RC}$$

所以

$$u_C = A\mathrm{e}^{-\frac{t}{RC}} \qquad\qquad (7.2.4)$$

A 由电路的初始条件确定。由换路定则得

$$u_C(0_+) = u_C(0_-) = U_0$$

将其代入式（7.2.4）得

$$A = U_0$$

最后得到电容的零输入响应电压、电流：

$$u_C = U_0\mathrm{e}^{-\frac{t}{RC}} \qquad (t\geqslant 0) \qquad\qquad (7.2.5)$$

$$i = C\frac{\mathrm{d}u_C}{\mathrm{d}t} = -\frac{U_0}{R}\mathrm{e}^{-\frac{t}{RC}} \qquad (t\geqslant 0) \qquad\qquad (7.2.6)$$

可见换路后电容电压以 U_0 为初始值按指数规律衰减。电流 i 在 $t=0$ 瞬间，由 0 跃变到 $-\dfrac{U_0}{R}$，随着放电过程的进行，电流也按指数规律衰减，最后趋于 0。

u_C 及 i 随时间变换的曲线如图 7.2.2 所示。

【例 7.2.1】　高压设备检修时，一个 $40\mu\mathrm{F}$ 的电容器从高压电网上切除。切除瞬间，电容器的电压为 10kV。切除后，电容器经本身的漏电阻 R_S 放电。现测得 $R_S = 100\mathrm{M}\Omega$，试求电容器电压下降到 1kV 所需要的时间。

解：设 $t=0$ 时刻电容器从高压电网上切除，电容器经漏电阻 R_S 放电，其等效电路图如图 7.2.3 所示。

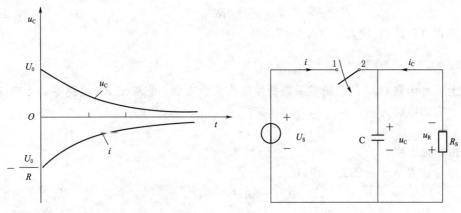

图 7.2.2　RC 电路 u_C 和 i 的零输入响应　　　　　图 7.2.3　［例 7.2.1］

电容器原先接在高压电网上，在切除后，瞬间电容电压无法突变，所以 $u_C(0_+)=u_C(0_-)=10\text{kV}$。切除后，电容器经自身漏电阻放电。电容器储存的能量通过电阻转化成热能等，不断损耗。这就是，一阶 RC 电路零输入响应。电容器两端电压的变化规律为：$u_C=10\text{e}^{-\frac{t}{RC}}$。

根据电容器的变化规律可知：$u_C=10\text{e}^{-\frac{t}{RC}}=10\text{e}^{-\frac{t}{4000}}$

设 $t=t_1$ 时，电容电压降到 1kV

$$1=10\text{e}^{-\frac{t_1}{4000}}$$

$$t_1=9210.34\text{s}=2\text{h}33\text{min}30\text{s}$$

反思：由于 C 与 R_S 都很大，使得电路的 CR_S 乘积也较大，放电慢。从计算结果可以看出，电容器从 10kV 的电网切除后，过了 2 个多小时，仍然有 1kV 的高压。这样的电压足以造成人身安全事故，因此，在检修大电容设备时，要事先将其充分放电后，才能进行工作。

7.2.2　RL 电路的零输入响应

如图 7.2.4 所示的 RL 电路，在 $t<0$ 时，开关 K 断开，电压源对其供电，电路稳定后，电感电流 i 为 I_0。在 $t=0$ 时刻，开关 K 闭合，电感元件与电压源断开，电感仅与电阻 R 连接，在 $t=0_+$ 时刻，电感元件的电流不能突变，所以 $i(0_+)=i(0_-)=I_0$，此后电路中的电流将逐渐减小，直至为零，达到新的稳态。在这个过渡过程中，电感元件储存的磁场能量全转为热能。

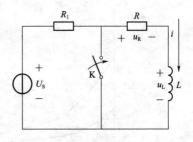

图 7.2.4　RL 电路的零输入响应

设各支路电压、电流参考方向如图 7.2.4 所示，列换路后的 KVL 方程：

$$u_L+u_R=0 \tag{7.2.7}$$

电感元件与电阻元件的电压电流关系：

$$u_L=L\frac{\text{d}i}{\text{d}t}$$

$$u_R = Ri \qquad\qquad (7.2.8)$$

将式 (7.2.8) 代入式 (7.2.7)，得

$$L\frac{\mathrm{d}i}{\mathrm{d}t} + Ri = 0 \qquad\qquad (7.2.9)$$

上式是函数 $i(t)$ 的一阶常系数线性齐次微分方程，它决定 RL 电路零输入响应的方程。它的通解为

$$i(t) = Ae^{pt}$$

由特征方程 $\qquad\qquad Lp + R = 0$

得特征根 $p = -R/L$，所以

$$i(t) = Ae^{pt} = Ae^{-\frac{R}{t}}$$

代入初始条件 $i(0_+) = i(0_-) = I_0 = \dfrac{U_S}{R_1 + R}$，解得电感的零输入响应电流：

$$i(t) = I_0 e^{-\frac{R}{L}t} \qquad\qquad (7.2.10)$$

并得

电阻电压为

$$u_R(t) = Ri(t) = RI_0 e^{-\frac{R}{L}t}$$

电感电压为

$$u_L(t) = -u_R(t) = -RI_0 e^{-\frac{R}{L}t} \qquad\qquad (7.2.11)$$

RL 电路的零输入响应，就是具有磁场储能的电感对电阻释放储能的响应，其放电曲线如图 7.2.5 所示，i、u_R、u_L 都随时间按指数规律衰减而渐趋为零。因为电流在减少，所以电感电压的方向与电流方向相反。电感电流衰减过程中，其磁场储能转换给电阻变为热能而消耗。

【例 7.2.2】　如图 7.2.6 所示为发电机励磁回路。已知直流电压源电压 $U_S = 40\text{V}$，励磁绕组的电阻 $R = 0.2\Omega$、电感 $L = 0.4\text{H}$，电压表的内阻为 $R_v = 10\text{k}\Omega$。电路原已稳定。在 $t = 0$ 时打开开关 S。试求：

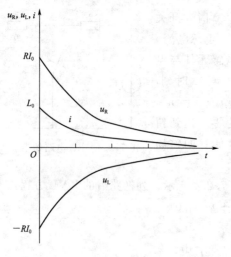

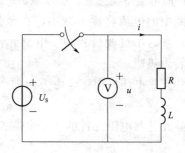

图 7.2.5　RL 电路的零输入响应 i、u_R、u_L　　　　图 7.2.6　［例 7.2.2］

(1) 开关打开瞬间电压表的电压。

(2) 电流 $i_L(t)$ 和电压 $u(t)$ 以及电流 $i_L(t)$ 衰减为初始值的 10% 所需的时间。

(3) 将电压表改为零电阻时，电流 $i_L(t)$ 衰减为初始值的 10% 所需要的时间。

解：(1) 开关断开前，电路原已稳定，电感视为短路，所以：

$$i(0_-) = \frac{U_s}{R} = \frac{40}{0.2} = 200(\text{A})$$

开关断开瞬间，因为电感元件电流不能突变，所以：

$$i(0_+) = i(0_-) = 200\text{A}$$

其电路是 RL 电路零输入响应的过程，可按照其规律进行求解。

电压表的电压为

$$u(0_+) = -i(0_+)R_v = -200 \times 10 \times 10^3 = -2000(\text{kV})$$

(2) 按照 RL 电路零输入响应的规律可得，其电流表达式为

$$i_L(t) = I_0 e^{-\frac{R+R_v}{L}t} = 200 e^{-\frac{0.2+10000}{0.4}t} = 200 e^{-25000t}(\text{A})$$

其电压表达式为

$$u(t) = -R_v I_0 e^{-\frac{R+R_v}{L}t} = -10000 \times 200 e^{-\frac{0.2+10000}{0.4}t} = 2 \times 10^6 e^{-25000t}(\text{V})$$

设电流衰减到初始值的 10% 所需要的时间为 t，可得

$$0.1 \times 200 = 200 e^{-25000t}$$

得

$$t = 9.21 \times 10^{-5} \text{s}$$

(3) 电压表改为零电阻时，RL 电路中电感电流的表达式为

$$i_L(t) = I_0 e^{-\frac{R}{L}t} = 200 e^{-0.5t}\text{A}$$

其电流衰减到初始值的 10% 所需的时间为

$$t = 2\ln 10 = 4.605(\text{s})$$

值得注意的是，由于电感电流不能突变，电压表内阻又远远大于励磁绕组的电阻，所以打开开关的瞬间，电压表的电压突变为原先的 $50000\left(\dfrac{2000 \times 10^3}{40} = 50000\right)$ 倍，电压表很有可能损坏，所以在打开开关前要先把电压表拆除。

RL 串联电路实为线圈的电路模型，将线圈从电源断开而未加以短路，由于电流变化率 $\dfrac{di_L}{dt}$ 很大，使得其自感电动势 $\varepsilon_L = -L\dfrac{di_L}{dt}$ 很大。这个感应电动势可能使开关两触电之间的空气击穿而造成电弧以延缓电流的中断，开关触电因而被烧坏，所以往往在将线圈从电源处断开的同时而将线圈加以短路，以便使电流（或磁能）逐渐减小。有时为了加速线圈放电的过程，可用一个低压泄放电阻与线圈连接，泄放电阻不宜过大，否则在线圈两端会出现过电压，从而可能损坏绕组的绝缘。泄放电阻也不宜过小，否则电路的时间常数较大，不能在较短时间内吸收绕组中的能量。一般泄放电阻阻值取绕组电阻阻值的 3~6 倍。

故在切断感性负载电流时，必须考虑电感内磁场能量的释放问题，以防止电气设备因承受过高电压而损坏。如果必须在短时间内完成电流的切断，则必须使用断路器的开关，它具有灭弧装置。而普通的闸刀开关没有灭弧功能，所以在电力系统有关的

运行规程中规定：不准带负荷拉刀闸。

从以上分析可以看出：

（1）在电容元件电压初始值确定的 RC 电路中，电容 C 越大，电容中储存的电荷也越多，放电所需的时间也越长。而且电阻 R 阻值越大，放电电流越小，放电所需时间也越长。结合电容元件电压与电流的表达式，也可以发现其衰减快慢取决于指数中 $\dfrac{1}{RC}$ 的大小。

（2）在电感元件电流初始值确定的 RL 电路中，电感 L 越大，电感元件储存的磁场能量也越多，电阻 R 阻值越小，其能量消耗越慢，电路的过渡过程也越长。结合电感元件电压与电流的表达式，可以发现其衰减快慢取决于指数中 $\dfrac{R}{L}$ 的大小。

7.2.3　时间常数

电路的时间常数 τ 表示响应衰减到其初始值的 $\dfrac{1}{e}$ 或 36.8％所需要的时间。

从另一个角度上看，时间常数也是初始值的衰减率。

$$\frac{d}{dt}\left[\frac{f(t)}{f(0_+)}\right]\bigg|_{t=0} = -\frac{1}{\tau} \tag{7.2.12}$$

表 7.2.1 $\qquad\qquad \dfrac{f(t)}{f(0_+)} = e^{-\frac{t}{\tau}}$ **值表**

t	0	τ	2τ	3τ	4τ	5τ	6τ
$\dfrac{f(t)}{f(0_+)}$	1	0.368 0	0.135	0.050	0.018	0.007	0.002

从表 7.2.1 中可以看出：

（1）每经过一个时间间隔 τ，其物理量降低为前一个值的 36.8％，即：$f(t+\tau) = f(t)e^{-1} = 0.368f(t)$。与 t 的值无关。

（2）从理论上分析，只有当 $t \to \infty$ 时，指数函数才会衰减到 0，也就是说，过渡过程要经历无限长的时间才会结束。而 $t = 3\tau \sim 5\tau$ 时，$f(t)$ 将衰减到初始值 $f(0_+)$ 的 5％～0.7％。工程上认为，经过 $3\tau \sim 5\tau$ 后，过渡过程结束，系统进入新稳态。

时间常数还可以用图解法求得。如图 7.2.7 所示，在 $f(t)$ 曲线上任选一点 c，过点作切线 bc，则次切距

$$ab = \frac{ac}{\tan\theta} = \frac{f(t_0)}{-\dfrac{df(t)}{dt}\bigg|_{t=t_0}} = \tau \tag{7.2.13}$$

即在时间坐标轴上，次切距的长度等于时间常数 τ，也说明曲线上任意一点，如果以该点的斜率为固定变化率衰减，经过时间 τ 衰减至 0。

对一个确定的 RC 电路而言，RC 是一个常数，且具有时间量纲（$\Omega \cdot F = \Omega \cdot \dfrac{C}{V}$ $=\Omega \cdot \dfrac{A \cdot S}{V} = S$）。因此在 RC 电路中，用电路时间常数 τ 来表示 RC 的乘积。用电路

的固有频率 s 来表示 $-\dfrac{1}{RC}$。

对一个确定的 RL 电路而言，$\dfrac{L}{R}$ 是一个常数，且具有时间量纲 $\left(\dfrac{\mathrm{H}}{\Omega}=\dfrac{\dfrac{\mathrm{VS}}{\mathrm{A}}}{\Omega}=\dfrac{\Omega\mathrm{S}}{\Omega}=\mathrm{S}\right)$。因此在 RL 电路中，用电路时间常数 $\tau=\dfrac{L}{R}$ 来表示。

电路的时间常数 τ 决定了零输入响应衰减的快慢，时间常数越大，衰减越慢，过渡过程的时间越长。而且时间常数 τ 不是固定不变的，可以通过改变电路参数和电路结构的方法来调整。时间常数 τ 越大，其衰减过程持续时间越长。图 7.2.8 给出了 RC 电路在三种不同 τ 值下电压 u_C 随时间变化的曲线，图中三条曲线对应的时间常数大小关系为：$\tau_1 < \tau_2 < \tau_3$。

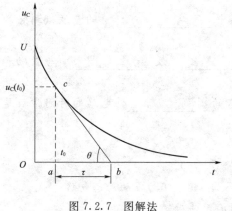

图 7.2.7　图解法　　　　　　　图 7.2.8　不同 τ 值下的 u_C 曲线

7.2.4　一阶电路零输入响应的一般形式

RC 电路与 RL 电路的零输入响应都是由动态元件储存的初始能量引起的。换路后，电路中元件的电压和电流均按指数规律（$\mathrm{e}^{-\frac{t}{RC}}$ 或 $\mathrm{e}^{-\frac{R}{L}t}$）变化的，仅是初始值不同而已。

RC 电路：

$$u_C(t)=U_S\mathrm{e}^{-\frac{t}{RC}}=U_S\mathrm{e}^{-\frac{t}{\tau}}\ (t\geqslant 0)\qquad \tau=RC \tag{7.2.14}$$

RL 电路：

$$i_L(t)=I_S\mathrm{e}^{-\frac{R}{L}t}=I_S\mathrm{e}^{-\frac{t}{\tau}}\quad(t\geqslant 0)\qquad \tau=\frac{L}{R} \tag{7.2.15}$$

从式（7.2.14）和式（7.2.15）可以看出：一阶电路零输入响应由动态元件的初始值和时间常数（取决于电路元件参数及电路结构）来决定。将其进行总结扩展得到一阶动态电路零输入响应的一般形式如下：

$$f(t)=f(0_+)\mathrm{e}^{-\frac{t}{\tau}}\quad(t\geqslant 0) \tag{7.2.16}$$

式中：$f(0_+)$ 为零输入响应的初始值；τ 为换路后电路的时间常数。

练　习　题

一、填空题

7.2.1　动态电路与电阻性电路不同点是，电阻性电路中如果没有独立源就没有_____；动态电路中，即使没有独立源，只要电容元件的_____或电感元件的_____不为零，就会由它们的_____引起响应。

7.2.2　动态电路在没有_____作用的情况下，由动态元件的_____激励而产生的响应叫做零输入响应。

7.2.3　RC 电路的零输入响应，就是已_____的电容元件对电阻元件_____电电路的响应，所有的电压、电流都按_____变化，随着时间的增长而逐渐_____。

7.2.4　所谓电路的时间常数，就是指电路中_____的量衰减到它的值的_____时所需的时间。

7.2.5　电路的时间常数决定于电路的_____及_____，与激励和响应____关，与电路初始情况____关。

7.2.6　时间常数的大小表明过渡过程进行的_____，电路的时间常数越大，该电路中的过渡过程持续时间越_____。

二、选择题

7.2.7　没有独立源就不会有响应的电路是（　　）。

A. 电阻性电路　　　　　　　　　　B. $i_L(0_-)$ 不为零的动态电路

C. $u_C(0_-)$ 不为零的动态电路　　　D. 无法确定

7.2.8　可能产生零输入响应的电路是（　　）。

A. 电阻性电路　　　　　　　　　　B. 初始储能为零的动态电路

C. 初始储能不为零的动态电路　　　D. 无法确定

7.2.9　不产生零输入响应的动态电路是（　　）。

A. 所有动态元件的初始储能为零

B. 所有动态元件的初始储能不为零

C. 部分动态元件的初始储能不为零

D. 无法确定

7.2.10　动态电路的零输入响应是由（　　）引起的。

A. 外施激励

B. 动态元件的初始储能

C. 外施激励与初始储能共同作用

D. 无法确定

7.2.11　RC 电路中属于零输入响应的是（　　）。

A. 已充电的电容对电阻的放电过程

B. 未充电的电容经电阻接通电源的充电过程

C. 已充电的电容经电阻再接通电压源的过程

D. 无法确定

7.2.12 下列关于时间常数的说法中，错误的是（ ）。

A. 时间常数与外施激励无关

B. 时间常数与电路连接结构无关

C. 时间常数与电路的初始情况无关

D. 无法确定

7.2.13 动态电路在没有独立源作用，仅由初始储能激励产生的响应是（ ）。

A. 零输入响应   B. 零状态响应   C. 稳态响应   D. 全响应

7.2.14 RL 串联或 RC 串联电路的零输入响应总是（ ）。

A. 衰减的指数函数   B. 增长的指数函数   C. 恒定不变的数   C. 无法确定

7.2.15 RL 串联电路的时间常数等于（ ）。

A. R/L B. L/R C. RL D. RC

7.2.16 RC 串联电路的时间常数与（ ）成正比。

A. C、U_0 B. R、I_0 C. C、R D. U_0、I_0

三、是非题

7.2.17 电阻性电路中如果没有独立源就没有响应。   （   ）

7.2.18 动态电路中如果没有独立源就不可能有响应。   （   ）

7.2.19 电阻性电路不可能产生零输入响应。   （   ）

7.2.20 动态电路中的零输入响应与独立源（或外施激励）有关。   （   ）

7.2.21 动态电路中的零输入响应与动态元件的初始值有关。   （   ）

7.2.22 已充电的电容对电阻放电的过程是零输入响应。   （   ）

7.2.23 时间常数与外施激励有关。   （   ）

7.2.24 时间常数与电路的初始情况有关。   （   ）

7.2.25 间常数的大小决定于电路参数及连接结构。   （   ）

7.2.26 RL 串联电路的零输入响应是衰减的指数函数。   （   ）

7.2.27 串联电路的时间常数为 $\dfrac{R}{L}$。   （   ）

7.2.28 RC 串联电路的时间常数为 RC。   （   ）

四、计算题

7.2.29 $C = 2\mu F$，$u_C(0_-) = 100V$ 的电容元件经 $R = 10k\Omega$ 的电阻元件放电，求电路的时间常数 τ、电容电压的解析式 $u_C(t)$、放电电流的解析式为 $i(t)$（设电容电压与电流参考方向关联）。

7.2.30 $C = 5\mu F$，$u_C(0_-) = 50V$ 的电容元件经 $R = 2k\Omega$ 的电阻元件放电，求电路的时间常数与电容电压的解析式 $u_C(t)$。

7.2.31 已知 RC 电路中，电容 $C = 8\mu F$，电容电压的零输入响应 $u_C(t) = 100e^{-25t}V$，求：

（1）当电容电压衰减至 36.8V 时所经历的时间。

（2）电阻 R。

（3）该电路经历多长时间后放电过程实际结束（指 $u_C/U_0=0.7\%$）。

7.2.32　已知 RC 电路中，电阻 $R=50\text{k}\Omega$，电容电压的零输入响应 $u_C(t)=100\mathrm{e}^{-10t}\text{V}$，求：

（1）电容 C。

（2）电容电压衰减至 36.8V 时所经历的时间。

（3）该电路经历多长时间后放电过程实际结束（指 $u_C/U_0=0.7\%$）。

7.3　一阶电路的零状态响应

零状态响应就是动态电路在储能元件的初始条件为零（储能元件没有初始储能）的情况下，仅由独立电源作为外施激励引起的响应。而外施激励有很多形式，本节主要分析直流激励和正弦激励下的零状态响应。

7.3.1　一阶电路在直流激励下的零状态响应

7.3.1.1　RC 电路在直流激励下的零状态响应

分析 RC 电路的零状态响应，实际上就是分析它的充电过程。图 7.3.1 是一个 RC 串联电路。设开关 S 闭合前电容没有储能，电容电压 $u_C(0_-)=0$，故为零状态，在 $t=0$ 时将开关 S 合上，电容元件、电阻元件与恒压源串联，电源对电容元件开始充电。换路后，由恒压源 U_S 引起 RC 电路中电压和电流的变化，即 RC 电路的零状态响应。

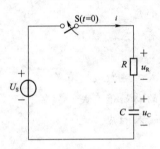

图 7.3.1　直流激励下 RC 电路的零状态响应

电路中各电压、电流参考方向如图所示，列换路后 KVL 方程：

$$u_R+u_C=U_S \tag{7.3.1}$$

将元件电压与电流关系 $u_R=Ri$、$i=c\dfrac{\mathrm{d}u_C}{\mathrm{d}t}$ 代入上式，得

$$RC\frac{\mathrm{d}u_C}{\mathrm{d}t}+u_C=U_S \tag{7.3.2}$$

式（7.3.2）是一阶常系数线性非齐次常微分方程，该微分方程的通解由两部分组成：一部分为非齐次微分方程的特解 u'_C；另一部分为该非齐次微分方程对应齐次方程的通解 u''_C。即

$$u_C=u'_C+u''_C \tag{7.3.3}$$

其中 u'_C 为方程的一个特解，应满足电路方程，符合电路中电容元件充电的规律。在过渡过程结束后，要进入新的稳态。而新稳态下，电容元件的电压也必然要满足由基尔霍夫电压定律（KVL）列写的微分方程，所以当充电结束（$t\to\infty$）时，电容电压 $u(\infty)=U_S$，这可作为微分方程的特解。

而 u''_C 为与式（7.2.3）对应的齐次微分方程

$$RC\frac{\mathrm{d}u''_C}{\mathrm{d}t}+u''_C=0$$

的通解，形式与零输入响应相同。其解为

$$u''_C=Ae^{-\frac{t}{\tau}}$$

式中：$\tau=RC$ 为时间常数；A 为积分常数。这样，电容电压 u_C 解为

$$u_C=U_s+Ae^{-\frac{t}{\tau}}$$

代入初始条件 $u_C(0_+)=u_C(0_-)=0$ ，得

$$0=U_s+A$$

所以

$$A=-U_s$$

最后解得

电容的零状态响应电压为

$$u_C=U_s-U_se^{-\frac{t}{\tau}}=U_s(1-e^{-\frac{t}{\tau}})\quad(t\geqslant 0)\tag{7.3.4}$$

并得电阻元件两端电压为

$$u_R=U_s-u_C=U_se^{-\frac{t}{\tau}}\quad(t\geqslant 0)\tag{7.3.5}$$

电路的电流为

$$i=\frac{u_R}{R}=\frac{U_s}{R}e^{-\frac{t}{\tau}}\quad(t\geqslant 0)\tag{7.3.6}$$

u_C 和 i 的波形如图 7.3.2（a）、（b）所示。可以看出 u_R 的波形与 i 相似，电压 u_C 的两个分量 u'_C 和 u''_C 也示于图 7.3.2（a）中。

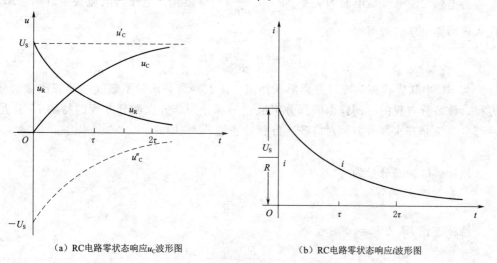

（a）RC电路零状态响应u_C波形图　　　　（b）RC电路零状态响应i波形图

图 7.3.2　RC 电路零状态响应的 u_C 和 i

【例 7.3.1】　如图 7.3.3 所示，$U_s=20\text{V}$，$R=4\Omega$，$C=2\mu\text{F}$。开关接于位置 2 处，电路达到稳定后，电容器无储能。在 $t=0$ 时刻，开关由位置 2 处合向位置 1 处，求换路后的电容电压。

解: $t = 0_-$ 时,开关处于位置 2 处,电容无储能,$u_C(0_-) = 0$

当 $t = 0_+$ 时,开关由位置 2 处合向位置 1 处,此时电路中的电源向电容充电。电路为 RC 电路的零状态响应。

$$u_C(t) = U_s(1 - e^{-\frac{t}{\tau}}) = 20(1 - e^{-\frac{t}{4 \times 2 \times 10^{-6}}}) = 20(1 - e^{-\frac{t}{8 \times 10^{-6}}})(V)$$

7.3.1.2　RL 电路在直流激励下的零状态响应

如图 7.3.4 所示电路中,开关闭合前,电路处于稳定状态,电感元件无电流 $i_L(0_-) = 0$,电感元件无储能,即为零状态。在 $t = 0$ 时刻,开关闭合,电感元件、电阻元件与恒压源支路相连。

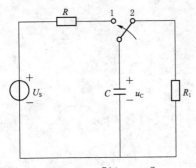
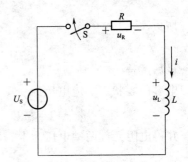

图 7.3.3　[例 7.3.1]　　　　　　　　图 7.3.4　RL 电路的零状态响应

现分析换路后,由外施激励引起 RL 电路的响应,即 RL 电路的零状态响应。

根据基尔霍夫电压定律(KVL),可得 RL 电路的回路电压方程为

$$u_R + u_L = U_s$$

将电感元件电压与电流的关系 $\left(u_L = L\dfrac{di_L}{dt}\right)$ 及电阻元件电压与电流关系 $(u_R = Ri)$ 代入该回路电压方程可得

$$Ri_L + L\frac{di_L}{dt} = U_s \tag{7.3.7}$$

与 RC 串联零状态响应得方程形式相似,此方程为一阶常系数线性非齐次常微分方程。该微分方程的解同样由两部分组成:一部分为非齐次微分方程的特解 i'_L;另一部分为该非齐次微分方程对应齐次方程的通解 i''_L。即

$$i_L = i'_L + i''_L$$

故特解取稳态分量为

$$i'(t) = \frac{U_s}{R}$$

特征方程 $Lp + R = 0$ 的根为

$$p = -\frac{R}{L} = -\frac{1}{\tau}$$

所以

$$i(t) = i'(t) + i''(t) = \frac{U_s}{R} + Ae^{-\frac{t}{\tau}}$$

代入初始条件 $i(0_+) = i(0_-) = 0$,得 $A = -U_s/R$,故得

电感的零状态响应电流为

$$i(t) = \frac{U_S}{R}(1 - \mathrm{e}^{-\frac{t}{\tau}}) \quad (t \geqslant 0) \tag{7.3.8}$$

电阻电压为

$$u_R(t) = Ri(t) = U_S(1 - \mathrm{e}^{-\frac{t}{\tau}}) \quad (t \geqslant 0) \tag{7.3.9}$$

电感电压为

$$u_L(t) = U_E - u_R(t) - U_S \mathrm{e}^{\frac{t}{\tau}} \quad (t \geqslant 0) \tag{7.3.10}$$

RL 的零状态响应就是没有储能的电感经电阻接至直流电源充电的响应，其充电响应的波形如图 7.3.5 所示。电感电流不能突变，由零按指数规律随时间逐渐增长，最后接近于稳态 U_S/R。电感电压由零突变到 U_S，之后按逐渐按指数规律减到零。电阻电压由零按指数规律上升为新的稳态值 U_S。曲线变化快慢都由 τ 决定。

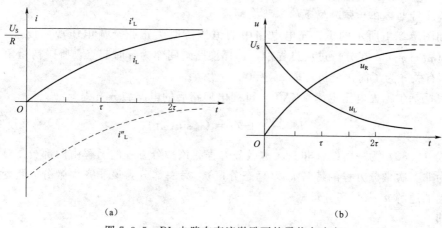

图 7.3.5 RL 电路在直流激励下的零状态响应

从以上分析可以看出：在直流激励下 RC 或 RL 电路的零状态响应有以下几个特点：

（1）不论是 RC 电路的电容电压，还是 RL 电路的电感电流，它们都是以指数形式趋于稳态值。由此，可归纳出其零状态响应的一般形式为

$$f(t) = f(\infty)(1 - \mathrm{e}^{-\frac{t}{\tau}}) = f(\infty) - f(\infty)\mathrm{e}^{-\frac{t}{\tau}} \quad (t \geqslant 0) \tag{7.3.11}$$

式中：$f(\infty)$ 为响应的稳态值；τ 为换路后电路的时间常数。

（2）从其一般形式的表示形式可以看出响应由两个部分组成：

1）第一部分是电路达到稳定状态后的响应，也就是非齐次方程的特解，将其称为稳态分量。它与外施激励有关，也可以认为是外施激励使其达到某一规定值，故又称为强制分量。

2）第二部分是对应齐次方程的通解，它是电路在过渡过程中才存在的物理量，故称其为暂态分量或瞬态分量。其初始值及过渡过程的瞬时值与外施激励有关，但其变化规律与外施激励无关，只取决于时间常数 τ，它总是按照指数规律衰减至零，故又称为自由分量。

（3）从能量的角度分析一阶电路的零状态响应：

对 RC 电路而言，电源提供的能量一部分转换为电容元件的电场能量，一部分消

耗在电阻上。

其能量为

$$W_C = \frac{1}{2}Cu_C^2 = \frac{1}{2}CU_S^2 \tag{7.3.12}$$

$$W_R = \int_0^\infty Ri^2 \mathrm{d}t = \int_0^\infty R\left(\frac{U_S}{R}\mathrm{e}^{-\frac{t}{\tau}}\right)^2 \mathrm{d}t = \frac{1}{2}CU_S^2 \tag{7.3.13}$$

可见，在充电过程中，电阻消耗的总能量与电容元件储存的能量相等，充电效率为 50%。

对 RL 电路而言，电感元件最终储存的能量为

$$W_L(\infty) = \frac{1}{2}Li^2(\infty) = \frac{1}{2}L\left(\frac{U_S}{R}\right)^2 \tag{7.3.14}$$

7.3.2 一阶电路在正弦激励下的零状态响应

1. RC 电路在正弦激励下的零状态响应

如图 7.3.1 所示的 RC 充电电路中的恒压源改为正弦交流电压源，设 $u_S(t) = U_m\sin(\omega t + \varphi_u)$，在分析过渡过程中，选择换路瞬间作为计时起点，所以初相角 φ_u 与时间 t 有关。为了简化分析，取 $\varphi_u = 0$。

根据基尔霍夫电压定律（KVL）可列出换路后的电路微分方程

$$RC\frac{\mathrm{d}u_C}{\mathrm{d}t} + u_C = U_m\sin(\omega t) \tag{7.3.15}$$

式（7.32）为一阶线性非齐次常微分方程。该微分方程的通解由两部分组成：一部分为非齐次微分方程的特解 u'_C（稳态分量）；另一部分为该非齐次微分方程对应齐次方程的通解 u''_C（暂态分量）。

即

$$u_C = u'_C + u''_C \tag{7.3.16}$$

其中可利用相量法求出一阶线性非齐次常微分方程的稳态分量，$u'_C = U'_m\sin(\omega t + \varphi)$

$$U'_m = \frac{U_m}{\sqrt{(\omega CR)^2 + 1}}$$

$$\varphi = -90° + \arctan\frac{1}{\omega CR}$$

其暂态分量为该方程对应的齐次方程的通解 $u''_C = A\mathrm{e}^{-\frac{t}{\tau}}$

所以非齐次方程的通解为：$u_C = u'_C + u''_C = U'_m\sin(\omega t + \varphi) + A\mathrm{e}^{-\frac{t}{\tau}}$

其中 A 为积分常数，可由初始条件 $u_C(0_+) = 0$ 来确定：$A = -U'_m\sin\varphi$

最后，得出正弦激励下，电容电压为

$$u_C(t) = U'_m\sin(\omega t + \varphi) - U'_m\sin\varphi \mathrm{e}^{-\frac{t}{\tau}} \quad (t \geqslant 0) \tag{7.3.17}$$

从分析中，可以看出电容元件电压的稳态分量与电源电压有相似的正弦规律。电容元件电压暂态分量的初始值 $u''_C(0_+) = -U'_m\sin\varphi$ 与稳态分量的初始值 $u'_C(0) = U'_m\sin\varphi$，大小相等，方向相反。由于稳态分量的初始值与电源的初相有关，所以稳态分量、暂态分量的初始值都与其计时起点有关。

在 $\varphi = 0$ 时换路，接入外施激励，此时电容电压的暂态分量均为 0，无过渡过程，

电路直接进入新稳态。

如果换路时 $\varphi = 90°$，则电容电压为 $u_C = U'_m \sin(\omega t + 90°) - U'_m e^{-\frac{t}{\tau}}$。如果电路时间常数 τ 远远大于正弦电源的周期，则从换路起，经半个周期后，电容电压的暂态分量衰减很慢，而此时，电容电压接近稳态最大值的两倍。在工程上应考虑这种情况下，电气设备所耐受的电压。

【例 7.3.2】 如图 7.3.1 所示，$u_C(0_-) = 0V$，$R = 10\Omega$，$C = 318\,\mu F$ 的 RC 串联电路接到 $u_S(t) = 10\sin(100\,\pi\,t - 45°)V$ 的电压源，求电路中电容电压。

解： $t = 0_-$ 时，电容无储能，$u_C(0_-) = 0$。当 $t = 0_+$ 时，电容元件和电阻元件接入正弦电源，此时电路为正弦激励下 RC 电路的零状态响应，其输出的电容电压由通解和特解组成。

(1) 特解。由于激励为正弦量，特解可由相量法求出：

$$Z = R + jX = 10 - j\frac{1}{100\pi \times 318 \times 10^{-6}} = 10 - j10 = 10\sqrt{2}\angle -45°\,(\Omega)$$

$$\dot{U}'_{Cm} = \frac{\frac{1}{j\omega C}}{Z}U'_{Sm} = \frac{-j10}{10\sqrt{2}\angle -45°} \times 10\angle -45° = -j5\sqrt{2}\,(V)$$

$$U'_C = 5\sqrt{2}\sin(100\pi t - 90°)\,(V)$$

(2) 通解。通解中的时间常数可根据 $\tau = RC$ 求得。电路的时间常数为

$$\tau = RC = 10 \times 318 \times 10^{-6} = 3.18 \times 10^{-3}\,(s)$$

故其通解为

$$u''_C = Ae^{-\frac{t}{\tau}}$$

所以其解为

$$u_C = u'_C + u''_C = 5\sqrt{2}\sin(100\pi t - 90°) + Ae^{-\frac{t}{\tau}}$$

通解中的积分常数可由其初始值 $u_C(0_+) = 0$ 确定。其积分常数为

$$A = 5\sqrt{2}$$

最后，得出正弦激励下，电容电压为

$$u_C(t) = 5\sqrt{2}\sin(100\pi t - 90°) + 5\sqrt{2}e^{-\frac{t}{3.18 \times 10^{-3}}}\,V$$

2. RL 电路在正弦激励下的零状态响应

如图 7.3.4 所示的 RL 串联电路中，将恒压源改为正弦交流电压源，设 $u_S(t) = U_m\sin(\omega t + \varphi_u)$，换路后，根据基尔霍夫电压定律（KVL）及元件电压与电流的关系，可得

$$Ri + L\frac{di}{dt} = U_m\sin(\omega t + \varphi_u) \tag{7.3.18}$$

它是一阶线性非齐次常微分方程。该微分方程的通解由两部分组成：一部分为非齐次微分方程的特解 i'（稳态分量）；另一部分为该非齐次微分方程对应齐次方程的通解 i''（暂态分量）。

即

$$i = i' + i''$$

可利用相量法求出其稳态分量，

$$i' = \frac{U_{\mathrm{m}}}{\sqrt{R^2 + (\omega L)^2}} \sin\left(\omega t + \varphi_{\mathrm{u}} - \arctan\frac{\omega L}{R}\right)$$

令

$$\varphi = \arctan\frac{\omega L}{R}$$

$$i' = \frac{U_{\mathrm{m}}}{|Z|} \sin(\omega t + \varphi_{\mathrm{u}} - \varphi) = I'_{\mathrm{m}} \sin(\omega t + \varphi_{\mathrm{u}} - \varphi)$$

其暂态分量 i'' 是该非齐次方程对应的齐次微分方程的通解，其形式为

$$i'' = A\mathrm{e}^{-\frac{t}{\tau}}$$

所以非齐次方程的通解为

$$i = i' + i'' = I'_{\mathrm{m}} \sin(\omega t + \varphi_{\mathrm{u}} - \varphi) + A\,\mathrm{e}^{-\frac{t}{\tau}}$$

其中 A 为积分常数，可由初始条件 $i(0_+) = i(0_-) = 0$ 来确定：

$$A = -\frac{U_{\mathrm{m}}}{|Z|} \sin(\varphi_{\mathrm{u}} - \varphi) = -I'_{\mathrm{m}} \sin(\varphi_{\mathrm{u}} - \varphi)$$

最后，得出正弦激励下，电感电流为

$$i = \frac{U_{\mathrm{m}}}{|Z|} \sin(\omega t + \varphi_{\mathrm{u}} - \varphi) - \frac{U_{\mathrm{m}}}{|Z|} \sin(\varphi_{\mathrm{u}} - \varphi)\mathrm{e}^{-\frac{t}{\tau}}$$

$$= I'_{\mathrm{m}} \sin(\omega t + \varphi_{\mathrm{u}} - \varphi) - I'_{\mathrm{m}} \sin(\varphi_{\mathrm{u}} - \varphi)\mathrm{e}^{-\frac{t}{\tau}} \quad (t \geqslant 0) \qquad (7.3.19)$$

从分析中，可以看出电流的稳态分量与电源电压有相似的正弦规律。电流的暂态分量则按指数规律衰减，衰减至零后，电路进入稳态。而且暂态分量的大小与正弦电压源接入时电压的相位角有关，即与开关动作的时刻有关。

当 $\varphi_{\mathrm{u}} - \varphi = 0$ 即 $\varphi_{\mathrm{u}} = \varphi$ 时换路，换路前瞬间电感电流与换路后稳态分量的初值相等，暂态分量 $i'' = 0$，无过渡过程，直接进入新稳态。其电流波形如图 7.3.6 所示。

$\varphi_{\mathrm{u}} - \varphi = \pi$ 时换路，系统也无过渡过程，直接进入新稳态。

当 $\varphi_{\mathrm{u}} - \varphi = \pm\dfrac{\pi}{2}$ 时换路，电感电流暂态分量的初始值最大（图 7.3.7 以 $\varphi_{\mathrm{u}} = \varphi - \dfrac{\pi}{2}$ 为例），等于稳态最大值。从换路起，经半个周期后，电流会出现最大的瞬时值 $i_{\max}$。如果电路时间常数 τ 较大，暂态分量衰减较慢，则最大的瞬时值 $i_{\max}$ 接近稳态电流最大值 I'_{m} 的两倍。在工程上应考虑这个最大的瞬时电流所引起的电磁力作用，设计和选择所能承受机械强度的电气设备。

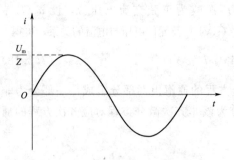

图 7.3.6　$\varphi_{\mathrm{u}} = \varphi$ 时换路电流波形

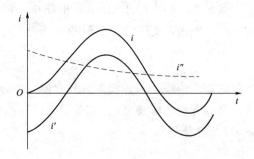

图 7.3.7　$\varphi_{\mathrm{u}} - \varphi = \pm\dfrac{\pi}{2}$ 时换路电流波形

可见，RC、RL 串联电路与正弦电源接通后，在初始值一定的条件下，电路过渡过程不仅与电源电压、电阻、动态元件（电容或电感）有关，还与换路的时刻有关。

【例 7.3.3】　如图 7.3.4 所示，$i_L(0_-) = 0A$，$R = 10\Omega$，$L = 0.032H$ 的 RL 串联电路接到 $u_S(t) = 10\sqrt{2}\,\sin(314t - 45°)V$ 的电压源，求开关动作后电路中电流。

解： $t = 0_-$ 时，电感无储能，$i_L(0_-) = 0A$。当 $t = 0_+$ 时，电感元件和电阻元件接入正弦电源，此时电路为正弦激励下 RL 电路的零状态响应，其输出的电流由通解和特解组成。特解可由相量法求出。

（1）特解。由于激励为正弦量，特解可由相量法求出：

$$Z = R + jX = 10 + j314 \times 0.032 = 10 + j10 = 10\sqrt{2}\;\underline{/45°}\;(\Omega)$$

$$\dot{I}' = \frac{\dot{U}'_s}{Z} = \frac{10\;\underline{/-45°}}{10\sqrt{2}\;\underline{/45°}} = -j\frac{\sqrt{2}}{2}(A)$$

$$i' = \sin(314t - 90°)A$$

（2）通解。通解中时间常数可根据 $\tau = \dfrac{L}{R}$ 求得。电路的时间常数：

$$\tau = \frac{L}{R} = \frac{0.032}{10} = 3.2 \times 10^{-3}(s)$$

$$i = i' + i'' = \sin(314t - 90°) + A\,e^{-\frac{t}{\tau}}$$

通解中的积分常数可由其初始值 $i_L(0_+) = i_L(0_-) = 0$ 确定。积分常数：$A = 1$。最后，得出正弦激励下，电感电流为

$$i = \sin(314t - 90°) + e^{-\frac{t}{3.2 \times 10^{-3}}}$$

【例 7.3.4】　如图 7.3.8 所示，在 10kV 输电线路的等效电路图中，R 和 X_L 分别代表发电机和输电线的总电阻和总电抗。试求此线路在负载短路时，线路中可能出现的最大瞬时电流。

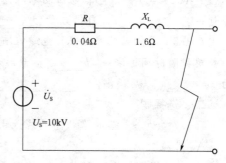

图 7.3.8　[例 7.3.4]

解： 输电线是在未带负载时发生短路的，线路中电流为 0，电路处于零状态。短路故障是换路的一种情况，输电线路发生短路相当于 $t = 0$ 时刻在正弦激励下的 RL 零状态响应。

$$I_m = \frac{U_m}{|Z|} = \frac{\sqrt{2}U_s}{\sqrt{R^2 + X_L^2}} = \frac{\sqrt{2} \times 10 \times 10^3}{\sqrt{0.04^2 + 1.6^2}} \approx 8838(A)$$

短路电流中稳态分量的最大值为

$$i \approx 2I_m = 2 \times 8838.83 = 17676(A)$$

由此可以看出，短路电流的数值很大，这是因为电阻很小，电路的时间常数很大，过渡过程持续的时间很长，电流的最大值接近稳态最大值的两倍。

7.3.3　一阶电路零状态响应的一般形式

RC 电路与 RL 电路的零状态响应都是由外施激励引起的。将其进行总结扩展得到一阶动态电路零状态响应的一般形式如下：

$$f(t) = f'(t) + [f(0_+) - f'(0_+)]e^{-\frac{t}{\tau}} \quad (t \geqslant 0) \tag{7.3.20}$$

式中：$f'(t)$ 为零状态响应的稳态分量；$f(0_+)$ 为零状态响应的初始值；$f'(0_+)$ 为零状态响应的稳态分量的初始值；τ 为换路后电路的时间常数。

练 习 题

一、填空题

7.3 ①
测试题

7.3 ①
练习题答案

7.3.1　动态电路在没有独立源作用的情况下，由初始储能而产生的响应叫_____。

7.3.2　RC 电路在直流激励下的零状态响应，就是_____的电容经电阻接至直流电源电路的响应，其电容电压 $u_C(t)$ 从____按指数规律随时间逐渐_____，而电容电流 $i(t)$ 则按指数规律逐渐_____。

7.3.3　动态电路在所有动态元件初始储能为零的情况下，由外施激励引起的响应叫_____响应。

7.3.4　RC 电路中，已知电容初始电压 $u_C(0_+) = U_0$，则电容电压的零输入响应为 $u_C(t) = $_____，时间常数 $\tau = $_____，方向与电容电压关联的电流响应为 $i(t) = $_____。

7.3.5　RC 电路接通电流电压源的电路中，已知电压源电压为 U_S，电容电压初始值 $u_C(0_+) = 0$，则电容电压的零状态响应为 $u_C(t) = $_____，其中强制分量 = _____，自由分量 = _____。

7.3.6　零初始状态的 RL 电路在直流电压源 U_S 激励下，电感电流由____开始按指数规律随时间逐渐_____，最后趋近于_____，而电感电压则开始接通时为_____，以后逐渐_____。

二、选择题

7.3.7　动态电路的零状态响应是由（　　）引起的。

A. 外施激励　　　　　　　　　　B. 动态元件的初始储能

C. 外施激励与初始储能共同作用　　D. 无法确定

7.3.8　RC 电路中，属于零状态的响应的是（　　）。

A. 已充电的电容对电阻的放电过程

B. 未充电的电容经电阻接通电源的充电过程

C. 已充电的电容经电阻再接通电压源的过程

D. 无法确定

7.3.9　下列关于时间常数的说法中，错误的是（　　）。

A. 时间常数是自由分量（暂态分量）衰减到它初始值的 36.8% 所需时间

B. 时间常数是 RC 电路的零输入响应衰减到它初始值的 36.8% 所需时间

C. 是电压 $u_C(t) = U_S(1 - e^{-\frac{t}{\tau}})$ 增长至最大值的 36.8% 所需时间

D. 无法确定

7.3.10 下列关于时间常数的说法中，正确的是（　　）。

A. 时间常数越大，过渡过程进行得越快

B. 时间常数越大，自由分量（暂态分量）衰减得越慢

C. 过渡过程的快慢与时间常数无关

D. 无法确定

7.3.11 动态电路在所有动态元件初始值为零时由外施激励产生的响应是（　　）。

A. 零输入响应　　　　B. 零状态响应　　　　C. 暂态响应　　　　D. 全响应

7.3.12 在直流激励的动态电路中，不按指数规律变化的响应是（　　）。

A. 暂态响应　　　　B. 稳态响应　　　　C. 全响应　　　　D. 零状态响应

7.3.13 关于自由分量（暂态分量）的下列说法中，错误的是（　　）。

A. 自由分量总是按指数规律衰减至零

B. 自由分量的变化规律与外施激励无关

C. 能否产生自由分量，与外施激励无关

D. 无法确定

7.3.14 在一阶动态电路中，$u_C(t)$ 或 $i_L(t)$ 的零输入响应与暂态响应的区别在于（　　）。

A. 变化规律不同

B. 它们的初始值不一定相等

C. 它们的时间常数不相等

D. 无法确定

7.3.15 在直流激励的一阶动态电路中，$u_C(t)$ 或 $i_L(t)$ 的零状态响应的变化规律为（　　）。

A. 总是按指数规律增长到它的最大值

B. 总是按指数规律衰减为零

C. 可能按指数规律增长，也可能按指数规律衰减

D. 无法确定

7.3.16 RL 串联电路在直流激励下电流的零状态响应是（　　）。

A. 衰减的指数函数　　　　　　　　B. 增长的指数函数

C. 恒定不变的数　　　　　　　　　D. 无法确定

7.3.17 RL 串联电路在正弦交流电压源激励下，若 $i(0_-) = 0$，电源电压 $u_S = U_m\sin(\omega t + \varphi_u)$，电路的阻抗角为 φ，则在下列情况中时，电路仍需经历过渡过程的情况是（　　）。

A. $\varphi_u = 0°$　　　　　　　　　　B. $\varphi_u = \varphi$

C. $\varphi_u = \varphi \pm 180°$　　　　　　　D. 无法确定

7.3.18 RL 串联电路在正弦交流电压源激励下，已知 $i(0_-) = 0$，电源电压 $u_S = U_m\sin(\omega t + \varphi_u)$，电路的阻抗角为 φ，则在下列（　　）情况时，电路换路后约半周

期时电流瞬时值接近为稳态最大值 I_m 的两倍。

A. $\varphi_u = 0°$　　　　　　　　　　　　B. $\varphi_u = \varphi$

C. $\varphi_u = \varphi \pm 90°$　　　　　　　　D. $\varphi_u = \varphi \pm 180°$

7.3.19　在直流激励下 RL 串联电路的零状态响应，其中（　　）是按指数规律减少的。

A. 电感电流　　　　　　　　　　　　　B. 电感电压

C. 电阻电压　　　　　　　　　　　　　D. 电阻电流

7.3.20　RC 串联电路在直流激励下的零状态响应是指按数规律变化，其中（　　）按指数规律随时间逐渐增长。

A. 电容电压　　　　　　　　　　　　　B. 电容电流

C. 电阻电流　　　　　　　　　　　　　D. 电阻电压

三、是非题

7.3.21　动态电路中的零状态响应是由动态元件的初始储能引起的。　　　（　　）

7.3.22　动态电路中的零状态响应是由外施激励引起的。　　　　　　　（　　）

7.3.23　未充电的电容串电阻接通直流电源的充电过程是零状态响应。　（　　）

7.3.24　已充电的电容串电阻再接通直流电源的响应是零状态响应。　（　　）

7.3.25　在已充电的电容对电阻的放电电路中，电容元件的电压不含零状态响应。

　　　　　　　　　　　　　　　　　　　　　　　　　　　　　　　（　　）

7.3.26　RL 串联电路中电流的零状态响应是衰减的指数函数。　　　　（　　）

7.3.27　RL 串联电路在 $i(0_-) = 0$ 情况下接通直流电源所产生的响应是零状态响应。　　　　　　　　　　　　　　　　　　　　　　　　　　　　　（　　）

7.3.28　在 $i(0_+) = 0$ 的 RL 电路中，电流的零状态响应可视为强制分量与自由分量的叠加。　　　　　　　　　　　　　　　　　　　　　　　　　　（　　）

四、计算题

7.3.29　$R = 5k\Omega$，$C = 10\mu F$，$u_C(0_-) = 0V$ 的 RC 串联电路接到 $U_S = 100V$ 的直流电压源，求电路的时间常数与电容电压 $u_C(t)$（设电容电压与电流参考方向关联）。

7.3.30　$R = 4k\Omega$，$C = 5\mu F$，$u_C(0_-) = 0V$ 的 RC 串联电路接到 $U_S = 50V$ 的直流电压源，求电路的时间常数、电容电压 $u_C(t)$、充电电流 $i(t)$（设电容电压与电流参考方向关联）。

7.4　一阶动态电路的全响应

前两节分析了一阶电路的零输入响应和零状态响应。本节将分析一阶线性动态电路的全响应。全响应是指电路的响应由外施激励和非零初始状态的储能元件共同作用下产生的响应。

7.4.1　经典法求解一阶电路的全响应

经典法是通过列写电路微分方程，求解微分方程，得到其微分方程解的方法。它是分析一阶线性动态电路全响应的方法之一。

现以直流激励下的 RC、RL 电路为例进行说明。

1. RC 电路的全响应

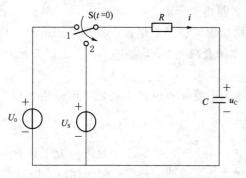

如图 7.4.1 所示的 RC 电路，在 $t<0$ 时，开关处于位置 1 处，待电路达到稳定状态后，电容电压 $u_C(0_-)=U_0$，电容元件有储能。在 $t=0$ 时刻，开关由位置 1 处合到位置 2 处，电容元件、电阻元件与恒压源 U_S 支路相连。在接通的瞬间（即 $t=0_+$ 时刻），由于电容元件的电压不能突变，将保持不变 ［即 $u_C(0_+)=u_C(0_-)=U_0$ ］，它将与电路中的外施激励共同作用下产生全响应。

图 7.4.1 RC 电路的全响应

根据基尔霍夫电压定律（KVL），得到 $t \geqslant 0$ 时刻 RC 电路的回路电压方程为

$$u_R + u_C = U_S \tag{7.4.1}$$

代入各元件的电压、电流关系（ $i_C = C\dfrac{du_C}{dt}$ ，$u_R = iR$ ）得

$$RC\frac{du_C}{dt} + u_C = U_S \tag{7.4.2}$$

此方程为一阶常系数线性非齐次常微分方程。其解为

$$u_C = u_C' + u_C'' \tag{7.4.3}$$

其中特解 u_C' 是电路换路后达到稳态的解，即 $u_C'=u(\infty)=U_S$。

其通解为该方程对应的齐次方程为 $RC\dfrac{du_C}{dt} + u_C = 0$ 的解，即

$$u_C'' = Ae^{-\frac{t}{\tau}}$$

因此，电容电压的表达式为

$$u_C = u'_c + u''_C = U_S + Ae^{-\frac{t}{\tau}}$$

其中 A 为积分常数，可由初始条件 $u_C(0_+)=u_C(0_-)=U_0$ 求得

$$A = U_0 - U_S$$

所以，电容电压为

$$\begin{aligned} u_C(t) &= u'_C + u''_C \\ &= U_S + (U_0 - U_S)e^{-\frac{t}{\tau}} \quad (t \geqslant 0) \end{aligned} \tag{7.4.4}$$

根据 U_S 与 U_0 的关系，电路换路后有三种情况，图 7.4.2 给出了上述三种情况下 u_C 的变化曲线：

（1）$U_S > U_0$ ，即电容元件两端电压的初始值小于外加电源：换路后，电容元件将继

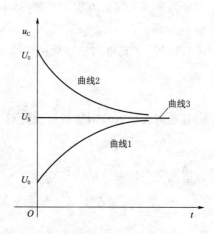

图 7.4.2 三种情况下 u_C 随时间变化曲线

续充电，当电容电压 u_C 从 U_0 开始按照指数规律增大到 U_S，如图 7.4.2 曲线 1 所示。

（2）$U_S = U_0$，即电容元件两端电压的初始值等于外加电源：换路后，电路直接进入稳定状态，不发生过渡过程，如图 7.4.2 曲线 3 所示。

（3）$U_S < U_0$，即电容元件两端电压的初始值大于外加电源：换路后，电容元件将放电，当电容电压 u_C 从 U_0 开始按照指数规律衰减到 U_S，如图 7.4.2 曲线 2 所示。

2. RL 电路的全响应

如图 7.4.3 所示的 RL 电路，在 $t < 0$ 时，开关处于位置 1 处，待电路达到稳定

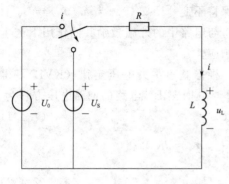

图 7.4.3　RL 电路全响应

状态后，电感电流 $i_L(t) = \dfrac{U_0}{R}$，电感元件有储能。在 $t = 0$ 时刻，开关由位置 1 处合到位置 2 处，电感元件、电阻元件与恒压源 U_S 支路相连。在接通的瞬间（即 $t = 0_+$ 时刻），由于电感元件的电流不能突变，将保持不变 $\left[\text{即 } i_L(0_+) = i_L(0_-) = \dfrac{U_0}{R} \right]$，它将与电路中的外施激励共同作用下产生全响应。

根据基尔霍夫电压定律（KVL），可得 $t \geq 0$ 时刻 RL 电路的回路电压方程为

$$u_R + u_L = U_S \tag{7.4.5}$$

将电感元件电压与电流的关系（$u_L = L \dfrac{\mathrm{d}i_L}{\mathrm{d}t}$）及电阻元件电压与电流关系（$u_R = Ri$）代入该回路电压方程可得：

$$Ri_L + L \frac{\mathrm{d}i_L}{\mathrm{d}t} = U_S \tag{7.4.6}$$

此方程为一阶常系数线性非齐次常微分方程。该微分方程的通解由两部分组成：一部分为非齐次微分方程的特解 i_L'；另一部分为该非齐次微分方程对应齐次方程的通解 i_L''。即：$i_L = i_L' + i_L''$。

其特解 i_L' 是电路换路后达到稳态的解，即

$$i_L' = i_L(\infty) = \frac{U_S}{R}$$

其通解为该方程对应的齐次方程 $Ri_L + L \dfrac{\mathrm{d}i_L}{\mathrm{d}t} = 0$ 的解，即

$$i'' = Ae^{-\frac{t}{\tau}}$$

因此，电路电流的表达式为

$$i_L' = i_L + i_L'' = \frac{U_S}{R} + Ae^{-\frac{t}{\tau}}$$

其中 A 为积分常数，可由初始条件 $i_L(0_+) = i_L(0_-) = \dfrac{U_0}{R}$ 求得

$$A = \frac{U_0}{R} - \frac{U_s}{R}$$

所以，电路中电流为

$$i_L = i'_L + i''_L = \frac{U_s}{R} + \left(\frac{U_0}{R} - \frac{U_s}{R}\right) e^{-\frac{t}{\tau}} \quad (t \geqslant 0) \tag{7.4.7}$$

从以上分析可以归纳出，利用经典法分析在直流激励下 RC 或 RL 电路全响应的步骤如下：

（1）选择电路中某一物理量为电路变量，一般选择电容电压 u_C 或电感电流 i_L。

（2）根据基尔霍夫电流定律（KCL）、基尔霍夫电压定律（KVL）及元件电压与电流关系列出换路后的电路微分方程。

（3）求出微分方程的特解，即稳态解（又称为稳态分量）。

（4）求出对应齐次微分方程的通解，即齐次解（又称为暂态分量）。

（5）根据初始条件确定积分常数，从而得到微分方程的解（即稳态解＋齐次解），接着求出电路其他物理量，从而完成一阶电路全响应的分析。

利用经典法分析动态电路的全响应，与分析一阶电路零状态响应类似，通过列写电路微分方程并计算特解（稳态响应）和齐次解（暂态响应）的方法求得。它们的区别在于确定积分变量时，初始条件不同而已。

7.4.2　全响应的分解

用经典法分析一阶电路全响应，其实质是将全响应分为稳态分量和暂态分量进行计算。其稳态分量是电路达到新的稳定状态的值，而暂态分量仅仅出现在换路后的过渡过程中，它反映过渡过程的衰减规律。

从电路工作状态的角度出发，在分析一阶线性动态电路全响应时，通过稳态分量与暂态分量形象直观的描述电路如何从原稳态经过过渡过程达到新的稳态，其实两个分量是同时存在同一电路中。

从产生响应的原因分析，一阶线性动态电路全响应是由非零初始状态的电路受到外施激励引起的响应。在讨论其过渡过程时，既要考虑初始条件，同时也要兼顾外加激励。如果对其分析时采用叠加定理，将全响应看成初始非零状态的动态元件和外加激励分别单独作用时产生响应的叠加。初始非零状态的动态元件单独作用产生的响应为零输入响应，外加激励单独作用产生的响应为零状态响应。因此，一阶线性动态电路全响应从响应产生的原因与产生结果的角度分析，可看成是零输入响应与零状态响应的叠加。

其实，零输入响应和零状态响应也可各自分解为稳态分量和暂态分量，两者的稳态分量叠加便是全响应的稳态分量，两者暂态分量的叠加便是全响应的暂态分量。

以 RC 电路全响应为例：

$$u_C(t) = U_s + (U_0 - U_s) e^{-\frac{t}{\tau}} = U_0 e^{-\frac{t}{\tau}} + U_s (1 - e^{-\frac{t}{\tau}}) \quad (t \geqslant 0) \tag{7.4.8}$$

全响应＝稳态响应＋暂态响应＝零输入响应＋零状态响应

以 RL 电路全响应为例：

$$i_L = \frac{U_S}{R} + \left(\frac{U_0}{R} - \frac{U_S}{R}\right)e^{-\frac{t}{\tau}} = \frac{U_0}{R}e^{-\frac{t}{\tau}} + \frac{U_S}{R}(1 - e^{-\frac{t}{\tau}}) \quad (t \geqslant 0) \qquad (7.4.9)$$

全响应＝稳态响应＋暂态响应＝零输入响应＋零状态响应

同理，在正弦激励下的全响应也可以按该方法进行分解。

图 7.4.4 画出了 RC 电路全响应两种分解后的波形图，它们的叠加都得到全响应。

7.4.3　一阶线性动态电路的三要素法

一阶线性动态电路的任一变量 $f(t)$，可根据经典法求得其解的一般形式如下：

$$f(t) = f'(t) + Ae^{-\frac{t}{\tau}} \quad (t \geqslant 0) \qquad (7.4.10)$$

由其初始条件可得

$$A = f(0_+) - f'(0_+)$$

所以一阶线性动态电路全响应的一般表达式为

$$f(t) = f'(t) + [f(0_+) - f'(0_+)]e^{-\frac{t}{\tau}} \quad (t \geqslant 0) \qquad (7.4.11)$$

式中：$f'(t)$ 为全响应的稳态分量；$f(0_+)$ 为全响应的初始值；$f'(0_+)$ 为全响应的稳态分量的初始值；τ 为换路后电路的时间常数。

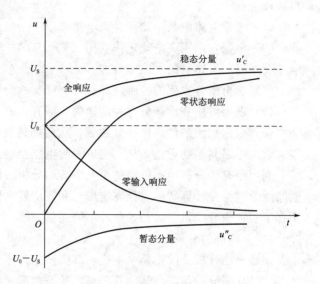

图 7.4.4　RC 电路全响应的两种分解

从一阶线性动态电路全响应的一般形式可以看出：当初始值、稳态值及时间常数确定后，可直接跳过建立电路微分方程的步骤，直接由这三个物理量列写出电路全响应的数学表达式。我们将初始值、稳态值和时间常数称为一阶线性动态电路全响应的三要素。利用这三要素分析电路的方法称为一阶线性动态电路全响应的三要素法，简称三要素法。

三要素法是对经典法求解一阶线性动态电路全响应解析式进行归纳总结得出的。它具有方便、实用等特点，因此常应用来分析一阶线性动态电路。

1. 直流电源作用下的三要素法

对于直流激励的一阶动态电路，其稳态值是恒定的，所以稳态分量 $f'(t)$ 与稳态分量的初始值 $f'(0_+)$ 是相等的，都为电路达到稳定状态的值，用 $f(\infty)$ 表示。

因此，一阶线性动态电路在直流电源作用下全响应的一般形式可表示为

$$f(t) = f(\infty) + [f(0_+) - f(\infty)]e^{-\frac{t}{\tau}} \quad (t \geqslant 0) \qquad (7.4.12)$$

式中：$f(\infty)$ 为稳态值；$f(0_+)$ 为初始值；τ 为电路的时间常数。

【例 7.4.1】　如图 7.4.5 所示电路，已知 $U_S = 10\text{V}$，$R_1 = 1.6\Omega$，$R_2 = 6\Omega$，$R_3 = 4\Omega$，$L = 50\text{mH}$。电路原先已稳定，在 $t = 0$ 时将 K 断开，用三要素法求换路后 $i_L(t)$

及 $u_L(t)$。

解：（1）画出 $t=0_-$ 时刻的等效电路图，如图 7.4.6（a）所示，可得

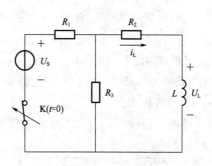

图 7.4.5 ［例 7.4.1］

$$i_L(0_-) = \frac{R_3}{R_2+R_3}I = \frac{R_3}{R_2+R_3}\cdot\frac{U_S}{R_1+(R_2//R_3)}$$

$$= \frac{4}{6+4}\times\frac{10}{1.6+\dfrac{6\times4}{6+4}} = 1(A)$$

（2）画出 $t=0_+$ 时刻的等效电路图，如图 7.4.6（b）所示，可得

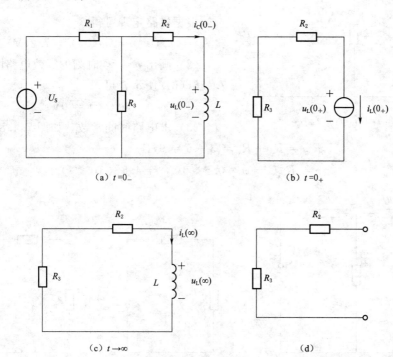

（a）$t=0_-$

（b）$t=0_+$

（c）$t\to\infty$

（d）

图 7.4.6 ［例 7.4.1］解析图

$$i_L(0_+) = i_L(0_-) = 1(A)$$

$$u_L(0_+) = -i_L(0_+)(R_2+R_3) = -1\times(6+4) = -10(V)$$

（3）画出 $t=\infty$ 时刻的等效电路图，如图 7.4.6（c）所示，可得

$$i_L(\infty) = 0A$$

$$u_L(\infty) = 0V$$

（4）求电路时间常数，如图 7.4.6（d）所示：

$$R_{eq} = R_2+R_3 = 6+4 = 10(\Omega)$$

$$\tau = \frac{L}{R_{eq}} = \frac{50\times10^{-3}}{10} = 5\times10^{-3}(s)$$

RL 电路在直流电源作用下全响应的一般形式可表示为

$$i_L(t) = 0 + (1-0)e^{-200t} = e^{-200t}(A)$$

$$u_L(t) = 0 + (-10-0)e^{-200t} = -10e^{-200t}(V)$$

【例 7.4.2】　如图 7.4.7 所示电路，已知 $U_s = 12V$，$R_1 = 4\Omega$，$R_2 = 3\Omega$，$R_3 = 6\Omega$，$C = 0.5\mu F$。电路原先已稳定，在 $t = 0$ 时将 K 断开，用三要素法求换路后 $u_C(t)$ 的解析式。

解：（1）画出 $t = 0_-$ 时刻的等效电路图 ［图 7.4.8（a）］，可得

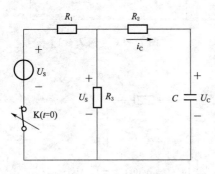

$$u_C(0_-) = u_{R3}(0_-) = \frac{R_3}{R_1+R_3}U_s$$

$$= \frac{6}{4+6} \times 12 = 7.2(V)$$

根据换路定理可得

$$u_C(0_+) = u_C(0_-) = 7.2(V)$$

（2）画出 $t = \infty$ 时刻的等效电路图，如图 7.4.8（b）所示，可得

$$u_C(\infty) = 0V$$

图 7.4.7　［例 7.4.2］

（3）求电路时间常数，如图 7.4.8（c）：

$$R_{eq} = R_2 + R_3 = 3+6 = 9(\Omega)$$

$$\tau = R_{eq}C = 9 \times 0.5 \times 10^{-6} = 4.5 \times 10^{-6}(s)$$

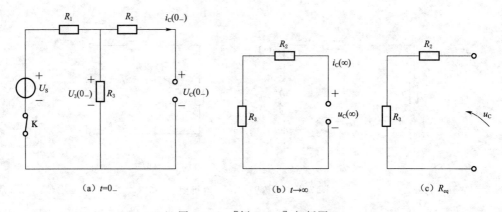

（a）$t = 0_-$　　　　　（b）$t \to \infty$　　　　　（c）R_{eq}

图 7.4.8　［例 7.4.2］解析图

RC 电路在直流电源作用下全响应的一般形式可表示为

$$u_C(t) = 0 + (7.2-0)e^{-222222t} = 7.2e^{-222222t}(V)$$

从以上分析发现：利用三要素法分析一阶线性动态电路，实际上就是求解一阶线性动态电路中的稳态值 $f(\infty)$、初始值 $f(0_+)$ 及时间常数 τ 这三个物理量。

（1）稳态值 $f(\infty)$。可根据换路后达到稳定状态的电路图中分析得到。

对于直流电源作用时，电路达到新稳态后，电路中电容元件无电流流过，可将其做开路处理；电感元件两端无电压，可将其做短路处理。这样等效处理后，得到稳态下的电路，在运用各种电路分析方法计算待求物理量的稳态值。

（2）初始值 $f(0_+)$。一阶线性动态电路初始值的计算在 7.1 节中有详细的介绍，

在此就重复分析了。

（3）时间常数 τ。对于 RC 电路而言，其时间常数：

$$\tau = RC \qquad (7.4.13)$$

对于 RL 电路而言，其时间常数：

$$\tau = \frac{L}{R} \qquad (7.4.14)$$

对具有多个电阻的电路而言，其等效电阻 R_{eq} 可通过求戴维南等效电阻的方法求得，即：将电路中独立电源置零、动态元件断开后，从动态元件的端口看进去的戴维南等效电阻。

2. 正弦交流电源作用下的三要素法

对于正弦交流电源激励下，一阶线性动态电路全响应的一般形式可表示为

$$f(t) = f'(t) + [f(0_+) - f'(0_+)]e^{-\frac{t}{\tau}} \quad (t \geqslant 0) \qquad (7.4.15)$$

式中：$f'(t)$ 为全响应的稳态分量；$f(0_+)$ 为全响应的初始值；$f'(0_+)$ 为全响应的稳态分量的初始值；τ 为换路后电路的时间常数。

其中 $f'(0_+) = f'(t)|_{t=0_+}$，与直流激励不同。

因此对正弦激励下的一阶线性动态电路全响应，其三要素为稳态分量 $f'(t)$、初始值 $f(0_+)$ 与 $f'(0_+)$、时间常数 τ。

【例 7.4.3】 如图 7.4.9 所示，已知 $R = 40\Omega$，$L = 0.4\text{H}$。开关 S 闭合前，电感无储能。在 $t=0$ 时刻开关 S 闭合，接通正弦电压 $u_S = 400\sqrt{2}\sin(100t - 45°)\text{V}$。求 $t \geqslant 0$ 时电路的全响应 $i(t)$。

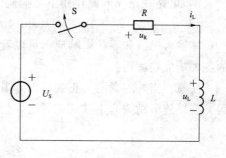

图 7.4.9　[例 7.4.3]

解：（1）画出 $t = 0_-$ 时刻的等效电路图，如图 7.4.10（a）所示，可得

$$i_L(0_-) = 0\text{A}$$

（2）由换路定律可得

$$i_L(0_+) = i_L(0_-) = 0\text{A}$$

（3）画出 $t \to \infty$ 时刻的等效电路图，如图 7.4.10（b）所示，可得

$$Z = R + j\omega L = 40 + j100 \times 0.4 = 40\sqrt{2}\ \underline{/45°}\ (\Omega)$$

$$\dot{I}' = \frac{\dot{U}_S}{Z} = \frac{400\ \underline{/-45°}}{40\sqrt{2}\ \underline{/45°}} = 5\sqrt{2}\ \underline{/-90°}\ (\text{A})$$

$$i'(t) = 10\sin(100t - 90°)(\text{A})$$

$$i'(0) = -10\text{A}$$

（4）求电路时间常数，如图 7.4.10（c）所示，可得

$$\tau = \frac{L}{R} = \frac{0.4}{40} = 0.01(\text{s})$$

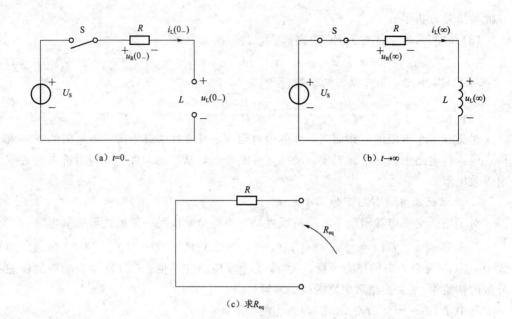

（a）$t=0_-$　　　　　　　　　　　（b）$t\to\infty$

（c）求R_{eq}

图 7.4.10　［例 7.4.3］解析图

RL 电路在正弦电源作用下全响应的一般形式可表示为

$$i(t) = 10\sin(100t - 90°) + 10e^{-100t}(A)$$

零输入响应和零状态响应都可以看成是全响应的特例，所以三要素法对一阶电路的各种响应均适用。

注意：当外施激励为正弦量时，其稳态分量可利用相量法从换路后的电路中求得。当外施激励为非正弦周期量时，仍然可以利用三要素法来分析。

<h2 style="text-align:center">练　习　题</h2>

一、填空题

7.4.1　动态电路在非零状态的情况下，由外施激励引起的响应叫_____。

7.4.2　在_____状态下的动态电路，由_____作用引起的响应叫全响应。

7.4.3　任何线性动态电路的全响应可分解为_____分量与_____分量之和。

7.4.4　任何线性动态电路的全响应可分解为_____响应与_____响应之和。

7.4.5　如果外施激励是直流量，则强制分量（稳态分量）是_____量；如果外施激励是周期量（例如正弦量），则强制分量（稳态分量）是_____量；然而，一阶电路的自由分量（暂态分量）总是_____而最终为_____的量。

7.4.6　全响应中，_____分量保持恒定或一定的规律长期存在，而_____分量只是暂时存在的。当电路进入新的稳态，_____分量消失，而_____分量就

7.4 ①
测试题

7.4 ①
练习题答案

是新的稳态中的响应。

7.4.7 如果某电容电压全响应为 $u_C(t) = U_S + (U_0 - U_S)e^{-\frac{t}{\tau}}$，则其稳态分量=_____，自由分量（暂态分量）=_____，零输入响应=_____，零状态响应=_____。

7.4.8 如果某电感电流全响应为 $i_L(t) = I_S + (I_0 - I_S)e^{-\frac{t}{\tau}}$，则其稳态分量=_____，自由分量（暂态分量）=_____，零输入响应=_____，零状态响应=_____。

7.4.9 R 与 C 串联电路的时间常数 τ=_____，R 与 L 串联电路的时间常数 τ=_____。

7.4.10 已知 RL 串联电路在非零状态下接通直流电源所产生的电流全响应为 $i(t) = 3 - 2e^{-4t}$ A，则电流的稳态响应 $i'(t)$=_____，暂态响应 $i''(t)$=_____，零输入响应=_____，零状态响应=_____。

7.4.11 已知 RL 串联电路在非零状态下接通直流电源所产生的电流全响应为 $i(t) = 5 + 3e^{-2t}$ A，则电流的稳态响应 $i'(t)$=_____，暂态响应 $i''(t)$=_____，零输入响应=_____，零状态响应=_____。

7.4.12 已知 RL 串联电路在非零状态下接通直流电源所产生的电流全响应为 $i(t) = 3 - 4e^{-5t}$ A，则电流的零输入响应=_____，零状态响应=_____。

7.4.13 已知 RC 串联电路在非零状态下接通直流电源所产生的电容电压全响应为 $u_C(t) = 100 - 80e^{-25t}$ V，则电容电压的稳态响应 $u'_C(t)$=_____，暂态响应 $u''_C(t)$=_____。

7.4.14 RC 串联电路在非零状态下，接通直流电压源，已知电容电压的零输入响应=$30e^{-10t}$ V，稳态响应 $u'_C(t) = 80$ V，则电容电压的零状态响应=_____，暂态响应 $u''_C(t)$=_____，全响应 $u_C(t)$=_____，时间常数 τ=_____。

7.4.15 RL 串联电路在非零状态下接通直流电源，已知电流的零输入响应 $3e^{-12.5t}$ A，稳态响应 $i'(t) = 12$ A，则电流的零状态响应=_____，暂态响应 $i''(t)$=_____，全响应 $i(t)$=_____，时间常数 τ=_____。

7.4.16 在计算一阶电路的全响应时，先分别计算全响应的_____、_____及_____，代入公式 $f(t)$=_____，后直接求得全响应的方法，叫做分析一阶电路的_____法。

7.4.17 在求稳态分量时，如果外施激励是直流量，则稳态分量是_____量，可将电路中的电容元件代之以_____路，将电感元件代之以_____路，按电阻性电路计算。如果外施激励是正弦量，则稳态分量是_____量，可用_____法计算。

7.4.18 RL 串联电路在非零状态下接通直流电源，已知电流的初始值 $i(0_+)$=-5 A，稳态值 $i(\infty)$=4 A，时间常数 τ=0.2 s，则电流的零输入响应=_____，零状态响应=_____，暂态响应 $i''(t)$=_____，全响应 $i(t)$=_____。

7.4.19 RC 串联电路在非零状态下接通直流电压源，已知电容电压的初始值

$u_C(0_+) = -20V$ ，稳态值 $u_C(\infty) = 100V$ ，时间常数 $\tau = 0.05s$ ，则电容电压的零输入响应 = _____ ，零状态响应 = _____ ，暂态响应 $u''_C(t)$ = _____ ，全响应 $u_C(t)$ = _____ 。

7.4.20 RC 串联电路在非零状态下接通直流电压源，已知电容电压的初始值 $u_C(0_+) = 10V$ 、稳态值 $u'_C(t) = 50V$ ，时间常数 $\tau = 0.25s$ ，则电容电压的零输入响应 = _____ ，零状态响应 = _____ ，暂态响应 = _____ ，全响应 = _____ 。

7.4.21 RL 串联电路在非零状态下接通直流电源，已知电流的初始值 $i(0_+) = 3A$ ，稳态值 $i(\infty) = 8A$ ，时间常数 $\tau = 0.4s$ ，则电流的零输入响应 = _____ ，零状态响应 = _____ ，暂态响应 $i''(t)$ = _____ ，全响应 $i(t)$ = _____ 。

7.4.22 已知 RC 串联电路在非零状态下接通直流电源所产生的电容电压的稳态响应为 $u'_C(t) = 20V$ ，暂态响应 $u''_C(t) = 8e^{-4t}V$ ，则电路的时间常数 τ = _____ ，电容电压的全响应 $u_C(t)$ = _____ ，零输入响应 = _____ ，零状态响应 = _____ 。

7.4.23 已知 RC 串联电路在非零状态下接通直流电源所产生的电容电压的稳态响应为 $u'_C(t) = 80V$ ，暂态响应 $u''_C(t) = -100e^{-1.25t}V$ ，则电路的时间常数 τ = _____ ，电容电压的全响应 $u_C(t)$ = _____ ，零输入响应 = _____ ，零状态响应 = _____ 。

7.4.24 已知 RC 串联电路在非零状态下接通直流电源所产生的电容电压全响应为 $u_C(t) = 100 - 80e^{-25t}V$ ，则电容电压的零输入响应 = _____ ，零状态响应 = _____ 。

7.4.25 已知 RC 串联电路在非零状态下接通直流电源所产生的电容电压全响应为 $u_C(t) = 50 - 80e^{-25t}V$ ，则电容电压的稳态响应 $u'_C(t)$ = _____ ，暂态响应 $u''_C(t)$ = _____ ，零输入响应 = _____ ，零状态响应 = _____ 。

7.4.26 同一个一阶电路中的各响应（不限于电容电压或电感电流）的时间常数 τ = _____ 。对只有一个电容元件的电路，其 τ = _____ ；对只有一个电感元件的电路，其 τ = _____ 。R_{eq} 为该电容元件或电感元件所接 _____ 。

二、选择题

7.4.27 动态电路全响应的稳态分量（　　）。

A. 只存在于过渡过程结束之前

B. 只存在于过渡过程结束之后

C. 存在于换路后的过渡过程之中及过渡过程结束之后

D. 无法确定

7.4.28 $u_C(0_-) = U_0$ 的 RC 串联电路接通直流电压源 U_s 的充电过程中，自由分量（暂态分量）的初始值 $u''_C(0_+)$ 等于（　　）。

A. U_0 B. U_s

C. $U_0 - U_s$ D. $U_s - U_0$

7.4.29 RL 串联电路在正弦交流电源激励下全响应中的稳态分量是（　　）。

A. 恒定不变的量   B. 正弦量

C. 按指数规律变化的量   D. 无法确定

7.4.30 同一个一阶电路不同支路或不同元件上的电压、电流响应的时间常数（   ）。

A. 相同   B. 不同

C. 可能相同可能不同   D. 无法确定

7.4.31 一阶动态电路全响应的三要素是（   ）。

A. 最大值、频率及初相位

B. 稳态分量、全响应初始值及时间常数

C. 稳态分量初始值、暂态分量初始值及时间常数

D. 无法确定

三、是非题

7.4.32 在 RL 串联电路接通正弦交流电源的全响应中，稳态分量是一个直流分量。   （   ）

7.4.33 在 RL 串联电路接通正弦交流电源的全响应中，暂态分量是一边波动一边衰减的分量。   （   ）

7.4.34 电路的全响应是外施激励和动态元件初始储能的激励共同产生的响应。

                                                      （   ）

7.4.35 强制分量（稳态分量）等于电路换路前的响应。   （   ）

7.4.36 稳态响应的变化规律决定于外施激励。   （   ）

7.4.37 自由分量（暂态分量）只存在于过渡过程之中。   （   ）

四、计算题

7.4.38 如题 7.4.38 图电路，已知 $U_S = 180V, R_1 = 30\Omega, R_2 = 20\Omega, R_3 = 60\Omega,$ $L = 120mH$。电路原先已稳定，在 $t = 0$ 时将 K 闭合，试求：

(1) 换路后电感电流 $i_L(t)$ 的三要素。

(2) 换路后 $i_L(t)$ 的解析式。

7.4.39 如题 7.4.39 图电路，已知 $U_S = 120V, R_1 = 50\Omega, R_2 = 50\Omega, R_3 = 50\Omega,$ $C = 100\mu F$。电路原先已稳定，在 $t = 0$ 时将 K 断开，试求：

(1) 换路后电容电压 $u_C(t)$ 的三要素。

(2) 换路后 $u_C(t)$ 的解析式。

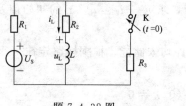 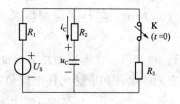

题 7.4.38 图   题 7.4.39 图

7.4.40 如题 7.4.40 图电路，已知 $U_S = 120V, R_1 = 50\Omega, R_2 = 50\Omega, R_3 = 50\Omega,$

$C = 100\mu\mathrm{F}$。电路原先已稳定，在 $t = 0$ 时将 K 断开，试求：

(1) 换路后电容电压 $u_C(t)$ 的三要素。

(2) 换路后 $u_C(t)$ 及 $i_C(t)$ 的解析式。

7.4.41　如题 7.4.41 图电路，已知 $R_1 = R_2 = 20\Omega$，$R_3 = 40\Omega$，$C = 30\mu\mathrm{F}$，$U_\mathrm{S} = 160\mathrm{V}$。电路原先已稳定，在 $t = 0$ 时将 K 闭合，试求：

(1) 换路后电容电压 $u_C(t)$ 的三要素。

(2) 换路后 $u_C(t)$ 的解析式。

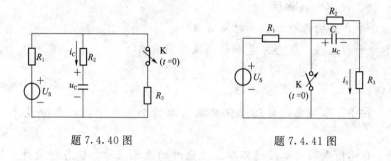

题 7.4.40 图　　　　　　　　　题 7.4.41 图

7.5　二阶动态电路的响应

前几节中讨论的电路仅含有一个动态元件（一个电容或一个电感）的电路。它可用一阶微分方程来描述其电路的过程，所以称为一阶电路。本节将考虑含有两个动态元件的电路，它的响应可用含有二阶导数的微分方程来描述，所以称为二阶电路。

7.5.1　二阶动态电路中初始值与稳态值的计算

在处理二阶电路时，常常面临求换路后的初始值和稳态值。与一阶电路求解初始值和稳态值类似。根据电路中电容电压和电感电流的连续性，首先求出 $u_C(0_-)$ 与 $i_L(0_-)$，由此可得到 $u_C(0_+) = u_C(0_-)$、$i_L(0_+) = i_L(0_-)$，并分别用电压值为 $u_C(0_+)$ 的电压源等效替换电容元件和电流值为 $i_L(0_+)$ 的电流源等效替换电感元件，得到 $t = 0_+$ 时刻的等效电路图，再根据基尔霍夫定律（KCL、KVL）和欧姆定理分析电路的其他物理量。求解稳态值时，根据 $t \to \infty$ 时的等效电路图进行分析，在分析过程中应注意电路的电容元件及电感元件。

【例 7.5.1】　如图 7.5.1 所示电路原先已达稳态，K 闭合前电容电压 $u_C(0_-) = 0$，电感电流 $i_L(0_-) = 0$，在 $t = 0$ 时刻将 K 闭合，求 u_C、i_L、u_L、i_C 的初始值及 $t \to \infty$ 时的稳态值。

解：(1) 初始值：在电路换路前储能元件均未储能，根据换路定律可得到换路后 $t = 0_+$ 的电容元件电压和电感元件电流值。

$$u_C(0_+) = u_C(0_-) = 0$$
$$i_L(0_+) = i_L(0_-) = 0$$

画出 $t = 0_+$ 时刻的等效电路图［图 7.5.2（a）］，注意电路中的电容元件用电压源

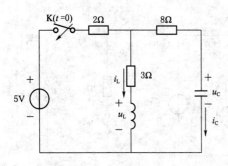

图 7.5.1 [例 7.5.1]

代替（电压源电压值为零，短路替代），电感元件用电流源代替（电流源的电流值为零，开路替代）。

$$i_C(0_+) = \frac{5}{2+8} = 0.5(\text{A})$$

$$u_L(0_+) = 8 \times 0.5 = 4(\text{V})$$

（2）开关闭合后，待电路稳定后，画出稳态时的等效电路图［图 7.5.2（b）］，对于直流电路而言，电容元件开路处理，电感元件短路处理，可得：

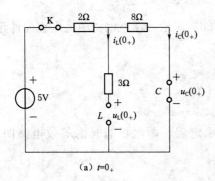

（a）$t=0_+$

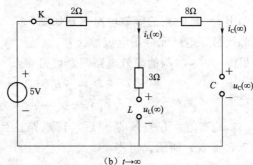

（b）$t \to \infty$

图 7.5.2 [例 7.5.1] 解析图

$$i_L(\infty) = \frac{5}{2+3} = 1(\text{A})$$

$$u_L(\infty) = 0\text{V}$$

$$i_C(\infty) = 0\text{A}$$

$$u_C(\infty) = 3 \times 1 = 3(\text{V})$$

【例 7.5.2】 如图 7.5.3 所示，电路原先（K 断开前）已达稳态，在 $t=0$ 时刻将 K 断开，求 u_C、i_L、u_L、i_C 的初始值及 $t \to \infty$ 时的稳态值。

解：（1）在电路换路前，电路达到稳定，可根据其等效电路图［图 7.5.4（a）］进行分析。注意：对于直流电路而言，电容元件开路处理，电感元件短路处理。

根据 $t=0_-$ 时刻的等效电路图，如图 7.5.4（a），可得

$$i_L(0_-) = \frac{5}{3+2} = 1(\text{A})$$

$$u_C(0_-) = 2 \times 1 = 2(\text{V})$$

（2）初始值：根据换路定理可得

$$u_C(0_+) = u_C(0_-) = 2\text{V}$$

$$i_L(0_+) = i_L(0_-) = 1\text{A}$$

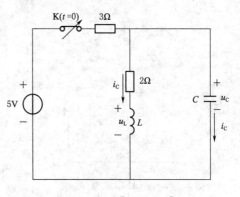

图 7.5.3 [例 7.5.2]

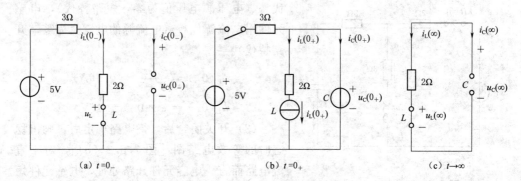

图 7.5.4　［例 7.5.2］解析图

画出 $t=0_+$ 时刻的等效电路图，如图 7.5.4（b）所示，注意电路中的电容元件用电压源代替，电感元件用电流源代替。

根据 $t=0_+$ 时刻的等效电路图，可得

$$i_C(0_+) = -i_L(0_+) = -1A$$
$$u_L(0_+) = u_R - u_C = 2 \times 1 - 2 = 0(V)$$

（3）稳态值：开关 K 断开后，待电路达到稳定后，画出稳态时的等效电路图，如图 7.5.4（c）所示，可得

$$i_L(\infty) = i_C(\infty) = 0A$$
$$u_L(\infty) = 0V$$
$$u_C(\infty) = 0V$$

7.5.2　二阶动态电路的响应

含有电容及电感的二阶电路在动态过程中电容与电感之间可能会出现电场能量与磁场能量的反复交换，这就使分析二阶电路要比一阶电路复杂得多。

1. 二阶动态电路零输入响应

如图 7.5.5 所示，以 RLC 串联电路为例来分析二阶动态电路零输入响应。选择各元件的电压与电流为关联参考方向的情况下，由 KVL 得

$$u_L + u_R + u_C = 0 \qquad (7.5.1)$$

其中

$$i = C \frac{du_C}{dt}$$

$$u_R = Ri = RC \frac{du_C}{dt}$$

$$u_L = L \frac{di}{dt} = L \frac{d}{dt} C \left(\frac{du_C}{dt} \right) = LC \frac{d^2 u_C}{dt^2}$$

将这些代入 KVL 方程，得到

$$LC \frac{d^2 u_C}{dt^2} + RC \frac{du_C}{dt} + u_C = 0$$

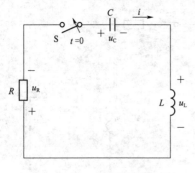

图 7.5.5　RLC 串联电路

化简得

$$\frac{\mathrm{d}^2 u_\mathrm{C}}{\mathrm{d}t^2} + \frac{R\mathrm{d}u_\mathrm{C}}{L\mathrm{d}t} + \frac{1}{LC}u_\mathrm{C} = 0 \tag{7.5.2}$$

这是 $u_\mathrm{C}(t)$ 的二阶常系数线性齐次微分方程，可见 RLC 串联电路属于二阶电路。上面齐次方程的特征方程为

$$p^2 + \frac{R}{L}p + \frac{1}{LC} = 0$$

是一个二次方程，两个特征根为

$$p_{1,2} = -\frac{R}{2L} \pm \sqrt{\left(\frac{R}{2L}\right)^2 - \frac{1}{LC}}$$

零输入响应

$$u_\mathrm{C}(t) = A_1 \mathrm{e}^{p_1 t} + A_2 \mathrm{e}^{p_2 t} \tag{7.5.3}$$

式中：A_1、A_2 为两个积分常数，需由初始条件确定。

电路的初始条件有三种情况：$u_\mathrm{C}(0_-)$ 和 $i_\mathrm{L}(0_-)$ 都不为零；$u_\mathrm{C}(0_-)$ 不为零，$i_\mathrm{L}(0_-)$ 为零；$u_\mathrm{C}(0_-)$ 为零，$i_\mathrm{L}(0_-)$ 不为零。在此只分析 $u_\mathrm{C}(0_+) = u_\mathrm{C}(0_-) = U_0$、$i(0_+) = i_\mathrm{L}(0_+) = i_\mathrm{L}(0_-) = 0$ 的情况，相当于充了电的电容器对没有电流的线圈放电的情况（其他两种初始条件下，分析过程是相似的）。

特征根 p_1、p_2 的值有三种不同情况：

(1) $\left(\frac{R}{2L}\right)^2 - \frac{1}{LC} > 0$，即 $R > 2\sqrt{\frac{L}{C}}$ 时，p_1 和 p_2 为两个不等的负实根。

(2) $\left(\frac{R}{2L}\right)^2 - \frac{1}{LC} < 0$，即 $R < 2\sqrt{\frac{L}{C}}$ 时，p_1 和 p_2 为一对共轭复根。

(3) $\left(\frac{R}{2L}\right)^2 - \frac{1}{LC} = 0$，即 $R = 2\sqrt{\frac{L}{C}}$ 时，p_1 和 p_2 为二重负实根。

从物理意义上讲，电阻 R 具有阻止电路发生振荡的作用，俗称 R 为阻尼电阻，为便于判定暂态类型，定义 $2\sqrt{\frac{L}{C}}$ 为临界电阻，将阻尼电阻 R 与临界电阻 $2\sqrt{\frac{L}{C}}$ 相比较，可得三种不同暂态类型，下面进行分别讨论。

以下分别分析这三种情况。

(1) $R > 2\sqrt{\frac{L}{C}}$，过阻尼非振荡放电过程。

在 $R > 2\sqrt{\frac{L}{C}}$ 的情况下，p_1、p_2 为两个不等的负实根，并设 $|p_1| < |p_2|$。电容电压为

$$u_\mathrm{C}(t) = A_1 \mathrm{e}^{p_1 t} + A_2 \mathrm{e}^{p_2 t}$$

并有

$$i(t) = C\frac{\mathrm{d}u_\mathrm{C}(t)}{\mathrm{d}t} = Cp_1 A_1 \mathrm{e}^{p_1 t} + Cp_2 A_2 \mathrm{e}^{p_2 t}$$

代入初始条件 $u_\mathrm{C}(0_+) = U_0$、$i(0_+) = 0$，得

$$\left. \begin{aligned} A_1 + A_2 &= U_0 \\ p_1 A_1 + p_2 A_2 &= 0 \end{aligned} \right\}$$

由此解得积分常数

$$A_1 = \frac{p_2}{p_2 - p_1} U_0 \Bigg\}$$
$$A_2 = \frac{-p_1}{p_2 - p_1} U_0 \Bigg\}$$

最后得到

$$u_C(t) = \frac{U_0}{p_2 - p_1}(p_2 \mathrm{e}^{p_1 t} - p_1 \mathrm{e}^{p_2 t}) \tag{7.5.4}$$

$$i(t) = C\frac{p_1 p_2}{p_2 - p_1} U_0(\mathrm{e}^{p_1 t} - \mathrm{e}^{p_2 t}) = \frac{U_0}{L(p_2 - p_1)}(\mathrm{e}^{p_1 t} - \mathrm{e}^{p_2 t}) \tag{7.5.5}$$

上面的推导中，用到了 $p_1 p_2 = 1/LC$ 的关系。

电容电压 u_C 的变化曲线如图 7.5.6（a）所示。因为 p_1、p_2 皆为负值，且 $|p_2| >$ $|p_1|$，所以 $\frac{p_2}{p_2 - p_1} U_0$ 和 $\frac{p_1}{p_2 - p_1} U_0$ 皆为正值，且前者大于后者；$t > 0$ 时，$\mathrm{e}^{p_1 t} > \mathrm{e}^{p_2 t}$，前者衰减得比后者慢。所以 u_C 总为正值，从 $u_C(0_+) = U_0$ 开始，单调地衰减为零。放电电流 i 的变化曲线如图 7.5.6（b）所示。

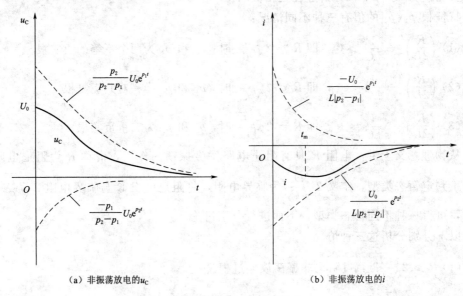

（a）非振荡放电的 u_C　　　　　　　　（b）非振荡放电的 i

图 7.5.6　RLC 串联电路的零输入响应

由于 $\frac{1}{p_2 - p_1}$ 总为负值，$\mathrm{e}^{p_1 t}$ 比 $\mathrm{e}^{p_2 t}$ 衰减慢，所以 i 总是为负值，从 $i(0_+) = 0$ 开始变化，直至最后为零。因此电流必有一个上升与下降的过程，而在某一时刻 t_m 达到最大值。上述放电过程中，电容一直处在放电状态，所以称为非振荡性放电。

$$\frac{\mathrm{d}}{\mathrm{d}t}(\mathrm{e}^{-p_1 t} - \mathrm{e}^{-p_2 t})\bigg|_{t=t_m} = p_1 \mathrm{e}^{p_1 t_m} - p_2 \mathrm{e}^{p_2 t_m} = 0$$

可得

$$t_m = \frac{1}{p_1 - p_2} \ln \frac{p_2}{p_1} \tag{7.5.6}$$

从物理意义上来说，这是电容通过电阻和电感的放电过程。起初，电容放出的电场能量一部分转化为磁场能量，另一部分被电阻消耗。在 $t = t_m$ 时电流达到最大值后，磁场能量不再增加，并开始释放能量。故在 $t > t_m$ 后，电容和电感同时放出能量供电阻消耗，直到电场储能与磁场储能为电阻耗尽，放电结束。整个放电过程是一个非振荡的放电过程。这是因为电阻较大，电阻耗能迅速造成的，故称为过阻尼情况。

【例 7.5.3】 如图 7.5.7 所示电路中，已知 $R = 12\Omega$，$L = 2\text{H}$，$C = 0.1\text{F}$，$u_C(0_-) = 2\text{V}$，$i_L(0_-) = 0\text{A}$。试求换路后的 $u_C(t)$ 和 $i(t)$。

解：将已知的 R、L、C 代入 RLC 串联电路的特征方程

$$p^2 = \frac{R}{L}p + \frac{1}{LC} = 0$$

中，得

$$p^2 + 6p + 5 = 0$$

解得

$$p_1 = -1\text{s}^{-1}$$
$$p_2 = -5\text{s}^{-1}$$

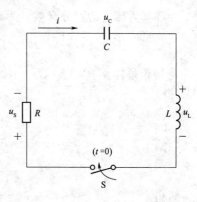

图 7.5.7 ［例 7.5.3］

本题中的初始条件与上面分析的相同，故可直接引用上面所得的结果，可以得到：

$$u_C(t) = \frac{U_0}{p_2 - p_1}(p_2 e^{p_1 t} - p_1 e^{p_2 t}) = \frac{2}{-5+1}(-5e^{-t} + e^{-5t}) = (2.5e^{-t} - 0.5e^{-5t})(\text{V})$$

$$i(t) = \frac{U_0}{L(p_2 - p_1)}(e^{p_1 t} - e^{p_2 t}) = \frac{2}{2 \times (-5+1)}(e^{-t} - e^{-5t}) = (0.25e^{-5t} - 0.25e^{-t})(\text{A})$$

若初始条件与上面分析的不同，则不能利用上述式计算 $u_C(t)$ 和 $i(t)$，在求出特征根后，积分常数应代入具体初始条件求解。然后再确定 $u_C(t)$ 和 $i(t)$。

(2) $R < 2\sqrt{\dfrac{L}{C}}$，欠阻尼振荡放电过程。

在 $R < 2\sqrt{\dfrac{L}{C}}$ 的情况下，p_1、p_2 为一对共轭复根

$$\begin{cases} p_1 = -\dfrac{R}{2L} + \sqrt{\dfrac{1}{LC} - \left(\dfrac{R}{2L}\right)^2}\text{j} \\ p_2 = -\dfrac{R}{2L} - \sqrt{\dfrac{1}{LC} - \left(\dfrac{R}{2L}\right)^2}\text{j} \end{cases}$$

令

$$\frac{R}{2L} = \delta \qquad \sqrt{\frac{1}{LC} - \left(\frac{R}{2L}\right)^2} = \omega$$

则
$$p_{1,2} = -\delta \pm j\omega$$

并有
$$|p_1| = |p_2| = \sqrt{\delta^2 + \omega^2} = \frac{1}{\sqrt{LC}} = \omega_0$$

ω_0 为 RLC 串联电路在正弦激励的稳态下的谐振角频率。

此情况下：
$$u_C(t) = Ae^{-\delta t}\sin(\omega t + \beta)$$

A 和 β 为待定的积分常数。为确定 A 和 β，先求
$$i(t) = C\frac{\mathrm{d}}{\mathrm{d}t}u_C(t) = CAe^{-\delta t}[\omega\cos(\omega t + \beta) - \delta\sin(\omega t + \beta)]$$

将初始条件 $u_C(0_+) = U_0$、$i(0_+) = 0$ 分别代入上两式，得
$$\left.\begin{aligned}A\sin\beta &= U_0 \\ \omega A\cos\beta - \delta A\sin\beta &= 0\end{aligned}\right\}$$
$$\left.\begin{aligned}A\sin\beta &= U_0 \\ A\cos\beta &= \frac{\delta}{\omega}U_0\end{aligned}\right\}$$

解得
$$A = \sqrt{1 + \left(\frac{\delta}{\omega}\right)^2}\,U_0 = \sqrt{\frac{\omega^2 + \delta_2^2}{\omega^2}}\,U_0 = \frac{\omega_0}{\omega}U_0$$

$$\beta = \arctan\frac{\omega}{\delta}U_0$$

即得
$$u_C(t) = \frac{\omega_0}{\omega}U_0 e^{-\delta t}\sin\left(\omega t + \arctan\frac{\omega}{\delta}\right) \tag{7.5.7}$$

$$i(t) = C\frac{\omega_0}{\omega}U_0 e^{-\delta t}\left[\omega\cos\left(\omega t + \arctan\frac{\omega}{\delta}\right) - \delta\sin\left(\omega t + \arctan\frac{\omega}{\delta}\right)\right] \tag{7.5.8}$$

由 $\omega_0 = \sqrt{\delta^2 + \omega^2}$ 及 $\beta = \arctan\frac{\omega}{\delta}$，可知 δ、ω、ω_0 三者构成一个 ω_0 为斜边的直角三角形，如图 7.5.8 所示。

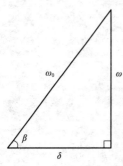

并有
$$\frac{\omega}{\omega_0} = \sin\beta \qquad \frac{\delta}{\omega_0} = \cos\beta$$

所以
$$i(t) = C\frac{\omega_0^2}{\omega}e^{-\delta t}[\sin\beta\cos(\omega t + \beta) - \cos\beta\sin(\omega t + \beta)]$$

$$= C\frac{\frac{1}{LC}}{\omega}U_0 e^{-\delta t}\sin[\beta - (\omega t + \beta)]$$

$$= -\frac{U_0}{\omega L}e^{-\delta t}\sin\omega t \tag{7.5.9}$$

图 7.5.8 δ、ω 和 ω_0 相互关系三角形

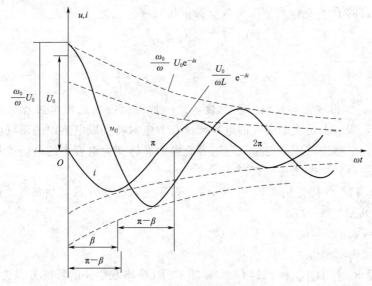

图 7.5.9 RLC 串联电路的振荡放电情况

u、i 的变化曲线如图 7.5.9 所示。$\pm\dfrac{\omega_0}{\omega}U_0 e^{-\delta t}$ 为 u_C（t）的包络线；$\omega t=\pi-\beta$、

$2\pi-\beta$、…时 u_C 为零；$\omega t=0$、π、…时，$i=C\dfrac{du_C}{dt}=0$ 时，u_C 有极值。$\pm\dfrac{U_0}{\omega L}e^{-\delta t}$ 为

$i(t)$ 的包络线。求 $\dfrac{di}{dt}=0$，可得 $\omega t=\beta$、$\pi+\beta$、…时 i 有极值。由于 $u_C(t)$、$i(t)$ 都是振幅按指数规律衰减的正弦函数，所以这种放电的过程称为振荡放电，δ、ω 则分别称为衰减常数和自由振荡角频率。这种振荡是由于电阻较小，耗能较慢，以致电感和电容之间进行往复的能量交换，从而形成了振荡。由于电阻的存在，所以是衰减振荡，也称为欠阻尼振荡。

在放电的第一周期的上半周中，$0<t<\dfrac{\beta}{\omega}$，$u_C$ 减少，i 的大小增加，电容释放的储能除为电阻所消耗外，一部分转换为电感磁场储能；在 $\dfrac{\beta}{\omega}<t<\dfrac{\pi-\beta}{\omega}$ 间，u_C 及 i 的大小都在减少，电容和电感都释放其储能。这段时间内的情况与非振荡放电过程中的 t_m 以前的情况相似。但是，在 $t=\dfrac{\pi-\beta}{\omega}$ 时，情况则不同了，这时的 u_C 为零，而 i 的大小不为零且继续减小，此时电容的初始储能已完全释放，电感则还有储能并继续释放。于是，在 $\dfrac{\pi-\beta}{\omega}<t<\dfrac{\beta}{\omega}$ 间，u_C 的大小增加，i 的大小减小，电感释放的储能中，除为电阻所消耗外，一部分使电容反向充电而转变为电容的电场储能。到 $t=\dfrac{\pi}{\omega}$ 时，$i=0$，u_C 达到了极值，这时的情况与 $t=0$ 时相似，只是电容电压的方向与原先的相反，且小于 U_0。

下半周的情况与上半周相似，只是放电电流方向改变，且因电阻消耗能量，振荡减弱了。

如果电路的 $R=0$，则衰减常数及振荡角频率分别为

$$\delta = \frac{R}{2L} = 0$$

$$\omega = \sqrt{{\omega_0}^2 - \delta^2} = \omega_0 = \frac{1}{\sqrt{LC}}$$

$u_C(t)$、$i(t)$ 都成为不衰减的正弦量，是一种等幅振荡的放电过程。电路中这种放电的产生，实质上是由于电容的电场能量在放电时转变成电感中的磁场能量，而当电流减少时，电感中的磁场能量又向电容充电而又转变为电容中的电场能量，如此反复而无能量损耗，故振荡将一直存在下去。

【例 7.5.4】　保持 [例 7.5.3] 中，L、C 不变，改变 R 或初始条件，试分别求下列情况下的 $u_C(t)$ 和 $i(t)$：

(1) $R=8\Omega$，$u_C(0_-)=2\mathrm{V}$、$i_L(0_-)=0$。

(2) $R=0$，$u_C(0_-)=2\mathrm{V}$、$i_L(0_-)=0$。

解：(1) $R=8\Omega$，$L=2\mathrm{H}$，$C=0.1\mathrm{F}$ 的 RLC 串联电路的特征方程为

$$p^2 + \frac{R}{L}p + \frac{1}{LC} = p^2 + 4p + 5 = 0$$

解得根为

$$p_{1,2} = -2 \pm \mathrm{j}1\mathrm{s}^{-1}$$

$\delta = 2\mathrm{s}^{-1}$、$\omega = 1\mathrm{s}^{-1}$，有

$$\omega_0 = \frac{1}{\sqrt{LC}} = \sqrt{5}\,\mathrm{s}^{-1}$$

$$\beta = \arctan\frac{\omega}{\delta} = \arctan\frac{1}{2} \approx 26.56°$$

故得

$$u_C(t) = \frac{\omega_0}{\omega}U_0 \mathrm{e}^{-\delta t}\sin(\omega t + \beta) = \frac{\sqrt{5}}{1} \times 2\mathrm{e}^{-2t}\sin(t + 26.56°)$$

$$= 2\sqrt{5}\,\mathrm{e}^{-2t}\sin(t + 26.56°)(\mathrm{V})$$

$$i(t) = -\frac{U_0}{\omega L}\mathrm{e}^{-\delta t}\sin\omega t = -\frac{2}{1\times 2}\mathrm{e}^{-2t}\sin t$$

$$= -\mathrm{e}^{-2t}\sin t(\mathrm{A})$$

(2) 这是 (1) 的特例，$R=0$ 时

$$\delta = 0$$

$$\omega = \omega_0 = \sqrt{5}\,\mathrm{s}^{-1}$$

$$\beta = \arctan\frac{\sqrt{5}}{0} = 90°$$

$$u_C(t) = U_0\sin(\omega_0 t + 90°) = 2\sin(\sqrt{5}t + 90°)(\mathrm{V})$$

$$i(t) = -\frac{U_0}{\omega_0 L}\sin\omega_0 t = -\frac{2}{\sqrt{5}\times 2}\sin\sqrt{5}t$$

$$= -\sqrt{5}\sin\sqrt{5}t(\mathrm{A})$$

(3) $R = 2\sqrt{\dfrac{L}{C}}$ ，临界阻尼放电过程。

在 $R = 2\sqrt{\dfrac{L}{C}}$ 的情况下，p_1、p_2 为两个相等的负实数：

$$p_1 、 p_2 = -\frac{R}{2L} = -\delta$$

并有 $\delta^2 = 1/LC$。此情况下

$$u_C(t) = (A_1 + A_2 t)e^{-\delta t}$$

$$i(t) = C\frac{\mathrm{d}}{\mathrm{d}t}u_C(t) = C(-\delta A_1 + A_2 - \delta A_2 t)e^{-\delta t}$$

代入初始条件 $u_C(0_+) = U_0$、$i(0_+) = 0$，得

$$A_1 = U_0$$

$$A_2 = \delta A_1 = \delta U_0$$

于是得到

$$u_C(t) = U_0(1 + \delta t)e^{-\delta t} \tag{7.5.10}$$

$$i(t) = -C\delta^2 U_0 t e^{-\delta t} = -C\frac{1}{LC}U_0 t e^{-\delta t} = -\frac{U_0}{L}t e^{-\delta t} \tag{7.5.11}$$

可以看出，u_C 的变化情况是从 U_0 开始，保持正值，逐渐衰减到零；i 是从零开始，保持负值，最后为零。由 $\dfrac{\mathrm{d}i}{\mathrm{d}t} = 0$ 可以求得 i 达到极值的时间为

$$t_m = \frac{1}{\delta} = \frac{2L}{R}$$

这一放电情况是非振荡的，u_C 及 i 的变化曲线与图 7.5.6 中相似，所以不再画出。

这一情况下的放电过程是振荡与非振荡过程的分界线，所以也称为临界阻尼情况，而 $R = 2\sqrt{L/C}$ 则称为 RLC 串联电路的临界电阻。

2. 二阶动态电路零状态响应

如图 7.5.10 所示，以 RLC 并联电路为例来分析二阶动态电路零状态响应。$u_C(0_-) = 0$、$i_L(0_-) = 0$，在 $t = 0$ 时，电路处于零状态响应。选择各元件的电压与电流为关联参考方向的情况下，由基尔霍夫电流定律（KCL）可得

$$i_C + i_R + i_L = i_S \tag{7.5.12}$$

以 i_S 为待求变量，可得

$$LC\frac{\mathrm{d}^2 i_L}{\mathrm{d}t^2} + \frac{C}{R}\frac{\mathrm{d}i_L}{\mathrm{d}t} + i_L = i_S \tag{7.5.13}$$

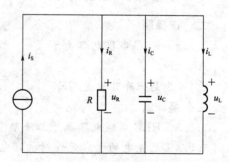

图 7.5.10 二阶动态电路的零状态响应

这是二阶线性非齐次方程，它的通解由特解和通解组成，其求解过程类似二阶线

性非齐次方程，在这里不展开分析。得到通解后，由初始条件确定积分常数，从而得到微分方程的全解。

3. 二阶动态电路全响应

如图 7.5.10 所示的 RLC 并联电路具有初始储能，则电路的响应称为全响应。全响应的电路可根据叠加定理，分解成零输入响应和零状态响应后进行叠加求出电路全响应。

对于任意二阶电路，设阶跃响应为 $f(t)$，则求解 $f(t)$ 的具体步骤如下：

（1）求电路的初始条件：$f(0)$、$\dfrac{\mathrm{d}f(0)}{\mathrm{d}t}$、稳态值 $f(\infty)$。

（2）关闭独立电源并利用基尔霍夫定律，求解暂态响应 $f_Z(t)$，得到二阶微分方程后，求解特征根。判断该响应为何种情况，是过阻尼、临界阻尼或欠阻尼，求解响应中的未知常数。

（3）求解稳态响应 $f_W(t) = f(\infty)$。

（4）全响应包含暂态响应和稳态响应：

$$f(t) = f_Z(t) + f_W(t) \tag{7.5.14}$$

最后根据初始条件 $f(0)$ 和 $\dfrac{\mathrm{d}f(0)}{\mathrm{d}t}$，求解响应中的常数。

运用上述的步骤可求解任意二阶电路的阶跃响应。

练 习 题

一、填空题

7.5.1 RLC 串联电路的零输入响应中，当电路参数满足 $R > 2\sqrt{\dfrac{L}{C}}$ 时，电容放电过程为＿＿＿＿＿；当电路参数满足 $R < 2\sqrt{\dfrac{L}{C}}$ 时，电容放电过程为＿＿＿＿＿；当电路参数满足 $R = 2\sqrt{\dfrac{L}{C}}$ 时，电容放电过程为＿＿＿＿＿。

测试题 7.5 ①
练习题答案 7.5 ②

二、选择题

7.5.2 RLC 串联电路属于（　　）动态电路。

A. 一阶　　　　　　　　　　B. 二阶
C. 可能是一阶可能是二阶　　D. 无法确定

三、是非题

7.5.3 RLC 串联电路属于二阶动态电路。　　　　　　　（　　）

7.5.4 已充电的电容元件对初始电流为零的线圈放电的电路属于一阶电路。
　　　　　　　　　　　　　　　　　　　　　　　　　（　　）

7.6 本 章 小 结

（1）过渡过程是指当电路的结构或元件的参数发生变化时，电路由一种稳定状态变换为另一种稳定状态时所经历的中间过程。过渡过程会出现在电路状态发生改变的含有储能元件的电路中。

（2）在电路中，将电路中支路的接通、断开、短路或电路参数、结构改变，统称为换路。

换路定律指出：

1）在换路的瞬间，电容元件的电流为有限值时，电容电压不能跃变。

2）在换路的瞬间，电感元件的电压为有限值时，电感电流不能跃变。

其表达式为：
$$u_C(0_+) = u_C(0_-)$$
$$i_L(0_+) = i_L(0_-)$$

（3）换路后的最初一瞬间（$t = 0_+$）时，电路各元件的电压值与电流值统称为初始值，用 $f(0_+)$ 表示。电路的初始值 $f(0_+)$ 可分为两类：一类是不可以跃变的初始值，称独立初始值。可根据换路定律，由 $t = 0_-$ 的电路中求得；另一类是可以跃变的初始值，称相关初始值。

（4）电路的稳态值是指过渡过程结束后电路达到稳定状态，各元件的电压值与电流值的统称，用 $f(\infty)$ 表示。稳态值可由 $t \to \infty$ 时电路图分析得出。

（5）当动态电路中仅含有一个动态元件，剩余部分为线性电阻电路的电路方程为一阶线性常微分方程，相应的电路称为一阶电路。根据响应产生的原因，将响应分为三种类型：

1）零输入响应。动态电路中没有外加激励电源（即输入为零），仅由动态元件初始储能所引起的响应，称为动态电路的零输入响应。

2）零状态响应。在动态电路中，储能元件初始状态为零，仅由独立电源作为外施激励引起的响应，称为动态电路的零状态响应。

3）全响应。在含非零初始状态的储能元件的动态电路中，由独立电源与其初始状态共同作用下引起的响应，称为全响应。

全响应＝稳态响应＋暂态响应＝零输入响应＋零状态响应

（6）一阶线性动态电路全响应的一般分析方法是通过列写电路微分方程，求解微分方程，得到其微分方程解。还可以利用"三要素法"来求解一阶线性动态电路全响应：

$$f(t) = f'(t) + [f(0_+) - f'(0_+)]e^{-\frac{t}{\tau}} \quad (t \geq 0)$$

其中 $f'(t)$ 为全响应的稳态分量，$f(0_+)$ 为全响应的初始值，$f'(0_+)$ 为全响应的稳态分量的初始值，τ 为换路后电路的时间常数。

电路的时间常数 τ 表示响应衰减到其初始值的 $\frac{1}{e}$ 或 36.8% 所需要的时间。储能元件为电容元件时，$\tau = RC$。储能元件为电感元件时，$\tau = \frac{L}{R}$。其中 R 为电容或电感所接二端网络在换路后，除源时的等效电阻。

（7）二阶电路：含有电容及电感的二阶电路在动态过程中电容与电感之间可能会出现电场能量与磁场能量的反复交换，分析过程比一阶电路复杂得多。

本 章 习 题

一、计算题

7.1　如题 7.1 图所示，直流电压源的电压 $U_S = 20V$，$R_1 = 16\Omega$，$R_2 = 8\Omega$。开关 S 闭合前电感与电容均没有储能，在 $t=0$ 时 S 闭合，求 S 闭合时的 $u_C(0_+)$、$i_L(0_+)$、$i_C(0_+)$、$u_L(0_+)$ 等初始值。

7.2　电路如题 7.2 图所示，当开关 S 断开前电路处于稳态，试求 S 断开时电容电压和电流的初始值 $u_C(0_+)$、$i_C(0_+)$。

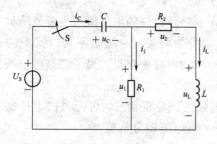

题 7.1 图

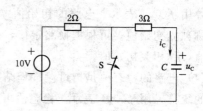

题 7.2 图

7.3　电路如题 7.3 图所示，当开关 S 断开前电路处于稳态，试求 S 断开时的电感电流和电压的初始值 $i_L(0_+)$、$u_L(0_+)$。

7.4　如题 7.4 图电路中，K 闭合前电容电压为零，在 $t=0$ 时刻将 K 闭合，求各支路电流初始值 $i_C(0_+)$、$i_1(0_+)$、$i_2(0_+)$ 及 $t \to \infty$ 时的稳态值 $i_C(\infty)$、$i_1(\infty)$、$i_2(\infty)$。

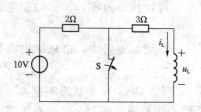

题 7.3 图

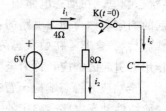

题 7.4 图

7.5　如题 7.5 图电路原先已达稳定，在 $t=0$ 时刻将 K 断开，求 K 断开前一瞬间 $u_L(0_-)$、$u_2(0_-)$、$u_1(0_-)$，及断开后一瞬间电压 $u_L(0_+)$、$u_2(0_+)$、$u_1(0_+)$。

7.6　如题 7.6 图所示电路换路前已达稳态，在 $t=0$ 时将开关 S 断开，试求换路瞬间各支路电流 $i_1(0_+)$、$i_2(0_+)$ 及储能元件上的 $u_C(0_+)$。

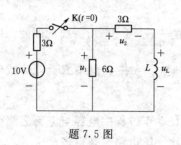

题 7.5 图

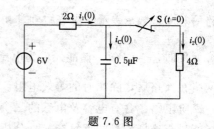

题 7.6 图

7.7　如题 7.7 图电路原先已达稳定，在 $t=0$ 时刻将 K 闭合，求各支路电流初始值 $i(0_+)$、$i_C(0_+)$、$i_K(0_+)$，$t\rightarrow\infty$ 时的稳态值 $i(\infty)$、$i_C(\infty)$、$i_K(\infty)$。

7.8　如题 7.8 图电路原先已达稳定，在 $t=0$ 时刻将 K 断开，求各元件电压初始值 $u_L(0_+)$、$u_1(0_+)$、$u_2(0_+)$，及 $t\rightarrow\infty$ 时的稳态值 $u_L(\infty)$、$u_1(\infty)$、$u_2(\infty)$。

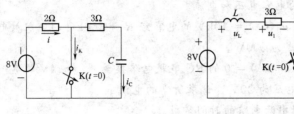

题 7.7 图　　　　　　　　　题 7.8 图

7.9　如题 7.9 图电路原先已达稳态，在 $t=0$ 时刻将 K 断开，求 K 断开前一瞬间（$t=0_-$）及断开后一瞬间（$t=0_+$）的 i_L、i_C、u_L、u_C。

7.10　如题 7.10 图电路原先已达稳态，在 $t=0$ 时刻将 K 闭合，求 i_L、i_C、u_L、u_C 的初始值及 $t\rightarrow\infty$ 时的稳态值。

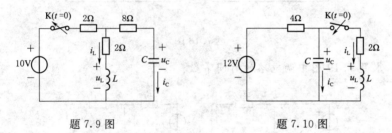

题 7.9 图　　　　　　　　　题 7.10 图

7.11　$C=2\mu F$、$u_C(0_-)=100V$ 电容经 $R=5k\Omega$ 电阻放电，试求：

（1）电路的时间常数。

（2）放电电流的最大值。

7.12　$C=2\mu F$、$u_C(0_-)=100V$ 电容经 $R=10k\Omega$ 电阻放电，试求：

（1）电路的时间常数。

（2）放电电流的最大值。

（3）$t=10ms$ 瞬间电容电压和电流。

7.13　$C=10\mu F$、$u_C(0_-)=50V$ 电容经 $R=2k\Omega$ 的电阻放电，试求：

（1）电路的时间常数。

（2）放电电流的最大值。

（3）$t=10ms$ 时的电容电压和电流。

7.14　$R=1k\Omega$、$C=10\mu F$、$u_C(0_-)=0$ 的 RC 串联电路接到 $U_S=100V$ 的电压源。试求：

（1）电路的时间常数。

（2）充电电流的最大值。

（3）经过 $15ms$ 时的电容电压和电流。

7.15 $R = 5\text{k}\Omega$、$C = 4\mu\text{F}$、$u_C(0_-) = 0$ 的 RC 串联电路接到 $U_S = 50\text{V}$ 的电压源。试求：

(1) 电路的时间常数。

(2) 充电电流的最大值。

(3) 经过 30ms 时的电容电压和电流。

7.16 $C = 20\mu\text{F}$、$u_C(0_-) = 10\text{kV}$ 的电容经 $R = 100\text{k}\Omega$ 的电阻放电，试问经过多长时间，电容电压衰减为 500V。

7.17 $C = 20\mu\text{F}$、$u_C(0_-) = 0$ 的 RC 串联电路接至 $U_S = 24\text{V}$ 的直流电压源。要使接通后 10s 时的电容电压为 20V，试求所需的电阻 R。

7.18 求题 7.18 图中两电路的时间常数。

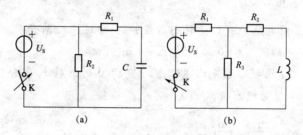

题 7.18 图

7.19 求题 7.19 图中两电路的时间常数。

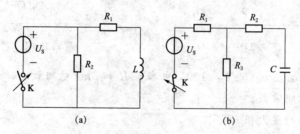

题 7.19 图

7.20 求题 7.20 图中两电路的时间常数。

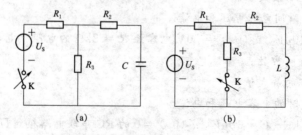

题 7.20 图

7.21 求题 7.21 图中两电路的时间常数。

7.22 求题 7.22 图中两电路的时间常数。

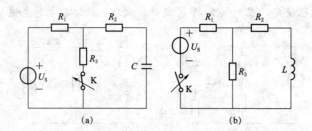

题 7.21 图

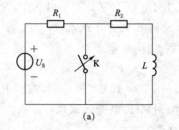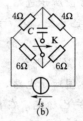

题 7.22 图

7.23　求题 7.23 图中两电路的时间常数。

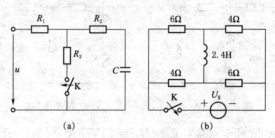

题 7.23 图

7.24　一组 $40\mu F$ 的电容器从高压电网上切除，切除瞬间电容器的电压为 $3.5kV$，切除后，电容器经它本身的漏电阻放电，其等效电路如题 7.24 图所示。已知电容器的漏电阻 $r_S = 100m\Omega$，试求电容电压下降到 $1kV$ 所需的时间。

7.25　求题 7.25 图中两电路的时间常数。

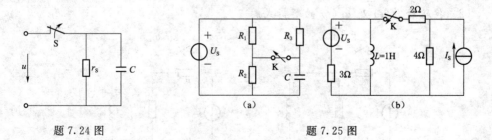

题 7.24 图　　　　　　　　　题 7.25 图

7.26　求题 7.26 图电路的时间常数，已知 $R_1 = R_2 = R_3 = 6\Omega$。

7.27　如题 7.27 图所示电路，已知 $U_S = 10V$，$R_1 = 1.6\Omega$，$R_2 = 6\Omega$，$R_3 = 4\Omega$，$L =$

50mH。电路原先已稳定，在 $t=0$ 时将 K 断开，试求：换路后电感电流 $i_L(t)$ 的三要素。

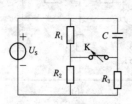

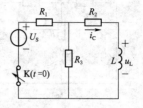

题 7.26 图　　　　　　　题 7.27 图

7.28　如题 7.28 图所示电路，已知 $U_S = 10V$，$R_1 = 1.6\Omega$，$R_2 = 6\Omega$，$R_3 = 4\Omega$，$L = 50mH$。电路原先已稳定，在 $t=0$ 时将 K 断开，试求：

(1) 换路后电感电流 $i_L(t)$ 的三要素。

(2) 换路后 $i_L(t)$ 的解析式。

7.29　如题 7.29 图所示电路，已知 $U_S = 10V$，$R_1 = 1.6\Omega$，$R_2 = 6\Omega$，$R_3 = 4\Omega$，$L = 50mH$。电路原先已稳定，在 $t=0$ 时将 K 断开，试求：

(1) 换路后电感电流 $i_L(t)$ 的三要素。

(2) 换路后 $i_L(t)$ 及 $u_L(t)$ 的解析式。

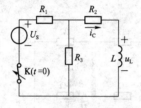
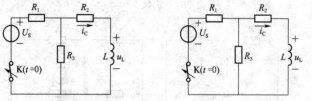

题 7.28 图　　　　　　　题 7.29 图

7.30　如题 7.30 图所示电路，已知 $U_S = 24V$，$R_1 = 8\Omega$，$R_2 = 6\Omega$，$R_3 = 4\Omega$，$L = 1.2H$。电路原先已稳定，在 $t=0$ 时将 K 断开，试求：

(1) 换路后电感电流 $i_L(t)$ 的三要素。

(2) 换路后 $i_L(t)$ 的解析式。

7.31　如题 7.31 图所示电路，已知 $U_S = 24V$，$R_1 = 8\Omega$，$R_2 = 6\Omega$，$R_3 = 4\Omega$，$L = 1.2H$。电路原先已稳定，在 $t=0$ 时刻将 K 闭合，试求：

(1) 换路后电感电流 $i_L(t)$ 的三要素。

(2) 换路后 $i_L(t)$ 及 $u_L(t)$ 的解析式。

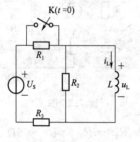

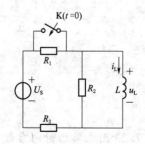

题 7.30 图　　　　　　　题 7.31 图

7.32 如题 7.32 图所示电路，已知 $U_S = 12V$，$R_1 = 4\Omega$，$R_2 = 3\Omega$，$R_3 = 6\Omega$，$C = 0.5\mu F$。电路原先已稳定，在 $t = 0$ 时将 K 断开，试求：

(1) 换路后电容电压 $u_C(t)$ 的三要素。

(2) 换路后 $u_C(t)$ 的解析式。

7.33 如题 7.33 图所示电路，已知 $U_S = 63V$，$R_1 = 20\Omega$，$R_2 = 30\Omega$，$R_3 = 40\Omega$，$C = 50\mu F$。电路原先已稳定，在 $t = 0$ 时将 K 断开，试求：

(1) 换路后电容电压 $u_C(t)$ 的三要素。

(2) 换路后 $u_C(t)$ 的解析式。

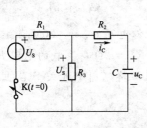

题 7.32 图

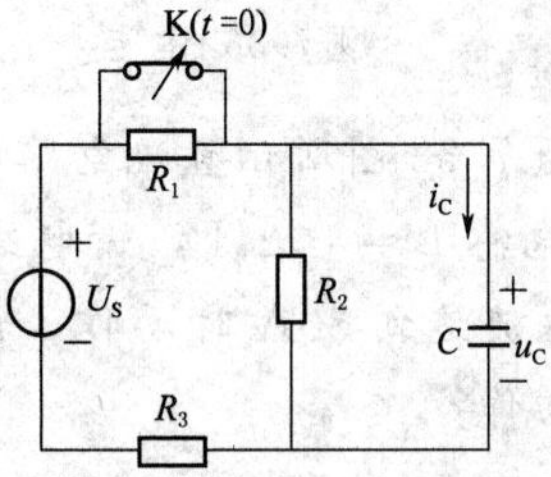

题 7.33 图

7.34 如题 7.34 图所示电路，已知 $U_S = 63V$，$R_1 = 20\Omega$，$R_2 = 30\Omega$，$R_3 = 40\Omega$，$C = 50\mu F$。电路原先已稳定，在 $t = 0$ 时将 K 断开，试求：

(1) 换路后电容电压 $u_C(t)$ 的三要素。

(2) 换路后 $u_C(t)$ 及 $i_C(t)$ 的解析式。

7.35 如题 7.35 图所示电路，已知 $U_S = 90V$，$R_1 = 40\Omega$，$R_2 = 30\Omega$，$R_3 = 20\Omega$，$L = 0.4H$。电路原先已稳定，在 $t = 0$ 时将 K 断开，试求：

(1) 换路后电感电流 $i_L(t)$ 的三要素。

(2) 换路后 $i_L(t)$ 的解析式。

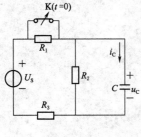
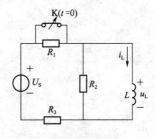

题 7.34 图

题 7.35 图

7.36 如题 7.36 图所示电路，已知 $U_S = 90V$，$R_1 = 40\Omega$，$R_2 = 30\Omega$，$R_3 = 20\Omega$，$L = 400mH$。电路原先已稳定，在 $t = 0$ 时将 K 断开，试求：

(1) 换路后电感电流 $i_L(t)$ 的三要素。

(2) 换路后 $i_L(t)$ 及 $u_L(t)$ 的解析式。

7.37 某时间继电器的延时是利用如题 7.37 图所示的 RC 充电电路来实现的。已知直流电压源电压 $U_S = 20V$，电容 $C = 40\mu F$，电容电压 $u_C = 16V$ 时继电器动作。开关 S 闭合前，电容没有充电，现要求开关闭合后 20s 动作，则电路中的电阻应为多少欧姆？

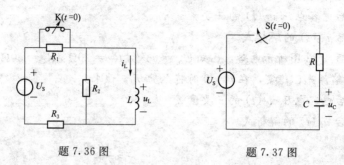

题 7.36 图　　　　　　　　题 7.37 图

7.38　如题 7.38 图所示直流电路中，电压源电压 $U_s = 220V$，继电器线圈的电阻 $R_1 = 3\Omega$ 及电感 $L = 0.2H$，输电线的电阻 $R_2 = 2\Omega$，负载的电阻 $R_3 = 20\Omega$。继电器在通过的电流达到 30A 时动作。试问负载短路（图中开关 S 合上）后，经过多长时间继电器动作？

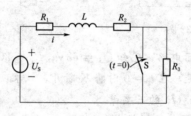

题 7.38 图

第8章 磁路和铁芯线圈

学习目标

（1）理解磁感应强度、磁通、磁导率和磁场强度的概念。理解磁通连续性原理和安培环路定律。

（2）理解铁磁物质的起始磁化曲线、磁滞回线、基本磁化曲线的性质。

（3）理解磁路的基尔霍夫定律、磁路欧姆定律与磁阻。

（4）掌握恒定磁通磁路的计算。

（5）理解交流铁芯线圈中波形畸变及磁滞损耗、涡流损耗的性质。

本章介绍磁场的基本知识、铁磁物质的磁化和磁路的欧姆定律、基尔霍夫定律。利用这些知识，来学习恒定磁路磁通的计算，交流铁芯线圈中的波形和能量损耗。并了解电磁铁的工作原理及分类。

8.1 磁场的基本物理量和基本定律

磁路问题是局限于一定路径内的磁场问题。因此，磁场的物理量和基本性质也适用于磁路。

8.1.1 磁感应强度

磁感应强度是用来描述磁场中某点磁场的强弱和方向的物理量，它是一个矢量，用 $\vec{B}$ 表示，其方向和磁场方向一致。物理学中用磁力线描述磁场。磁感应强度可用磁力线的疏密程度来表示，磁力线的密集度称为磁通密度。磁力线密的地方磁感应强度大，磁力线疏的地方磁感应强度小。

若磁场中某点处有一小段导线 Δl，通以电流 I，并与磁场垂直，该导线所受的磁场力为 ΔF，则磁场在该点的磁感应强度的大小为

$$B = \frac{\Delta F}{I \cdot \Delta l} \tag{8.1.1}$$

磁感应强度 B 的单位为特斯拉，用 T 表示。

8.1.2 磁通

垂直穿过某一截面 S 的磁力线总数称为磁通。若磁场中各点的磁感应强度相等（大小与方向都相同），则为均匀磁场。磁感应强度 B 与垂直于磁场方向 S 的乘积，称为通过该面积的磁通 Φ，即

$$\Phi = BS \tag{8.1.2}$$

磁通 Φ 的单位为韦伯（Wb），工程上有时用麦克斯韦（Mx），$1\text{Wb} = 10^8\text{Mx}$。

8.1.3 磁场强度和磁导率

许多电工设备中的磁场是由电流产生的。不同物质放入磁场中，对磁场的影响是不同的。这对磁路计算很不方便。因此分析磁场和电流的关系时，为了计算的方便，引入一个辅助物理量磁场强度 $\vec{H}$，它也是一个矢量。在磁场中，各点磁场强度的大小只与电流的大小和导体的形状有关，而与磁介质无关。H 的方向与 B 的方向相同，单位为安/米（A/m），在数值上：

$$\vec{B} = \mu\vec{H} \tag{8.1.3}$$

式中：μ 为导磁系数或磁导率，是用来表示物质导磁能力大小的物理量。μ 的单位为亨/米（H/m）。实验测得，真空中的磁导率为一常数，即 $\mu_0 = 4\pi \times 10^{-7}$ H/m。

不同材料的磁导率 μ 与 μ_0 的比值，称为该物质的相对磁导率 μ_r，即

$$\mu_r = \frac{\mu}{\mu_0} \tag{8.1.4}$$

μ_r 大，导磁性能好，称为磁性材料或铁磁物质，如铁、钴、镍及其合金。对于非磁性材料，如空气、木材、玻璃、铜、铝等物质的磁导率与真空的磁导率非常接近，$\mu_r \approx 1$，几种常用材料的 μ_r 值列于表 8.1.1 中。

表 8.1.1　　　　　　　　　　　常用材料的相对磁导率

材料名称	μ_r	材料名称	μ_r
空气、木材、铜、铝、橡胶、塑料等	1	电工钢片	7000～10000
铸铁	200～400	坡莫合金	20000～200000
铸钢	500～2200		

8.1.4 磁通连续性原理

磁通连续性是磁场的一个基本性质，磁通连续性原理是指穿过磁场中任一闭合面的总磁通恒等于零，即

$$\Phi = \oint \vec{B} \cdot \text{d}S = 0 \tag{8.1.5}$$

由于磁力线是闭合的空间曲线，也就是说，穿进某一闭合面的磁通恒等于穿出此面的磁通。这就是磁通连续性原理。

8.1.5 安培环路定律

安培环路定律（也称全电流定律）是磁场又一基本性质，也是磁路计算的重要依据，它表示磁场强度与产生它的电流之间的关系，即磁场强度矢量 $\vec{H}$ 沿任意闭合路径的线积分等于穿过此路径所围成面的全部电流代数和。即

$$\oint_l \vec{H} \cdot \text{d}l = \sum I \tag{8.1.6}$$

式中：$\oint_l \vec{H} \cdot \text{d}l$ 为磁场强度矢量 $\vec{H}$ 沿任意闭合回路 l（常取磁通作为闭合回路）的线积

分；$\sum I$ 为穿过该闭合回线 l 所围面积的电流的代数和。其中电流的正、负要看它的方向和所选路径的方向之间是否符合右手螺旋法则而定。当电流的参考方向与闭合回线的绕行方向符合右手螺旋法则时，该电流前取正号，反之取负号。

如图 8.1.1 所示电路中的电流 I_1 和 I_3 为正，而 I_2 为负，运用安培定律可写成：

$$\oint_l \vec{H} \cdot \mathrm{d}l = I_1 - I_2 + I_3$$

由于对一般磁路来说以米为单位计量长度嫌过大，工程上常以安/厘米（A/cm）计量磁场强度。

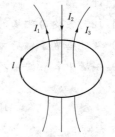

图 8.1.1 安培环路定律示意图

8.1 ⊤

测试题

练 习 题

一、填空题

8.1.1 磁力线总是闭合的，而且其方向与产生它的电流方向必须遵守_____螺旋定则，磁力线上每一点的_____方向，表示该点的磁场方向。磁力线的越密的地方，表示该处的磁场越_____。

8.1.2 在均匀磁场中，磁感应强度与磁通的关系式是_____。

8.1.3 磁场强度 H 和磁感应强度 B 的大小关系为_____，方向_____。

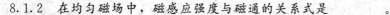

8.1 ⑪

练习题答案

二、选择题

8.1.4 磁感应强度的单位是（　　）；磁通的单位是（　　）；磁场强度的单位是（　　）；磁导率的单位是（　　）；相对磁导率的单位是（　　）。

A. 无量纲　　　　B. A/m　　　　C. T　　　　D. Wb　　　　E. H/m

8.1.5 铁磁物质的相对磁导率（　　），非铁磁性物质的相对磁导率（　　）。

A. $\mu_r > 1$　　　B. $\mu_r = 1$　　　C. $\mu_r < 1$　　　D. $\mu_r \gg 1$

8.1.6 若线圈中通有同样大小的电流，采用磁导率高的铁芯材料，在同样的磁感应强度下，可（　　）线圈匝数；若线圈匝数和电流不变，采用磁导率高的铁芯材料，铁芯中的磁感应强度将（　　）；磁场强度（　　）。

A. 增加　　　　　B. 减少　　　　　C. 不变

8.1.7 真空的磁导率 μ_0 是一个常数，$\mu_0 = $（　　）。

A. $4\pi \times 10^{-8}$ H/m　B. $4\pi \times 10^{-7}$ H/m　C. 4×10^{-4} H/m

三、是非题

8.1.8 当面积一定时，通过该面积的磁通越大，磁场就越强。　　　　　（　　）

8.1.9 安培环路定律说的是磁场强度矢量 H 沿任意闭合路径的线积分等于穿过此路径所围成的面的全部电流和。　　　　　　　　　　　　　　　　　（　　）

8.1.10 磁感应强度的大小，它与产生磁场的电流（可称励磁电流）及载流导体的几何形状有关；但与磁场的物质（称磁介质）的性质无关。　　　　　（　　）

8.1.11　磁场强度的大小只与励磁电流大小和载流导体的形状有关，而与磁介质的性质无关。　　　　　　　　　　　　　　　　　　　　　　（　　）

四、计算题

8.1.12　某均匀磁场的 $B=0.8\mathrm{T}$，其中磁场介质的 $\mu_r=500$。试求：

（1）穿过垂直于磁场方向、面积 $S=100\mathrm{cm}^2$ 的平面的磁通 Φ。

（2）磁场中各点的磁场强度值 H。

8.2　铁磁物质的磁化

铁磁物质具有特殊磁性能，一是它的相对磁导率很大；二是 B 与 H 存在非线性关系；三是磁性能与原有磁化情况有关，即具有磁滞现象。铁磁物质在电工技术中有重要用途。

8.2.1　铁磁物质的磁化

磁性物质是指那些具有高磁导率的物质，主要是铁、镍、钴及其合金，故称为铁磁物质。铁磁物质加外磁场后，其磁感应强度将明显地增大，通常称这时的铁磁物质被磁化了。

实验证明，铁磁物质的特性主要是电子的自旋引起的。在很小的区域内这些电子自旋的作用，自发的形成很小的磁化区域，叫磁畴。每一磁畴相当于一个很小的磁铁，具有很强的磁性，铁磁物质就是由许多这样的磁畴组成的，在没有外磁场作用的铁磁物质中，各个磁畴的磁场方向排列是杂乱无章的，磁性相互抵消，对外不显磁性，如图 8.2.1（a）所示。当外磁场 H_0 由零逐渐增大时，最初是各个磁畴的体积发生变化，与外磁场方向接近一致的这部分磁畴的边界首先扩大，与外磁场方向相反的磁畴体积缩小。这是磁畴界壁的移动，如图 8.2.1（b）所示。当外磁场 H_0 增加到一定程度时，那些与外磁场方向相反的磁畴体积甚至缩小到零，如图 8.2.1（c）所示。这一界壁移动阶段是可逆的，此时若将外磁场减至零，磁畴可恢复原状。当外磁场超过一定程度时，磁畴向外磁场的方向转动，这就是磁畴的转向，如图 8.2.1（d）所示。直到最后全部磁畴的方向都转到与外磁场方向一致的方向，达到磁饱和状态，如图 8.2.1（e）所示。这时铁磁物质的磁性很强。这一磁化过程是不可逆的，即使外磁场减少到零，铁磁物质仍具有磁性（剩磁）。

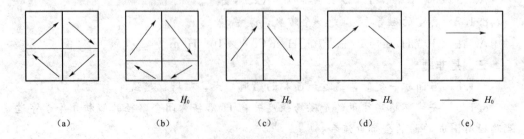

（a）　　　　　（b）　　　　　（c）　　　　　（d）　　　　　（e）

图 8.2.1　铁磁物质的磁化

8.2.2 铁磁物质的起始磁化曲线

1. 起始磁化曲线

外磁场的磁场强度不同时，铁磁物质的磁感应强度也不同。铁磁物质被磁化的过程可以用磁化曲线，即 B-H 曲线描述，称其为铁磁物质的磁化曲线。如果铁芯原来没有磁性，即 B-H 曲线从 $B = 0$ 开始测，则此曲线称为起始磁化曲线。

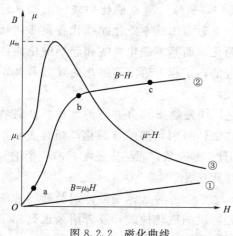

图 8.2.2　磁化曲线

真空中，$B = \mu_0 H$，故 B-H 曲线是一条直线，如图 8.2.2 中的直线①。由于铁磁物质的磁化有磁饱和的特点，故铁磁物质中 B 与 H 的关系是非线性的。即 μ_r 不是常数，μ_r 和 μ 都是 H 的函数。铁磁物质中 B 与 H 的关系可用实验求得。在图 8.2.2 中作出 B-H 曲线②与 μ-H 曲线③。这里作出的 B-H 曲线从 $H = 0$，$B = 0$ 开始磁化，即为起始磁化曲线。在曲线的 Oa 段，磁感应强度增大较慢，主要是由可逆的畴壁移动造成的；在曲线的 ab 段，H 已较强，B 的上升很快，这一段主要是由于不可逆磁畴转向引起的；在 bc 段，H 很强，这里 B 的上升减慢，主要是由于大部分的磁畴都已经转向了；在 c 点以后，磁畴的方向均转到与外磁场方向一致，磁性达到了饱和状态。达到饱和后，再增大外磁场，其磁感应强度的增量是很小的，与真空或空气中一样，c 点以后接近于直线，这阶段的磁化过程又是可逆的。

2. 铁磁物质的磁滞回线

当线圈中通以交流电流时，铁芯被反复磁化。在铁磁物质反复磁化的过程中，描述 B-H 变化的关系曲线称为磁滞回线。当电流变化一次时，磁感应强度 B 随磁场强度 H 而变化的关系，被称为磁滞回线，如图 8.2.3 所示。

当 H 从零开始逐渐增大时，B 也随着增大，最后 H 增大到 $+H_m$ 时，B 达到饱和值 $+B_m$，得到了起始磁化曲线 Oa。此后，逐渐减小 H，B 也随之减小，但 B 的变化滞后于 H 的变化，沿 Oa 上方的曲线 ab 下降，这种磁感应强度的变化滞后于磁场强度变化的现象叫作磁滞现象；此时 $H = 0$ 时 B 的值称为剩磁，用 B_r 表示，要消除剩磁可以加反向励磁电流，当 H 减小到 $-H_c$ 时，B 变为 0，此时的 H_c 称为矫顽力。当 H 继续减小时，铁磁物质开始反向磁化，当 H 减小到 $-H_m$ 时，反响磁化达到饱

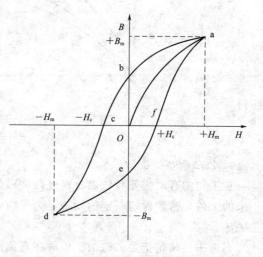

图 8.2.3　铁磁物质的磁滞回线

和状态 $-B_m$，当 H 由 $-H_m$ 回到 O 时，磁感应强度 B 沿 de 变化完成了一次循环。磁滞回线的形状与铁芯的铁磁物质有关。

3. 基本磁化曲线

对于同一铁芯，如果选择不同的外磁场强度，可相应得到一系列的磁滞回线，连接各条磁滞回线的正顶点所得到的一条曲线叫作基本磁化曲线，如图 8.2.4 所示 Oa 曲线。由于铁磁物质常工作在交变的磁场中，所以，基本磁化曲线很重要。进行磁路计算时常用基本磁化曲线代替磁滞回线以得到简化，而基本磁化曲线和起始磁化曲线是很接近的，工程上给出的磁化曲线都是基本磁化曲线。

总之，铁磁物质具有共同的性质：铁磁物质都能被磁体吸引，都能被磁化，相对磁导率 $\mu_r \gg 1$，且不是常数，磁感应强度 B 有一个饱和值，且都具有磁滞性。

图 8.2.5 给出的是铸铁、铸钢及硅钢片等三种铁磁物质的磁化曲线，或者附录也列出了常用铁磁物质的磁化数据。

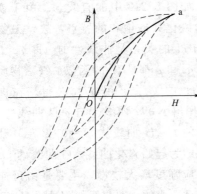

图 8.2.4 基本磁化曲线

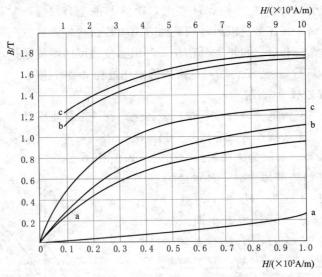

图 8.2.5 几种铁磁物质的磁化曲线
a—铸铁；b—铸钢；c—硅钢片

4. 铁磁物质的去磁

在工作中有时需要对铁磁材料进行去磁处理，例如从平面磨床的电磁吸盘表面卸下来的工件，常常保持一定的剩磁，为了消除工件的剩磁，可采用直流去磁法和交流去磁法。

直流去磁法是把要去磁的工件放在直流励磁线圈产生的磁场中，在线圈中通过多次正负变化而大小逐渐减小的直流电流，使剩磁沿着逐渐减小的磁滞回线去掉。交流去磁因交流电流方向是交变的，所以只要使电流逐渐减小到零，就可达到去磁目的，如图 8.2.6 所示。

5. 铁磁材料的分类

（1）软磁材料。一些铁磁物质的磁滞回线狭长，磁滞损耗较小，矫顽力很小，这种铁磁材料叫软磁材料。例如纯铁、铸铁、铸钢、硅钢片等（图 8.2.7），这类材料适用于制造电机、变压器的铁芯。

（2）硬磁材料。矫顽力很大的铁磁材料叫硬磁材料，其磁滞回线的面积大，H 及 B 大，如碳钢、钨钢、钴钢及铁镍钴合金等，如图 8.2.7 所示。

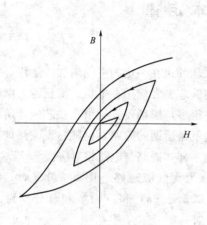

图 8.2.6　交流去磁

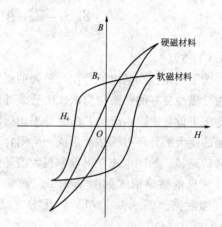

图 8.2.7　硬磁材料、软磁材料

练　习　题

一、填空题

8.2.1　在外磁场作用下，使原来没有磁性的物质产生磁性的现象称为＿＿＿＿。

8.2.2　磁滞是指磁材料在反复磁化过程中的＿＿＿＿的变化总是滞后于＿＿＿＿的变化现象。

8.2.3　铁磁材料按磁滞回线的不同可分为＿＿＿＿、＿＿＿＿。

8.2.4　已知一直流铁芯，铁芯材料为铸铁，$B=0.8\mathrm{T}$，则对应的 $H=$＿＿＿＿。

二、选择题

8.2.5　铁磁材料在磁化过程中，当外加磁场 H 不断增加，而测得的磁感应强度几乎不变的性质称为＿＿＿＿。

A. 磁滞性　　　　B. 剩磁性　　　　C. 高导磁性　　　　D. 磁饱和性

8.2.6　铁磁性物质在反复磁化过程中的 B-H 关系是＿＿＿＿。

A. 起始磁化曲线　　B. 磁滞回线　　　C. 基本磁化曲线

三、是非题

8.2.7　凡金属材料都是由大量磁畴组成的。　　　　　　　　　　（　　）

8.2.8　铁磁性物质的磁导率 μ 与外磁场 H 呈线性正比。　　　（　　）

8.2.9　真空或空气的磁化曲线是一条直线。　　　　　　　　　　　（　　）

8.2.10　从开始磁化到磁饱和，铁磁性物质的 B-H 关系是非线性关系。（　　）

8.2.11　只有铁磁性物质才具有磁滞性。　　　　　　　　　　　　（　　）

8.2.12　硬磁性材料在交变磁化时的磁滞损耗较大。　　　　　　　（　　）

四、说明题

8.2.13　什么是铁磁物质的磁化？

8.2.14　软磁材料和硬磁材料的磁滞回线有什么不同？各有什么用途？

8.3　磁路的基本定律

8.3.1　磁路

为了利用较小的电流产生出较强的磁场并把磁场约束在一定的空间内加以运用，常采用导磁性良好的铁磁物质做成闭合或近似闭合的铁芯。常应用在电机、变压器、继电器等电工设备中。由于铁芯的磁导率比周围空气高得多，磁场便被约束在铁芯内，所以磁通的绝大部分经过铁芯而形成一个闭合通路，这就是所谓的磁路。也就是说磁路就是磁通的路径。如同电流在电导率很大的导体中流通一样，磁路与电路相对应。

常见的磁路形式如图 8.3.1 所示，磁路可分为无气隙磁路［图 8.3.1（a）］和有气隙磁路［图 8.3.1（b）］，无分支磁路［图 8.3.1（a）和（b）］和有分支磁路［图 8.3.1（c）］。

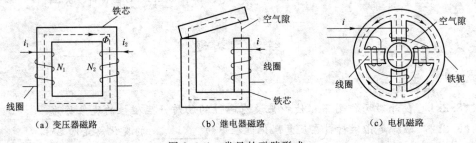

（a）变压器磁路　　　　　　（b）继电器磁路　　　　　　（c）电机磁路

图 8.3.1　常见的磁路形式

磁路的磁通分为主磁通和漏磁通两部分，沿铁芯形成的路径中通过的磁通称主磁通，少量穿出铁芯磁路以外的磁通叫作漏磁通。如图 8.3.2 中 Φ_1 是主磁通，Φ_2 穿出了铁芯是漏磁通。一般在磁路的计算中，往往忽略漏磁通的影响。

8.3.2　磁路定律

对磁路进行分析和计算，如同电路一样，必须依据基本定律（磁路的欧姆定律和磁路的基尔霍夫定律）。

1. 磁路的欧姆定律

线圈中的磁通多少与线圈通过的电流有关，电流越大，磁通越大。线圈中磁通的多少还与线圈的匝数有关，每匝线圈都要产生磁通，只要线圈绕向一致，

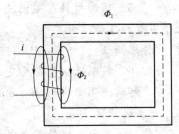

图 8.3.2　磁路

每一匝线圈的磁通方向就相同，这些磁通就可以相加，可见，线圈的匝数越多，磁通就越多。由此可知，线圈的匝数及通过线圈的电流决定了线圈中磁通的多少。

(1) 磁通势。通过线圈的电流与线圈匝数的乘积称为磁通势，用符号 F 表示，单位为安 (A)。表达式为

$$F = IN \tag{8.3.1}$$

式中：I 为通过线圈的电流，A；N 为线圈的匝数。

(2) 磁阻。磁通通过磁路时所受到的阻碍作用称为磁阻。磁阻用符号 R_m 表示。磁路中磁阻的大小与磁路的长度 l 成正比，与磁路的横截面积 S 成反比，还与磁路中所用的材料的磁导率 μ 有关，可用下面的公式表示：

$$R_m = \frac{l}{\mu S} \tag{8.3.2}$$

式中：l 的单位为米 (m)；S 的单位为平方米 (m^2)；μ 的单位为亨/米 (H/m)；可以导出 R_m 的单位为 1/亨 (1/H)。

(3) 磁压降。电路中的电流是由电源的电动势产生的，电流流过电阻要产生电压降。与电路类似，在磁路中，磁通势产生磁通，磁通通过磁路，也要产生磁压降。磁路中各段磁场强度与该段磁路长度 l 的乘积定义为该段磁路的磁压降，用 U_m 表示，单位也是安 (A)，即

$$U_m = Hl \tag{8.3.3}$$

对于如图 8.3.3 所示的环形磁路，由安培环路定律均可得到：

$$Hl = IN$$

因为 $H = \dfrac{B}{\mu}$，$\Phi = BS$，则

$$Hl = \frac{B}{\mu}l = \frac{l}{\mu S}\Phi = IN$$

得

$$\Phi = \frac{IN}{\dfrac{l}{\mu S}} = \frac{F}{R_m} \tag{8.3.4}$$

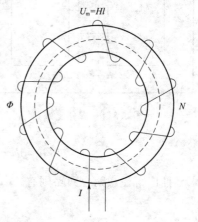

图 8.3.3　环形磁铁

式 (8.3.4) 中的磁通势 F 是产生磁通的原因，磁阻 R_m 表示了磁路对磁通的阻碍作用。

式 (8.3.4) 所表达的是：由磁通势在磁路中产生的磁通量，其大小和磁通势 F 成正比，和磁路的磁阻成反比，这就是磁路的欧姆定律。

2. 磁路的基尔霍夫第一定律

磁路的基尔霍夫第一定律是由描述磁场性质的磁通连续性原理和安培环路定律推导而得到的。

由于磁通（忽略漏磁通）具有连续性，则可认为全部磁通都在磁路内穿过，那么磁路就与电路相似，在一条支路内处处具有相同的磁通。在图 8.3.4 所示的有分支磁路中，在磁路分支节点作闭合面 S，穿进该封闭面的磁通 Φ_1 与穿出该封闭面的磁通

Φ_2 和 Φ_3 是相等的，即

$$\Phi_1 = \Phi_2 + \Phi_3 \tag{8.3.5}$$

若把穿入闭合面的磁通取正号，出的取负号，则式（8.3.5）可写为

$$\Phi_1 - \Phi_2 - \Phi_3 = 0$$

磁路的基尔霍夫第一定律的内容是：在磁路的分支节点所连各支路磁通的代数和等于零，或者说进入分支点闭合面的磁通之和等于流出分支点闭合面的磁通之和。表示为

$$\sum \Phi_入 = \sum \Phi_出 \quad 或 \quad \sum \Phi = 0 \tag{8.3.6}$$

上述定律在形式上与电路的基尔霍夫电流定律（KCL）相似。

3. 磁路的基尔霍夫第二定律

假定各段磁路是均匀磁场。且磁场强度方向与路径重合，根据安培环路定理，在磁路的任一闭合路径中，磁场强度与磁通势的关系应符合全电流定律。

图 8.3.5 所示磁路由 3 段组成，长度分别为 l_1、l_2、l_3，这三段的磁场强度分别为 H_1、H_2、H_3，根据安培环路定律可得

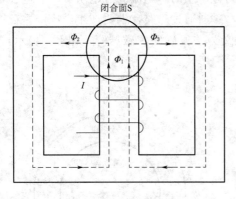

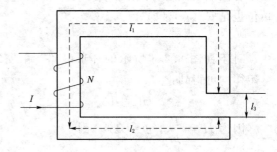

图 8.3.4　有分支磁路　　　　　　图 8.3.5　有空气隙磁路

$$\oint_l H \cdot dl = H_1 l_1 + H_2 l_2 + H_3 l_3 = NI$$

推广得任意闭合回路则有

$$\sum Hl = \sum NI \tag{8.3.7}$$

若引入磁通势和磁压降，可表示为

$$\sum U_m = \sum F \tag{8.3.8}$$

任一闭合磁路中各段磁压代数和等于各磁通势的代数和，即磁路基尔霍夫第二定律。应用磁路基尔霍夫第二定律，要选一绕行方向，磁通的参考方向与绕行方向一致，则该段磁压降取为正号，反之取负号；线圈中电流方向与绕行方向符合右手螺旋法则时，其磁通势取正号，反之取负号。

【例 8.3.1】 已知长直导线中的电流为 1A，试计算磁介质为空气和硅钢两种情况下，距导线 5cm 处的磁场强度和磁感应强度的大小。如图 8.3.6 所示，并设硅钢的 $\mu_r = 10000$。

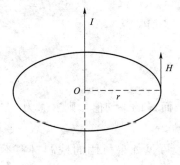

图 8.3.6 [例 8.3.1]

解： 在半径为 r，以直导线为圆心的圆周上，各点磁场强度沿切线方向，且大小相等。依据安培环路定律可得

$$2\pi r H = I$$

故

$$H = \frac{1}{2\pi r} \qquad (8.3.9)$$

距离直导线为 r 处的磁感应强度则为

$$B = \mu H = \frac{\mu I}{2\pi r} \qquad (8.3.10)$$

（1）磁介质为空气时

$$H_0 = \frac{1}{2\pi r} = \frac{1}{2\pi \times 0.05} = 3.183(\mathrm{A/m})$$

$$B_0 = \mu_0 H_0 = 4\pi \times 10^{-7} \times 3.183 = 4 \times 10^{-6}(\mathrm{T})$$

（2）磁介质为硅钢时

$$H = \frac{1}{2\pi r} = \frac{1}{2\pi \times 0.05} = 3.183(\mathrm{A/m})$$

$$B = \mu H = \mu_r \mu_0 H = 10000 \times 4\pi \times 10^{-7} \times 3.183 = 4 \times 10^{2}(\mathrm{T})$$

比较两种磁介质中的计算结果，可知 $H = H_0$，而 $B = 10^4 B_0$。这说明了磁介质的重大影响，由于硅钢的导磁性能比空气高得多，故同样的励磁电流可产生强得多的磁场。

由式（8.3.9）和式（8.3.10）可知磁场强度仅与励磁电流和该点的几何位置有关，而与磁场介质的导磁性能 μ 无关，即在一定电流下，同一点的磁场强度不因磁场介质的不同而异。磁感应强度 B 是与磁场介质的导磁性能 μ 有关的，即当介质不同（即 μ 不同）时，在同样电流激励下，同一点的磁感应强度 B 的大小就不同。

【例 8.3.2】 一均匀密绕的环形螺管线圈如图 8.3.7 所示，线圈匝数为 N，截面积为 S，环中心线的半径为 r，磁感应强度为 B，环材料的磁导率为 μ，试求螺管线圈的电流 I 及截面上的磁通量 Φ。

解： 由于结构上的对称性，环形螺管线圈内的磁力线都是一些同心圆，且同一条磁力线上的磁场强度都应相等（注意：半径不同的磁力线上的个 H 都不相等），方向都是圆周的切线方向。

根据安培环路定律，有

$$\oint H \mathrm{d}l = \sum I$$

而

$$\oint_l H \cdot \mathrm{d}l = Hl$$

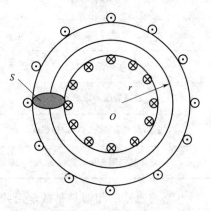

图 8.3.7 [例 8.3.2]

$$\sum i = NI$$

$$Hl = NI$$

所以线圈中的电流

$$I = \frac{Hl}{N} = \frac{B2\pi r}{\mu N}$$

假设中心线上的磁感应强度 B 为垂直于 B 方向的截面 S 的平均值，则磁通为

$$\Phi = BS$$

从以上分析可知，线圈中的电流与磁导率成反比，可见如果所用的铁芯材料不同，磁导率也不同，要得到同样的磁感应强度，则所需的励磁电流大小也不同。若线圈中通有同样大小的电流，采用磁导率高的铁芯材料，可减少线圈匝数，减少用铜量。另外，当线圈中通有同样大小的电流时，磁路长度相同，磁路中的磁场强度就相同，如果要得到相同的磁通 Φ，由 $B = \mu H$ 可知，采用磁导率高的铁芯材料，就能获得较高的磁感应强度 B，而 $\Phi = BS$，可见此时只要较小的铁芯截面积 S 就能满足要求，用铁量大为降低。

4. 磁路和电路的比较

磁路和电路有许多相似之处，为了便于理解和类比学习，表 8.3.1 列出了相对应的物理量和关系式。

表 8.3.1   **磁路和电路的比较**

磁路	电路
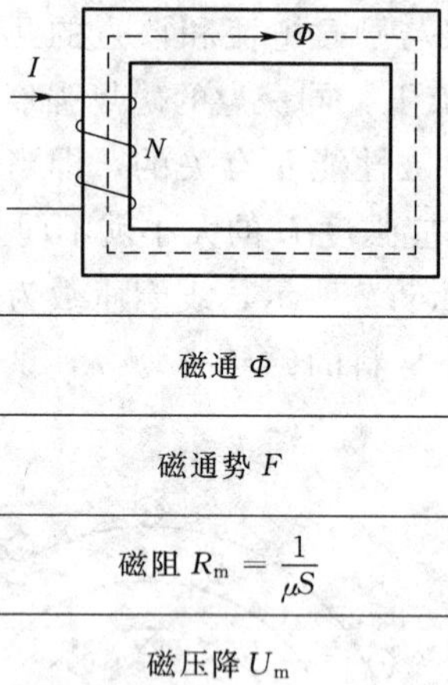	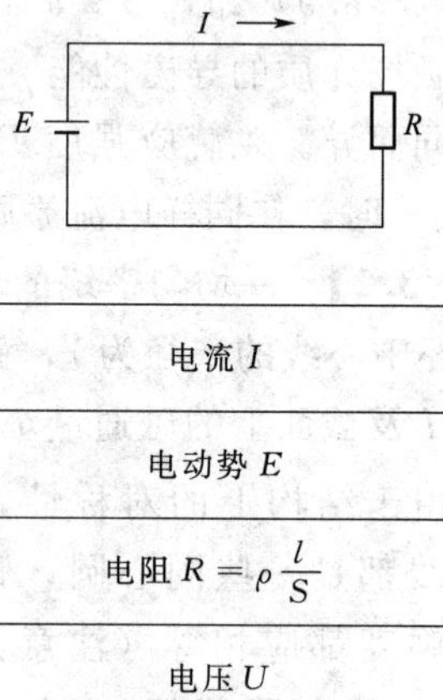
磁通 Φ	电流 I
磁通势 F	电动势 E
磁阻 $R_m = \dfrac{1}{\mu S}$	电阻 $R = \rho \dfrac{l}{S}$
磁压降 U_m	电压 U
磁路的欧姆定律 $\Phi = \dfrac{F}{R_m}$	电路的欧姆定律 $I = \dfrac{U}{R}$
磁路的基尔霍夫第一定律 $\sum \Phi = 0$	基尔霍夫电流定律（KCL） $\sum I = 0$
磁路的基尔霍夫第二定律 $\sum U_m = \sum F$	基尔霍夫电压定律（KVL） $\sum U = 0$

电路与磁路的相似只是数学形式上，两者在本质上有根本的区别：

（1）它们是两种不同的物理现象。

（2）特性上不同，电路有断路的情况，断路时电动势仍存在，但电路内电流为零，而磁路内没有磁通势时，总存在一些磁通量。

（3）电流在电路中流动时损耗功率 I^2R，但磁路内 Φ^2R 并不代表功率损耗。

（4）自然界存在有良好的电绝缘材料，但尚未发现对磁通绝缘的材料。

练 习 题

一、填空题

8.3.1 磁路的磁通可以分为_____和_____两部分，通过铁芯（包括空气隙）闭合的，叫做_____；穿出铁芯，经过磁路周围非铁磁物质而闭合的磁通叫做_____。电气设备多采用铁磁材料做磁路，其目的是_____。

8.3.2 某线圈匝数为 500，通过 1mA 的恒定电流，当磁路的平均长度为 10cm 时，线圈中的磁场强度应为_____A/m。

二、选择题

8.3.3 当环形铁芯线圈匝数为____匝时，可使磁动势达到 100A 匝，流过线圈的电流为 0.5A。

A. 100　　　　　　B. 200　　　　　　C. 300　　　　　　D. 2000

8.3.4 当气隙长度增大时，气隙的磁阻（　　）。

A. 增大　　　　　　B. 减小　　　　　　C. 不变

三、是非题

8.3.5 在磁路的一条支路上，各个横截面的磁通都相等（不计漏磁通时）。

（　　）

8.3.6 对于长度、横截面积一定的磁路，材料的磁导率越大，其磁阻也越大。

（　　）

8.3.7 在铁芯未达磁饱和时，铁芯的磁阻与励磁电流大小无关。　（　　）

8.3.8 气隙磁阻只与气隙尺寸有关，而与励磁电流无关。　（　　）

8.4 恒定磁通磁路的计算

由直流电流励磁的磁路称为直流磁路，即磁路中磁通不随时间变化而是恒定的，所以又称恒定磁通的磁路。

磁路的计算问题有两种情况。一种是已知磁通求磁通势，称为正面问题，如电磁铁的设计，根据要求的吸力的大小，先计算出所需磁通，并以此作为已知条件，通过磁路计算，确定所需的磁通势，从而确定电流的大小或匝数。另一种是已知磁通势求磁通，称为反面问题，如对已有电机或电器进行复算。先讨论正面问题，并通过具体例子介绍计算方法和步骤。

恒定磁通磁路的计算常分为：无分支磁路和有分支磁路的计算，在介绍各种磁路计算之前，先介绍磁路计算的相关概念。

8.4.1　有关磁路计算的一些概念

1. 磁路的长度 l

在磁路计算中，磁路的长度一般都取其平均长度，即中心线长度，如图 8.4.1 所示。

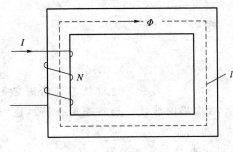

图 8.4.1　磁路的长度

2. 铁磁物质截面积

计算铁芯截面积时，应按有效面积计算。常遇到铁芯是由涂绝缘漆的硅钢片叠成，则应扣除漆层的厚度，可用如下关系式：

$$有效面积＝K×视在面积 \qquad (8.4.1)$$

式中，$K<1$，其值由硅钢片和绝缘漆厚度决定。一般厚度为 0.5mm 的硅钢片，K 取 0.92 左右，厚度为 0.35mm 的硅钢片，K 取 0.86 左右。

3. 空气隙截面积 S_0

磁路中有空气隙时，气隙边缘的磁感应线将有向外扩张的趋势，称为边缘效应，气隙越长，边缘效应越显著，其结果使有效面积大于铁芯的截面积，如图 8.4.2 所示。

工程上一般认为，当气隙较小时候，可用下面两式计算气隙的有效面积。

矩形截面：$S_0 = (a+l_0)(b+l_0) \approx ab+(a+b)l_0$

$$(8.4.2)$$

圆形截面：$S_0 = \pi(r+l_0)^2 \approx \pi r^2 + 2\pi r l_0$

$$(8.4.3)$$

式中：l_0 为气隙长度；a、b 为矩形截面的长和宽；r 为圆形截面的半径。通常当气隙长度很小时，则可用铁芯的截面积替代空气隙的截面积进行计算。

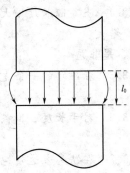

图 8.4.2　气隙的边缘效应

8.4.2　无分支磁路的计算

1. 已知磁通求磁通势

无分支磁路的主要特点是磁路有相等的磁通，如已知磁通和各磁路段的材料及尺寸，可按下述步骤去求磁通势：

（1）将磁路按材料和截面积的不同分成不同段。

（2）根据磁路的物理尺寸分别计算磁路的长度 l 和截面积 S。

（3）求各段的磁感应强度 $B = \dfrac{\Phi}{S}$。

（4）根据每段磁路的 B，由磁化曲线查得对应的磁场强度 H；对于空气隙有 $B_0 = \mu_0 H_0 = 4\pi \times 10^{-7} H_0$。

（5）计算各段磁路的磁压降 $U_m = Hl$。

（6）按照磁路基尔霍夫第二定律（$\sum U_m = \sum F$）求所需的磁通势 F。

【例 8.4.1】 如图 8.4.3（a）所示磁路，图上标明尺寸单位为 mm，铁芯所用硅钢片上的基本磁化曲线如图 8.4.3（b），填充因数 $K_{Ke} = 0.90$，线圈匝数为 120，试求在该磁路中获得磁通 $\Phi = 15 \times 10^{-4}\,\text{Wb}$ 所需的电流。

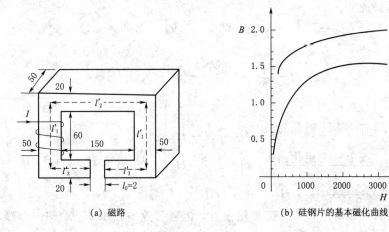

（a）磁路　　　　　　　　　　（b）硅钢片的基本磁化曲线

图 8.4.3　〔例 8.4.1〕

解：（1）该磁路由硅钢片和空气隙构成，硅钢片有两种截面积，所以该磁路分为三段来计算。

（2）求每段磁路的平均长度和截面积

$$l_1 = 2l'_1 = 2 \times (100 - 20) = 160(\text{mm}) = 0.16(\text{m})$$

$$l_2 = l'_2 + 2l'_3 = (250 - 50) \times 2 - 2 = 398(\text{mm}) = 0.398(\text{m})$$

$$l_0 = 2\text{mm} = 0.002\text{m}$$

$$S_1 = 50 \times 50 \times 0.9 = 2250(\text{mm}^2) = 22.5 \times 10^{-4}(\text{m}^2)$$

$$S_2 = 50 \times 20 \times 0.9 = 900(\text{mm}^2) = 9 \times 10^{-4}(\text{m}^2)$$

$$S_0 = 20 \times 50 + (20 + 50) \times 2 = 1140(\text{mm}^2) = 11.4 \times 10^{-4}(\text{m}^2)$$

（3）求每段磁路的感应强度

$$B_1 = \frac{\Phi}{S_1} = \frac{15 \times 10^{-4}}{22.5 \times 10^{-4}} = 0.6667(\text{T})$$

$$B_2 = \frac{\Phi}{S_2} = \frac{15 \times 10^{-4}}{9 \times 10^{-4}} = 1.667(\text{T})$$

$$B_0 = \frac{\Phi}{S_0} = \frac{15 \times 10^{-4}}{11.4 \times 10^{-4}} = 1.316(\text{T})$$

（4）求每段磁路的磁场强度：

由图 8.4.3（b）所示曲线查得

$$H_1 = 170\text{A/m}$$

$$H_2 = 4500\text{A/m}$$

根据空气隙的磁场强度 $H_0 \approx 0.8 \times 10^6 B_0$，得

$$H_0 = 0.8 \times 10^6 B_0 = 10.53 \times 10^5 \text{A/m}$$

（5）求每段磁路的磁压降：

$$U_{m1} = H_1 l_1 = 170 \times 0.16 = 27.2(A)$$
$$U_{m2} = H_2 l_2 = 4500 \times 0.398 = 1791(A)$$
$$U_{m0} = H_0 l_0 = 10.53 \times 10^5 \times 0.002 = 2106(A)$$

（6）求总磁通势：

$$F = U_{m1} + U_{m2} + U_{m0} = 27.2 + 1791 + 2106 = 3924(A)$$

由 $F = NI$ 得

$$I = \frac{F}{N} = \frac{3924}{120} = 32.7(A)$$

以上计算过程可归纳为

$$\Phi \begin{bmatrix} \xrightarrow{\div S_1} B_1 \xrightarrow{\text{查 } B\text{-}H \text{ 磁化曲线}} H_1 \xrightarrow{\times L_1} H_1 L_1 \\ \xrightarrow{\div S_2} B_2 \xrightarrow{\text{查 } B\text{-}H \text{ 磁化曲线}} H_2 \xrightarrow{\times L_2} H_2 L_2 \\ \xrightarrow{\div S_0} B_0 \xrightarrow{\times 0.8 \times 10^6} H_0 \xrightarrow{\times L_0} H_0 L_0 \end{bmatrix} H_1 L_1 + H_2 L_2 + H_0 L_0 = NI$$

从以上计算可以看出，空气隙虽然很短，但空气隙的磁压 $H_0 L_0$ 却占总磁动势的很大一部分。

2. 已知磁通势求磁通

由于磁路的非线性缘故，对于已知磁通势求磁通的问题，不能根据上面的计算倒推过去。因此，对这类问题一般采用试探法。

试探法：要先假定一个磁通，然后按已知磁通求磁通势的步骤，求出磁通的磁压降的总和，再和给定磁通势比较。如果与给定磁通势偏差较大，则修正假定磁通，再重新计算，直到与给定磁通势相近时，便可认为这一磁通就是所求值。下面通过具体例题来说明。

【例 8.4.2】　如图 8.4.4 所示磁路，中心线长度 $l = 50\text{cm}$，磁路横截面面积 $S = 16\text{cm}^2$，气隙长度 $l_0 = 1\text{mm}$，线圈匝数 $N = 1650$ 匝，电流为 $I = 80\text{mA}$ 时。铁芯为铸钢材料，基本磁化曲线可查附录（或图 8.2.5 的磁化曲线），试求磁路中的磁通。

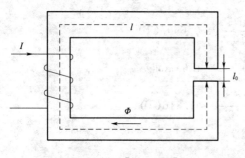

图 8.4.4　[例 8.4.2]

解： 此磁路由铁芯段和气隙段组成。

铁芯段的平均长度和面积为

$$l_1 \approx l = 50\text{cm} = 0.5\text{m}$$
$$S_1 = 16\text{cm}^2 = 16 \times 10^{-4}\text{m}^2$$

气隙段的平均长度和面积为

$$l_0 = 0.1\text{cm} = 1 \times 10^{-3}\text{m}$$
$$S_0 \approx 16 \times 10^{-4}\text{m}^2$$

磁路中的磁通势为

$$F = NI = 1250 \times 800 \times 10^{-3} = 1000(A)$$

磁通为

$$\Phi' = B_0' S_0' = \frac{\mu_0 S_0}{l_0} F = \frac{16 \times 10^{-4} \times 4\pi \times 10^{-7}}{1 \times 10^{-3}} \times 1000 = 20.11 \times 10^{-4}(\text{Wb})$$

由于 $S_1 = S_0$ ，得磁感应强度为

$$B_1' = B_0' = \frac{\Phi'}{S_1} = \frac{20.11 \times 10^{-4}}{16 \times 10^{-4}} = 1.26(\text{T})$$

查附录，得

$$H' = 1460\text{A/m}$$

空气隙的磁场强度

$$H_0' = 0.8 \times 10^6 B_0' = 10.08 \times 10^5 \text{A/m}$$

磁通势为

$$F' = H_1'l_1 + H_0'l_0 = 1460 \times 0.5 + 10.08 \times 10^5 \times 1 \times 10^{-3} = 1738(\text{A})$$

由于 $F' \neq F$ ，则要继续进行试探，直到误差小于某一特定值为止。

提示：下一次的试探值可利用前一次试探值根据下面关系式得到。

$$\Phi^{n+1} = \Phi^n \frac{F}{F^n} \tag{8.4.4}$$

进过几次试探，试探结果见表 8.4.1。

表 8.4.1   试 探 结 果

n	$\Phi^n/(\times 10^{-4}\text{Wb})$	$B_1 = B_0/\text{T}$	$H_1/(\text{A/m})$	$H_0/(\text{A/m})$	F/A	F/A	误差/%
1	20.11	1.26	1460	10.08×10^5	1738	1000	73.8
2	11.57	0.72	603	5.78×10^5	880	1000	12
3	13.15	0.82	703	6.56×10^5	1008	1000	0.8
4	13.05	0.81	693	6.48×10^5	995	1000	0.5

从表 8.4.1 中，可看出第 4 次试探值误差为 5%，可作为最后结果，即所求磁通为

$$\Phi = \Phi^4 = 13.05 \times 10^{-4}\text{Wb}$$

8.4.3 对称分支磁路的计算

对称分支磁路就是磁路存在着对称轴，轴两侧磁路的几何形状完全对称，相应部分的材料也相同，两侧作用的磁通势也是对称的，如图 8.4.5 所示的轴 AB。

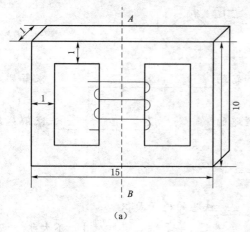

(a)

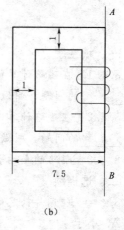

(b)

图 8.4.5 对称分支磁路

根据磁路定律，这种磁路的磁通分布也是对称的。因此，当已知对称分支磁路的磁通求磁通势时，只要取对称轴的一侧磁路计算即可求出整个磁路所需的磁通势。取对称轴一侧磁路计算时，中间铁芯柱（对称轴）的面积为原铁芯柱的一半，中间柱（对称轴）的磁通也减为原来的一半。但磁感应强度和磁通势却保持不变。这种磁路的计算也有两类问题：一类是已知磁通求磁通势；另一类是已知磁通势求磁通。具体的计算步骤及方法与无分支磁路相同。

【例 8.4.3】 对称分支铸钢磁路如图 8.4.5 所示，若在中间铁芯柱产生磁通 $\Phi = 1.8 \times 10^{-4}$ Wb 的磁通，则需要多大磁通势？（图中单位为 cm）

解： 以 AB 为对称轴，取对称轴的一侧磁路进行计算，如图 8.4.5（b）所示，将对称分支磁路的计算转化为无分支磁路的计算，则图 8.4.5（b）中磁路的磁通为原来的一半，即

$$\Phi_1 = \frac{\Phi}{2} = \frac{1.8 \times 10^{-4}}{2} = 0.9 \times 10^{-4} \text{（Wb）}$$

磁路的长度分为

$$l = (10 - 1) \times 2 + (7.5 - 1) \times 2 = 31 \text{（cm）}$$

磁路的截面为

$$S = 1 \times 1 \text{cm}^2$$

磁路磁感应强度：

$$B = \frac{\Phi_1}{S} = \frac{0.9 \times 10^{-4}}{10^{-4}} = 0.9 \text{（T）}$$

通过查常用铁磁物质磁化数据表（附录）得：$H = 798 \text{A/m}$

磁路的磁压降：

$$U_m = Hl = 798 \times 0.31 = 247.4 \text{（A）}$$

故磁路的磁通势：

$$F = U_m = 247.4 \text{A}$$

练　习　题

一、填空题

8.4.1　在磁路计算问题中，已知磁路的_____及_____，求解磁路的_____的问题，叫做正面问题。

8.4.2　在磁路计算问题中，已知磁路的_____及_____，求解磁路的_____的问题，叫做反面问题。

8.4.3　磁路的平均长度是指_____长度。

二、选择题

8.4.4　硅钢片铁芯的有效面积_____铁芯的视在面积。

A. 小于　　　　　　B. 大于　　　　　　C. 等于　　　　　　D. 不大于

8.4.5　气隙中的有效面积_____铁芯截面积。

A. 小于　　　　　　B. 大于　　　　　　C. 等于　　　　　　D. 不大于

三、是非题

8.4.6 在有微小气隙的无分支铁芯磁路中，气隙的磁场强度远大于铁芯中的磁场强度。　　　　（　　）

8.4.7 在材料相同，截面积相等的一段磁路的中心线上，各点的磁场强度相等。　　　　　　（　　）

8.4.8 如果一条磁路支路各处磁导率相同，各处截面积不相等，则截面积较大处的磁感应强度也较大。

（　　）

四、计算题

8.4.9 一个直流电磁铁的磁路题8.4.9图所示磁路。按照工程图例，未注明单位的长度，其单位是 mm，∏形铁芯由硅钢片叠成，填充系数为 0.92，下部衔铁的材料是铸钢。要使气隙中的磁通为 3×10^{-3} Wb，试求所需的磁动势。如励磁绕组匝数 N 为 1000，试求所需的励磁电流。

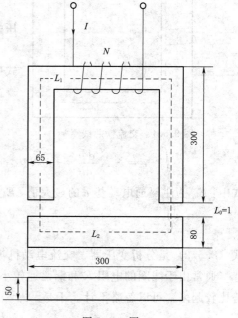

图 8.4.9 图

8.5　交流铁芯线圈及电路模型

铁芯线圈分为直流铁芯线圈和交流铁芯线圈两种。

前一节介绍的恒定磁通磁路，就是属于直流铁芯线圈。电工设备中，如直流电机的励磁线圈、电磁吸盘及各种直流电器的线圈，都是通入直流电流，由于产生的磁通是恒定的，所以在线圈和铁芯中不会感应出电动势，线圈中的电流 I 只和线圈本身的电阻 R 有关，磁路对电路没有影响，功率损耗也只有 RI^2，因此直流铁芯线的分析比较简单。

交流铁芯线圈是通入交流电流来励磁（如交流电机、变压器及各种交流电器的线圈），由于电流是交变的，产生的磁通也是交变的，因此交流铁芯线圈在电磁关系、电压电流关系及功率损耗等几个方面与直流铁芯线圈有所不同。

8.5.1　交流铁芯线圈的电磁关系

如图 8.5.1 所示的是具有铁芯的交流线圈。当在交流铁芯线圈上施加交流电压 u 时，线圈中便会产生交变电流 i 和交变磁通。磁通绝大部分通过铁芯而闭合，这部分磁通为主磁通或工作磁通，用 Φ 表示。此外还有很少的一部分磁通主要经过空气或其他非导磁媒质而闭合，这部分磁通为漏磁通 Φ_σ。这两部分磁通在线圈中产生两个感应电动势：主磁电动势和漏磁电动势，分别用 e 和 e_σ 表示。此外，主磁通的交

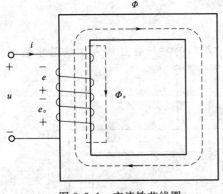

图 8.5.1　交流铁芯线圈

变会在铁芯中引起涡流和磁滞损耗，并使铁芯发热，电流流过线圈时，会在线圈的电阻上产生压降。

如图 8.5.1 所示，铁芯线圈交流电路的电压电流关系可由 KVL 得出：

$$u = e + e_\sigma = Ri \qquad (8.5.1)$$

式中：R 为铁芯线圈的电阻。设主磁通按正弦规律变化，即

$$\Phi = \Phi_m \sin(\omega t)$$

由电磁感应定律可得：

$$e = -N\frac{d\Phi}{dt} = -\omega N\Phi_m \cos(\omega t) = E_m \sin(\omega t - 90°)$$

式中：E_m 为主磁通电动势 e 的最大值，$E_m = \omega N\Phi_m$，其有效值为

$$E = \frac{E_m}{\sqrt{2}} = \frac{\omega N\Phi_m}{\sqrt{2}} = 4.44 fN\Phi_m \qquad (8.5.2)$$

式（8.5.2）是分析变压器、交流电动机等电气设备常用的重要公式。

通常由于线圈的电阻 R 和漏磁通较小，它们上边的电压降也较小，与主磁通电动势比较起来，可以忽略不计。于是

$$u \approx -e$$

所以有效值关系为

$$U \approx E = 4.44 fN\Phi_m \qquad (8.5.3)$$

式（8.5.3）表明，当忽略线圈的电阻 R 和漏磁通 Φ_σ 时，如果线圈匝数 N 及电源频率 f 一定，主磁通的幅值 Φ_m 由外加在励磁线圈上的电压有效值 U 确定，与铁芯材料及尺寸无关。这一点和直流铁芯线圈不同，直流铁芯线圈的电压不变时，电流也不变，而 Φ 却随磁路情况而改变。

8.5.2　铁芯线圈的功率损耗

在交流铁芯线圈中，除了线圈本身电阻（内阻）的功率损耗外，由于交变磁通的作用，在铁芯中还存在功率损耗。

1. 铜损

线圈内阻 R 产生的功率损耗成为铜损，用 P_{Cu} 表示，其值为

$$P_{Cu} = I^2 R \qquad (8.5.4)$$

2. 铁损

铁损包括磁滞损耗和涡流损耗，用 P_{Fe} 表示。

（1）磁滞损耗。磁滞损耗是由于铁芯材料的磁滞性产生的。铁芯被反复磁化时，由于磁畴不断翻转相互摩擦生热有功率损耗，这就是磁滞损耗，用 P_h 来表示，单位为 W。理论分析表明，磁滞损耗与磁滞回线的面积成正比关系。因此，为了减小磁滞损耗，应选用磁滞回线狭小的磁性材料制造铁芯。硅钢就是变压器和电机中常用的铁芯材料，其磁滞损耗较小。

磁滞损耗可用如下经验公式来计算

$$P_h = \sigma_h f B_m^n V \tag{8.5.5}$$

式中：σ_h为由实验确定的与材料性质有关的系数，可从手册中查找；f为电源频率，Hz；B_m为磁感应强度最大值T；n为指数，与B_m有关，当$B_m < 1$T时，$n \approx 1.6$，当$B_m > 1$T时，$n \approx 2$；V为铁芯体积，m^3；P_h为磁滞损耗，W。

（2）涡流损耗。当线圈中通有交流电流时，它所产生的磁通也是交变的。交变磁通不仅要在线圈中产生感应电动势，而且在铁芯内也要产生感应电动势和感应电流。这种感应电流称为涡流，它在垂直于磁通方向的平面内环流着，如图 8.5.2（a）所示。涡流在铁芯流动如同电流流过电阻一样，也会引起能量损耗，这种损耗称为涡流损耗，用 P_e 表示。

涡流损耗可按下式计算：

$$P_e = K_e f^2 B_m^2 V \tag{8.5.6}$$

式中：K_e为由实验确定的与材料的电阻率及几何尺寸有关的系数，可从手册中查找；f为电源频率，Hz；B_m为磁感应强度最大值，T；V为铁芯体积，m^3；P_e为涡流损耗，W。

涡流损耗也要引起铁芯发热。为了减小涡流损耗，常采用以下两种措施：一是增大铁芯材料的电阻率，如在钢片中掺入少量的硅（0.8%～4.8%）；二是不用整块铁磁材料做铁芯，而是在顺磁场方向由彼此绝缘的很薄硅钢片叠成铁芯，如图 8.5.2（b）所示，这样涡流只能在较小的截面内流通，会因回路电阻的增加而减少。一般工程中常用的硅钢片的厚度有 0.35mm 和 0.5mm 两种。

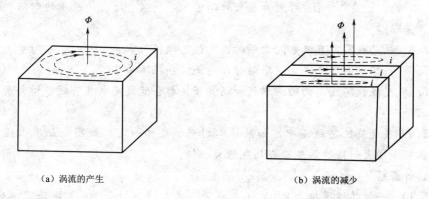

（a）涡流的产生　　　　　　　　　　　（b）涡流的减少

图 8.5.2　铁芯中的涡流

涡流有有害的一面，但在另外一些场合下也有有利的一面。对其有害的一面应尽可能地加以限制，而对其有利的一面则应充分加以利用。例如，利用涡流的热效应来冶炼金属，利用涡流和磁场相互作用而产生电磁力的原理来制造感应式仪器等。

从上述可知，铁芯线圈交流电路的有功功率为

$$P = UI\cos\varphi = P_{Cu} + P_{Fe} = I^2 R + I^2 R_m$$

式中：R_m 为与铁损对应的等效电阻。

直流铁芯线圈没有磁滞损耗和涡流损耗，所以铁芯不必造成片状。

练 习 题

8.5
测试题

8.5
练习题答案

一、填空题

8.5.1　如果保持一个交流铁芯线圈的磁感应强度 B_m 不变，而将交流电频率 f 增大一倍，则铁芯的磁滞损耗将增大为原来的_____倍，涡流损耗将增大为原来的_____倍。

8.5.2　如果保持交流电频率不变，将支流铁芯线圈中的磁感应强度最大值增大一倍，则磁滞损耗（设 $n=2$）将增大为原来的_____倍，涡流损耗将增大为原来的_____倍。

8.5.3　交流铁芯线圈中磁滞损耗的大小正比于磁滞回线的_____，为了使磁滞损耗尽量小，应该选用_____性材料做交流铁芯。

二、选择题

8.5.4　下列措施中，能显著减小涡流损耗的是（　　）。

A. 选用整块含硅合金钢柱做铁芯

B. 使用片状硅钢材料叠成铁芯，且硅钢片平面与磁通方向平行

C. 使用片状硅钢材料叠成铁芯，且硅钢片平面与磁通方向垂直

8.5.5　交流铁芯线圈在铁芯材料、尺寸及电压有效值保持不变的情况下，将电源频率增大一倍，其磁滞损耗（　　）。

A. 不增大　　　　　　B. 增大为原来的二倍　　　　　C. 增大为原来的四倍

三、是非题

8.5.6　铁芯线圈用直流电流励磁时，其铁芯损耗为零。　　　　　　　　（　　）

8.5.7　铁芯线圈用直流电流励磁时，其涡流损耗不为零。　　　　　　　（　　）

8.5.8　交流铁芯线圈的磁滞损耗和涡流损耗都会随线圈电压有效值增大而增大。

（　　）

8.5.9　在交流铁芯线圈中，如果铁心材料、尺寸一定，线圈电压有效值一定，则当电源频率增大一倍时，磁滞损耗也增大一倍。　　　　　　　　　（　　）

四、计算题

8.5.10　一铁芯线圈接于 220V 工频电源。已知线圈匝数为 800，铁芯由硅钢片叠成，截面积为 12cm²，磁路平均长度为 40cm，设叠片间隙系数为 0.9。试求：

（1）主磁通的最大值 Φ_m。

（2）励磁电流 I。

8.6 电 磁 铁

电磁铁是利用通有电流的铁芯线圈对铁磁物质产生电磁吸力的装置。电磁铁在工业中有较广泛的应用，如继电器、接触器、电磁阀等利用电磁铁来吸合、分离触点。

电磁铁通常由线圈、铁芯和衔铁三个主要部分组成，如图 8.6.1 所示。

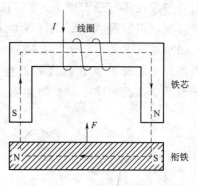

图 8.6.1　电磁铁结构示意图

8.6.1　直流电磁铁

直流电磁铁是指通入励磁线圈中的电流是直流电流的电磁铁。电磁铁的吸力是它的主要参数之一。计算吸力的基本公式为

$$F = \frac{10^7}{8\pi} B_0^2 S_0 \qquad (8.6.1)$$

式中：B_0 为气隙中的磁感应强度，T；S_0 为气隙的截面积，m^2；F 为吸力，N。

直流电磁铁的特点：

(1) 铁芯中的磁通恒定，没有铁损，铁芯用整块材料制成。

(2) 励磁电流 $I = \dfrac{U}{R}$，与衔铁的位置无关，外加电压全部降在线圈电阻 R 上，R 的电阻值较大。

(3) 当衔铁吸合时，由于磁路气隙减小，磁阻随之减小，磁通 Φ 和磁感应强度 B 增大，电磁吸力也增大，因而衔铁被牢牢吸住。若空气隙大，则磁阻增加，磁通 Φ 和磁感应强度 B 会减小，吸力明显下降。

8.6.2　交流电磁铁

交流电磁铁是指通入励磁线圈中的电流为交流电流的电磁铁，它是交流铁芯线圈的具体运用。当交流电通过线圈时，在铁芯中产生交变磁通，因为电磁力与磁通的平方成正比，所以当电流改变方向时，电磁力的方向并不变，而是朝一个方向将衔铁吸向铁芯，正如永久磁铁无论 N 极或 S 极都因磁感应会吸引衔铁一样。

交流电磁铁中磁场是交变的，设气隙中的磁感应强度是 $B_0 = B_m \sin(\omega t)$，则吸力为

$$f = \frac{10^7}{8\pi} B_m^2 S_0 \sin^2(\omega t) = \frac{10^7}{8\pi} B_m^2 S_0 \left[\frac{1 - \cos(2\omega t)}{2} \right]$$

$$= F_m \left[\frac{1 - \cos(2\omega t)}{2} \right] = \frac{1}{2} F_m - \frac{1}{2} F_m \cos(2\omega t) \qquad (8.6.2)$$

式中，$F_m = \dfrac{10^7}{8\pi} B_m^2 S_0$，是电磁吸力的最大值。由式（8.6.2）可知，吸力的瞬时值是由两部分组成，一部分为恒定分量，另一部分为交变分量。但吸力的大小取决于平均值，设吸力平均值为 F（单位为 N），则有

$$F = \frac{1}{T} \int_0^T f \, dt = \frac{1}{2} F_m = \frac{10^7}{16\pi} B_m^2 S_0 \qquad (8.6.3)$$

可见吸力平均值等于最大值的一半。在交流励磁磁感应强度的有效值等于直流励磁磁感应强度的值时，则交流电磁吸力平均值等于直流电磁吸力。

虽然交流电磁铁的吸力方向不变，但它的大小是变动的，如图 8.6.2 所示。当磁通经过零值时，电磁吸力为零，在工频电源作用下，衔铁往复脉动 100 次，即以

两倍的频率在零与最大值 F_m 之间脉动，因而衔铁以两倍电源频率在颤动，引起噪声，同时触点容易损坏。为了消除这种现象，可在磁极的部分端面上套一个短路环，如图 8.6.3 所示。于是在短路环中便产生感应电流，以阻碍磁通的变化，使磁极两部分中的磁通 Φ_1、Φ_2 之间产生一相位差，因而磁极各部分的吸力也就不会同时降为零，这就消除了衔铁的颤动，当然也就消除了噪声。

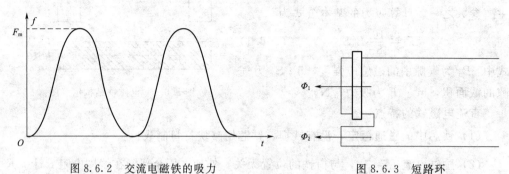

图 8.6.2　交流电磁铁的吸力　　　　　图 8.6.3　短路环

交流电磁铁的特点如下：

（1）由于励磁电流 i 是交变的，铁芯中产生交变磁通，一方面使铁芯中产生磁滞损失和涡流损失，为减少这种损失，交流电磁铁的铁芯一般用硅钢片叠成。另一方面使线圈中产生感应电动势，外加电压主要用于平衡线圈中的感应电动势，线圈电阻 R 较小。

（2）励磁电流与气隙的大小有关。在吸合过程中，随着气隙的减小，磁阻减小，因电源电压不变，所以磁通最大值 Φ_m 基本不变，故磁动势 IN 下降，即励磁电流 I 下降。

（3）因磁通最大值 Φ_m 基本不变，所以平均电磁吸力 F 在吸合过程中基本不变。

交流电磁铁通电后，若衔铁被卡住不能吸合，则因气隙大，励磁电流要比衔铁吸合时大得多，这将造成线圈因电流过大而被烧毁。

8.6 ⊤
测试题

练　习　题

一、填空题

8.6.1　电磁铁是利用通电铁芯线圈对铁磁物质产生电磁吸引力的设备，电磁铁由＿＿＿＿＿＿＿＿性材料的铁芯、＿＿＿＿＿＿及＿＿＿＿＿＿三部分组成。

8.6.2　直流电磁铁的励磁电流大小由＿＿＿＿＿＿＿＿及＿＿＿＿＿＿＿＿决定，与磁路＿＿＿＿＿＿＿关。

8.6.3　当直流电磁铁的线圈匝数、电阻及直流电压源电压一定时，其励磁电流＿＿＿＿＿＿，磁通势＿＿＿＿＿＿，但在衔铁被吸合过程中，随着气隙的减少，衔铁受到的吸引力＿＿＿＿＿＿。

8.6.4　交流电磁铁所接正弦电压源的电压有效值一定时，不论气隙大小，其主磁通 Φ_m ＿＿＿＿＿＿，在衔铁被吸合过程中，平均吸力＿＿＿＿＿＿，励磁电流随气隙减小

8.6 Ⓓ
练习题答案

而 _____。

二、选择题

8.6.5 交流电磁铁接于正弦电压源，电压有效值一定，在衔铁被吸合的过程中，其平均吸力（　　）。

A. 基本不变　　　　B. 增大　　　　　　C. 减小

8.6.6 交流电磁铁接于正弦电压源，电压有效值一定，在衔铁被吸合的过程中，线圈的励磁电流（　　）。

A. 基本不变　　　　B. 增大　　　　　　C. 减小

三、是非题

8.6.7 额定电压为 220V 的直流电磁铁接到有效值为 220V 的正弦交流电压源时，可以产生相同大小的吸力。　　　　　　　　　　　　（　　）

8.6.8 直流电磁铁在衔铁被吸合的过程中，吸力大小不变。　　　（　　）

8.6.9 端电压保持一定的直流电磁铁在衔铁被吸合的过程中线圈电流不变。

　　　　　　　　　　　　　　　　　　　　　　　　　　　　（　　）

8.7 本 章 小 结

（1）磁场的特征可用磁感应强度 B、磁通 Φ、磁场强度 H、磁导率 μ 等表示。

磁感应强度 B：是用来描述磁场中某点磁场的强弱和方向的物理量，它是一个矢量，用 B 表示，其方向和磁场方向一致。在磁力线密的地方磁感应强度大，在磁力线疏的地方磁感应强度小。单位为特斯拉（T）

$$\vec{B} = \frac{\Delta F}{I \cdot \Delta l}$$

磁通 Φ：垂直穿过某一截面 S 的磁力线总数称为磁通，单位为韦伯（Wb）。

$$\Phi = BS$$

磁导率 μ：是用来表示物质导磁能力大小的物理量。单位为亨/米（H/m）。实验测得，真空中的导磁率为一常数，即 $\mu_0 = 4\pi \times 10^{-7}$ H/m。

磁场强度 H：用来分析磁场和电流关系。在磁场中，各点磁场强度的大小只与电流的大小和导体的形状有关，而与磁介质无关。H 的方向与 B 的方向相同，单位为安/米（A/m）. H 的方向与 B 的方向相同，在数值上

$$B = \mu H$$

磁通连续性原理是磁场中任一闭合面的总磁通恒等于零，即穿进某一闭合面的磁通恒等于穿出此面的磁通。

$$\Phi = \oint_S B \cdot dS = 0$$

安培环路定律：磁场强度矢量 H 沿任意闭合路径的线积分等于穿过此路径所围成的面的全部电流代数和。

$$\oint_l H \cdot dl = \sum I$$

且该式与磁场中介质的分布无关。当电流的参考方向与闭合回线的绕行方向符合右螺旋定则时，该电流前取正号，反之取负号。

（2）磁性物质是指那些具有高磁导率的物质，称为铁磁物质。铁磁物质加外磁场后，其磁感应强度将明显地增大，铁磁物质被磁化。

（3）磁路定律。磁路就是磁通的路径。

磁路欧姆定律：由磁通势 F 在磁路中产生的磁通量 Φ，其大小和磁通势 F 成正比，和磁路的磁阻 R_m 成反比。磁通势 F 是产生磁通的原因，磁阻 R_m 表示了磁路对磁通的阻碍作用。

$$\Phi = \frac{F}{R_m}$$

磁路的基尔霍夫第一定律：在磁路的分支节点所连各支路磁通的代数和等于零，或者说进入分支点闭合面的磁通之和等于流出分支点闭合面的磁通之和。

$$\sum \Phi_入 = \sum \Phi_出 \quad 或 \quad \sum \Phi = 0$$

磁路的基尔霍夫第二定律：任一闭合磁路中各段磁压降代数和等于各磁通势的代数和。

$$\sum Hl = \sum NI \quad 或 \quad \sum U_m = \sum F$$

要选一绕行方向，磁通的参考方向与绕行方向一致，则该段磁压降取为正号，反之取负号；线圈中电流方向与绕行方向符合右手螺旋法则时，其磁通势取正号，反之取负号。

（4）恒定磁通的磁路就是有直流电流作为励磁的磁路。根据磁路的机构分为无分支磁路和有分支磁路的计算。磁路的计算分已知磁通求磁通势和已知磁通势求磁通两种情况。

1）已知磁通求磁通势。

$$\Phi \xrightarrow[B = \frac{\Phi}{S}]{} B \xrightarrow[H_0 = \frac{B_0}{\mu_0}]{B-H \text{ 曲线}} H \xrightarrow[U_m = Hl]{} U_m \xrightarrow[F = \sum Hl]{} F$$

2）已知磁通势求磁通。

对这类问题一般采用试探法。要先假定一个磁通，然后按已知磁通求磁通势的步骤，求出磁通的磁压的总和，再和给定磁通势比较。如果与给定磁通势偏差较大，则修正假定磁通，再重新计算，直到与给定磁通势相近时，便可认为这一磁通就是所求值。

对于存在着对称轴的磁路计算，只要取对称轴的一侧磁路计算即可求出整个磁路所需的磁通势。已知磁通求磁通势和已知磁通势求磁通的计算步骤及方法同无分支磁路。

（5）交流铁芯线圈是将交流电流作为线圈的激励电流。由于磁化曲线是非线性的，所以线圈中的电流波形就偏离了正弦波。线圈感应电动势与磁通的关系为

$$U = 4.4427 f N \Phi_m$$

铁芯的磁损耗主要包括磁滞损耗和涡流损耗两部分。

（6）电磁铁通常由线圈、铁芯和衔铁三个主要部分组成。

当电磁铁的线圈通电后，电磁铁的铁芯被磁化，在铁芯气隙中产生磁场，吸引衔铁动作，带动其他机械装置发生联动。当线圈断电后，电磁铁铁芯的磁性消失，衔铁带动其他部件被释放。电磁铁分为直流电磁铁和交流电磁铁两大类。

本 章 习 题

8.1 若已知铁芯的磁感应强度为 0.8T，铁芯的截面积为 $20cm^2$，求通过铁芯截面中的磁通？

8.2 已知电工钢中的磁感应强度 $B = 1.4\,T$，磁场强度 $H = 500\,A/m$，则相对磁导率为多少？

8.3 在均匀磁场中，垂直放置一横截面积为 $12cm^2$ 的铁芯，设其中的磁通为 $45 \times 10^{-4}Wb$。铁芯的相对磁导率为5000，求磁场的磁场强度？

8.4 对题 8.4 图所示磁路，已知 $I = 2.5\,A$，匝数 $N = 240$，磁路平均长度 $l = 40\,cm$，铁芯材料为铸铁，求磁场强度 H。如其他条件不变，铁芯材料换成硅钢，H 值有何变化？

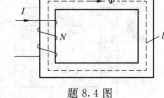

题 8.4 图

8.5 铸钢圆环上有线圈800匝，线圈中通有2A的电流，圆环平均周长为 0.5m，截面积为 $3.25 \times 10^{-4}m^2$。求：

(1) 线圈的磁通势。

(2) 磁路的磁阻。

(3) 磁路中的磁通，铸钢的磁导率为 $4.69 \times 10^{-4}H/m$。

8.6 一个具有闭合均匀铁芯磁路的线圈，其匝数为300，铁芯中的磁感应强度为0.9T，磁路的平均长度为0.45m。试求：

(1) 铁芯材料为铸铁时 （$H = 9000\,A/m$）线圈中的电流。

(2) 铁芯材料为硅钢片时 （$H = 260\,A/m$）线圈中的电流？

8.7 由硅钢片 D_{21} 叠纸而成的磁路，尺寸如题 8.7 图所示（尺寸单位为 mm），线圈 $N = 200$，设铁芯中磁通为 $1.2 \times 10^{-4}Wb$，试求磁动势？

8.8 环形铁芯线圈如题 8.8 图，已知其铁芯的平均长度为 $l = 20cm$，截面积 $S = 4cm^2$，磁路由铸钢制成。现欲产生 $\Phi = 3 \times 10^{-4}Wb$ 的磁通量，试求磁通势？

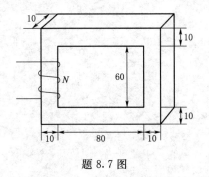

题 8.7 图

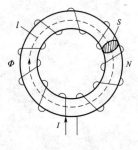

题 8.8 图

8.9　有一环形铁芯线圈，磁路平均长度为 60cm，截面积为 5cm^2，铁芯由 D$_{21}$ 硅钢片制成，线圈匝数 8000 匝，求：

(1) 铁芯内磁通为 5×10^{-4}Wb 时，线圈当中的电流。

(2) 设铁芯有一个长度为 0.1cm 的空气隙，磁通仍为 5×10^{-4}Wb，求电流。

8.10　D$_{41}$ 硅钢片叠成如题 8.10 图所示磁路，设铁芯的填充因数为 0.9，气隙边缘效应不计，磁通势为 2000A，求铁芯磁路中的磁通？（图中尺寸单位为 mm）

8.11　对称分支磁路如题 8.11 图所示，铁芯材料① 为铸铁，材料② 为 D$_{21}$ 硅钢片，已知侧柱中磁通为 4.8×10^{-4}Wb，求：

(1) 所需磁通势。

(2) 当匝数为 4000 时，求电流 I。

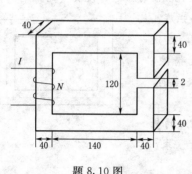

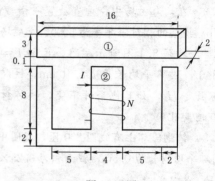

题 8.10 图　　　　　　　　　　题 8.11 图

8.12　一直流电磁铁，接通电源后，在衔铁和铁芯之间的气隙中，$B_0 = 1.4\,\text{T}$，衔铁和磁极相对的有效面积为 8cm^2，求电磁吸力。

附录 常用铁磁物质的磁化数据表

铸钢 $H/$（A/m）									
B/T	0	0.01	0.02	0.03	0.04	0.05	0.06	0.07	0.08	0.09
0.4	320	328	336	344	352	360	368	376	384	392
0.5	400	408	415	426	434	443	452	461	470	479
0.6	488	497	506	516	525	535	544	554	564	574
0.7	584	593	603	613	623	632	642	652	662	672
0.8	682	693	703	724	734	745	755	766	776	787
0.9	798	810	823	835	848	860	873	885	898	911
1.0	924	938	953	969	986	1004	1022	1039	1053	1073
1.1	1090	1108	1127	1147	1167	1187	1207	1227	1248	1269
1.2	1290	1315	1340	1370	1400	1430	1460	1490	1520	1555
1.3	1590	1630	1670	1720	1760	1810	1860	1920	1970	2030
1.4	2090	2160	2230	2300	2370	2440	2530	2620	2710	2800
1.5	2890	2990	3100	3210	3320	3430	3560	3700	3830	3960

铸铁 $H/$（A/m）									
B/T	0	0.01	0.02	0.03	0.04	0.05	0.06	0.07	0.08	0.09
0.5	2200	2260	2350	2400	2470	2550	2620	2700	2780	2860
0.6	2940	3030	3130	3220	3320	3420	3520	3620	3720	3820
0.7	3920	4050	4180	4320	4460	4600	4750	4910	5070	5230
0.8	5400	5570	5750	5930	6160	6300	6500	6710	6930	7140
0.9	7360	7500	7780	8000	8300	8600	8900	9200	9500	9800
1.0	10100	10500	10800	11200	11600	12000	12400	12800	13200	13600
1.1	14000	14400	14900	15400	15900	16500	17000	17500	18100	18600

D_{21}硅钢片 $H/$（A/m）									
B/T	0	0.01	0.02	0.03	0.04	0.05	0.06	0.07	0.08	0.09
0.8	340	348	356	364	372	380	389	398	407	416
0.9	425	435	445	455	465	475	488	500	512	524
1.0	536	549	562	557	588	602	616	630	645	660
1.1	675	691	708	726	745	765	786	808	831	855
1.2	880	906	933	961	990	1020	1050	1090	1120	1160

| 1.3 | 1200 | 1250 | 1300 | 1350 | 1400 | 1450 | 1500 | 1560 | 1620 | 1680 |
| 1.4 | 1740 | 1820 | 1890 | 1980 | 2060 | 2160 | 2260 | 2380 | 2500 | 2640 |

D_{23}硅钢片 $H/$（A/m）

B/T	0	0.01	0.02	0.03	0.04	0.05	0.06	0.07	0.08	0.09
1.0	383	392	401	411	422	433	444	456	476	480
1.1	493	507	521	536	552	568	584	600	616	633
1.2	652	672	694	716	738	762	786	810	836	862
1.3	890	920	950	980	1010	1050	1090	1130	1170	1210
1.4	1260	1310	1360	1420	1480	1550	1630	1710	1810	1910

D_{41}硅钢片 $H/$（A/m）

B/T	0	0.01	0.02	0.03	0.04	0.05	0.06	0.07	0.08	0.09
1.0	161	165	169	172	176	180	184	189	194	199
1.1	203	209	215	223	231	240	249	257	266	275
1.2	285	296	307	317	328	338	351	363	377	393
1.3	409	426	444	463	485	507	533	560	685	612
1.4	636	665	695	725	760	790	820	865	903	946
1.5	966